人工智能经济学教程

THE ECONOMICS OF ARTIFICIAL INTELLIGENCE

主　编　任保平

副主编　郭晗　钞小静　魏婕　师博

中国财经出版传媒集团

经济科学出版社
Economic Science Press

·北 京·

图书在版编目（CIP）数据

人工智能经济学教程 / 任保平主编；郭晗等副主编 . 北京 ： 经济科学出版社，2025. 5. -- ISBN 978 -7 -5218 -6931 -6

Ⅰ. TP18 -05

中国国家版本馆 CIP 数据核字第 2025S7W983 号

责任编辑：杨　洋　杨金月
责任校对：杨　海　齐　杰
责任印制：范　艳

人工智能经济学教程
RENGONG ZHINENG JINGJIXUE JIAOCHENG
主　编　任保平
副主编　郭　晗　钞小静　魏　婕　师　博
经济科学出版社出版、发行　新华书店经销
社址：北京市海淀区阜成路甲 28 号　邮编：100142
总编部电话：010 -88191217　发行部电话：010 -88191522
网址：www. esp. com. cn
电子邮箱：esp@ esp. com. cn
天猫网店：经济科学出版社旗舰店
网址：http：//jjkxcbs. tmall. com
北京季蜂印刷有限公司印装
787 ×1092　16 开　34. 25 印张　460000 字
2025 年 5 月第 1 版　2025 年 5 月第 1 次印刷
ISBN 978 -7 -5218 -6931 -6　定价：52. 00 元

序

人工智能是近年来科技创新及其产业化的新方向。AI 正在从“实验室”走向规模化落地，深刻重塑了人类社会生活的方方面面。2024 年人工智能技术以令人难以置信的速度发展，在多模态融合与推理能力等方面不断取得突破，推动技术边界的持续扩展。目前，人工智能技术及其应用表现出了一些新的趋势，AI 技术出现新突破，继 ChatGPT 后，2025 年初中国的 DeepSeek 又成功问世。AI 将重新塑造全球科技竞争的格局，为人类开启自主决策的新时代。AI 将加速向各行各业渗透，从工具和辅助角色走向核心价值创造，推动企业人工智能转型与管理角色的重塑。

在人工智能技术突飞猛进的同时，其应用场景也在不断地扩大，使之成为驱动经济、科技和社会创新的强大引擎。2025 年 4 月 25 日中共中央政治局就加强人工智能发展和监管进行第二十次集体学习，习近平总书记讲话指出要“全面推进人工智能科技创新、产业发展和赋能应用，完善人工智能监管体制机制，牢牢掌握人工智能发展和治理主动权”。人形机器人有望成为继计算机、智能手机、新能源汽车后的颠覆性产品。在人工智能技术的助力下，自动驾驶让汽车具备超越大部分人的驾驶能力，已成为国内外汽车制造商重点攻关的热点领域。除此以外，人工智能应用场景从智能制造的自动化生产线到精准医疗的 AI 辅助诊疗，再到酒店的服务机器人，人工智能正深刻改变社会的生产生活场景，成为产业和社会变革的重要“向新力”。从政府的社会管理到居民的日常生活都将离不开人工智能。

在人工智能技术不断加速推进、应用场景不断扩大的趋势下，人工智能提出了许多需要经济学回应的重大理论与实践问题。许多经济学问题可能是颠覆性的。人工智能通过自动化和决策优化提高了生产率，但这可能导致某些岗位的消失和就业结构的变化。人工智能不仅能够替代简单劳动，而且能够替代部分复杂劳动，甚至进入人类无法涉及的领域。人工智能的发展依赖于大量的数据和复杂的算法。数据的获取和处理、算法的透明度和公平性等问题，对经济学研究方法和数据安全提出了新的挑战。经济学家在研究人工智能对经济的影响时，提出了许多政策建议，需要政策制定者关注。从 2024 年开始，随着人工智能大模型的突破，人工智能经济学的研究成为一个新的研究热点，大量的研究论文不断涌现。近年来，国际上出版了多部人工智能经济学的著作。2023 年 11 月，我去美国访问时得知，美国在重新布局科技创新的新赛道，在华盛顿国际机场附近建立的国家科技园重点布局了人工智能研发，美国的一流大学要求所有学科都开设人工智能课程。我认为国内经济学教育也应该开设“人工智能经济学”的课程，以跟上突飞猛进的人工智能科技进步。

南京大学数字经济与管理学院是国内首家举办数字经济人才培养的新型学院，是南京大学理论经济学的重要支撑方向，学院建立初期我就建议他们加强教材建设。我指导他们编写了《数字经济基础》（高等教育出版社，2024），同时我曾经建议学院利用南京大学人工智能科学研究的优势，高度重视人工智能经济学的研究。数字经济与管理学院的年度报告《中国经济增长质量发展报告 2025》的主题是人工智能赋能高质量发展，在《中国经济增长质量发展报告 2024》发布会上，我建议他们 2025 年在研发《中国经济增长质量发展报告 2025——人工智能赋能高质量发展》的基础上能够编写一本“人工智能经济学”的教材。在我的建议下，数字经济与管理学院启动了《人工智能经济学教程》的编写。从教材的大纲来看，本教材在微观、中观和宏观相结合的基础上形成微观、中观、宏观、人工智能治理、人工智能经济学的未来发展五部分组成的理论体系，突出了对人工智能经济学基本概念、基本理论，以及新问题、新挑战和新战略的分析，充分展现了人工智能经济学研究的新进展。

专业建设和人才培养质量的提高关键在于课程建设和教材建设，把学生引领到学科的最前沿，受《人工智能经济学教程》教材编写组织者任保平教授的嘱托，写这样一个序，是为对该教材的编写给予支持和鼓励。

洪银兴

2025 年 5 月于南京

目　录

第二篇 人工智能与中观经济学

第四篇　人工智能经济的治理

第一章

导　论

人工智能（artificial intelligence，AI）是一门模拟、延伸和扩展人的智能的理论、方法、技术及应用系统的新技术科学。数字经济以数字计算技术为基础，涵盖计算机和互联网的商业交易。人工智能模拟人类智能行为，在数字经济中扮演重要角色，包括数据分析、自动化、个性化服务、创新研发、智能交互及风险管理。人工智能作为数字经济的核心技术之一，正推动着传统产业的数字化转型，并创造出新的商业模式和经济增长点。人工智能的发展推动了经济发展模式的转变、就业市场的重构、社会治理方式的变化，这些新的变化需要经济学作出回答，从而推动人工智能经济学的发展。

第一节　人工智能的发展历程与相关定义

一、人工智能的发展历程

人工智能技术被认为是第四次科技革命，是人类历史上一次重要的科技飞跃。1941 年世界上第一台计算机诞生，1949 年改进后的能存储程序的计算机使得输入程序变得简单，而且计算机理论的发展产生了计算机科学，并最终促使了人工智能的出现。1943 年，心理学家沃伦·麦卡洛克和数学家沃尔特·皮茨提出了逻辑神经元模型，为人工智能奠定了基础。自从 1956 年约翰·麦卡锡等人正式提出“人工智能”这一术语以来，人工智能已经走过了近 70 年的历程，其发展历程可以分为以下几个阶段。

（一）第一阶段：萌芽阶段（20 世纪 50 年代至 60 年代）

这个时期在计算机科学的产生和发展的基础上，科学家们首次提出了“人工智能”的概念，并进行了初步的探索和研究。1956 年，约翰·麦卡锡等人在达特茅斯会议上正式提出了“人工智能”这一术语，标志着人工智能作为一个独立学科的诞生。人工智能概念提出后，相继取得了一批令人瞩目的研究成果，如机器定理证明、跳棋程序等，掀起人工智能发展的第一个高潮。1957 年，感知器的发明产生了最早的人工神经网络之一。1960 年，麦卡锡研制出了人工智能语言——表处理（list processing，LISP）语言，成为建造专家系统的重要工具。1965 年，美国斯坦福大学的费根鲍姆（Feigenbaum）领导的研究小组开始专家系统的研究，1968 年完成并投入使用。1965 年，约瑟夫·维茨鲍姆开发的 ELIZA 对话系统开创了人机对话的先河。

（二）第二阶段：早期发展阶段（20 世纪 70 年代）

1970 年创刊的国际性人工智能杂志——《人工智能》（*Artificial Intelligence*）对推动人工智能的发展、促进研究者的交流起到了重要的作用。20 世纪 70 年代出现的专家系统模拟人类专家的知识和经验解决特定领域的问题，实现了人工智能从理论研究走向实际应用、从一般推理策略探讨转向运用专门知识的重大突破。而专家系统在医疗、化学、地质等领域的应用取得成功，推动了人工智能走入应用发展的新高潮。在这一阶段，研究者们在不同领域进行了深入的理论研究与应用尝试，使人工智能从一个抽象的概念逐渐发展成为可以用于解决实际问题的工具。20 世纪 70 年代，人工智能发展初期的突破性进展大大提升了人们对人工智能的期望。人工智能被称为世界三大尖端技术（空间技术、能源技术、人工智能）之一，也被认为是 21 世纪三大尖端技术（基因工程、纳米科学、人工智能）之一。然而随着人工智能的发展，20 世纪 70 年代末，人们开始尝试更具挑战性的任务，并提出了一些不切实际的研发目标，随着预期目标的落空使人工智能的发展走入低谷。由于对人工智能能力的过度期望未能实现，加上专家系统的局限性显现，政府和企业的投资热情减退，人工智能研究一度陷入低谷，这一时期被称为“人工智能的冬天”。

（三）第三阶段：应用发展期（20 世纪 80 年代初至 90 年代中后期）

20 世纪 80 年代 Hopfield 神经网络和 BT 训练算法的提出，使得人工智能再次兴起，出现了语音识别、语音翻译计划，以及日本提出的第五代计算机。专家系统在医疗、化学、地质等领域取得成功，推动了人工智能从理论研究走向实际应用。1997 年，“深蓝”战胜卡斯帕罗夫，展示了人工智能在特定任务上已超越人类的潜力。

（四）第四阶段：低迷发展期（20 世纪 90 年代中后期至 2006 年）

20 世纪 90 年代中后期至 2006 年，随着人工智能的应用规模不断扩大，专家系统存在的应用领域狭窄、缺乏常识性知识、知识获取困难、推理方法单一、难以与现有数据库兼容等问题逐渐暴露出来，人工智能研究再次遭遇财政困难，进入低迷期。

（五）第五阶段：稳步发展期（2006 年至今）

随着大数据、云计算、互联网等技术的发展，人工智能技术进一步走向实用化。随着2006年杰弗里·辛顿（Geoffrey E. Hinton）提出深度学习技术，以及2012年AlexNet在ImageNet图像识别挑战赛中取得突破，国际上掀起了深度学习革命。这一次，人工智能不仅在技术上频频取得突破，在商业市场上同样炙手可热，创业公司层出不穷，投资者竞相追逐。2016年，人工智能的发展进入了“革命年”，谷歌DeepMind的AlphaGo击败了围棋世界冠军李世石，展示了人工智能在复杂决策任务中的潜力，体现了计算能力的提升、大数据的发展、学习算法的突破、人机交互技术的完善。2020年，GPT－3的发布，展示了大规模语言模型的强大能力。2023年，百度文心一言和阿里巴巴通义千问的发布，标志着中国人工智能企业的崛起。近年来，一些重大的技术进展和突破让人工智能风靡全球，在教育、自驾、电商、安保、金融、医疗、个人助理等领域不断取得突破，涉及人类生活的方方面面。2024年，谷歌DeepMind和斯坦福大学的研究人员推出了一种基于大语言模型的工具——搜索增强事实评估器。2024年12月20日，“人工智能”当选为汉语盘点2024年度国际词。截至2024年12月，我国有3.31亿人表示自己听说过生成式人工智能产品，占整体人口的23.5%；我国生成式人工智能产品的用户规模达2.49亿人，占整体人口的17.7%。① 2025年1月24日，来自中国的聊天机器人DeepSeek－R1上线，DeepSeek很快超过ChatGPT，成为世界上日活跃度最高的大模型。以DeepSeek为代表的中国式创新，改变了人工智能经济学和规模定律，将会深刻影响全球人工智能产业格局。

二、人工智能和人工智能经济的定义

（一）人工智能的定义

人工智能是一种技术领域，最初的人工智能技术主要包括机

---

① 第55次《中国互联网络发展状况统计报告》［EB/OL］．中国互联网络信息中心，2025－01－17．

器人、语言识别、图像识别、自然语言处理和专家系统等。但随着理论和技术日益发展，目前人工智能的五大主流技术为生物特征识别、机器学习、自然语言处理、计算机视觉和知识图谱。美国斯坦福大学人工智能研究中心的尼尔逊教授对人工智能下了这样一个定义："人工智能是关于知识的学科——怎样表示知识以及怎样获得知识并使用知识的科学。"[①] 美国麻省理工学院的温斯顿教授认为："人工智能就是研究如何使计算机去做过去只有人才能做的智能工作。"《牛津英语词典》将人工智能定义为一种计算机系统的理论与进展，其能胜任通常需要人类智力来执行的任务。《人工智能：一种现代的方法》一书认为，人工智能是类人思考、类人行为，理性的思考、理性的行动[②]。人工智能的基础是哲学、数学、经济学、神经科学、心理学、计算机工程、控制论、语言学。人工智能就其本质而言，是对人的思维的信息过程的模拟。

从学科范畴来看，人工智能是一门交叉学科，属于自然科学和社会科学的交叉，涉及的学科包括哲学和认知科学、数学、神经生理学、心理学、计算机科学、信息论、控制论、不定性论。从研究范畴来看，包括自然语言处理、知识表现、智能搜索、推理、规划、机器学习、知识获取、组合调度问题、感知问题、模式识别、逻辑程序设计软计算、不精确和不确定的管理、人工生命、神经网络、复杂系统、遗传算法。从实际应用来看，包括机器视觉、指纹识别、人脸识别、视网膜识别、虹膜识别、掌纹识别、专家系统、自动规划、智能搜索、定理证明、博弈、自动程序设计、智能控制、机器人学、语言和图像理解、遗传编程等。人工智能具体有三种形态：一是弱人工智能。弱人工智能（artificial narrow intelligence，ANI）是擅长于单个方面的人工智能。

① 李德毅．人工智能导论［M］．北京：中国科学技术出版社，2023：2.

② 罗素，诺维格．人工智能：一种现代的方法［M］．殷建平，祝恩，刘越，等译．北京：清华大学出版社，2013：13.

二是强人工智能。强人工智能（artificial general intelligence，AGI）是人类级别的人工智能，强人工智能是指在各方面都能和人类比肩的人工智能，人类能做的使用脑力的工作它都能干。三是超人工智能。超人工智能（artificial super intelligence，ASI）是在几乎所有领域都比最聪明的人类聪明很多，包括科技创新、通识和社交技能。

（二）人工智能经济的定义

人工智能是计算机科学的一种技术，这一技术应用于经济活动，就产生了人工智能经济，人工智能经济简称 AI 经济，是指以人工智能技术为核心驱动力，通过赋能各行业、提高生产效率、创造新产品和服务而形成的经济活动。AI 经济以人工智能技术为核心，这种技术能够模拟人类智能，进行复杂的学习、推理、判断和决策。随着人工智能技术的不断发展，这一技术与物联网、大数据、云计算等技术深度融合，能够形成更加智能、高效的技术体系，进一步推动人工智能经济的发展。人工智能技术的应用场景不断拓展，从制造业、医疗等领域，逐渐扩展到教育、金融、交通等更多领域，不仅为人工智能经济带来更多的增长机会，而且人工智能技术的应用能够优化生产环节，减少人力成本，提高生产要素的利用效率。

专栏 1－1　数字经济与人工智能的关系

数字经济就是数字化驱动的经济，是信息社会的主要经济形态。从技术上看，可以表现为数字化、网络化、智能化；从性质上看，包括数字产业化、产业数字化、产业新业态化；从供给角度看，可以包括数字化产品、产品数字化、信息技术服务、流程数字化、服务数字化、营销数字化等。因此，数字经济的发展都建立在数据积累这一核心要素之上。

而人工智能代表的是一种新的生产力。人工智能作为数字化技术中应用范围最广泛的一项技术，在数字经济的发展过程中起到了中流砥柱的作用。它用电脑模拟人脑的部分功能，解放部分人类劳动，是增强生产力的典型代表。目前，依据“智能”水平的级阶，人工智能分为三类：弱人工智能、强人工智能和超人工智能。弱人工智能就是利用现有智能化技术，来改善和辅助我们的经济社会发展，但AI还没有自我主体意识。强人工智能非常接近于人的智能，具备了独立的判断能力，但自我道德和情感意识较弱。超人工智能已经拥有自由意志和自由活动能力的独立意识模式，并且具有完整的“类人机体功能”，但在这个过程中需要大量的数据作为人工智能实现自我学习的基础。也就是说，人工智能对物质生产力要素的嵌入式改造和融合，需要依托大数据的积累来不断练习，以提高自己的“智慧”。同时，人工智能也是数据的有效“利用者”。依托于大数据，人工智能能够逐步改变各行业的产业结构，实现万物的在线互联，使数据成为驱动商业模式创新和发展的核心力量，提升各行业的生产效率与数字化生产能力。

资料来源：徐志成．人工智能开启数字经济的3.0时代［J］．科学24小时，2019（z1）．

第二节 人工智能提出的经济学问题

人工智能革命是一场重要的技术变革，对经济社会的各个领域都产生了重大影响，也影响了经济学研究，推动了经济学研究范式的转变。人工智能本质是一项技术，但是经济学家从一开始就深度参与了人工智能的发展，密切关注着其未来潜在的影响。1956年，在美国召开的达特茅斯会议，经济学家赫伯特·西蒙（Herbert Simon）是七位发起人之一。1981年，在长沙召开的中国人工智能学会成立大会，就邀请了经济学家于光远作报告。1986

年9月2日至4日，经济学和人工智能大会（Economics and Artificial Intelligence Conference）在法国艾克斯·普罗旺斯（Aix-en - Provence）举办，会议议题涉及人工智能经济学的一些基本问题，如劳动力分工、决策等问题。2018年，达沃斯世界经济论坛提出，必须直面人工智能革命的三个挑战，实现三个确保：确保财富较为公平地在国与国之间分配，确保管控第四次产业革命的负外部性，确保人类主导并以人为中心。经济学家们的最新研究认为，面对人工智能的迅猛发展，人类未来必须直面五大问题①：其一是就业，人工智能会终结人的就业吗？其二是收入分配，人工智能会加剧收入不平等吗？其三是企业竞争，人工智能会使少数大公司控制一切吗？其四是国家之间的竞争，人工智能会使一些国家获得绝对的竞争优势而置另一些国家于劣势地位吗？其五是人类未来的命运，人工智能是否会成为人类社会的终结者？

近几年，人工智能不仅成为经济学研究的重要工具，也成为经济学研究的重要议题。一些经济学家纷纷加入了对人工智能的研究，不少知名学术机构还组织了专门的学术研讨会，组织学者对人工智能时代的经济学问题进行专门的探讨。

一、人工智能在重要经济领域的应用

人工智能的飞速发展不仅在技术层面引领了第四次工业革命，更深刻影响了教育、医疗、交通、能源等传统行业。人工智能应用的核心在于智能化，通过智能化，赋能生产力，加速生产力的发展，从而推动产业结构的优化升级，最后带动经济的发展。一方面，人工智能是未来经济增长的关键推动力。人工智能技术的应用将提高生产率，进而促进经济增长。另一方面，人工智能替代劳动的速度、广度和深度将前所未有。人工智能使机器

① 赵伟．经济学视野下人工智能发展及其影响［J］．浙江经济，2024（11）：12－14.

开始具备人类大脑的功能，将以全新的方式替代人类劳动重复性的工作。总体来看，人工智能的经济应用主要体现在以下领域。

（一）人工智能在制造业中的应用

在制造业领域，人工智能的应用主要体现在智能装备、智能工厂和自动化生产线等方面。智能装备包括自动识别设备、人机交互系统、工业机器人和数控机床等，能够实现生产过程的自动化和智能化。智能工厂能够通过人工智能技术实现生产过程的全面监控和管理，提高生产效率和产品质量。自动化生产线则是利用机器人逐渐替代人力，使机器人成为生产线上的主力军，降低了生产成本和劳动强度。

（二）人工智能在金融服务领域的应用

在金融服务领域，自动获客与身份识别技术能够帮助金融机构快速识别潜在客户，提高获客效率。大数据风控技术则是利用人工智能算法对海量数据进行分析，识别潜在的风险点，为金融机构提供风险预警和防控措施。智能投顾技术则是根据客户的风险偏好和投资目标，为客户提供个性化的投资建议和资产配置方案。此外，智能客服技术也广泛应用于金融机构，提供 24 小时不间断的客户服务支持，以提升客户满意度。

（三）人工智能在政府和公共服务领域中的应用

在政府和公共服务领域，人工智能的应用也为提高政府效率和公共服务质量带来了新的机遇。人工智能技术可以帮助政府实现智能化管理和决策，提高政府工作效率和透明度。在公共服务方面，人工智能可以应用于智能交通、智能安防等领域，提高公共服务的质量和效率。此外，人工智能还可以帮助政府实现精准扶贫、社会保障等目标，为社会的和谐稳定和发展作出贡献。

（四）人工智能在文化产业中的应用

在文化产业中，人工智能的应用为人们提供了更加丰富和多样的娱乐体验。在游戏领域，人工智能技术可以提供更具挑战性和互动性的游戏体验，满足玩家的不同需求。在内容推荐方面，人工智能可以根据用户的兴趣和行为推荐相关的文化内容，提高用户的满意度和忠诚度。此外，人工智能还可以应用于电影、音乐、出版等文化产业的制作和推广过程中，为文化产业的繁荣发展注入新的活力。

（五）人工智能在教育领域的应用

在教育领域，人工智能的应用为教育行业的发展带来了新的动力。在线教育平台利用人工智能技术提供个性化的学习资源和教学服务，满足了不同学生的学习需求。智能家教系统则根据学生的学习情况和进度，提供定制化的辅导方案，帮助学生提高学习成绩。此外，人工智能还在教育评估、教学管理等方面发挥着重要作用，为教育行业的信息化和智能化提供了有力支持。

（六）人工智能的潜在应用领域

随着技术的不断进步和应用场景的不断拓展，人工智能有望在环境保护与可持续发展、法律与司法、农业与食品等潜在应用领域发挥重要作用。例如，在环境保护方面，人工智能可以监测和分析环境数据，预测气候变化趋势，为环境保护和可持续发展提供有力支持。在法律与司法领域，人工智能可以应用于智能合同、法律文档审查、案件预测等方面，提高法律行业的效率和准确性。在农业与食品领域，人工智能可以实时监测环境参数，为农民提供精准的种植建议，提高农业生产效率和产品质量。同时，人工智能还可以应用于食品安全检测、品质控制和供应链管理等方面，保障食品安全和质量。

二、人工智能涉及的经济学问题

人工智能的发展是一个技术进步问题，也是一个经济问题。人工智能作为当今世界最前沿的引领技术，对经济发展正在产生全方位、全链条、全周期的深刻影响。随着人工智能的发展，在微观上，以人工智能为名义的创业企业迅速产生，由此带来的各种投融资和资本的流动都是经济问题。在中观上，人工智能技术在产业中的应用，促进了传统产业的改造和新兴产业的成长，加速了产业结构的转型升级。在宏观上，人工智能技术的运用，提高了全要素生产率，推动了效率变革、动力变革和质量变革，推动了经济高质量发展。人工智能的发展给经济学带来了全新课题，人工智能涉及的经济学问题有以下几个方面。

（一）人工智能对传统经济模式的影响

人工智能通过自动化处理重复性任务和复杂的数据分析工作，大幅提高了生产效率和服务质量。人工智能的发展带来了生产力的提高，这弥补了传统制造业的短板。人工智能技术的应用还能降低生产成本并提高生产力，有助于企业提升竞争力。利润增加和效率提高将改变传统经济模式，从而加速市场淘汰率和创新速度。

（二）人工智能对产业转型升级的影响

人工智能催生了一系列新兴行业和服务模式，如无人驾驶汽车、智能医疗设备、个性化推荐系统等，成为新的经济增长点。同时，人工智能能够推动传统产业转型升级，如制造业中的智能制造、农业中的精准农业等，增强了传统行业的竞争力。在传统行业中，人工智能的应用优化了业务流程、提升了产品质量和服务水平，如制造业利用人工智能优化生产计划、预测设备故障并实现智能制造；金融领域则利用人工智能改善风险管理、个性化推荐和欺诈监测等。

（三）人工智能对就业市场和工资变化的影响

人工智能技术的发展可能导致某些传统岗位消失，以及某些依赖体力劳动或简单认知能力的工作岗位减少，特别是那些重复性高、技能要求低的岗位。例如，制造业、物流、客服、建筑制图员、会计师、税务顾问等岗位可能面临被替代的风险。而且随着人工智能的广泛应用，对劳动者的技能要求也在不断变化。劳动者需要不断学习和提升自己的技能，以适应新的市场需求。同时，人工智能技术的应用可能会加剧社会经济不平等，能够使用人工智能的员工其生产效率和工资会提高，而不会使用人工智能的员工则可能面临更加落后的局面；但人工智能相应地也创造了新的就业机会，如数据科学家、人工智能工程师、用户体验设计师等高阶认知能力岗位，这些新职业为就业市场注入了新的活力，提供了丰富的就业选择。总之，人工智能可能会创造新的行业和岗位，但也会终结和代替传统职业，这进一步加剧了社会的收入和财富不平等。

（四）人工智能背景下的规模经济问题

经济学的一个重要概念是规模经济效应，即生产规模的增加带来单位成本下降、效率提升。借助于网络经济的规模效应，人工智能可以充分利用互联网的海量数据，实现正的外部经济和规模经济效应。人工智能技术发展强烈依赖于大数据的应用，这就决定了它具有很强的规模经济，对产业组织、竞争政策、国际贸易等问题都会产生重要影响。经济学的规模效应有内部规模经济和外部规模经济两个方面。前者是指单个企业做大生产和经营规模而实现单位成本下降，后者是指产业链上下游的企业通过协作，或者共享基础设施与公共服务而提升效率。人工智能的内部规模经济效应体现在单个企业凭借大模型形成运营规模增加带来的效率提升。外部规模经济体现在模型开发者与使用者之间互动和相互赋能上，由此形成分工协作网络，加快技术迭代和进步，降低整个市场的算法、数据、算力的平均成本。

（五）人工智能背景下的劳动力替代问题

技术进步通过替代劳动力和赋能劳动力两个方面影响经济。一方面，技术进步带来自动化机器设备等新的生产工具，使得资本可部分替代劳动力。另一方面，技术进步帮助劳动者用更少时间完成同样的工作任务，提升劳动生产率。人工智能同样有替代和赋能劳动力两个作用。人工智能广泛应用的深刻影响和发展趋势，将会逐渐给劳动就业带来压力。其作为一种强化的自动化，会对劳动力产生替代，并造成偏向型的收入分配结果。当人工智能和机器人技术成熟、成本大幅下降、自动化程度极高时，智能机器人必然可以替代绝大部分体力劳动岗位，那些重复性的、缺乏创造力的、简单的脑力劳动岗位，大部分也将会被替代。

（六）人工智能催生的新兴产业和商业模式

人工智能通过融合数据、算力和算法，解放了人类的智力，提升了创新潜能，通过对已有技术创新方式的颠覆性变革，推动了新兴产业的发展，催生了一系列新兴产业，如自动驾驶、智能家居、机器人产业等。同时，人工智能也改变了传统的商业模式，通过智能化管理和跨行业协同，传统产业得以转型升级，重塑了传统产业的商业模式，如个性化推荐、精准营销、共享经济等。人工智能催生的这些新兴产业和商业模式将成为未来经济增长的重要引擎。

（七）人工智能背景下的经济结构和政策创新问题

从经济结构来看，人工智能作为新一轮产业变革的核心驱动力，能够重构生产、分配、交换和消费等经济活动环节，引发经济结构的重大变革。而且人工智能技术的发展和应用还推动了数字经济发展进入新阶段，使得数字经济成为经济结构调整的重要驱动力。从政策创新来看，为了支持和规范人工智能的发展，国家出台了一系列政策，这些政策促进了产业、企业和人才的深度融合，为人工智能的发展提供了良好的政策环境。政府可以利用人工智能技术更好地监测经济运行状况，制定更加精准有效的财政政策和货币政策。大数据分析有助于预测潜在风险，使人们可以提前采取措施防范金融危机或其他重大经济波动。

（八）人工智能背景下的隐私和安全问题

人工智能的普及在带来便利的同时，不可避免地会带来新的隐私和安全问题。数据被收集和分析可能导致个人隐私被侵犯，而人工智能技术也可能被用于进行不道德的活动。人工智能系统需要大量的数据进行训练，这往往涉及个人隐私信息的收集。一旦这些数据被滥用或泄露，用户的隐私将面临严重威胁。如果训练数据存在偏见，人工智能系统的决策也会受到影响，可能导致不公平的结果。人工智能可以快速生成仿真度高的文稿、图片和音视频，部分不法分子利用相关技术进行诈骗或捏造、传播网络谣言和虚假信息，这可能会对公众产生误导，对国家安全和形象造成损害。人工智能推荐系统通过分析用户习惯进行个性化推荐，可能形成“信息茧房”，对个人思想观念产生影响，甚至可能被利用，进行舆论引导和意识形态渗透。

以上八个问题都是当前人工智能发展中亟待解决的主要经济学问题，需要政府、企业和社会各界共同努力，通过制定合理的政策和措施，促进人工智能的健康发展。在人工智能经济学研究的过程中，新的研究方法、概念和理论的提出，将构成中国特色经济学理论的重要组成部分。

三、人工智能发展对经济学研究范式带来的改变

从历史上看，经济学家对人工智能理论的关注至少有过三次高潮：第一次高潮是 20 世纪五六十年代，人工智能这门学

科的奠基之初，有不少经济学家参与了这一学科的建设。例如，诺贝尔经济学奖得主赫伯特·西蒙就是人工智能经济学学科的创始人之一，也是“符号学派”的开创者。在他看来，经济学和人工智能有不少共通之处，它们都是“人的决策过程和问题求解过程”。因此，在进行人工智能研究的过程中，他融入了不少经济学的思想。第二次高潮是在21世纪初，经济学在博弈论、机制设计、行为经济等领域都取得了不小的进展，这些理论进展被频繁地应用在人工智能领域。21世纪20年代以来，经济学家对人工智能问题的关注是第三次高潮。这次高潮主要是在以深度学习为代表的技术突破的推动下发生的，由于深度学习技术强烈依赖于大数据，因此在这轮高潮中的不少讨论集中在了与数据相关的问题上，而在对人工智能进行建模时也重点体现出了规模经济、数据密集等相关的性质。人工智能发展对经济学研究范式带来的改变主要体现在以下几个方面。

（一）数据驱动研究范式的兴起

人工智能特别是大模型正在推动经济学与社会科学研究范式的变革，尤其是从模型驱动范式到数据驱动范式的转变。在数智时代，大数据思维成为认识和改造世界的新范式。大数据思维通过大数据去发现、理解现实复杂系统的运行状态与发展规律，分析、解决现实问题，探索、预测未来变化趋势。数据驱动范式试图通过使用与具体模型无关的算法，直接从数据中获得经济变量之间的逻辑关系，以得到与具体模型无关的稳健结论。这种思维与现代经济学的主流研究范式——实证研究相一致，而大数据思维的实现方式是人工智能，特别是机器学习。但是需要引起注意的是，数据驱动范式必须与经济理论相结合，才能拥有经济可解释性。虽然数据驱动模式可获得比较稳健的结论，但它并不能取代经济理论的指导。

（二）对经济学基本假设的挑战

新古典经济学的一个基本假设是理性经济人，人们会利用一切可以利用的信息与资源，使自身利益最大化，这是一种理性行为。但是行为经济学研究表明，人类经济行为在很多情形下并不能满足完全理性假设，存在着非理性因素与现象。人工智能与大模型能够改变传统经济学的几个基本假设，包括理性人假设、孤立人假设、定性分析与定量分析及宏微观经济学的界限。随着 ChatGPT 的智能程度越来越接近人类的智能水平，其通用性使人工智能能够替代人类完成很多工作。如果人工智能能够辅助甚至替代经济主体决策，将大幅提升经济主体的理性程度。大语言模型的行为更加符合经济学理性人的基本假设，可能会衍生出计算经济学领域新的研究方向。但是需要注意的是，人工智能是模仿人类认知过程而发展起来的一种数字技术，它具有卓越的理性思维能力，可以模拟人类的认知思维过程，但却无法感知人类的直觉和情感，如幸福、快乐、疼痛与悲伤等。

（三）实证研究方法的改进

经济学理论的构建与创新主要是通过经济学建模与计量经济学建模，在计量经济学建模中考虑大模型范式，可以显著减少模型的偏差，减少参数估计的不确定性。大语言模型通过使用海量互联网大数据，避免了统计学和计量经济学长期面临的“维数灾难”，能够生产出比传统机器学习模型更为准确的预测结果。人工智能和 NLP 领域的技术突破，如 ChatGPT，不仅在理论研究上推动了新的研究方向，还在实证研究中提高了数据信息利用率，弥补了传统计量经济学与统计学建模中的不足。特别是大模型，它是大数据与人工智能催生的一种新的系统分析方法，适合研究复杂的人类经济社会系统。

（四）大语言模型的应用

以 ChatGPT 为代表的人工智能先进技术，特别是大语言模型的应用，对经济学研究范式产生了深远影响，强化了以数据为基础的实证研究范式。大语言模型通过处理大量结构化和非结构化数据，能够得出传统小模型计量经济学研究无法发现的新结论。大模型可以容纳互相关联的高维变量，刻画经济主体的异质性、变量之间的非线性与交互性，以及模型参数的时变性，从而大幅度降低模型误差，提高预测精准度[①]。大语言模型具有强大的泛化能力，能够通过海量互联网文本数据进行训练，确保参数估计的精度，从而减少模型的偏差和不确定性。大模型可以弥补小模型范式的不足与局限性，为经济学与社会科学研究提供新的研究范式与研究方法。但需要引起注意的是，大模型没有改变经济学乃至社会科学实证研究的本质特征，即从样本推断总体性质的归纳范式，也就是人工智能没有改变经济学作为一门历史科学的本质特征。

第三节 人工智能经济学的核心要素、“技术—经济”特征与系统分类

一、人工智能经济学的核心要素

人工智能经济学是研究如何在经济活动中应用人工智能技术，以提高效率、降低成本和创造新价值的学科。在这个领域中，有几个核心要素是至关重要的，它们共同构成了人工智能经

① 洪永淼，汪寿阳．ChatGPT 与大模型将对经济学研究范式产生什么影响［J］．计量经济学报，2024，4（1）：1－25.

济学的基础。数据、算力和算法是人工智能经济学的核心要素，数据是基础，算法是灵魂，算力是支撑，它们相互依赖，共同推动了人工智能在经济领域的应用和发展。通过有效地整合和利用这些要素，企业和经济学家可以更好地理解和应对复杂的经济现象，从而作出更加明智的决策。

（一）数据

数据是人工智能系统的基础，因为它们提供了训练和运行模型所需的信息。在人工智能经济学中，数据可以有各种来源，如市场交易、消费者行为、金融记录等。数据的质量和数量直接影响到人工智能模型的性能和准确性。随着大数据技术的不断提升，获取和处理数据的成本大大降低，这为人工智能在经济领域的广泛应用提供了可能。

（二）算力

算力是指计算资源的能力，它是执行复杂算法和处理大量数据所必需的。在人工智能经济学中，强大的算力能够支持更复杂的模型和更大的数据集，从而提高预测和决策的准确性。近年来，芯片处理能力的提升和硬件价格的下降，使得算力变得更加普及和经济实惠。此外，神经网络模型的优化也在不断推动算力的提升。

（三）算法

算法是人工智能系统的心脏，它决定了如何从数据中提取有用的信息和模式。在人工智能经济学中，算法可以用于预测市场趋势、优化资源配置、评估风险等。随着算法的不断创新和突破，人工智能模型的准确性和效率不断提高。例如，深度学习算法已经在图像识别、自然语言处理等领域取得了显著成果，这些技术也可以应用于经济分析和决策。

二、人工智能经济学的“技术—经济”特征

“技术—经济”特征是指在特定的技术水平和经济条件下，某一技术或产业所表现出的经济特性。“技术—经济”特征既包括技术本身的特性，也包括这些技术在经济活动中所产生的影响和效果，这些特征决定了它们在经济系统中的地位和作用。人工智能经济学的“技术—经济”特征体现了技术的深度学习能力、跨界融合的可能性、人机协同的工作模式、对经济的渗透性和协同性、劳动替代的现实及创新性的潜力。人工智能经济学的“技术—经济”特征体现在以下几个方面。

（一）深度学习特征

深度学习是人工智能经济学的首要特征，它利用层次化的架构学习对象在不同层次上的表达，从而在语音、图像和自然语言理解等应用领域取得重大进展。深度学习（deep learning）特指基于深层神经网络模型和方法的机器学习，深度学习的本质是特征表征学习，其具有强大的数据处理能力和学习能力，使人工智能系统能够处理和分析海量的数据，并从中学习到有用的特征和规律。

（二）跨界融合特征

随着人工智能技术的不断突破，它正逐渐渗透到各行各业，引发跨界融合的新趋势。这种融合不仅为传统行业带来了革新，也为创意产业注入了新的活力。人工智能能够与各行各业深度融合，如在医疗中辅助医生分析医疗图像，在教育中协助教师进行个性化教学，在智慧城市中提高物流和交通效率。跨界融合意味着人工智能能够跨越不同行业，实现资源共享和知识融合，为创意产业带来更多创新可能。人工智能技术可以快速处理大量数据，为企业提供实时、准确的信息支持，帮助企业迅速作出

决策。

（三）人机协同特征

人机协同将成为一种重要的工作模式，不仅将大幅提升工作效率，还将深刻改变我们的工作方式和生活方式。人工智能与人类合作，各自发挥优势，机器负责理性的分析性思考，而人类则负责创意和关爱性的工作。随着人机协同模式的不断创新和发展，人机协同将大幅提升工作效率和创造力，推动社会经济的持续发展和进步。但是人机协同也带来了一些新的挑战，如数据隐私保护、算法偏见、伦理道德等问题。

（四）经济渗透性特征

人工智能对经济、社会全方位、多层次的渗透性影响，是其在众多领域发挥价值创造功能的重要基础。人工智能技术具有广泛的通用性和基础性，能够与经济社会的各行业、生活各环节相互融合，对经济增长产生广泛性、全局性影响，对经济社会各行业、各领域及社会生产的各环节都表现出重要改进提升作用。

（五）经济协同性特征

人工智能的应用可以提升资本、劳动和技术等之间的匹配度，通过技术的研发、工程的实现和应用的反馈，不断提高经济运行效率。在生产领域，人工智能技术的应用可以提升要素之间的匹配度，加强上游技术研发、中游工程实现、下游应用反馈各个生产环节之间的协同。在消费领域，人工智能技术可以完成需求与供给的智能匹配，在释放消费潜力的同时，实现经济的高质量发展。

（六）替代性特征

人工智能技术持续发挥替代效应，在作为独立要素不断积累的同时，对其他资本要素、劳动要素进行替代，其对经济发展的支撑作用由此不断强化。最具体的表现就是，人工智能实现劳动要素的替代，从简单工作到复杂工作，持续替代人力，可以强化经济发展的支撑作用。

（七）创新性特征

人工智能的创新性可以生产出额外的知识，增加人类整体智慧总量，从而促进技术进步，提高经济效率。人工智能在科研活动中的应用，如药物发现及筛选、材料识别及模拟等，展现出前所未有的创造力量，并增加了人类整体的智慧量。

三、人工智能经济学的系统分类

人工智能经济学正在兴起，目前大致可以分为以下几类。

第一类是将人工智能作为思想实验的人工智能经济学。作为一门学科，经济学是建立在理想化的假设基础之上的。人工智能的出现，为经济学家提供了一个可能的、符合经济学假设的环境，同时也为检验经济理论的正确性提供了一个场所。

第二类是将人工智能视为分析工具的人工智能经济学。一方面，人工智能的一些技术可以与传统的计量经济学相结合，从而克服传统计量经济学在应对大数据方面的困难。另一方面，人工智能的发展也为采集新的数据提供了便利。借助人工智能，诸如语音、图像等信息都可以较为容易地整理为数据，这些都为经济学研究提供了重要的分析材料。

第三类是以机器学习为核心的人工智能经济学。这是指将机器学习技术应用于经济学领域，通过对大量数据的分析和处理，来预测经济现象的发展趋势。以机器学习为核心的人工智能经济学可以帮助经济学家更好地理解经济现象，提高经济预测的准确性，为政策制定提供更加科学的依据。

第四类是将人工智能作为分析对象的人工智能经济学。从经济学角度看，人工智能是一种具有通用目的技术，可以被应用到各个领域，其对经济活动带来的影响是广泛和深远的，涉及经济增长、收入分配、市场竞争、创新、就业和国际贸易等问题。

第五类是以智能合约为主要内容的人工智能经济学。这是指利用区块链技术和智能合约技术来实现经济交易的自动化和去中心化。其可以有效地降低交易成本，提高交易效率，保障交易的安全性和可信度，为经济发展提供更加稳定和可持续的基础。

第四节 人工智能经济学的研究对象与研究方法

一、人工智能经济学的研究对象

近年来，人工智能不仅成为经济学研究的重要工具，也成为经济学研究的重要议题。人工智能是计算机科学的一个分支，而经济学是研究资源分配与利用的学科。两者虽有交集，但分属不同领域，具有不同的研究对象。经济学是一门研究人类社会在各个发展阶段上的经济活动、经济关系及其运行、发展规律的学科。人工智能经济学的诞生是为了应对人工智能技术快速发展对经济领域带来的挑战与机遇，通过经济学的视角分析人工智能技术的经济效应，为政策制定、企业决策及学术研究提供理论支撑。人工智能经济学的研究对象具体包括以下几个方面。

（一）人工智能对经济活动的影响

人工智能作为一种新兴的颠覆性技术，正在释放科技革命和产业变革积蓄的巨大能量，可以被应用到各个领域，其对经济活动带来的影响是广泛和深远的。人工智能是未来经济增长的关键推动力，在分析经济增长、收入分配、市场竞争、创新问题、就业问题、国际贸易问题时，都需要关注人工智能技术对其所造成的影响。

（二）人工智能对经济价值的影响

人工智能技术的广泛应用使产品的生产效率和产品质量得到提升，其经济价值体现在它可以作为一种资产，可以通过各种经济模型进行评估。同时，人工智能技术可以提供新的商业模式和创新思路，人工智能技术的发展和应用也可以为企业创造新的商业模式和盈利点。

（三）人工智能对劳动力市场的影响

人工智能技术的发展导致许多传统职业面临转型，劳动力市场对技能的需求也在发生变化，可能会导致某些职业的消失，如自动化系统和机器人在制造业中的应用减少了对人工劳动力的需求。同时，也可能会创造出新的职业，如云计算、物联网等领域的需求增长为劳动力市场提供了新的就业机会。因此，人工智能经济学也需要研究人工智能如何影响劳动力市场的结构和工资水平。

（四）人工智能对经济增长的影响

人工智能是经济增长的新引擎，人工智能技术的发展和应用被认为是推动经济增长的重要因素之一，人工智能技术可以带来生产率的提高，加速产业升级，提升产业核心竞争力，推动经济增长。因此，人工智能经济学也需要研究人工智能如何影响经济增长的速度和质量。

（五）人工智能对社会福利的影响

人工智能技术的发展和应用不仅会影响经济，还会影响社会福利。人工智能可以帮助公益事业实现精细化管理，其在社会福利和公益事业中的应用有助于改善社会福利状况。通过准确评估社会福利政策效果，可以更好地保障人民福祉，提高社会整体福利水平。人工智能技术有助于提高医疗服务的质量和效率，从而提高人们的健康水平和社会福利。

二、人工智能经济学的研究方法

当今世界正经历一场数字化和人工智能革命，在为各个领域带来颠覆性创新的同时，也深远地影响了经济学的研究方法和应用。人工智能经济学的研究方法主要包括以下几种。

（一）实验研究法

实验研究法是针对某一问题，根据一定的理论或假设进行有计划的实践，从而得出一定的科学结论的方法。人工智能经济学的实验研究法通过设计实验来验证假设，如设计数据集、模型、评价指标等。

（二）调查研究法

调查研究法是科学研究中最常用的方法之一，它是有目的、有计划、有系统地收集有关研究对象现实状况或历史状况的材料的方法。人工智能经济学的调查研究法通过问卷、访谈等方式收集数据，探究人工智能应用的现状和问题。

（三）案例研究法

案例研究法是实地研究的一种。研究者选择一个或几个场景为对象，系统地收集数据和资料，进行深入的研究，用以探讨某一现象在实际生活环境下的状况。人工智能的案例研究法通过研究人工智能的具体案例来总结经验和规律。

（四）数学建模法

数学建模法是根据对客观事物特性的认识，从基本物理定律和系统的结构数据来推导出模型的方法。其在决策变量、目标函数、约束条件下，通过无约束规则、线性规则、非线性规则、多目标规划等求解方法来解决问题。人工智能的数学建模法通过数学模型来描述和预测人工智能的行为和性能。

第五节 人工智能经济学的理论体系、研究内容与应用领域

一、人工智能经济学的理论体系

2017 年 9 月，一群杰出的经济学家齐聚多伦多，为人工智能经济学制定了一项研究议程。他们讨论了人工智能在经济上的独特之处、影响力及如何制定相关的政策等问题。问题主要涉及四个层次：宏观层次，人工智能对生产率、就业或不平衡等总体经济的影响。中观层次，人工智能对科学研究或监管等个别领域的影响。微观层次，人工智能对组织和个人行为的影响。方法论层次，人工智能对经济学家用来研究人工智能的数据和方法的影响。

目前，已经出版的与人工智能经济学相关的图书有 2022 年何勤和李雅宁在经济管理出版社出版的《人工智能经济学：生活、工作方式与社会变革》。该书从经济学的视角，分“是什么”“做什么”“怎么样”“怎么做”四个部分对人工智能引发的经济活动变革及应对进行了系统性的分析，主要内容包括人工智能在微观企业的应用现状；应对人工智能的法律体系中监管思路、商业资金筹措、损害赔偿等关键问题的解决思路；人工智能普及带来的失业、收入差距、环境问题、信息技术利用成本等经济社会影响；如何构建促进人工智能技术开发和普及的经济体系。中金研究院在中信出版集团股份有限公司出版的《AI 经济

学》，该书从经济视角探讨本轮AI进步的生产力特点及其对生产关系的冲击，围绕宏观含义、产业影响、治理挑战等问题提供一个系统性、前瞻性、趋势性的分析。引进版的有加拿大的阿贾伊·阿格拉瓦尔、乔舒亚·甘斯和阿维·戈德法布撰写的《人工智能经济学》，该书认为人工智能的进步凸显了该技术对生产力、增长、不平等、市场支配力、创新和就业的影响。该书旨在设定有关人工智能影响的经济研究议程。它涵盖了四个广泛的主题：作为通用技术的人工智能；人工智能、增长、工作和不平等之间的关系；对人工智能带来的变化的监管响应；人工智能对经济研究方式的影响。该书探讨了机器学习对经济的影响，也讨论了机器人技术和自动化的经济影响，以及仍然是假想的人工智能的潜在经济后果。阿杰伊·阿格拉沃尔、乔舒亚·甘斯和阿维·戈德法布撰写的《AI极简经济学》，该书对于人工智能时代的经济学从不同的角度去分析思考，全面客观地探讨了极简经济学，揭示了人工智能这一新兴技术对企业和社会经济的深远影响。《AI极简经济学》一书通过坚实的经济学理论，将人工智能纷繁复杂的现象归结为预测能力的提升，为我们提供了一个清晰、简洁的人工智能理解框架。该书详细剖析了人工智能在金融、医疗、交通、教育等多个行业的具体应用案例，展示了人工智能如何重塑行业生态、提升生产效率、优化用户体验。我们依据人工智能经济学的特征，结合国际国内近年来的讨论和已经出版的相关著述，认为人工智能经济学的理论体系包括以下层次。

第一层次：人工智能与微观经济学。主要内容包括人工智能技术，人工智能与消费者行为，人工智能与企业行为、组织变革，人工智能与市场竞争格局的演变：平台经济与数据垄断。

第二层次：人工智能与中观经济学。主要内容包括人工智能与智能制造、人工智能与农业现代化、人工智能与服务业现代化、人工智能与金融发展、人工智能与新型能源体系建设。

第三层次：人工智能与宏观经济学。主要内容包括人工智能与就业、收入分配，人工智能基础设施，人工智能与经济增长，人工智能时代的生产力与生产关系，国际经济关系中的人工智能因素：贸易、投资与合作。

第四层次：人工智能经济的治理。主要内容包括人工智能的风险及其防范、人工智能时代的智能治理、人工智能的发展战略与政策。

第五层次：人工智能经济与人工智能经济学的未来。人工智能技术在不断地发展之中，在经济生活中的应用不断加深，与此相适应，人工智能经济学也在不断地完善之中，需要不断地关注人工智能经济与人工智能经济学的未来。主要内容包括人工智能经济学的研究前沿、人工智能经济发展的趋势。

二、人工智能经济学的研究内容

人工智能经济学是一门新兴的交叉学科，它融合了人工智能与经济学的理论与实践，旨在探讨人工智能技术对经济活动、市场结构、资源配置及经济增长等方面的深远影响。人工智能经济学将为政策制定、企业决策及学术研究提供更为全面和深入的理论支撑和实践指导。人工智能经济学是研究人工智能技术对经济活动的影响及经济学原理如何指导人工智能技术研发和应用的学科。它涉及人工智能对经济增长和经济发展的影响、市场规模预测、行业生产率提升、就业转移、创新金融模式、规模经济效应、风险投资的重要性及元任务框架等多个方面。研究内容包括以下几个方面。

（一）人工智能技术在经济学领域的应用

人工智能技术在经济学领域的应用日益广泛，其强大的数据处理与分析能力为经济学研究提供了新的工具和方法。例如，在金融市场预测中，人工智能技术能够通过分析历史数据、市场情绪及宏观经济指标，为投资者提供更加精准的预测和决策支持。在企业管理中，人工智能技术可以优化生产流程、提高生产效率，并通过智能推荐系统提升用户体验。此外，人工智能还在劳动力市场分析、政策效果评估等方面发挥着重要作用，为经济学家提供了更为丰富和准确的数据来源和分析手段。

（二）人工智能对经济增长的影响

人工智能技术的发展对经济增长产生了显著影响。一方面，人工智能技术通过提高生产效率、降低生产成本，推动了产业结构的优化和升级。另一方面，人工智能技术还催生了新的经济增长点，如智能家居、自动驾驶、智能医疗等新兴领域，为经济发展注入了新的活力。同时，人工智能技术的广泛应用还促进了创新金融模式的发展，如算力基础设施的追赶式创新金融模式和人工智能大模型的引领式创新金融模式，为经济增长提供了更多的资金来源和投资渠道。

（三）人工智能经济学中的就业与劳动力市场变化

人工智能技术的快速发展对就业和劳动力市场产生了深远影响。从短期来看，人工智能技术的广泛应用可能导致部分传统岗位的消失，如简单的重复性劳动和低端服务业等。从长期来看，人工智能技术将催生新的就业岗位和职业发展机会，如人工智能研发、数据分析、智能系统维护等。同时，人工智能技术还将推动劳动力市场的转型和升级，提高劳动者的技能水平和职业素养，为经济发展提供更为优质的人力资源。

（四）人工智能经济学中的政策与法规探讨

随着人工智能技术的快速发展，政策与法规的制定和完善成为人工智能经济学研究的重要议题。一方面，政府需要制定相关政策，鼓励人工智能技术的研发和应用，推动产业升级和经济增长。另一方面，政府还需要加强监管，确保人工智能技术的合法、合规使用，保护消费者权益和社会公共利益。此外，政府还需要关注人工智能技术对就业和劳动力市场的影响，制定相关政策，促进劳动力的转型和升级，确保社会稳定与和谐发展。

（五）人工智能经济学的发展趋势与未来展望

人工智能经济学是一门新兴的交叉学科。随着人工智能技术的不断进步和应用领域的拓展，人工智能经济学将呈现出更加多元化和深入化的研究态势。一方面，人工智能技术将与经济学理论更加紧密地结合，推动经济学理论的创新和发展。另一方面，人工智能技术将在更广泛的领域得到应用，如智慧城市、智能制造、智能医疗等，为经济发展和社会进步提供更为强大的技术支持。同时，人工智能经济学还将关注人工智能技术的伦理和社会影响，探讨如何在推动经济发展的同时，保障人类社会的可持续发展和公平正义。

三、人工智能经济学的应用领域

经济学主要研究资源的配置和利用、生产与消费行为、市场机制、经济增长、经济波动等与经济活动相关的各个方面。人工智能和经济学联系紧密，可以在以下几个方面进行应用。

（一）预测和决策支持

人工智能技术可以提供更精确和准确的数据分析和预测模型，帮助经济学家和决策者作出更好的决策。例如，通过机器学习算法分析大量数据，可以预测市场趋势、消费者行为和经济指标等。

（二）自动化和劳动力替代

人工智能技术可以自动化处理一些重复性和烦琐的工作，从而提高生产效率和降低成本。例如，自动化的机器人可以替代一些人工劳动力，提高生产线的效率。

（三）个性化推荐和定价

人工智能技术可以根据个体的需求和偏好，提供个性化的产品推荐和定价策略。例如，通过分析用户的购买历史和行为模式，可以为每个用户提供定制化的产品推荐，可以帮助客户更好地管理投资组合，提高投资效率。

（四）金融市场和投资

金融市场是一个复杂的系统，受到多种因素的影响，如政策、经济数据、公司财报等。人工智能技术可以通过深度学习算法等技术对这些数据进行分析，预测股票市场、货币汇率、房地产市场等金融领域的走势。通过对大量的历史数据进行学习，可以更准确地预测未来趋势。人工智能技术可以帮助分析金融市场的大量数据，提供更准确的投资建议和风险评估。例如，使用机器学习算法可以预测股票价格的波动和市场趋势。

（五）风险评估和分析

在银行、保险等金融领域，人工智能技术可以帮助机构对客户进行风险评估，从而更好地控制风险。通过对客户的信用记录、交易数据等信息进行分析，可以预测客户的违约风险，帮助机构作出更加科学的决策。

（六）社会福利和公共政策

人工智能技术可以帮助政府和决策者更好地制定社会福利和公共政策。例如，通过模拟和预测模型，可以评估不同政策对经济和社会的影响，以及制定更合理的政策措施。

本章小结

人工智能作为技术变革在重要经济领域应用场景的扩大，推动了经济学研究范式的转变，促进了人工智能经济学的产生。人工智能的发展给经济学带来全新课题，涉及的经济学问题有人工智能对传统经济模式的影响、人工智能对产业转型升级的影响、就业市场和工资变化、规模经济问题、劳动力替代问题、新兴产业和商业模式、经济结构和政策创新问题、隐私和安全问题。人工智能发展对经济学研究范式带来的改变主要体现在数据驱动研究范式的兴起、对经济学基本假设的挑战、实证研究方法的改进、大语言模型的应用。数据、算力和算法是人工智能经济学的核心要素。它们相互依赖，共同推动了人工智能在经济领域的应用和发展。人工智能经济学的研究对象包括人工智能技术对经济活动、经济价值、劳动市场、经济增长和社会福利等方面的影响。人工智能经济学的研究方法主要包括实验研究法、调查研究法、案例研究法、数学建模法。人工智能经济学的理论体系包括人工智能与微观经济学、人工智能与中观经济学、人工智能与宏观经济学、人工智能的治理、人工智能经济与人工智能经济学的未来。人工智能经济学的研究内容涉及人工智能对经济增长和经济发展的影响、市场规模预测、行业生产率提升、就业转移、创新金融模式、规模经济效应、风险投资的重要性及元任务框架等多个方面。

关键概念

人工智能　人工智能经济学　数据驱动研究范式　数据　算力　算法　实验研究法　数学建模法　规模经济效应　人机协同　跨界融合

阅读文献

[1] 阿贾伊·阿格拉瓦尔，乔舒亚·甘斯，阿维·戈德法布. 人工智能经济学［M］. 王义中，曾涛，译. 北京：中国财政

经济出版社，2021.

［2］阿杰伊·阿格拉沃尔，乔舒亚·甘斯，阿维·戈德法布．AI 极简经济学［M］．闾佳，译．长沙：湖南科学技术出版社，2018.

［3］何勤，李雅宁．人工智能经济学：生活、工作方式与社会变革［M］．北京：经济管理出版社，2022.

［4］洪永淼，汪寿阳．ChatGPT 与大模型将对经济学研究范式产生什么影响？［J］．计量经济学报，2024，4（1）：1－25.

［5］罗素，诺维格．人工智能：一种现代的方法［M］殷建平，祝恩，刘越，等译．北京：清华大学出版社，2013.

［6］中金研究院，中金公司研究部．AI 经济学［M］．北京：中信出版集团，2024.

思考题

1. 人工智能对经济学研究范式转变的影响。
2. 人工智能经济学的研究内容与理论体系。
3. 人工智能经济学当前的研究现状与未来趋势。

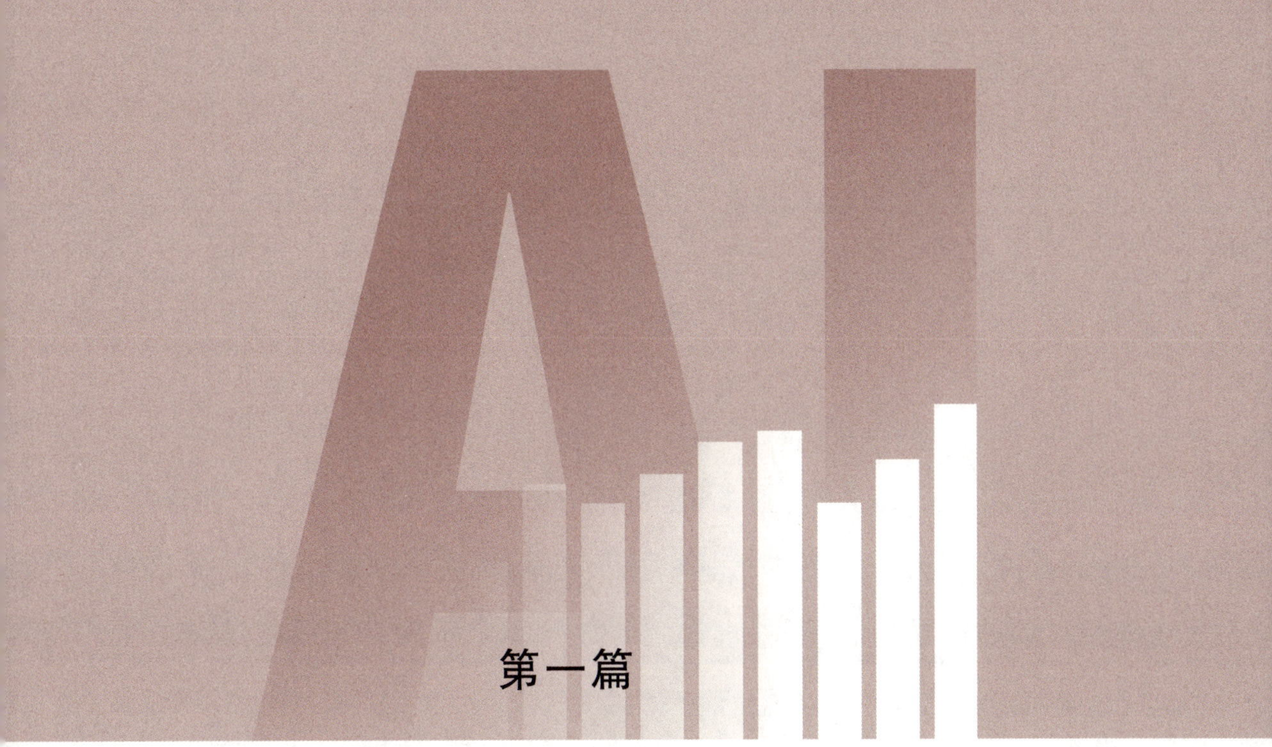

第一篇

人工智能与微观经济学

第二章

人工智能技术

人工智能经济学的基础是人工智能技术。人工智能技术是指通过计算机系统模拟人类的感知、学习、推理和决策等智能行为的技术统称。所以本章重点介绍人工智能技术的元素和构成、人工智能技术的特征和人工智能技术带来的“技术—经济”新范式。

第一节　人工智能技术的元素和构成

对于人工智能技术的元素及构成，有广义和狭义之分。

一、广义人工智能技术的元素及构成：人工智能系统

马特·泰迪（Matt Taddy，2019）在论述人工智能技术是什么时，认为人工智能技术是一个完整的端到端的人工智能解决方案，能够吸收人类层面的知识，并利用这些知识使以前只有人类才能完成的任务进行自动化和加速。所以泰迪（2018）认为，人工智能技术是一个特定人工智能系统，其可以分解为三个主要的组成要件：人工智能 = 领域结构 + 数据生成 + 通用机器学习，具

体如图 2 - 1 所示。

AI=	领域结构	+	数据生成	+	通用机器学习
	业务专家		强化学习		深度神经网络
	结构化计量		大数据资产		视频/音频/文本
	放松与启发		传感器/视频跟踪		样本外验证+随机梯度下降+图形处理单元

图 2 - 1　人工智能技术广义构成

资料来源：Agrawal，Joshua Gans，Avi Goldfarb. The Economics of Artificial Intelligence：An Agenda［M］. University of Chicago Press，2019：61 - 87.

泰迪（2019）将广义人工智能技术进行解构，为后续从“数据—算力—算法”来定义广义人工智能技术奠定了基础，所以有关人工智能技术广义上被发展为“数据、算力、算法”这三大要素的有机结合，这三者相互依存、相互促进，共同推动着人工智能技术的发展与应用。

（一）数据是人工智能技术的根基

正如维克托·迈尔 - 舍恩伯格（Viktor Mayer-Schönberger，2013）在《大数据时代》一书中所强调，海量、多样的数据是人工智能发展的“燃料”。一方面，数据是知识的载体。数据中蕴含着丰富的信息和知识，是人工智能系统进行学习和理解的原材料。无论是图像、语音、文本还是其他形式的数据，都包含着与现实世界中的事物、现象相关的特征和规律。另一方面，数据驱动着人工智能模型的学习过程。人工智能模型通过对大量数据的分析和处理，自动提取其中的特征和模式，从而实现对未知数据的预测和决策。

（二）算力是人工智能技术发展的强大动力

人工智能的诸多模型，特别是深度学习算法，通常涉及大量的矩阵运算、神经网络训练等复杂计算任务。强大的算力能够确保这些计算快速、高效地完成，从而使人工智能系统能够在合理的时间内完成训练和推理。所以以英伟达在 GPU 领域为代表的高性能计算硬件的不断革新为人工智能提供了有力支撑。摩尔定律在过去几十年推动了芯片算力的指数级增长，使得复杂的机器学习算法和大规模数据处理得以高效运行。另外，在人工智能技术进一步研究和开发的过程中，需要不断进行实验和模型优化，算力的提升能够加速这一过程，推动人工智能技术的快速发展。

（三）算法是人工智能技术的核心灵魂

人工智能系统实现各种智能功能的具体方法和步骤即为算法，它定义了如何对数据进行处理和分析，以及如何根据数据作出决策和预测。不同的算法适用于不同的任务和数据类型，如卷积神经网络（CNN）适用于图像和视频处理，循环神经网络（RNN）及其变体 LSTM、GRU 等适用于处理序列数据，如语音和文本。除此之外，算法不断优化和创新，也在推动着人工智能技术不断发展和迭代。

总之，作为广义人工智能技术——人工智能系统，其数据、算力、算法相辅相成。没有数据，算法就如无米之炊，算力也无用武之地；缺乏算力，数据处理和算法运行就会受限，人工智能系统难以发挥作用；而算法则是将数据和算力转化为智能的关键，决定了人工智能系统的性能和功能。只有这三个要素协同发展，才能推动人工智能技术不断进步。

专栏 2-1　算法 VS 算力？DeepSeek 塑造的人工智能技术新范式

近些年，主导人工智能行业的是大模型技术，主导应用的是生成式人工智能——生成语义、语言、图像、视频。今天的主流大模型，参数量已达万亿级，如此大的模型，对算力需求惊人，而英伟达的 GPU 芯片正好提供了算力支持。英伟达在 AI 芯片领域的垄断地位，既让它成为全球市值最高的公司，也让它成为中国 AI 公司的痛点。

2023 年 12 月，中国 DeepSeek 公司推出的 DeepSeek V3 大模型在 2024 年 1 月斯坦福大学基础模型中心发布的全球大模型综合性能排名中，与处于领跑地位的 Open AI 的 GPT－4o 模型等大模型性能不相上下，但最令人津津乐道的是 DeepSeek 的训练成本只有 Open AI 的 1/10，使用成本只有 1/30。原因在于 DeepSeek 在模型架构环节、模型训练环节和算法环节三个方面形成了密集的工程创新，其以一场“算法革命”颠覆了全球人工智能的竞争格局，推动人工智能从“高耗能竞赛”向“低碳智能”的范式跃迁。

资料来源：马克．DeepSeek 究竟创新了什么？［EB/OL］．新浪财经，2025－03－03.

二、狭义人工智能技术的元素及构成：具体的技术

狭义人工智能技术包含多种具体技术，这些技术通常针对特定任务或领域，目前主要有以下几种类型。

（一）机器学习

机器学习作为人工智能技术的基础分支，在整个 AI 技术体系中占据着举足轻重的地位，它致力于让计算机通过数据学习和经验积累来改进自身性能。机器学习的算法种类繁多，主要可分为监督学习、无监督学习和强化学习三大类。

监督学习是指通过已标注的数据进行训练，如决策树、支持向量机（SVM）和朴素贝叶斯等算法。决策树算法基于树结构进行决策，易于理解和解释。支持向量机则通过寻找一个最优分类超平面来实现对不同类别数据的划分，在小样本、非线性分类问题上表现出色。有关监督学习具体实例，如利用大量带有疾病诊断标签的医疗数据训练模型，以预测新患者的疾病类型。朴素贝叶斯算法是基于贝叶斯定理和特征条件独立假设的分类方法，常

用于文本分类等场景。假设特征之间相互独立，根据训练数据计算出每个类别在给定特征下的概率，然后通过比较概率大小来对新数据进行分类。比如，在垃圾邮件分类中，根据邮件中出现的词语等特征，计算该邮件是垃圾邮件和非垃圾邮件的概率，从而判断邮件类别。

无监督学习是指处理未标注的数据，旨在发现数据中的潜在结构和模式，聚类算法（K－Means）和主成分分析（PCA）是其典型代表。K－Means 算法通过将数据点划分到不同的簇中，帮助分析人员在海量数据中发现自然分组，在市场细分、图像分割等领域应用频繁。无监督学习的实例，如对用户的消费行为数据进行聚类分析，发现不同的消费群体。

强化学习通过智能体与环境的交互，依据奖励反馈来学习最优行为策略，例如，以 AlphaGo 为代表的人工智能技术便是运用强化学习算法，通过大量的自我对弈，掌握复杂的围棋策略，战胜人类顶尖棋手。这彰显了强化学习在复杂决策任务中的强大能力。

（二）深度学习

深度学习起源于对人工神经网络的研究，是机器学习中一个极具活力的分支领域。早期受限于计算能力和算法理论，神经网络的发展较为缓慢，但随着计算硬件飞速提升和算法的不断创新，深度学习逐渐崭露头角。英裔加拿大科学家杰弗里·辛顿（Geoffrey E. Hinton）在 2006 年发表的相关研究成果，为深度学习的复兴奠定了基础，他提出了逐层初始化深度神经网络的方法，有效解决了深度神经网络训练困难的问题。2024 年诺贝尔物理学奖授予了杰弗里·辛顿和约翰·霍普菲尔德（Geoffrey E. Hinton & John J. Hopfield），以表彰他们通过人工神经网络实现机器学习的基础性发现和发明。

深度学习的核心技术围绕深度神经网络展开，其包含多个隐藏层，能够对数据进行逐层抽象和特征提取。其中，卷积神经网络（CNN）专门为处理具有网格结构的数据（如图像、音频）而设计。循环神经网络（RNN）及其变体长短期记忆网络（LSTM）和门控循环单元（GRU），则擅长处理序列数据，如自然语言处理中的文本、时间序列数据等。RNN 能够对序列中的元素进行顺序建模，但存在梯度消失或梯度爆炸问题，这些问题在反向传播过程中由于梯度逐渐减小或增大而产生。LSTM 和 GRU 通过引入门控机制，如 LSTM 中的输入门、遗忘门和输出门，以及 GRU 中的重置门和更新门，有效解决了长期依赖问题，使模型能够更好地捕捉序列中的长期信息。此外，生成对抗网络（GAN）由生成器和判别器组成，通过两者的对抗训练，生成器试图最小化判别器对其生成样本的判别能力，而判别器试图最大化对真实样本和生成样本的区分能力。这种对抗训练使生成器能够学习生成与真实数据相似的样本，在图像生成、图像修复、风格迁移等领域展现出独特的优势。除了上述网络，自编码器（autoencoder）、注意力机制（attention mechanism）和 Transformer 模型等技术也在深度学习中具有重要地位。常见的优化算法如随机梯度下降（SGD）、Adam 优化器，以及正则化技术如 Dropout 和 Batch Normalization，也在深度学习模型的训练和优化中发挥着关键作用。

（三）自然语言处理

自然语言处理（NLP）的发展经历了多个重要阶段，每个阶段都推动了技术的显著进步。最初，基于规则的方法主导了这一领域，研究人员通过手工编写语法和语义规则，试图让计算机理解和处理自然语言。然而，这种方法效率低下，且难以应对自然语言的复杂性和多样性，限制了其实际应用。随着统计机器学习的兴起，自然语言处理迎来了新的发展机遇。研究人员开始利用大规模语料库，通过统计模型学习语言的模式和规律。这种方法在词性标注、命名实体识别等基础任务上取得了显著成果，为后续的技术突破奠定了基础。

深度学习的引入为自然语言处理带来了革命性变革。基于神经网络的模型能够自动学习文本的分布式表示，从而更有效地捕捉语言中的语义和句法信息。特别是自注意力机制模型（Transformer 架构）的出现，成为自然语言处理领域的重大突破。Transformer 摒弃了传统的循环和卷积结构，采用自注意力机制，能够并行处理序列中的所有位置信息，极大地提高了模型的训练效率和性能表现。以 Transformer 为基础构建的预训练语言模型，如 BERT、GPT 等，在各种自然语言处理任务中展现出了卓越的能力，推动了技术的广泛应用。

在应用场景方面，自然语言处理成果丰硕。机器翻译领域借助深度学习模型，翻译质量大幅提升；在智能客服领域，自然语言处理技术使计算机能够理解用户问题并提供准确回答，显著提高了客户服务的效率和质量；在文本生成领域，自然语言处理同样取得了显著进展。以 GPT 系列模型为代表的生成式人工智能模型，能够进行高质量的文章创作、代码生成，甚至用于新闻报道和故事创作。

（四）计算机视觉

计算机视觉的发展始于 20 世纪 60 年代，最初的研究主要集中在简单的图像分析任务上，如字符识别和基本物体检测。受限于当时的计算资源和算法水平，处理能力较为有限。然而，随着计算机技术的飞速发展和数学理论的不断完善，计算机视觉的关键技术经历了显著革新。早期，传统算法依赖于手工设计的特征提取器，如尺度不变特征变换（SIFT）和加速稳健特征（SURF），这些方法在特定场景下取得了一定效果，但泛化能力较弱。深度学习的兴起彻底改变了这一局面，卷积神经网络（CNN）成为计算机视觉的核心技术。CNN 能够从大量图像数据中自动学习有效的特征表示，显著提升了图像分类、目标检测和语义分割等任务的性能。2012 年，AlexNet 在 ImageNet 大规模视觉识别挑战赛中首次采用深度卷积神经网络，以远超传统方法的准确率震撼了学术界和工业界，开启了深度学习在计算机视觉领域的广泛应用。随后，VGGNet、GoogLeNet 和 ResNet 等改进模型通过加深网络结构、引入 Inception 模块和残差连接等技术，进一步提升了模型性能。

计算机视觉技术已在众多领域得到广泛应用。在安防监控领域，其实时监测能力可用于异常行为检测，同时人脸识别技术为人员身份验证和追踪提供了有力支持。在自动驾驶领域，基于计算机视觉的环境感知系统通过识别道路、车辆、行人、交通标志和信号灯等，为车辆决策提供关键依据。在医疗领域，计算机视觉技术辅助医学影像分析（如 X 射线、CT 和 MRI），帮助医生检测疾病和识别病变区域，支持诊断决策。

（五）专家系统

专家系统（expert systems，ES）是一种基于人工智能的计算机程序，其目的是模拟人类专家的决策和问题解决过程，以提供高质量的建议或解决方案。专家系统通常用于解决那些专业领域内复杂的、需要高度专业知识的问题。它的核心思想是将专业领域的知识通过规则、推理机制等方式嵌入系统中，使计算机能够模仿专家的决策过程并作出合理的判断。

专家系统的设计目标是将人类专家的经验、知识和推理规则进行编码，使计算机能够“理解”并使用这些知识，进而解决复杂问题或提供建议。专家系统的结构通常由以下几个基本组件组成：一是知识库（knowledge base）。这是专家系统的核心，存储了该系统所需要的所有专业知识。知识库中的知识通常以规则的形式存在。除此之外，知识库还可能包括事实库（fact base），存储关于当前问题的具体事实。二是推理机（inference engine）。推理机负责从知识库中提取信息，并根据已知事实进行推理和推导。它采用推理规则来生成新的事实或结论，并最终给出解决方案。推理机可以采用“前向推理”（forward chaining）和“逆向推理”（backward chaining）两种主要的推理方法。三是用户接口

（user interface）。这是专家系统与用户之间的交互桥梁，负责接收用户输入的信息，并将系统的推理结果反馈给用户。四是解释器（explanation system）。其主要功能是向用户解释推理过程和得出的结论。五是知识获取模块（knowledge acquisition module）。该模块负责从专家或其他资源获取知识，并将其转换为计算机能够理解和处理的形式。知识获取是专家系统设计中的一个关键环节，通常需要通过专家访谈、文献资料、案例研究等方式进行。

专家系统的应用广泛，尤其在需要专业知识和高精度判断的领域，如医疗诊断方面，医疗专家系统能够帮助医生分析病人的症状、体征及检查结果，提供初步的诊断意见或治疗方案。故障诊断方面，在航空、汽车或计算机硬件等工业设备或复杂系统中，专家系统可以用来诊断故障，并给出修复建议。金融决策方面，在银行、证券、保险等行业，专家系统可以帮助企业进行风险评估、投资建议、信用评估等。

（六）机器人技术

人工智能的目标之一是赋予机器与人类类似的智能行为，而机器人技术则是实现这一目标的核心途径之一。通过机器人，人工智能技术不仅可以进行数据分析、决策推理、模式识别，还能在物理世界中执行任务、进行操作、互动。事实上，许多人工智能领域的技术，如机器学习、计算机视觉、自然语言处理、规划与推理等，正是机器人能够完成复杂任务的基础。

机器人技术是指利用各种技术手段，使机器人具备感知、决策、执行等能力，并能够完成特定任务的技术体系。机器人可以是完全自主的，也可以是由人类操作或控制的。一般来说，机器人系统包括以下几个主要部分：一是机械结构。机器人通常由多个机械部件组成，包括驱动系统、传动装置、传感器等，用于执行实际操作。机械结构决定了机器人的运动方式和灵活性。二是控制系统。这是机器人的“大脑”，负责处理传感器采集到的数据，并根据预设的任务或算法进行决策，控制机器人执行动作。

三是感知系统。感知系统使机器人能够感知周围环境的信息，如通过摄像头、激光雷达、触觉传感器等设备获取图像、距离、温度、压力等数据，从而作出相应反应。四是执行机构。执行机构是机器人完成实际动作的部分，包括电动机、气动或液压系统等，用于驱动机器人进行运动、抓取物体、施加力量等。

可以说，机器人技术这几大主要部分集成了人工智能的感知能力、决策和推理能力、学习和自适应能力、执行能力等多种关键能力。机器人技术应用广泛，涵盖了许多行业和领域：一是工业自动化。机器人最早的应用是工业自动化，尤其是在汽车制造、电子装配等领域。工业机器人能够进行焊接、搬运、喷涂、包装等高精度、重复性的任务，显著提高了生产效率和产品质量。二是医疗领域。医疗机器人包括手术机器人、康复机器人、护理机器人等。例如，达·芬奇手术系统（Da Vinci surgical system）可以帮助外科医生进行微创手术。三是服务行业。服务机器人在家居、教育、餐饮等行业开始广泛应用。

专栏2-2　人工智能技术的演变：通向更智能世界的7个阶段

人工智能未来发展的7个阶段：第1阶段——基于规则的系统。从商业软件和家用电器到飞机自动驾驶仪，这些系统是当今世界上AI最常见的表现形式。第2阶段——上下文感知保留系统。这一系统被应用在特定领域，它们接受了人类的知识和经验的培训，知识库可以随着新情况和新问题的出现而更新，最常见的表现形式包括聊天机器人和ChatGPT等。第3阶段——特定领域的专业知识系统。这些系统可以开发特定领域的专业知识，且这些专业知识已超出了人类的能力，因为他们可以访问大量的信息来作出每个决定，最常见的例子是谷歌DeepMind的AlphaGo。第4阶段——推理机器。这一系统能够模仿人类思维过程，解决复杂问题。因为它具有人类的“心理”的一些能力及精神状态的属性，有能力与人类和其他机器进行推理、谈判和互动。第 5 阶段——人工通用智能（artificial general intelligence，AGI）。这是许多人工智能领域要实现的基本的目标——创建具有人类智能的系统。即具备类似人类的通用智能，能够适应多种任务。第 6 阶段——人工超级智能（artificial super intelligence，ASI）。这是开发能够在每个领域超越最聪明的人类的 AI 的概念，即超越人类智能，能够解决人类难以解决的问题。第 7 阶段——奇点和超越。即 ASI 所实现的指数发展路径可能导致人类能力的大规模扩展。一些奇点的支持者，如雷·库兹韦尔（Ray Kurzweil）认为，我们可以在 2045 年看到奇点的发生，这是一系列科学和技术学科指数级进步的结果。

资料来源：Rohit Talwar et al. The Evolution of AI：Seven Stages Leading to a Smarter World [EB/OL]. Technology Magazine，2020－05－18.

第二节　人工智能技术的特征

人工智能技术，不少研究将其定义为一种通用技术（general purpose technologies，GPT），是继蒸汽动力、电力技术和信息技术之后，出现的具有跨时代意义的，会促使相关领域的技术发展，生产方式、服务模式等发生根本性变化的一种全新的通用目的技术。所以人工智能技术特征的核心是通用技术的特征。

一、运用的广泛性

布雷斯纳罕和特拉赫滕贝格（Bresnahan & Trajtenberg，1995）阐述了通用技术，对其基本定义之一是这一技术要得到广泛的运用。人工智能技术作为推动第四次工业革命进程的通用技术之一，具有广泛的应用潜力，并且能够在多个行业和领域中发挥作用。即人工智能技术不仅在单一领域内具有重要作用，而且能够为多个行业和领域带来变革和创新的技术。这类技术与蒸汽、电力和信息与通信技术（ICT）一样，具有很强的渗透性，同时会引发技术革命并带来技术—经济范式转变的基础（佩蕾丝，2007；Schwab，2016）。尽管受到当下人工智能技术成熟度、互补性投入和市场环境等多方面条件的限制，新一代人工智能在当下的应用范围还相对有限，但该技术的可扩展性和可持续性也体现了其通用性。随着 AI 算法的不断优化和计算能力的提升，AI 的应用范围将不断扩展，其会产生全局性的、长期性的变革潜力。

二、创新的互补性

通用技术核心特征还表现为可在应用技术领域实现创新，科伯恩等（Cockburn et al.，2019）更是认为人工智能是符合“发明方法的发明”（invention of a method of invention，IMI）的通用技术范畴。阿格拉瓦尔等（Agrawal et al.，2019）还将人工智能定义为相对于“常规的”GPT，是一种“meta－GPT”。一方面，人工智能技术作为一种元技术，能够生产新知识的技术，可以通过改善存量知识搜索过程、帮助识别和预测新知识组合等方式，缓解科研人员所面临的“知识的负担”，从而提升创新效率和整体技术水平；另一方面，人工智能技术作为一种底层通用技术，会产生诸多技术机会，一些动态互补性的创新和技术革新会不断涌现。

专栏 2－3　人工智能、科学发现和产品创新

MIT 的学者托纳－罗杰斯（Toner-Rodgers）在 2024 年撰写了一篇工作论文（working paper）论述了人工智能对创新的影

响，他研究了美国一家大型公司的研发实验室中 1018 名科学家在新材料发现技术中随机引入 AI 的结果进行分析的情况。研究表明，AI 辅助的研究人员在材料发现方面取得了显著进展，发现数量增加了 44%，导致专利申请量增加了 39%，并推动了 17% 的下游产品创新。这些新发现的化合物具有更为新颖的化学结构，这会推动更为激进的发明，说明 AI 可以推动创新的边界的扩展。

但 AI 在赋能科学发现和创新时也存在对不同生产力水平科研人员的影响差异：底部 1/3 的科学家几乎未受益，而顶尖科研人员的产出几乎翻倍。这表明 AI 与专业知识的互补性的重要性，即顶尖科学家能够利用他们的领域知识优先考虑有前景的 AI 建议，说明现阶段的 AI 并不能完全替代人类，而是与人类知识和决策能力相结合，才能发挥更大作用。

资料来源：Toner – Rodgers. Artificial Intelligence，Scientific Discovery，and Product Innovation [J]. arXiv preprint arXiv：2412. 17866，2024.

三、持续的迭代性

通用技术的要义之一是可以进行持续的技术改进（Bresnahan & Trajtenberg，1995），人工智能技术同样具有这样的性质，表现为其持续的迭代性，即人工智能技术不断地、逐步地进行改进和演化的过程。这种迭代性表现为 AI 系统和算法在经历多个版本更新和优化之后，性能、准确性和应用领域逐步提高，甚至在一些领域实现突破。具体表现为：一是算法持续改进和优化。如深度学习算法从最初的单层神经网络发展到深度卷积神经网络（CNN）、长短时记忆网络（LSTM）、自注意力机制（Transformer）等，这些都是 AI 技术不断演进的实例。二是计算能力持续增强。图形处理单元（GPU）和张量处理单元（TPU）等的出现，使深度学习等需要大量计算的模型训练变得可行。这些硬件技术的不断发展为 AI 模型的训练规模和速度提升奠定了硬件基础。三是用于可训练的数据大幅增长，数据的丰富性和多样性使AI能够从中学习到更多的特征，从而不断提高模型的精确度和适应性。四是跨领域应用和技术融合催生了新的创新和更多应用场景，从而带来底层通用技术的迭代和改进。

专栏2-4　运用在线招聘数据识别GPT技术

戈德法布、塔斯卡和特奥多里迪斯（Goldfarb，Taska & Teodoridis，2024）在《研究政策》（*Research Policy*）发表的论文中讨论了通用技术的识别问题，即延续布雷斯纳罕和特拉赫滕贝格（Bresnahan & Trajtenberg，1995）对通用技术的基本定义，通用技术有三个特点：广泛使用、创新潜力和应用行业创新。他们使用在线招聘信息数据，基于GPT上述三个特点对各类新兴技术进行测算并排名，一组相关技术，如商业智能（BI）、大数据、数据挖掘、数据科学、机器学习（ML）和自然语言处理（NLP）相对更有可能成为GPT。与罗森伯格（Rosenberg，1963）强调的观点一致，存在一组相关和重叠技术，这些技术组合起来会被广泛使用，且具有创新潜力，并在应用行业中展示其强大的变革力量。

资料来源：Goldfarb A.，Taska B.，Teodoridis F. Could Machine Learning Be a General Purpose Technology? A Comparison of Emerging Technologies Using Data from Online Job Postings [J]. Research Policy，2023，52（1）：104653.

四、技术的协同性和替代性

人工智能作为一种技术形态，一方面，它在生产过程中必须和其他要素相配合才能发挥作用；另一方面，这类技术的应用可以提高不同要素之间的配合度，降低摩擦成本（David & Wright，1999）。人工智能这类新技术可以提升各投入要素之间的协同效应，带来企业微观层面投入产出效率的提高和利润的增长，反映在宏观层面则表现为经济体全要素生产率的提高和 GDP 的增长（蔡跃洲和张钧南，2015）。

人工智能技术作为新一代信息技术，同样具备 ICT 的替代性特征。ICT 技术发展长期遵循“摩尔定律”（Jorgenson，2001），所以伴随着技术进步，ICT 资本价格会快速下降，这与其他资本相比存在明显的价格优势，即表现为企业发生人工智能技术替代非 ICT 资本的过程（蔡跃洲和付一夫，2017）。除此之外，人工智能技术核心特征之一是自动化技术，延续了自动化技术逐步实现劳动替代的长期发展趋势（Aghion et al.，2017）。进一步，不少研究认为人工智能技术和之前几次通用技术革命存在显著差别，不仅类似于之前技术革命后自动化对劳动的替代，而且更为重要的是机器学习等对人类智力的替代，其替代效应要远远超过补偿和创造效应（Autor，2015；Korinek & Stiglitz，2017）。

五、价值实现的滞后性

布雷斯纳罕（Bresnahan，2010）在《创新经济学手册》中论述“通用技术”时，表示前三大通用技术——电力、蒸汽动力和信息与通信技术都存在起初扩散缓慢，之后速度加快的创新扩散“S”形曲线典型特征。程文（2021）曾认为人工智能技术扩散和信息技术类似，存在三个阶段：识别与导入阶段、生产协同阶段和成熟阶段。鉴于通用技术扩散的典型特征和不断深入发展，这些具有广泛的潜在应用价值的通用技术，能够带来的影响是深远的。但这种技术创造和出现的时间点和它们能够给经济和社会带来全面影响之间的间隔时间却很长（Brynjolfsson et al.，2019），所以存在典型的“价值实现的滞后性”。原因在于这类通用技术一方面将新技术累积到足以产生总体效果需要时间，另一方面补充性投资对于实现新技术的全部效应是必要的，而发现和开发这些补充性项目，进行这些项目的投资和实施是需要时间的。

第三节 人工智能技术带来的“技术—经济”新范式

一、“技术—经济”范式理论

在通用技术研究领域，卡洛塔·佩蕾丝（Carlota Perez）在2002年出版的《技术革命与金融资本》（*Technological Revolutions and Financial Capital*）一书中把机械化、电子化和计算机化等技术体系的重大变革，称为“技术—经济范式的转变”。“技术—经济”范式的核心在于强调技术创新与经济发展之间存在着紧密联系。在特定的“技术—经济”范式下，主导技术的革新会引发生产组织方式、市场结构及社会经济关系的一系列调整。这种范式的更迭通常伴随着重大技术创新的诞生，进而推动经济发展迈向新的阶段。据此，根据佩蕾丝（2002）对技术革命（technological revolutions）的定义，技术革命是被定义为一系列相互关联的激进突破、形成相互依存技术的主要技术集群。从人工智能等数字通用技术来看，也属于典型的又一次技术革命。

技术革命存在技术变革的规律性。突破性的创新通常以最原始和基础的版本引入，一旦这些底层技术获得市场认可，并激发各类增量的互补性创新涌现，则技术变革的“逻辑曲线型”创新轨迹就会出现。对于人工智能技术来说，目前正以“元技术”呈现在整个经济社会，后续其技术自身持续演进及赋能到应用领域，即对人工智能技术和所应用领域的共同技术会引起社会收益增长，这种通用技术的外部性会引致以人工智能为核心的新技术体系的出现，形成的激进的技术集群将会是生产率长期增长及长期波动的根源（Marianna et al.，2022），所以人工智能技术带来的“技术—经济”新范式，首先表现为宏观层面，AI将会作为经济增长和效率提升的核心引擎。

佩蕾丝（2002）认为，在一次技术革命浪潮中，会产生一组协同作用、相互依赖的产业及一个或更多的基础设施网络。鉴于此，在中观层面，“技术—经济”新范式表现为，人工智能这一技术形成的诸多新产业的兴起，以及为传统产业技术改造带来的契机。另外，佩蕾丝（2002）曾总结了五次技术革命的主要产业和基础设施，强调基础设施是技术革命的一部分，其影响体现在塑造和扩展所有行业的市场边界。所以加快建设以“算力”和数据中心为核心的AI基础设施体系，是每组集群各类技术体系形成正反馈环路的重要助力。

进一步，技术革命浪潮会形成组织“常识”的改变，所以“技术—经济”范式是一种最佳的惯性模式，它是由一套通用的、同类型的技术和组织原则所构成，这代表着一场特定的技术革命得以运用的最有效方式（佩蕾丝，2020）。类似于蒸汽机革命带来了机械化生产组织、电力革命带来了规模化生产组织及信息革命带来了网络结构生产组织，所以人工智能技术跟以往几次技术革命类似，在微观层面，其集中体现为企业组织方式及与组织调整相关维度的数智化变革。

技术革命的巨潮不仅是技术革命及其范式在整个经济中得以传播的过程，以及带来生产、分配、交换和消费方法的结构性变化，而且技术革命会带来社会形塑，即在社会层面产生深刻的“质”的变化。同样AI给就业结构、伦理问题及社会公平与包容性发展也带来了前所未有的全方位冲击。

需要值得注意的是，佩蕾丝也强调，新的技术革命在一些技术方向、路径和底层逻辑上发生了根本性的变革，这便于新来者利用技术契机，所以一次“技术—经济”范式的转变为技术赶超打开了必要的机遇之窗。因此，在人工智能技术革命浪潮来临形成整个经济社会质变的机遇面前，培育和发掘AI通用技术并使之迅速扩散，就成为各国经济竞争的关键所在。

二、人工智能带来的“技术—经济”新范式

人工智能所具有的鲜明“技术—经济”范式特征及技术优势，能够从微观、中观和宏观多个层面带来“技术—经济”新范式，带来创新式发展的“技术—经济”新范式。

在宏观层面，人工智能带来“技术—经济”新范式表现在：首先，人工智能技术提高了知识生产的效率和质量。传统的知识生产依赖于人类的研究和经验积累，周期长且成本高。人工智能通过大数据分析、机器学习算法，快速挖掘海量数据中的潜在知识，极大地提高了知识生产的效率和质量。其次，人工智能技术的深度应用衍生了以智能制造为代表的新产业、新业态、新模式，开辟了多元投资主体投资的新通道，优化了社会投资结构，提高了投资效率。再次，人工智能技术的应用使个性化定制、网络化协同、服务型制造、远程化服务等新模式、新业态大行其道，有效满足了消费者的个性化需求，源源不断地激发和释放着社会消费需求潜力。最后，人工智能通过数字贸易，借助于跨境电商不断优化国内商品的生产和供给，可以带动更多企业深度嵌入全球价值链分工体系。

在中观层面，人工智能带来“技术—经济”新范式表现在：首先，人工智能从由算法和智能建模构成的基础支撑平台到由数据库构成的核心输出平台，形成以人工智能为核心的主导产业。随着其他产业应用需求的扩大，以人工智能产业为需求中心点延伸至旁侧相关产业，形成以人工智能为核心的主导产业乘数增长模式。其次，人工智能技术以乘数增长模式为基础，在每个环节对相关产业进行智能技术赋能，实现核心主导产业与其他产业的深度融合。最后，人工智能对经济体系中的潜在关联产业产生重要驱动作用，即产生“活化效应”，将人工智能技术纳入原有的生产模式和运行模式，产品和服务将作为关联产业生产链的上游要素，使其产业链下游得到系列创新和链式活化，提升各个环节

的附加值，引致经济实现新的增长。

在微观层面，人工智能带来“技术—经济”新范式表现在：首先，人工智能作为新一代信息技术的通用性目的技术，实现了由传统机械自动化向“智能自动化”的转型，形成了具有突出报酬递增效应的新型生产要素。其次，人工智能通过促使数字技术与劳动要素深度融合，优化了劳动力供给结构；通过提高生产过程的数智化水平，产生劳动替代和创造效应。再次，人工智能提升资本质量。人工智能在整个生产过程中可以实现技术的突破，并赋予资本要素倍增的力量，引起技术创新范式的变革和技术跨越式发展。最后，人工智能通过优化企业组织结构，可以实现扁平化、网络化、协同化转型发展，提高组织效率。通过智能自动化技术重构企业管理流程，可以提高企业管理效率。

本章小结

本章主要介绍人工智能技术元素构成、特征及带来的“技术—经济”新范式。广义人工智能技术由数据、算力、算法构成，数据是根基，算力是动力，算法是核心，三者相辅相成。狭义人工智能技术包含机器学习、深度学习等多种具体技术。人工智能技术具有运用广泛性、创新互补性、持续迭代性、技术协同和替代性、价值实现滞后性等特征。人工智能技术作为一种通用技术，正在引发“技术—经济”新范式。AI 不仅在“宏观—中观—微观”层面带来增长动力、产业结构和企业组织层面的颠覆性变革，而且会形成整个社会的形塑。但新的技术革命浪潮的来临，也为传统技术后发国家追赶和竞争带来了新机遇，培育和加速 AI 技术扩散成为各国竞争的关键所在。

关键概念

人工智能技术　算力　算法　通用技术　机器学习　互补性

技术　技术—经济范式

阅读文献

[1] 布朗温·H. 霍尔，内森·罗森伯格. 创新经济学手册（第二卷）[M]. 上海市科学学研究所，译. 上海：上海交通大学出版社，2017.

[2] 卡萝塔·佩蕾丝. 技术革命与金融资本 [M]. 田方萌，译. 北京：中国人民大学出版社，2007.

[3] 瑞·库兹韦尔. 奇点临近 [M]. 李庆诚，董振华，译. 北京：机械工业出版社，2011.

[4] 周志华. 机器学习 [M]. 北京：清华大学出版社，2016.

思考题

1. 简述广义人工智能技术的基本元素和构成。
2. 简述人工智能技术的特征。
3. 试述人工智能技术带来的“技术—经济”新范式。

第三章

人工智能与消费者行为

人工智能在创造巨大生产力的同时，也使消费关系呈现数字化、智能化特点。一方面，人工智能对消费决策、需求特征、需求函数等产生冲击，实现了消费方式精准个性化、用户中心化和人机交互化，改变了消费者福利；另一方面，也对消费者权益产生影响，包括信息泄露、算法歧视、隐私保护等方面问题，需要政府加强规制和治理。

第一节　人工智能对消费者行为的影响

一、人工智能对消费者决策行为的影响

传统消费行为理论认为，消费者在决策过程中会经历信息搜索、方案评估、购买决策和购买后评价等阶段。在信息搜索阶段，传统消费者主要依靠自身购物经验、人际传播及有限的市场信息来获取产品相关信息。这种消费信息获取方式存在诸多不足，如消费者根据个人经验难以覆盖市场上的多样化产品；人际传播具有较强的主观性；依托生产者广告和产品说明书，可能产生信息偏差。然而，人工智能极大改变了消费决策行为。人工智

能基本组成要素——数据收集和存储、统计和计算技术、输出系统——使产品和服务能够执行通常被理解为由人类进行智能和自主决策的任务（Agrawal，Gans & Goldfarb，2018）。购物平台依托人工智能算法，根据消费者购买的历史记录、浏览行为和人群特征等多维数据，可以为消费者精准推送产品信息。消费者购买决策的信息成本大幅降低，能够快速获取符合自身偏好的产品（Kaplan & Haenlein，2019）。例如，京东商城根据个人搜索记录和购买历史，向消费者推荐电子产品信息及智能客服系统的完善，极大降低了消费者获取产品的信息成本。

二、人工智能对市场供给端的影响

传统企业面向市场的供给决策主要依赖于经验判断或有限的市场调研。不过由于市场环境的动态变化，调研样本量和调研方法的制约，该决策模式难以反映市场真实的需求变化。同时，传统企业的生产过程依托工业流程的标准化、规模化生产降低成本，以获取市场价格竞争优势。然而，该模式难以满足消费者日益多样化和个性化的消费需求，消费需求的多样化极大提升了企业的生产成本、交易成本，制约了企业生产的规模经济效应。人工智能技术的发展不但实现了对消费者个性化需求的精准分析、对消费需求的精准洞察，而且通过向上游供应链、制造、研发设计等环节的渗透和延伸，推动了柔性生产模式的快速发展。人工智能推动传统生产模式变革，提升了生产多样化效率，降低了差异化成本。

其一，依托人工智能和工业互联网，能够实现生产制造环节的智能化和柔性化，可以根据消费者需求的个性化调整生产组织方式。人工智能技术可以通过处理客户过去的购买习惯和偏好，提供个性化服务和产品推荐，有助于提高自动化水平、降低成本、增加灵活性和简化客户交互（Ameen，Tarhini & Reppel et al.，2021）。例如，智能家居企业依托人工智能技术实现定制化生产，实现小批量、多品种、快速响应的生产模式，满足了家居产品的个性化需求。其二，人工智能技术具有强大的预测能力，企业可以依托大数据和人工智能技术预测产品需求，提升供应链的灵活性，降低库存成本。例如，阿里菜鸟物流平台依托强大的云计算技术实现了商品的实时监控和需求预测，从而提前调整库存分布和物流配送策略，降低库存成本和及时进行市场供应。

三、人工智能对市场需求端的影响

传统市场需求分析，主要基于总体消费群体特征进行分析，难以精准分析个体消费者的需求特征。人工智能、大数据技术能够使企业精准分析消费者需求特征，包括消费者偏好、消费习惯、消费能力等。主要表现在：第一，通过对消费者偏好的精准分析，企业能够充分了解消费者对产品功能、设计、品牌等方面的具体喜好，有助于开发出更符合市场需求的产品。第二，对于消费习惯的深入洞察，能让企业掌握消费者的购买频率、购买时间及购买渠道等关键信息，在此基础上优化销售策略。而对消费能力的准确评估，则有助于企业制定合理的价格策略，实现企业盈利能力和消费者支付能力之间的平衡。第三，通过精准分析消费者的需求特征，有利于企业制定精准的营销策略。例如，亚马逊的智能推荐系统通过分析消费者的购买历史，实现关联推荐，减少了消费者在海量产品信息中的搜索时间和精力，引导着消费需求。此外，人工智能和大数据技术的应用使产品价格信息更加公开透明，消费者能够低成本地比较不同企业的产品价格和质量。

四、人工智能对需求函数的影响

第一，传统消费需求函数主要依赖于产品价格、消费者收入水平及消费者偏好。人工智能和大数据技术对传统消费需求函数产生冲击，消费者对人工智能产品和服务的认知程度、数字技术素养等方面，都可能影响消费需求函数。

第二，传统消费理论通常假定消费偏好存在较强稳定性，主要受个体习惯、价值观和社会阶层等因素影响。人工智能技术和大数据的发展，对个体消费偏好产生影响，消费者依托大数据和人工智能分析，能够跟踪了解社会流行偏好，从而对自身消费行为产生影响。

第三，人工智能的个性化推荐和精准营销可提高消费者的边际消费倾向，使消费者在收入增加时，愿意更多地增加消费支出。人工智能算法通过不断向消费者推荐新颖的产品和服务，引导消费者尝试新的消费领域，从而激发新的消费需求，促进消费需求的个性化和多样化。

第二节　人工智能驱动下的消费者行为特征

一、数字时代与人工智能时代消费者行为特征的比较

数字时代与人工智能时代的消费行为既有相似之处，如在线消费、消费个性化等方面，但也存在显著区别。具体表现为：第一，信息获取方面。数字时代主要依靠电商平台、搜索引擎等获取商品信息，不过仍然需要自行筛选；人工智能时代依靠机器学习、大数据技术和算法推荐，通过实时分析海量数据，结合消费者信息，提供个性化推荐。第二，消费决策方面。数字时代消费决策主要依赖平台信息比较、社交媒体反馈等，消费者决策主体性较强；人工智能时代消费决策表现出更强的智能化，尤其是智能体的发展，能够依靠机器学习和预测技术，实现不依赖人类的自主决策行为。第三，消费行为个性化方面。数字时代消费个性化较为有限，主要依赖电商平台购物历史、交易记录，信息维度

较为有限；人工智能时代依靠大数据和机器学习技术，能够对交易记录、个性特征和群体特征等多维度信息进行分析，提供精准个性化的服务和推荐。第四，人机交互方面。数字时代人机交互依赖网页、App 等，主要基于预设规制，交互过程较为机械；人工智能时代人机交互呈现多模态特征，包括语音、文本、视频等，交互过程也呈现人机双向互动和动态特征，能够主动适应消费者需求和提供沉浸式体验等。

二、人工智能时代消费者行为的特征

（一）消费方式精准个性化和用户中心化

当前，大数据和人工智能浪潮推动了消费方式变革，精准个性化、用户中心化成为新的特征，对消费者行为模式和市场运行产生深远影响。精准个性化主要表现在依托人工智能和大数据技术，对消费者的购物记录、消费习惯、个人偏好和群体特征等多维数据进行深度挖掘和分析，实现智能化推荐。传统数字化消费方式虽然具有智能推荐的特征，但难以做到“千人千面”。机器学习算法具有较强的预测能力，大幅提升了消费需求预测能力和精准个性化水平。

同时，生成式人工智能技术使消费者具有了精准个性化主导权，他们不再是被动地接受供给方预先设定的推荐，而是能够依据自身的偏好和需求主动地塑造消费选择，具有了消费与创造的双重属性。这也有助于避免传统数字化消费方式智能推进产生的“信息茧房”效应。近年来，智能体技术为消费者视频、文本、音频和图片等方面内容创作赋予强大能力，用户成为自身需求的创造者，实现了用户中心化和消费需求精准个性化。例如，在视频创作方面，消费者依托先进的智能编辑工具，根据个人偏好和创意，便捷地进行剪辑、配乐和添加特效等操作，创作出极具个人风格和特色的视频作品，实现了消费者需求的个性化表达。

（二）消费场景虚拟上云化与人机交互化

人工智能背景下，消费场景呈现虚拟上云化与人机交互化特征，这些特征正在重塑消费模式。人机交互化是指通过生成式人工智能技术，实现人与机器之间的自然、高效互动，从而创造出新的消费场景；虚拟上云化则是指将产品和服务以虚拟化的形式呈现，并通过云计算等技术实现其在虚拟空间中的存储、传播和消费（陈思函和解学芳，2024）。随着生成式人工智能技术的发展，在文化消费领域，通过人机交互方式和虚拟上云化，使消费者参与到内容创作中，需求方兼具消费者和内容创作者的双重身份。这意味着消费者不再仅仅满足于现有产品的同质化供应，而是通过自身的参与和创作，塑造更贴合个人独特喜好和需求的文化体验，提升效用水平。新兴的人工智能人机交互功能可能会创造新的消费者 AI 体验（Puntoni et al.，2021）。

从经济学角度来看，消费场景的人机交互特征和虚拟上云化会产生多方面影响：一方面，降低了企业库存成本、物流成本和营销成本等；另一方面，有助于企业能够触达更广泛的消费群体，拓展市场边界。此外，消费者也能够享受到更便捷、丰富和个性化的消费体验，提高了消费者的效用水平。人工智能技术驱动的数智人能够读取并识别外界信息，根据解析结果生成相应的语音与动作，模拟人与人之间的自然交互。例如，腾讯云小微数智人主要是由人工智能所驱动的数智人，通过动作捕捉、二维/三维建模、语音合成等技术高度还原真实人类，打造出高度拟人化的虚拟数字形象，能像真人般与人互动沟通。目前，该解决方案已有大量案例落地，覆盖文旅、金融、政务、通信等行业领域，如中国国家博物馆首个虚拟数智人“艾雯雯”、敦煌莫高窟官方虚拟人“伽瑶”等①。

---

① 第一批全国智慧旅游“上云用数赋智”优秀解决方案简介［EB/OL］. 中国旅游新闻网，2023 - 10 - 23.

专栏 3-1 智能体的内涵、特征和影响

在当今科技飞速发展的时代，人工智能已成为引领创新的关键领域。而智能体作为人工智能的重要组成部分，正逐渐展现出其强大的能力和潜力。智能体的概念并非一蹴而就，其发展经历了长期的理论研究和实践探索。1996 年就有研究将智能体定义为智能且自主的决策者，这一早期定义为后续的研究奠定了基础。随着技术的进步，智能体的内涵不断丰富和深化。在计算机科学中，“agent”最初被译为“代理”，但随着新型 AI 技术的革新，其含义已超越了简单的代理角色。如今的智能体不再仅仅是执行预定任务的程序，而是能够拥有自主意识和自主行为的具有哲学内涵的实体。这意味着它们不仅受外部环境的影响，还同时受内在意志和目的的驱动。正因如此，“智能体”这一译法已被广泛接受。

智能体能够感知环境并对其进行理解和推理，从而作出决策并制订计划，继而采取行动。智能体的主要特性可以概括为：(1) 自治性。智能体具有独立运作的能力，能够根据预设的规则和算法，在没有人类持续指导的情况下，自主地处理各种情况。(2) 感知环境、洞察事物。智能体通过传感器等设备感知环境中的信息，可以从物理世界、传感器或其他数据源中获取。它们能够对收集到的数据进行分析和理解，从而洞察事物的本质和规律。(3) 做决策。智能体使用算法和决策过程来分析信息，能够综合考虑各种因素，权衡不同行动的利弊，从而作出明智的决策。(4) 适应性。许多智能体具备适应环境变化的能力。它们可以从经验中学习，根据反馈、强化或接触新的数据相应地调整其行为和提升自身能力。(5) 目标导向性。智能体通常由特定的目的或目标驱动，努力实现特定的成果。其行动始终与预定目标保持一致，确保所有的决策和行动都有助于目标的达成。(6) 互动性。智能体的人机互动性指的是人类与智能体之间进行信息交换、理解和协作的能力和过程。

随着人工智能技术的发展和应用，智能体已经在多个领域被应用。类似于 Siri 或 Google Assistant 等早期人工智能虚拟助理，到 Bard、ChatGPT、文心一言、豆包、DeepSeek 等聊天机器人，从制造到医疗保健等各种环境中执行任务的机器人，根据用户偏好推荐产品、内容或服务的个性化推荐系统等。智能体可以按照设计、目标和应用场景，执行各种不同的任务，它们至少会致力于以下几个方面的工作：一是提供帮助和建议。通过分析大型数据集、识别模式并帮助生成见解；根据用户的偏好、行为或历史交互提供建议；通过评估不同的场景协助解决各个领域的问题，如教育、金融、物流、医疗保健。二是促进沟通与互动。与其他智能体的合作与交流，可以相互协作以实现共同的目标，并提升多智能体系统的效应。三是监测环境确保安全。通过感知和监测内部与外部的环境，能对情绪、健康、生态等较好地了解和把握。

资料来源：陈昌凤．智能平台兴起与智能体涌现：大模型将变革社会与文明［J］．新闻界，2024（2）：15－24，48.

第三节　人工智能与消费者福利

人工智能正以前所未有的速度渗透到经济的各个领域，深刻改变着企业决策行为。通常，技术变革会通过流程创新（降低生产的边际成本）或产品创新（提升需求）来影响企业价格和产量决策。绝大多数情况下，这类创新应用对企业和消费者都有益处，尽管也存在例外（Bryan & Williams，2021）。人工智能作为通用技术确实像传统技术一样影响企业决策行为。现有研究通常将人工智能等同于任务自动化（Acemoglu & Restrepo，2018，2020），可视为一种标准的流程创新。然而，将人工智能应用等同于自动化的倾向掩盖了一个事实，即人工智能最新进展主要集中在机器学习方面，算法改进、算力提升和大数据使得预测成本显著降低或预测质量更高（Gans，2022b）。

人工智能技术通过收集消费者交易行为大数据集，使用机器学习等方法构建更复杂的多特征需求预测模型，有助于企业在作出关键的价格和产量决策之前，更精确、更提前地预测需求。而这些决策不仅直接关系到企业的盈利能力，还对消费者福利和社会总福利有着广泛影响。本节聚焦于垄断市场环境，研究企业采用人工智能预测需求后，在价格、产量决策上的变化，以及这些变化对企业利润、消费者福利和社会总福利产生的影响。本节内容引自甘斯（Gans，2022a）探讨垄断市场情境下人工智能需求预测对消费者福利影响的理论模型。

一、完全信息基准（C）

为了准确评估垄断企业在不同信息条件下的决策效果，我们设定一个完全信息的基准情境。假设垄断企业在进行价格和产量决策之前，能够确切知晓需求参数 θ 的具体取值。在这种理想情况下，对于非耐用品的需求函数设定为 $Q=D(P,\theta)$，进一步假设需求为线性形式 $Q=\theta-P$，其中 θ 为不确定的截距，取值为 1 或 2，$\theta=1$ 的概率为 $\rho<1$。

基于上述设定，垄断企业的最优决策为：价格 $P^*(\theta)=\frac{1}{2}(\theta+c)$，产量 $Q^*(\theta)=\frac{1}{2}(\theta-c)$，利润 $\pi^*(\theta)=(P-c)Q=\frac{1}{4}(\theta-c)^2$。从这些表达式可以看出，企业根据需求参数 θ 和单位成本 c 来确定最优的价格和产量，以实现利润最大化。

在消费者福利方面，消费者剩余 $CS^*=\rho\frac{1}{2}[1-P^*(1)]^2+(1-\rho)\frac{1}{2}[2-P^*(2)]^2=\frac{1}{8}[(2c-3)\rho+(2-c)^2]$。生产者剩余 $\overline{\pi}^*=E[\pi^*(\theta)]=\rho[P^*(1)-c][1-P^*(1)]+(1-\rho)[P^*(2)-$

$c][2-P^*(2)]=\frac{1}{4}[(2c-3)\rho+(2-c)^2]$。总剩余为 $TS^*=\frac{3}{8}[(2c-3)\rho+(2-c)^2]$。这些结果为后续分析提供了重要的参照标准。

二、需求不确定下的决策（U）

当垄断企业在决策时无法确切知晓 θ 的取值，即面临需求不确定性时，企业的决策变得更加复杂。此时，企业需要在价格和产量的选择上进行权衡，以应对可能出现的库存过剩或短缺情况。

企业的决策目标是求解：

$$\max_{P,Q} P\min\{Q,\ E_\theta[D(P,\ \theta)]\}-cQ$$

这一问题最早由米尔斯（Mills，1959）进行分析。在这种情况下，企业决策可能出现两种类型的误差：一是库存过剩（surplus：unsold inventory），用 $I(P,\ Q)=\rho(1-P-Q)$ 表示，即当实际需求低于预期产量时，会产生未售出的库存；二是短缺（shortage：missed sales），用 $S(P,\ Q)=(1-\rho)[Q-(2-P)]$ 表示，意味着实际需求高于预期产量，导致丧失部分销售机会。

基于这两种误差，企业的预期利润为：

$$PQ+PI(P,\ Q)-cQ=PE_\theta[D(P,\ \theta)]+PS(P,\ Q)-cQ$$

米尔斯（1959）在更一般的需求假设下证明了 $\hat{P}U\leqslant E_\theta[P^*(\theta)]$，$\hat{Q}U\geqslant E_\theta[Q^*(\theta)]$ 且 $\hat{\pi}U\leqslant E_\theta[\pi^*(\theta)]$，这表明在需求不确定的情形下，企业的决策会偏离完全信息下的最优决策，导致利润降低，同时平均价格上升、产量下降。

在线性需求的特定情形下，通过进一步分析可以得到更深入的结论。定义 $\Phi(c)$ 为使不确定情形下预期利润等于 $\pi^*(1)$ 的 ρ 水平，经推导 $\Phi(c)=c+2-\sqrt{c(c+6)+1}$，并且 $\Phi(c)$ 随着 c 增加而减小，$\Phi(0)=1$，$\Phi(1)\approx0.17$。

根据 $\Phi(c)$ 与 ρ 的大小关系，企业的决策结果有所不同：

若 $\rho>\Phi(c)$，$\hat{P}U=P^*(1)$，$\hat{Q}U=Q^*(1)$，$\hat{\pi}U=\pi^*(1)$，此

时消费者剩余为 $CS_U \in \left[\frac{1}{2}Q^*(1)^2, \frac{1}{2}(\rho+2(1-\rho)-P^*(1))Q^*(1)\right]$。这是因为当 ρ 较大时，低需求状态发生的概率较大，企业为避免库存积压，选择保守的价格和产量策略，以确保在低需求情况下也能获得一定利润。

若 $\rho \leqslant \Phi(c)$，$\hat{P}U = \rho P^*(1)+(1-\rho)P^*(2)$，$\hat{Q}U=\frac{1}{2}(2+\rho-c)$，$\hat{\pi}U=\pi^*(2)-\frac{1}{4}\rho(2c-\rho+4)$，消费者剩余为 $CS_U=\frac{1}{2}[\rho(1-P^*(1))+(1-\rho)(2-P^*(2))]\hat{Q}U$。在该情形下，企业考虑到高需求状态也有一定可能性，会适当调整价格和产量，但需要平衡库存成本和潜在的销售损失。

三、两种决策情境下的比较与分析

通过比较完全信息（C）和需求不确定（U）两种情境下的决策结果，可以清晰地发现需求不确定性对企业决策产生了显著影响。在完全信息条件下，企业能够精准匹配生产与需求，实现利润最大化和资源的有效配置；而在需求不确定时，企业为应对不确定性带来的风险，不得不作出妥协。例如，当 $\rho > \Phi(c)$ 时，企业选择较低的产量和价格，虽然可以避免高成本的库存积压，但可能会错失高需求时的潜在利润；当 $\rho \leqslant \Phi(c)$ 时，企业试图在高低需求之间寻找平衡，但仍然无法达到完全信息下的最优利润水平。这种差异充分体现了信息在企业决策中的关键作用，也为后续分析人工智能技术如何改善企业决策奠定了基础。

四、人工智能应用对垄断企业利润及福利的影响

（一）人工智能预测的基本假设与模型设定

在探讨人工智能对垄断企业的影响时，假设人工智能能够对

需求参数 θ 进行完美预测，并且这一预测结果在企业进行价格和产量决策之前就能够获取。这一假设为分析人工智能在理想情况下对企业决策的影响提供了一个基准。在实际应用中，虽然人工智能预测难以达到完美的程度，但这一假设有助于清晰地揭示人工智能预测对企业决策的潜在影响机制。

（二）人工智能应用对企业利润的影响

基于上述假设，采用人工智能后企业的利润变化为：

$$\pi^* - \hat{\pi}U = \begin{cases} (1-\rho)\dfrac{1}{4}(3-2c) & \rho > \Phi(c) \\ \rho\dfrac{1}{4}(1-\rho+4c) & \rho < \Phi(c) \end{cases}$$

从该式可以看出，无论 $\Phi(c)$ 与 ρ 的大小关系如何，采用人工智能都能够增加企业的利润。

当 ρ 相对较高时，在需求不确定的情况下，企业为规避风险，往往选择较低的价格和产量，导致在高需求状态下（$\theta=2$ 时）放弃了部分潜在利润。而人工智能的应用使企业能够准确预测需求，从而在高需求时提高价格和产量，获取更高的利润，此时人工智能的收益为 $(1-\rho)[\pi^*(2)-\pi^*(1)]$。例如，在某垄断行业中，当市场需求不确定性较高且高需求发生概率较低时（高 ρ 情况），企业原本保守经营，采用人工智能后能够及时调整策略，抓住高需求时的盈利机会，显著提升利润。

当 ρ 相对较低时，企业在需求不确定时会选择较大的产量以应对可能的高需求，但这也带来了较高的成本。人工智能的应用使企业能够更精准地预测需求，从而合理降低产量，节约成本，并且在不同需求状态下优化价格策略，进而提高利润，此时人工智能的收益随着单位成本的增加而增加。以另一个垄断企业为例，在市场需求不确定性较低且高需求发生概率较高时（低 ρ 情况），企业原本大量生产以满足可能的高需求，采用人工智能后可根据预测精准生产，从而降低成本，实现利润增长。

（三）人工智能应用对消费者福利的影响

人工智能应用对消费者福利的影响较为复杂。从整体上看，采用人工智能后消费者剩余会下降，即 $CS^{*} - CS_{U} < 0$。

当 ρ 相对较高时，在需求不确定的情况下，虽然企业的价格和产量较低，但消费者能够从需求增加中获得一定的福利提升。而采用人工智能后，当 $\theta = 2$ 时，企业会提高价格和产量，消费者在高需求时面临更高的价格，导致消费者剩余减少。例如，在一些季节性需求明显的垄断市场中，高 ρ 意味着淡季需求占比较大，企业在淡季定价较低，消费者受益；采用人工智能后，旺季时价格上涨幅度较大，消费者剩余降低。

当 ρ 相对较低时，在需求不确定的情况下，企业较高的产量使消费者在高需求时能够以相对较低的价格购买到更多商品，从而增加了消费者剩余。然而，采用人工智能后，企业会根据精准预测调整产量和价格，高需求时价格的提升幅度可能超过产量增加带来的福利改善，导致消费者剩余仍然下降。比如，在新兴电子产品的垄断市场中，低 ρ 表示产品需求增长可能性大，企业前期大量生产压低价格，采用人工智能后，价格提升且产量调整幅度有限，消费者剩余减少。

（四）人工智能应用对社会总福利的影响

从社会总福利的角度来看，采用人工智能后总剩余会增加。这是因为人工智能的应用提高了企业的生产效率，使企业能够更精准地匹配生产与需求，减少了资源的浪费。虽然消费者剩余有所下降，但企业利润的增加幅度超过了消费者剩余的减少幅度，从而使社会总福利得以提升。例如，在某些资源稀缺的垄断行业中，人工智能帮助企业优化生产和定价策略，减少了不必要的生产损耗，尽管消费者在价格上的支出有所增加，但整体社会资源的利用效率提高，总福利得以改善。

第四节　人工智能与消费者权益

人工智能是把“双刃剑”，其在提升消费服务效率的同时，也加剧了信息泄露、数据安全、算法歧视等方面问题。为构建人工智能时代的良性消费生态，一方面，应提升消费者权益保护意识；另一方面，政府应规范企业信息收集和使用秩序，提升法律规制水平。

一、消费者信息泄露

信息经济学理论认为，消费者倾向于隐藏支付意愿，企业隐藏产品信息，消费者和企业之间的信息不对称将影响交易效率。随着大数据和人工智能技术的发展，企业收集、存储和使用消费者交易行为数据的成本快速下降。依托生成式人工智能技术和大数据，企业能够预测消费者行为，降低信息不对称对交易效率的影响。不过，由于消费者交易数据的持久性、使用的不确定性特征，消费者隐私和数据安全风险真实存在。

（一）交易行为与信息泄露

个人交易行为、支付信息被数据化后，一方面，有利于消费方式的精准个性化；另一方面，也易产生身份盗用、敲诈、勒索等方面的数据不当使用（Du & Xie，2021）。随着数据采集、存储、处理和使用的成本急剧降低，数据将无限次重复使用，即数据信息具有持久性。大量交易行为数据提升了数据市场价值，平台型企业倾向于过度收集数据，增加了信息泄露风险。数据在交易行为完成后，能够长期储存，消费者难以控制未来数据的交易、使用，这也增加了数据泄露风险。因此，人工智能可能会鼓励企业侵入性地使用数据，诱使企业秘密地放弃其在数据安全方面的承诺。例如，2024 年 6 月，黑客组织“闪耀猎手”（Shiny Hunters）在黑客论坛上以 50 万美元出售票务巨头票务大师（Ticketmaster）的客户数据，数据总量高达 1.3TB，涉及 5.6 亿用户，包括用户全名、电话、地址、订单详情乃至信用卡关键信息。[①]

大数据、人工智能给消费者带来三个方面的问题：在交易完成之后，卖家最初比买家拥有更多关于未来数据使用的信息；卖家不需要完全将对消费者的潜在损害内化，因为无法将损害追溯至数据采集者；卖家在采集数据时可能承诺对消费者更为友好的数据政策，但在事后却会食言，因为事后很难发现和惩罚这些行为。这三者都会导致不负责任的数据采集、数据存储和数据使用（Ginger，2018）。

（二）数据训练与信息泄露

数据、算法和算力是人工智能发展的基础，数据规模和质量决定了大模型的效果和性能。人工智能训练数据集存在未经许可使用作品的风险。例如，2024 年 6 月，美国唱片业协会（RIAA）代表三家大型音乐出版商索尼音乐、环球音乐集团（UMG）及华纳音乐，发起对音乐 AI 公司乌迪奥（Udio）和苏诺（Suno）的诉讼。该协会指控两家音乐 AI 公司使用唱片公司的录音来训练音乐 AI 大模型，并称他们在训练数据中“以几乎难以想象的规模”使用了受版权保护的音乐，使人工智能模型能够生成“模仿真实人类唱片质量”的歌曲。[②] 同时，人工智能需要大量使用个人信息特征数据训练模型，例如，人脸识别信息、个人行踪轨迹、交易记录信息、医疗信息等。如果人工智能大模型在数据训练过程中，未经个人同意，擅自存储、传输和删除个人信息

---

① 吕辉，刘海亮．基于双层国密加密的 EDA 安全存储应用建设方案［J］．中国集成电路，2024（10）：15－24，48.

② 美三大唱片巨头联合起诉两家 AI 公司：非法使用版权音乐训练大模型［EB/OL］．凤凰网，2025－04－13.

数据，将产生个人信息安全风险。

二、人工智能与隐私治理

（一）算法偏见与算法歧视

人工智能依托数据、算法和大模型技术，能够对个体交易行为进行预测和精准匹配，一方面，提升了消费者福利水平；另一方面，也存在算法歧视，产生算法黑箱导致新的信息不对称问题。算法歧视在人工智能应用中普遍存在，算法歧视源于多种因素：训练数据的偏差、模型设计的缺陷或开发者的固有观念等方面。具体来看，人工智能可能带来以下算法歧视问题：一方面，人工智能算法设计者选取的训练数据不一定是反映总体特征的无偏样本数据，可能存在数据选择偏差，进而将其主观偏见带入算法系统；另一方面，现实世界中客观存在着各种形式的歧视，如种族歧视、性别歧视和群体歧视等，现实世界的数据输入算法后也会附带这些特征，算法便自动“继承”了这些偏见（洪永淼和史九领，2024）。比如，在信用评估、贷款审核等领域由于算法偏见，降低了弱势群体的信贷得分，导致部分群体无法获得金融服务；在招聘领域，人工智能算法易作出歧视女性和年龄等决策。算法歧视加剧了传统社会偏见，损害了消费者正当权益和市场公平性。

虽然消费者希望企业拥有能够允许他们更好地匹配其水平差异偏好的信息，但他们并不希望企业拥有能够获取其支付意愿的信息（Varian，1996）。从企业角度看，由于人工智能提高了数据的预期价值，企业更希望采集、存储和积累数据，而消费者隐私和数据安全风险是真实存在的。例如，各种类型 App 倾向于过度收集消费者人脸特征、指纹、位置、手机号码等个人信息。从消费者角度看，应主动学习和了解消费者权益保护，积极维护自身享有的公平交易权、赔偿权、知情权、选择权和个人信息安全保障权等权利，识别消费陷阱和诈骗行为（夏杰长和李勇坚，2024）。从政府角度看，应强化对平台企业收集个人信息方面的监管，减少不必要的信息收集，加快信息治理体系和治理能力建设。

（二）数据安全与法律规制

人工智能能够快速发展与广泛应用的重要驱动因素是“数据爆炸”。为实现消费方式精准个性化，人工智能系统需要大量消费者的多维特征数据，而这些数据包含大量个体消费者信息。如果平台型企业在开发训练数据集过程中，未经消费者同意或者违反法律的规定，擅自收集、存储、使用或传输这些数据，就可能构成对个人信息的非法获取。如何应对人工智能大模型训练可能存在的法律风险，现有的法律规则虽然也作出了回应，但是从实际情况来看，现有规制框架主要是由前人工智能时代的法律规则构建的，其制度设计主要以传统工业社会为模板，已难以适应人工智能时代的规制需求（张涛，2024）。对于人工智能技术所引发的复杂问题，如算法偏见、数据隐私保护等，缺乏明确规定。在确定违法责任主体方面，当消费者因人工智能算法决策而受到损害时，也难以明确是算法开发者、数据提供者、大模型训练者还是算法使用者应承担主要责任。为应对人工智能技术发展对消费者产生的风险与挑战，需要在权益维护和技术创新之间实现平衡。

在应对消费者隐私和数据安全方面，各国在监管实践方面存在较大差异。例如，欧盟倾向于将隐私和数据使用同“财产权”相联系，2018 年生效的《通用数据保护条例》要求数据处理必须在充分知情的前提下获得数据主体的明确同意，承认个人具有数据访问、使用、删除权利，对违规行为设定高额罚款。美国尚无全国层面个人数据保护法。中国政府先后出台的《中华人民共和国网络安全法》《中华人民共和国数据安全法》《中华人民共和国个人信息保护法》等法律制度，旨在支持数据开发利用和数据安全技术研究，鼓励技术创新和商业创新，强调数据分类分级保护制度，对重要数据进行严格管理。

本章小结

伴随着人工智能技术的广泛应用，也使消费关系呈现数字化、智能化特点。首先，人工智能对消费者行为产生了广泛影响，包括人工智能依托大数据分析极大改变了消费决策行为，实现了通常被理解为由人类进行智能和自主决策的任务；人工智能技术不仅实现了对消费者个性化需求的精准分析，而且通过向上游供应链、制造、研发设计等环节渗透和延伸，推动了柔性生产模式和组织方式变革；人工智能、大数据技术能够使企业具备精准分析消费者需求特征的能力，包括消费者偏好、消费习惯、消费能力等；人工智能和大数据技术对传统消费需求函数产生冲击，消费者对人工智能产品和服务的认知程度、数字技术素养等方面，都可能影响消费需求函数。其次，大数据和人工智能浪潮推动了消费方式变革，人工智能时代消费行为呈现与数字时代不同的特征，消费方式具有了精准个性化、用户中心化、虚拟上云化和人机交互化的新特征。再次，人工智能技术通过收集消费者大数据集，并使用机器学习等方法构建了更复杂的多特征需求预测模型，有助于企业在作出关键的价格和产量决策之前，更精确地预测需求，从而对消费者福利产生显著影响。最后，人工智能在提升消费服务效率的同时，也加剧了信息泄露、数据安全、算法歧视等方面的风险，需加强政府规制，以实现消费生态和消费者权益之间的平衡。

关键概念

消费方式精准个性化　消费方式人机交互化　智能体　消费者福利　消费者权益　信息泄露　算法歧视

阅读文献

［1］阿贾伊·阿格拉瓦尔，乔舒亚·甘斯，阿维·戈德法布．人工智能经济学［M］．王义中，曾涛，译．北京：中国财政经济出版社，2021.

［2］Joshua S. Gans. AI Adoption in a Monopoly Market［R］. 2022a，NBER Working Paper No. 29995.

［3］Joshua S. Gans. AI Adoption in a Competitive Market［R］. 2022b，NBER Working Paper No. 29996.

思考题

1. 人工智能对消费者行为的影响有哪些方面。
2. 比较分析数字时代和人工智能时代的消费者行为特征。
3. 如何理解人工智能预测能力提升对消费者福利的影响。
4. 人工智能对消费者权益的影响及对策。

第四章

人工智能与企业行为、组织变革

当前新一轮科技革命方兴未艾，以数据、算力和算法为核心的人工智能技术迅速崛起，人类社会逐步迈入数智时代。由于人工智能具有通用性“技术—经济”特征，作为经济活动的基本单元，企业的生产经营行为、组织结构框架及资源管理模式等方面都可能受到深刻影响。

第一节　人工智能对企业行为的影响

从理论视角上分析人工智能对企业生产经营的影响，必须基于人工智能的技术特征和应用场景形成对企业内部决策、风险管理、效率优化等多个方面的综合考量。本节重点介绍人工智能对企业行为的影响，首先从人工智能的数据驱动特征角度出发分析其对企业决策过程的影响，其次则介绍了人工智能的风险管理和风险控制功能，最后则分析了人工智能对企业行为的具体影响。

一、人工智能对企业决策的影响

在数字经济时代下，数据资源已经成为新型的生产要素，蕴含丰富的社会价值。基于其非竞争性、易复制性与要素协同性等特征，数据要素对经济运行的各个环节产生了深刻影响，并将推动经济向高质量发展模式转变。而人工智能技术则具有显著的数据驱动特征，大规模、高质量、多模态的数据集能有效提高多模态人工智能模型能力，并推动人工智能向可扩展、多任务智能的演变，有助于实现重点行业和企业的转型升级及效率提升。

作为企业生产经营管理的核心内容，企业决策对企业的战略方向、运营效率和成果均会产生显著影响。随着数字技术在经济社会的应用普及，数据已成为企业强有力的辅助工具，帮助其优化决策过程和结果。越来越多的企业管理者也将数据要素视为自身价值创造和竞争优势的重要来源。丰富的企业决策数据与大数据利用能力的提高，能够帮助企业快速获取市场信息，掌握市场动向，进而辅助管理者在生产经营相关环节进行环境决策时形成正确的判断，扩大企业的市场规模，拓宽企业的发展前景（余传鹏等，2024）。

而人工智能技术则能为企业提供更高效的数据处理和分析方法，以及更精准的数据反馈和评估机制，辅助企业开展决策。一方面，大模型等人工智能技术凭借其数据分析能力降低企业决策成本与风险，拓展了企业的决策思路；另一方面，依靠其学习能力，人工智能能够基于企业内外部环境信息和生产经营相关数据不断创新知识并迭代算法，减少人类经验判断所造成的偏差（宋华等，2024）。具体而言，在生产领域，人工智能可以通过算法实现生产计划和自动化控制的优化，提高生产线的灵活度。在供应链领域，人工智能通过大数据分析，能够优化物流和库存管理，提高企业对市场需求响应的灵敏度（习明明和李婷，2024）。在企业投融资领域，人工智能则会对企业的进入退出计划、并购行为和融资模式产生影响（Yao et al.，2024）。

二、人工智能对企业风险管理和控制的影响

随着宏观经济的不断波动及经济逆全球化趋势的加剧，市场环境的多变性、不确定性、复杂性和模糊性（VUCA）特征凸显并已成为经济发展常态，金融、气候、政治等领域的风险均会直接影响企业的生产经营行为，导致企业资产价值下降、产品销售受阻、生产中断等负面后果，并且也会沿着供应链、产业链进行外溢，扩大风险的影响范围，阻碍经济正常运行。因此，加强对企业风险的识别、控制及有效管理对于企业生产经营稳定、供应链高质量发展实现具有重要现实意义。

在数字经济时代，人工智能等数字技术的快速发展为企业风险管理和供应链韧性塑造提供了新思路。

1. 提升风险识别能力

以人工智能为代表的数字技术能够帮助企业深化对内部运营流程与外部市场需求的理解，同时其数据分析和信息处理能力能够帮助企业尽快识别风险并作出决策，提高企业的风险应对能力。

2. 增强抗风险能力

基于人工智能算法的企业管理应用，能够实现对企业关键环节的实时监测，推动企业内部控制由事后应对向事前预防和事中控制转变，有效提升企业内部控制的效率与准确性，从而增强企业的抗风险能力。

3. 缓解信息不对称

人工智能技术的应用能够畅通企业内部信息流转，提高企业信息生成与披露质量，减少了企业信息不对称，有效缓解可能存在的“委托—代理”冲突，稳定企业正常经营。此外，信息不对称程度的降低能够有效减弱企业短期债务融资动机，缓解企业投融资期限错配，进而降低企业运营风险与投资风险（何青等，2024）。

供应链韧性是衡量供应链稳定性及风险应对能力最重要的指标，具体而言，供应链韧性的内涵包括供需匹配优化、供需关系维持、供应质量提升三个相互关联且递进的层次①，人工智能则在上述三个方面均有显著作用。

1. 促进信息交互

人工智能技术能够帮助企业快速准确鉴别与分析海量供应链信息，识别潜在客户与供应商，并将价值信息有效传递给客户与供应商，促进双方的信息交互。并且，人工智能的技术特点能够帮助企业跨越时空界限，拓宽客户和供应商规模，优化供应链上的供需匹配关系。

2. 强化信息溢出

人工智能技术的引入能够有效改善信息环境，强化客户和供应商企业之间的信息溢出。有利于激励供应商和客户之间的高度协同，保持供应链内供需关系稳定。

3. 优化供应链运营流程

人工智能在帮助管理人员持续优化供应链运营流程方面具有显著作用。并且相关数字技术在供应链上的传递进一步巩固了供应链关联主体的创新网络支撑，促进了供应商和客户间的知识互补，进而有效实现供应质量的提升。

三、人工智能对企业生产经营的影响

人工智能作为一种革命性的通用技术，能够帮助企业打破原有操作模式的局限并优化资源配置，进而对企业生产经营的各个具体流程产生深刻影响。具体而言，人工智能技术能够有效提高企业的生产效率，激发企业的创新动力，优化企业劳动力结构并推动企业向可持续、高质量发展模式转变。

---

① 陶锋，王欣然，徐扬，等．数字化转型、产业链供应链韧性与企业生产率［J］．中国工业经济，2023（5）：118－136.

人工智能对企业生产效率的影响首先直接表现为企业的全要素生产率的提高。人工智能高技术、强创新及智能化的特点能够有效改变企业的生产方式，优化企业的生产流程，实现企业传统生产过程的智能化、自动化转型，进而提高企业的生产效率。其次，以人工智能技术为基础的设计工具能够精确模拟仿真产品的物理参数，帮助企业创建新产品。并且借助人工智能技术，企业能够有效收集并分析市场需求，更好地满足消费者日益个性化的需求（Babina et al.，2024），实现企业生产的供求匹配。最后，借助人工智能技术，企业可以优化现有的定价和库存策略，及时调整自身的生产计划以减少可能的库存积压和生产浪费。

在创新领域，通过自动化的知识提取和更新，人工智能能够扩充企业知识储备，并帮助企业整合梳理现有知识库，进而推动企业创新水平的提高。

（1）人工智能技术应用通过处理分析各领域的海量数据，整合企业异质性知识并促进企业知识多样性提高，为企业跨领域创新提供知识基础。

（2）针对不同应用场景的人工智能工具能够帮助企业突破传统操作模式的局限，打破组织的路径依赖，推动前沿式创新的产生。

（3）基于逻辑或学习的人工智能技术应用通过更加精准的资源分配，持续优化企业的内部资源配置，从而为企业创新活动的开展提供资源基础。

在企业劳动力需求和人力资本形成方面，人工智能也具有突出作用。一方面，人工智能技术能够帮助员工从机械性的重复工作中解脱出来，使员工能够专注于更具创造性的任务。并且，在人与技术相互协作融合的过程中，员工与自动化 AI 将形成相互学习、共同演进的交互式机器学习模式，实现员工人力资本和人工智能技术应用深化的双重推进（Amershi et al.，2014）。另一方面，人工智能技术也加速了企业内员工结构的调整，具体表现为减少常规低技能劳动力需求、增加非常规高技能劳动力需求，并以此方式提升企业的运营效率。

最后，人工智能技术推动企业向可持续、高质量发展模式转变。人工智能技术本身低能源消耗的特点和企业绿色发展具有一致性，能够有效推动企业生产流程、产品及管理模式的绿色化与低碳化，改善企业环境绩效（王镝和章扬，2024）。并且，通过提高普通员工的自主权，人工智能技术能够缩小企业内收入差距，实现企业发展成果的内部共享，一定程度上促进了企业内共同富裕的实现。此外，人工智能技术的普遍应用进一步增强了机构投资者的信息优势与专业优势，社会公众也能够借助各种数字技术拓宽自身信息的获取渠道，加强和企业的关联并对企业行为进行监督，引导企业积极履行社会责任并向可持续发展模式转变（陈德球和胡晴，2022）。

第二节　人工智能对企业组织结构变革的影响

在当今数字化时代，人工智能正以前所未有的速度渗透到企业运营的各个环节，深刻地改变着企业的生产方式、管理模式及市场竞争格局。其中，企业组织结构作为企业运行的基础框架，也在人工智能的影响下经历着重大变革。本部分将深入探讨人工智能引起的企业组织结构变革，具体从扁平化管理与去中心化、跨部门协作与团队动态及组织灵活性与韧性的提升这三个方面展开分析。

一、扁平化管理与去中心化

传统企业通常采用层级式组织结构，这种结构如同金字塔，从高层管理者到基层员工，中间存在多个管理层次（Chandler，1962）。在这种结构下，信息传递遵循严格的层级秩序，基层员工获取的信息需要层层上报，经过各级管理者的筛选与处理，才能到达高层决策层；而高层的决策指令同样要沿着层级链条逐级传达给基层执行人员。这一过程不可避免地导致信息失真和延迟。例如，在市场环境快速变化时，基层销售人员发现了新的市场需求，但信息在向上传递的过程中，可能因各级管理者的理解偏差或主观判断而被修改，等到高层管理者作出决策时，市场形势或许已发生变化，决策的及时性和准确性大打折扣（Simon，1978）。同时，层级式组织结构还限制了企业决策效率。由于决策权力高度集中在高层，基层员工在面对日常工作中的问题时，往往需要等待上级的指示，无法及时作出决策。这在竞争激烈的市场环境中，使企业难以快速响应客户需求和市场变化，降低了企业的竞争力（Burns & Stalker，1961）。

人工智能技术凭借其强大的数据处理和算法能力，为打破传统层级结构的束缚提供了可能。

1. 人工智能能够实现信息的快速收集、分析和共享

通过大数据分析技术，企业可以实时获取来自各个部门、各个业务环节的数据，并对其进行深度挖掘和分析，为决策提供全面、准确的依据。这些数据可以直接呈现在各级管理者和员工的面前，减少了信息传递的中间环节，提高了信息的透明度和及时性。

2. 人工智能的算法可以辅助决策

机器学习算法能够对大量的历史数据和实时数据进行学习和分析，预测市场趋势、客户需求等，为企业决策提供参考。在特定情况下，算法甚至可以自动作出决策，如在供应链管理中，人工智能可以根据库存水平、市场需求预测等数据，自动调整采购计划和生产安排（Blooma & Van Reenen，2018）。这种基于数据和算法的决策方式，使决策过程更加科学、高效，也为决策的分散化提供了支持。

在人工智能赋能下，企业逐渐向扁平化管理和去中心化方向发展。扁平化管理减少了管理层级，使企业的决策层和执行层之间的距离更近，信息传递更加直接，决策速度更快。去中心化则意味着决策权力不再集中于高层，基层员工和团队可以根据实际情况自主作出决策，充分发挥他们的主观能动性和创造力（Tapscott & Williams，2006）。

二、跨部门协作与团队动态

在传统企业中，部门之间往往存在明显的界限，各自为政的现象较为普遍。这种组织结构虽然在一定程度上有利于专业化分工，但也给跨部门协作带来了诸多挑战（Lawrence & Lorsch，1967）。

1. 沟通障碍是跨部门协作的一大难题

不同部门之间由于业务重点、工作方式和专业背景的差异，导致信息交流不畅。例如，研发部门注重技术创新和产品功能的实现，而市场部门更关注市场需求和客户反馈，两者在沟通时可能因为关注重点不同而产生误解，影响协作效率（Dougherty，1992）。

2. 目标的一致性偏差也是跨部门协作的障碍之一

各部门通常有自己的绩效考核指标，这使得部门在制定决策和开展工作时，往往优先考虑自身目标的实现，而忽视了企业的整体利益。比如，销售部门为了完成销售业绩，可能过度承诺客户的交付时间，而生产部门由于产能限制无法按时交付，从而引发部门之间的矛盾（Kanter，1968）。

3. 跨部门协作还面临着流程烦琐、协调成本高等问题

在跨部门项目中，需要经过多个部门的审批和协调，烦琐的流程容易导致项目进度延误，增加企业的运营成本。

人工智能技术为解决跨部门协作的难题提供了新的途径和方法。智能协作平台是人工智能促进跨部门协作的重要工具。这些平台利用自然语言处理、机器学习等技术，实现了信息的智能分类、推送和共享。例如，一些企业使用的智能办公软件，可以根据员工的工作内容和权限，自动推送相关的文档、数据和任务信息，方便员工快速获取所需资源，提高沟通效率。同时，人工智能可利用数据分析为跨部门协作提供支持。通过对企业内部和外部数据的分析，人工智能可以挖掘出不同部门之间的潜在联系和协同机会。例如，对客户数据进行分析，发现市场部门获取的客户需求信息与研发部门的技术创新方向存在关联，从而为两个部门的协作提供依据。此外，人工智能还可以优化业务流程，减少跨部门协作中的烦琐环节。通过自动化流程技术，人工智能可以实现一些重复性、规律性工作的自动处理，如合同审批、数据报表生成等，从而提高工作效率，降低协调成本（Chui et al.，2016）。

在人工智能的影响下，企业的团队动态也发生了显著变化。一方面，出现了新的与 AI 相关的岗位，如数据分析师、算法工程师等。这些岗位的人员需要具备专业的技术知识，他们在团队中扮演着重要的角色，负责数据处理、算法开发和模型训练等工作，为团队提供技术支持（Manyika et al.，2017）。另一方面，团队协作模式更加灵活。在传统团队中，成员之间的协作往往受到时间和空间的限制。而在人工智能的支持下，远程协作变得更加便捷高效。通过视频会议、在线文档协作等方式，团队成员可以随时随地进行沟通和协作，打破了时间和空间的束缚（Malhotra et al.，2007）。

三、组织灵活性与韧性的提升

在当今快速变化的市场环境下，企业面临着诸多不确定性和挑战。技术创新、市场需求变化、政策调整及突发事件等因素，都可能对企业的运营产生重大影响（Teece et al.，1997）。例如，近年来随着智能手机的普及和移动互联网的发展，传统的功能手机市场迅速萎缩，未能及时适应市场变化的手机厂商则面临着巨大的生存压力。再如，新冠疫情对全球经济造成了严重冲击，许多企业的供应链中断、市场需求下降，企业的生存和发展面临严峻考验。在此背景下，企业需要具备更强的灵活性和韧性，才能在复杂多变的市场环境中生存和发展。灵活性使企业能够快速调整战略和业务模式，适应市场变化；韧性则帮助企业在面临危机时保持运营的稳定性，减少损失，并在危机后迅速恢复和发展。

人工智能在提升企业组织灵活性和韧性方面发挥着重要作用。通过预测性分析，人工智能可以帮助企业提前感知市场变化和潜在风险。利用大数据和机器学习算法，人工智能可以对市场趋势、客户需求、竞争对手动态等信息进行分析和预测，为企业制定战略决策提供依据。例如，在电商领域，企业可以利用人工智能分析用户的购买行为和偏好，预测市场需求的变化，提前调整库存和商品种类，避免缺货或积压的情况发生（Chen et al.，2012）。同时，人工智能实现了生产流程和供应链的自动化与优化。在生产环节，人工智能可以控制生产设备实现自动化生产，提高生产效率和产品质量，减少人为因素的影响。在供应链管理方面，人工智能可以优化供应链网络，实现供应商、生产企业和客户之间的信息共享和协同运作，提高供应链的响应速度和灵活性。当出现供应链中断等问题时，人工智能可以快速调整供应链策略，寻找替代供应商或调整生产计划，以降低损失。此外，人工智能还可以助力企业进行危机管理。在面对突发事件时，人工智能可以快速收集和分析相关信息，为企业制定应对策略提供支持。例如，在疫情期间，一些企业利用人工智能技术开发了疫情监测和预警系统，实时跟踪疫情的发展情况，为企业的复工复产和疫情防控提供了决策依据。

第三节 人工智能对企业人力资源管理的影响

人力资源管理（human resource management，HRM）理论的

发展有两条主线。一条沿着人性假设发展，随着实践中对人性假设认识的深化（由“理性人”“社会人”“自我实现人”到“复杂人”假设），人力资源管理模式也相应发生变化（由机械化、适度人性化、高度人性化向自主化转变）（赵曙明等，2019）。另一条沿着技术驱动发展，随着科技革命不断取得突破，相继出现了信息化人力资源管理（electronic human resource management，e－HRM）、虚拟化人力资源管理（virtual human resource management，v－HRM）及数字化人力资源管理（digitalization human resource management，d－HRM）（李燕萍等，2021）。

一、人工智能对企业人力资源管理的总体影响

底层技术的革命性突破会催生新质生产力，新质生产力又会促成新型生产关系。相应地，人工智能所具有的广泛的渗透性、颠覆的创造性、强大的替代性及深度的协同性等“技术—经济”特征无疑会为当代人力资源管理理论的发展提供崭新机遇。可见，系统地梳理人工智能对企业人力资源管理在招聘与人才选拔、员工培训与发展、绩效评估与激励等核心模块的影响具有重要的理论意义和现实意义。

人工智能与企业人力资源管理的关系在学术生态位视域下可以理解为技术与组织的关系，只有在明晰人工智能各大技术流派特征的情况下，才能深入地把握新兴技术与组织属性之间的关系，进而在学术上更加具体和严谨地探究人工智能对人力资源管理各核心模块的影响。具体而言，人工智能自 1956 年在达特茅斯会议上被提出以来，按照具体技术路线主要形成了三个流派：符号主义（symbolism）、联结主义（connectionism）与行为主义（behaviorism）。

（1）符号主义以数理逻辑思维为起点，采用演绎的方法，注重结果的可解释性，意在模拟人类心智而再现大脑。

（2）联结主义以仿生思维为起点，采用归纳的方法，注重

结果的有效性而非可解释性，意在模拟大脑结构而构造大脑。

（3）行为主义以进化思维为起点，信奉经验主义，意在模拟人类行为而进化出大脑。

上述三大技术流派的详细特征如表4-1所示。可见，不同的技术思路会产生不同的技术效果，进而会对人力资源管理的不同环节产生差异化的影响。例如，智能增强（augmentation）：符号主义的专家系统和知识图谱可以为人力资源管理者提供辅助决策信息，联结主义的招聘大语言模型可以减轻人力资源管理者的工作量，使其更专注于核心业务问题（张建民等，2022）。智能替代（automation）：行为主义的智能机器人（硅基人）可以取代人类员工（碳基人）进行工作，这将直接改变传统人力资源管理的客体属性（彭剑锋，2023）。需要说明的是，以下内容主要从人力资源管理者的视角展开，并且着重讨论智能增强部分，智能替代及由人工智能所引发的人力资源管理危机（如组织文化变革、员工接受程度及道德伦理考量等）将在本章的第四节详细探讨。

表4-1 人工智能三大技术流派特征

流派	目标	分析方法	哲学基础	借鉴思维	技术路线	代表成果
符号主义	再现大脑	自上而下	理性主义	认知心理学与逻辑学	专家系统 规则引擎 逻辑编程	IBM 深蓝 Google 知识图谱
联结主义	构造大脑	自下而上	经验主义	脑神经科学与统计学	深度神经网络 卷积神经网络 循环神经网络	AlphaGo 大语言模型
行为主义	进化大脑	自下而上	经验主义	进化论与遗传学	强化学习 策略梯度方法 蒙特卡洛树搜索	Atlas 机器人 Tesla Autopilot

资料来源：笔者根据张建民等（2022）的研究整理而成。

二、招聘与人才选拔的智能化

招聘与人才选拔是组织对高潜能人才的识别与任用，对企业人力资本积累具有重要影响（Ryan et al.，2014）。然而，作为工业时代的产物，传统招聘体系面临人工智能时代的系统性适配挑战。具体而言，存在以下三重困境。

1. 招聘途径受限

传统的线下与线上招聘渠道呈现典型的双边市场匹配失灵特征，无法满足用人单位及时且适配的用人需求，导致劳动供需在时空维度上呈现错配，上述现象的本质是劳动力市场信息传导机制的技术性阻滞。

2. 人工筛选简历无效率

当应聘规模突破临界阈值后，简历筛选的难度伴随着收到的简历数非线性增加，在有限人力情形下，难以在较短的时间内筛选出匹配度最佳的候选人。

3. 考察维度片面

传统面试中，面试官不易获得面试者的深层特质（如性格与价值观等），并且面试官也很容易因过往经历形成选拔偏见。

上述三重困境为理解人工智能如何赋能招聘与人才选拔提供了切入点，也为人工智能人力资源管理（artificial intelligence human resource management，AIHRM）理论的发展指明了方向。具体而言，在招聘途径受限方面，用人单位可以通过知识图谱的智能推送功能精准开拓招聘渠道，缓解由信息不对称导致的资源浪费。在人工筛选简历无效率方面，人力资源管理者可以通过招聘机器人打破效率悖论，例如，通过有监督的深度学习，招聘机器人可以根据经验数据（如个人属性与业绩表现等）判断哪些候选人是有潜在高绩效的，并且给出客观排名，以辅助人力资源管理者在招聘和人才选拔中优先考虑这些人。在考察维度片面方面，面试官可以通过语音识别与文本转换技术、自然语言处理技术、面部情绪捕捉技术等全面分析面试者的深层特质（Jia Q. et al.，2018），并且基于人工智能客观计算的面试得分可以减少甚至消除面试官的选拔偏见。在现实实践中，北美猎头公司 SourceCon 于 2017 年举办了人工智能招聘大赛，机器人 Brilent 只花了 3.2 秒就筛选出了合适的简历，速度是顶尖猎头团队的上万倍①。

三、员工培训与发展的个性化

员工培训是企业实现人力资本增值的重要手段（Kim et al.，2014）。然而数智时代下，以标准化、规模化为核心特征的传统员工培训体系的局限性却日益凸显。具体而言，存在以下两个方面的结构性问题：一是培训内容与培训需求的错配。现实中，由于缺乏专业的培训师资与科学完善的培训体系，许多企业选择将员工培训外包给专业机构。一方面，外包集体培训属于一对多的情形，信息不对称的存在可能致使培训机构难以精准识别企业的个性化培训需求，导致培训内容与实际业务场景存在偏差。另一方面，外包集体培训往往是“一刀切”形式，容易忽视个体技能水平、学习偏好及职业发展目标的异质性。现有研究表明，在面临中等难度的培训时，低技能员工容易因信息过载而放弃学习，高技能员工则容易因重复性内容而产生倦怠（Luo X. et al.，2021）。二是培训效果评估滞后。传统培训效果评估主要依赖离散时间节点的标准化测试及主观满意度反馈，而缺乏对培训效果的实时监测，所以现实中企业难以建立培训投入与绩效改善的量化关联。此外，培训效果难以及时量化的困境也催生了“培训即终点”的形式化主义倾向，即部分企业将培训结业视为管理流程的终点，而非能力持续迭代的起点。

人工智能技术通过数据驱动的决策机制与个性化的适配逻

① 让人工智能变得像 HR 一样“思考”［N］. 中国青年报，2017-11-21.

辑，正在重塑员工培训与发展的底层范式。其核心突破在于将传统“批量生产式”培训升级为“精准滴灌式”培训，将培训效果评估从“静态滞后化”升级为“动态实时化”。具体而言，基于机器学习算法，人工智能培训系统可以整合在岗员工的生产记录、历史能力测评结果及职业发展目标，动态识别个体的技能缺口并生成个性化的学习路径及动态化的培训效果评估。例如，人工智能培训系统能够为跨部门转岗员工推荐与其新岗位匹配的微课程。增强现实（augmented reality，AR）与虚拟现实（virtual reality，VR）技术可以通过构建高仿真场景，使员工得以在零风险环境中反复演练复杂操作流程，降低试错成本，提高培训成效。自然语言处理技术与强化学习赋能的 AI 教练系统（如 Pocket Confidant AI、Rocky AI 等），则可以实时分析学员的语言表达、决策逻辑甚至情绪波动，提供即时的信息反馈并动态调整训练的难度。通过多维度数据采集（如学习强度、操作响应速度、错误模式等），人工智能可以构建“学习—评估—优化”的闭环系统，实现培训绩效的伴随式“动态实时化”评估，从根本上解决“学用分离”问题和培训效果评估“静态滞后化”问题。

四、绩效评估与激励的制度化

绩效评估与薪酬激励贯穿人力资源管理的各个流程，旨在识别、测量和开发与组织战略目标相一致的个体与团队绩效，以提高企业整体绩效（贺伟等，2024）。但是传统的绩效评估与薪酬激励设定主要以人工操作为核心，存在以下两个方面的缺陷。

1. 评价主体主观性强

绩效评估通常由上级、同事或客户完成，易受个人偏好、近期效应、晕轮效应或利益关系等的影响（张敏和赵宜萱，2022）。例如，领导可能通过打“人情分”来提高员工的整体评分，而同事则可能因竞争关系而压低他人评分，导致评价结果可信度不足，甚至引发员工对企业公平性的质疑。

2. 数据维度单一且静态

传统绩效评估与薪酬激励设定多基于周期性目标（如季度销售额）和结构化数据（如考勤记录）进行，难以实时捕捉员工日常协作、创新行为或隐性贡献。

人工智能技术通过客观评价、数据整合与算法优化，为绩效评估与激励的制度化提供了系统性解决方案。具体而言，在绩效评估层面，人工智能可融合多源数据（如工作日志、沟通记录、客户反馈文本等）与传感器信息（如工位打卡、会议视频等），利用自然语言处理技术和机器学习算法对员工进行客观的绩效评价。例如，通过分析邮件和会议记录，人工智能可以识别员工在跨部门项目中的主动贡献。通过计算机视觉，人工智能可以客观评估员工的操作质量。此类技术不仅降低了主观偏见，还支持实时动态反馈，如每周自动生成改进建议，从而打破传统评估的长周期限制。在薪酬激励层面，人工智能决策系统可以通过关联市场薪酬数据库与企业历史绩效数据库，运用符号主义技术路线的专家系统，构建可解释性弹性制度化薪酬模型，以模拟出不同职级和不同地区的薪资合理区间，从而自动生成兼顾内部公平与外部竞争力的薪酬方案。

综上所述，人工智能对人力资源管理的影响如表4－2所示。

表4－2　　人工智能对人力资源管理的影响

核心模块	传统局限性	AIHRM 实践
招聘与人才选拔	招聘途径受限 人工筛选简历无效率 考察维度片面	招聘信息智能推送 简历筛选大模型 多源异构数据集成分析
员工培训与发展	培训内容与培训需求错配 培训效果评估滞后	“精准滴灌”式培训与 AI 教练 陪伴式“动态实时化”培训效果评估
绩效评估与激励	主观性强与公平性弱 数据维度单一且静态	数据驱动的客观绩效评估 弹性制度化薪酬激励模型

资料来源：笔者自行整理而成。

第四节　企业应用人工智能的挑战与对策

一、技术适配与集成难度

企业在进行 AI 技术适配与集成的过程中，并非简单的技术叠加，而是需要将 AI 技术与企业现有的业务流程、技术架构、数据资源和组织管理等多个方面进行有效融合。这一过程涉及需求分析、技术选择、数据准备、模型开发与训练、系统集成、测试与优化、部署与监控、员工培训、合规与安全及持续改进等多个环节。

技术适配是指 AI 技术与企业现有技术环境的兼容性和适应性。在 AI 技术适配的过程中，企业主要会面临以下挑战。

1. 技术选型与业务需求脱节

AI 技术种类繁多，不同技术适用于不同的业务场景。企业在进行技术选型时，容易出现技术方案与业务需求脱节的情况，导致技术应用效果不佳，甚至造成资源浪费。

2. 数据质量与治理体系不完善

AI 模型的训练和应用高度依赖数据，而企业往往面临着数据质量不高、数据孤岛、数据安全等问题，难以满足 AI 技术应用的需求。

3. 组织架构与业务流程不适应

AI 技术的应用往往需要对现有的组织架构和业务流程进行调整和优化，而传统的组织架构和业务流程可能难以适应 AI 技术带来的变化，导致技术应用受阻。

4. 技术人才短缺

根据测算，我国 AI 人才目前缺口超过 500 万人，国内的供求比例为1：10，供需比例严重失衡。[①] AI技术的开发和应用需要具备专业知识和技能的人才，而人才供不应求的现象导致企业难以招聘和培养足够的AI技术人才。

技术集成是指企业将AI技术与现有的信息系统、业务流程和组织架构等进行深度融合，实现数据的互联互通和业务流程的自动化、智能化，形成一个统一的技术生态。在进行AI技术集成时，企业可能会遇到以下难题。

1. 技术架构复杂，集成难度大

AI技术涉及多种技术栈和工具，与企业现有的信息系统进行集成时，面临着技术架构复杂、接口不统一、数据格式不一致等问题，导致集成难度大、成本高。例如，小米生态链企业中的华米和易来（Yeelight）分别在手环和灯具中嵌入芯片，但由于缺乏统一的智能模块标准，数据难以共享和交互（曹鑫、欧阳桃花和黄江明，2022）。

2. 业务流程重构，变革阻力大

AI技术的应用往往需要对现有的业务流程进行重构，这可能会涉及部门利益的调整、员工工作方式的改变等，容易遇到来自各方面的阻力。

3. 数据整合难度大

企业在应用AI技术时，需要整合来自不同部门和系统的海量数据，以实现数据共享和业务流程的自动化。例如，小米在构建智能互联产品体系初期，发现各企业数据储存于“自有云”中，形成数据孤岛，不同产品的数据共享不足。根据Unisphere Research的2016年企业数据管理调查结果，59%的被调查者只有很少数据系统集成，大部分数据仍然存在于孤岛中。[②]

为了克服AI技术在企业组织变革中的技术适配与集成难题，

---

① 新职业——人工智能工程技术人员就业景气现状分析报告［EB/OL］. 中华人民共和国人力资源和社会保障部，2020-04-30.

② 曹鑫，欧阳桃花，黄江明. 智能互联产品重塑企业边界研究：小米案例［J］. 管理世界，2022，38（4）：125-142.

企业可以采取以下对策。

1. 制定分阶段 AI 战略

企业应结合自身发展战略和业务需求，制定清晰的分阶段 AI 战略，明确 AI 技术应用的目标和路径，从数据准备、模型构建到规模化应用分步推进。例如，海尔集团通过先期试点智能质检系统，再逐步扩展至全产线，降低了转型风险。①

2. 加强数据治理，提升数据质量

企业应建立健全数据治理体系，加强数据采集、存储、处理和分析等环节的管理，提升数据质量，为 AI 技术应用提供可靠的数据基础。例如，小米通过“中台”建设实现了业务数据的集中管理、统一了数据指标，使得小米数据驱动式发展的效率大大提升（周翔、叶文平和李新春，2023）。

3. 加大人才培养力度，构建 AI 人才梯队

企业应加大对 AI 人才的引进和培养力度，通过校企合作、内部培训等方式，构建多层次、多类型的 AI 人才梯队，为 AI 技术应用提供人才保障。

4. 优化组织架构，推动业务流程再造

企业应根据 AI 技术应用的需要，对现有的组织架构和业务流程进行优化和再造，建立更加灵活、高效的组织模式，以适应 AI 技术带来的变化。例如，字节跳动采用液态型组织结构，通过跨部门 AI 项目组快速响应技术需求。②

5. 选择合适的技术合作伙伴，构建开放共赢的生态系统

企业可以与高校、科研机构、科技公司等建立合作关系，借助外部力量弥补自身技术能力的不足，构建开放共赢的 AI 生态系统。例如，施耐德电气通过购买泰尔文特（Telvent）电网软件集团的软件平台，快速弥补了在软件领域的短板，同时企业也通

---

① 实探海尔智能工厂！数字化浪潮下的冰山一角：AI 驱动制造业新革命｜追寻新质生产力［N］. 华夏时报，2024－09－24.

② 解码未来组织：来自中国互联网企业的启示［EB/OL］. BCG，2019－09－01.

过与明略科技等企业建立合作联盟，共同开发数字技术，实现优势互补（王永贵、汪淋淋和李霞，2023）。

二、组织文化与员工接受度

组织文化是企业在其发展过程中形成的价值观、信念和行为准则的总和，它影响着企业成员的思维模式和行为方式，是企业核心竞争力的重要组成部分。AI 技术的应用正在改变着企业的组织结构和业务流程，同时也对企业传统的组织文化提出了挑战。

1．人机协作带来的文化冲突

AI 技术的应用使得人机协作成为常态，而人类员工和 AI 系统在思维方式、决策模式等方面存在差异，容易产生文化冲突，例如，人类员工会对 AI 系统产生不信任、对自身价值产生怀疑等。

2．数据驱动决策对传统经验决策的挑战

AI 技术强调数据驱动决策，而传统的组织文化往往更依赖于管理者的经验和直觉，这可能导致企业内部产生对决策方式的争议，甚至引发权力结构的调整，这需要企业在传统管理理念和 AI 技术应用之间找到平衡。

员工接受度是指企业在引进 AI 技术和设备时，员工的接受和适应程度。高接受度意味着员工对于 AI 持认可与支持态度，反之则意味着员工持抵制态度。在员工接受度上，企业可能面临如下挑战。

1．员工缺乏 AI 的使用技能

AI 的应用往往涉及复杂的算法和操作流程，传统领域或非技术岗位的员工缺乏必要的工作经验和操作基础，难以迅速掌握 AI 系统的使用。

2．员工对 AI 缺乏信任

AI 的决策过程缺乏透明度和可解释性，部分员工难以完全信任 AI 系统作出的决策。

3. 员工难以适应 AI 技术的引入

一方面，部分员工担心工作岗位被 AI 取代而失业，从而对 AI 的引入产生强烈的不安全感。另一方面，企业内部可能缺乏宽容和创新的文化环境，部分员工难以适应工作流程的智能化改造，无法快速接纳 AI。

为了应对企业引入和应用 AI 技术在组织文化和员工接受度方面面临的挑战，企业可采取如下策略。

1. 构建包容开放的组织文化

企业应积极拥抱 AI 技术，营造包容开放的组织文化，鼓励员工学习和应用 AI 技术，消除对 AI 技术的恐惧和排斥情绪，促进人机协作的顺利进行。

2. 倡导数据驱动的决策文化

企业在应用 AI 技术的过程中应向着决策主体多元化的方向转变管理决策的模式，倡导数据驱动的决策文化，鼓励员工利用数据分析工具进行决策，同时管理者应提高自身的数据分析能力和对新技术的理解能力，提高决策的科学性和效率。

3. 优化企业人力资源保障体系

设置系统全面的评价考核体系，将员工的情感诉求与心理感受纳入考察范围，减轻员工对 AI 技术的抵触情绪；为员工制定终身学习体系，形成和谐统一的经营管理机制。

4. 建立 AI 信任机制

开发更加透明和解释性更高的 AI 系统，确保 AI 决策的公正性和准确性；使用可视化工具解释算法的工作原理，提升员工对 AI 的理解和信任；建立有效的反馈机制，定时收集员工的问题并邀请相关技术人员进行解答。

5. 培育创新文化

创造开放、宽容和创新的工作环境，设立表彰机制鼓励员工尝试新技术和新方法；定期举办 AI 工作坊和研讨会，帮助员工及时更新知识体系；促进技术部门与其他部门之间的交流与合作，增强员工对 AI 技术的理解。

三、法律法规与伦理考量

法律法规与道德伦理是社会规范的两个重要方面，具有维护社会秩序的作用。然而，目前与 AI 相关的法律法规并不完善，并且在许多关键领域存在空白，相关的伦理准则也缺乏必要的实施和监督机制，难以全面有效地应对 AI 所带来的挑战。

与 AI 相关的法律法规是指由国际组织或国家制定的、针对 AI 技术开发和使用的行为规范与法律框架。在法律法规方面，企业面临着如下挑战。

1. AI 的民事主体与责任认定问题

一方面，随着 AI 技术的发展，机器人与人类的差别逐渐缩小，然而，机器人并非具有生命的自然人，也区别于法人，是否赋予其法律主体资格尚有商榷之处（吴汉东，2017）。另一方面，当 AI 造成财产、生命的损害时，责任主体的认定变得复杂。例如，在交通领域，当无人驾驶汽车发生事故时，汽车制造商、智能软件开发者和司机分别承担何种责任？相关的法律法规需要进一步完善。

2. AI 生成作品的著作权问题

AI 能够参与文学、美术、音乐等的创作，该行为是否构成法律意义上的“独创性”？AI 设计的作品是否享有著作权？该项权利应归属于机器还是创制机器的人？相关的著作权法需要对此作出解答。

3. AI 侵犯隐私与泄露商业机密问题

一方面，AI 通常需要大量数据进行训练，涉及诸多信息的收集、处理和存储，从而引发侵犯隐私的风险。另一方面，企业使用 AI 设备进行业务处理，需要将自身信息进行上传，同样存在泄露商业机密的风险。

道德伦理是指 AI 的开发与使用要符合人类的价值观，在技术发展的同时能够保障公共利益。企业在道德伦理上面临的挑战如下。

1. AI 对人类道德主体性的威胁

海德格尔在《论思想》中指出，在生存的所有领域，人类将更加紧密地被技术包围，被置于技术发明的控制之下（赵瑜，2019）。AI 的发展是否会对人类造成威胁，人类是否会被机器替代从而沦为机器的奴仆，人类与机器主客体的位置是否会颠倒，从哲学的角度来看，此类问题带来了一系列挑战。

2. AI 对公平正义造成的挑战

AI 促使自动化成本逐渐降低，从而引起机器对人类劳动的替代。然而，不同的职位被自动化技术替代的程度不同，重复性、常规性、低技能的职位更容易被替代，如何处理由此带来的失业和社会不平等问题成为一大挑战。

3. AI 的算法偏见与“信息茧房”问题

一方面，AI 系统可能会在无意中放大社会偏见，尤其在招聘、贷款审批中，如招聘算法可能会偏向某一特定群体。另一方面，智能算法推荐可能会导致受众所接受的观点窄化，人们只能接触自己感兴趣的内容。

为了克服 AI 的应用在法律法规与道德伦理上的挑战，可采取如下策略。

1. 完善法律责任制度

AI 具有独立自主的行为能力，可以考虑授予其有限的法律人格（袁曾，2017）。同时，明确 AI 归责原则，通过强制投保责任险、确立以人为本的监管体系、制定特殊的法律规范与侵权责任体系，促使 AI 在可控的范围内发展。

2. 完善著作权与隐私保护立法

为 AI 生成的内容提供适当的知识产权保护，明确规定 AI 作品的权利归属；完善现有的隐私保护法规，督促企业充分尊重用户隐私。

3. 引进企业信息安全防护系统

企业应采用加密形式传输数据信息，采用防火墙技术严格控制企业内外交流，积极引进高水平病毒防护软件，防止不法分子入侵企业管理系统。

4. 制定国际和行业 AI 发展的伦理标准

从国际和行业层面规定 AI 研发与应用的限度，为 AI 的健康发展提供规范标准，促使 AI 技术向有益人类、可控制的方向发展。

5. 加强对中低技能劳动力的培训工作

政府、社会组织和企业应合作制订再培训计划，帮助受影响工人在新兴行业中再就业。同时，建立失业人员基本收入保障机制，维持失业人员的基本生活水平。

6. 培养 AI 研发人员的道德意识与社会责任意识

科技研发人员应当遵守科技伦理与职业道德，以公平性为原则，采用多元算法设计和混合推荐策略，实现个性化与多样性的平衡（王银春，2018）。

本章小结

数智时代下，人工智能作为新一轮科技革命的关键力量，深度重塑企业运营模式，从生产经营到组织结构，再到人力资源管理，全方位推动企业变革，同时也带来诸多挑战。

在企业生产经营领域，人工智能凭借数据驱动优势，为企业决策提供精准依据，有效降低了决策成本，提高了决策质量。并且，在风险管理中，人工智能有助于企业识别并控制风险。此外，人工智能对生产经营流程的优化，显著提高了生产效率、激发了创新活力、调整了劳动力结构，推动了企业迈向可持续高质量发展道路。

在企业组织结构领域，人工智能可以助力企业打破传统层级式结构的桎梏，促进扁平化管理与去中心化，加快信息传递，提升决策效率。并且，借助智能协作平台与数据分析，企业跨部门协作难题得以破解，团队动态更加灵活，新岗位不断涌现。此外，人工智能可以增强企业组织的灵活性与韧性，使其能更好地应对市场变化与危机。

在企业人力资源管理领域，人工智能推动了传统人力资源管理理论向人工智能人力资源管理（AIHRM）理论的演进。招聘与人才选拔层面的智能招聘、员工培训与发展层面的 AI 教练及绩效评估与激励层面的弹性制度化薪酬激励模型等业界实践为 AIHRM 的发展提供了新质素材。

然而，企业在应用人工智能时也同样面临挑战。技术适配与集成方面，企业需应对技术选型、数据治理、组织架构调整及人才短缺等问题，可通过分阶段战略、优化数据治理、培养人才梯队等措施解决。组织文化与员工接受度方面，人机协作和数据驱动决策易引发文化冲突，员工可能因缺乏技能或信任而抵制人工智能，企业需构建包容文化、优化人力资源体系、建立信任机制等。法律法规与伦理方面，企业面临责任认定、著作权、隐私保护等挑战，需完善法律制度、加强信息安全、制定伦理标准等。

关键概念

人工智能　数据要素　扁平化管理　去中心化　跨部门协作　团队动态　组织灵活性与韧性　智能招聘　AI 技术适配　AI 技术集成　AI 教练　AIHRM

阅读文献

[1] 阿杰伊·阿格拉沃尔，乔舒亚·甘斯，阿维·戈德法布. AI 极简经济学［M］. 闾佳，译. 长沙：湖南科学技术出版社，2018.

[2] 阿贾伊·阿格拉瓦尔，乔舒亚·甘斯，阿维·戈德法布，等. 人工智能经济学［M］. 王义中，曾涛，译. 北京：中国财政经济出版社，2021.

思考题

1. 如何理解数据要素对人工智能发展和企业决策的重要意义，以及人工智能对企业决策、生产经营的影响?

2. 从理论层面分析人工智能引起的企业组织结构变革的具体表现，以及企业应当如何结合自身发展实际制定合理的变革策略?

3. 简述传统人力资源管理核心模块的局限性，结合人工智能的三大技术路线浅析有哪些新机遇。

4. 企业在引入和应用AI技术时面临的挑战和可能的应对策略有哪些?

第五章

人工智能与市场结构的演变

市场结构是指一个行业内部买方和卖方的数量及其规模分布、产品差别的程度和新企业进入该行业的难易程度的综合状态。市场竞争和垄断程度的差异会直接决定企业决策和资源配置效率。人工智能技术运用的广泛性、创新的互补性、持续的迭代性、技术的协同性和替代性、价值实现的滞后性等技术特征，变革了经济主体决策方式、企业组织与生产效率、产品与服务形态，影响形成行业的厂商数量和市场需求、产品的差异化程度、市场进入和退出的难易程度及厂商的价格决定机制，进而影响市场结构。因此，本章重点讨论人工智能背景下市场竞争与市场垄断的新特征，以及人工智能对市场竞争与市场垄断的影响及典型事实。

第一节　人工智能背景下的竞争与垄断

作为第四次工业革命的通用性目的技术，人工智能具有运用的广泛性、创新的互补性、持续的迭代性、技术的协同性和替代性、价值实现的滞后性等技术特征，对行业的厂商数量与消费需求、企业的组织与生产效率及产品的差异化程度等有重要影响，不仅会通过提高生产效率、降低信息不对称，在形成新的竞争优势、市场组织及产品形态等方面促进市场竞争，还能够通过加剧数据垄断、算法合谋等加剧市场垄断。

一、人工智能背景下的市场竞争

竞争是指市场主体为了追求自身利益最大化，在市场中相互争胜的行为和过程。竞争能促使企业提高生产效率，降低成本，推动技术创新，提供更优质多样的产品和服务，使资源得到更有效的配置，提高整个社会的经济福利。人工智能催生了新的市场竞争优势与新的市场组织，并通过变革产品与服务业的形态增加了产品的差异化，形成了新的市场竞争特征。

（一）新竞争优势

人工智能技术不断突破，使得数据、算法和算力逐渐成为提高企业生产效率和降低交易费用的关键因素，成为市场竞争的新要素。数据逐渐成为企业生产的关键要素，通过挖掘处理数据所获得的有效信息是企业竞争的关键优势，大规模高质量的数据是企业实现数智化发展的基础。

数据竞争是指企业为获取、利用和控制数据资源，采取的收集用户基本信息并分析用户行为数据、构建数据保护体系、防止数据泄露等活动。数据竞争可分为直接数据竞争和间接数据竞争（刘仕贤和李佳薇，2024）。直接数据竞争行为是各数据平台以数据要素为竞争对象，以获取、控制数据为特征的竞争行为。包括针对特定平台或人员的访问或接入的拒绝数据开放共享的行为、竞争对手的数据抓取行为及面对消费者的数据不当收集行为、数据隐私滥用行为。间接数据竞争行为是以数据为辅助，间接控制数据以实施竞争的行为。包括市场扭曲型数据竞争行为和市场排挤型数据竞争行为两种类型。其中，数据型自我优待行为和“大数据杀熟”行为属于市场扭曲型数据竞争行为，会导致消费者权益受到极大损害及市场失衡；数据驱动型并购行为及基于数据与算法的合谋行为属于市场排挤型数据竞争行为。

同时，算法是指解决问题的一系列步骤和方法，是分析数据获得信息的关键，作为一种自动化决策，算法可被用于满足客户的个性化需求、预测价格变化、分析客户偏好、优化业务流程、改进或开发新产品等方面（殷继国，2022）。算法竞争是指在不同的主体之间，围绕算法的研发、应用、优化等方面展开的竞争，通过研发、优化和应用算法来提高效率、准确性和创新能力，从而获得在数据处理、分析和决策等方面的竞争优势的行为。例如，搜索引擎公司通过优化搜索算法，提高搜索结果的准确性、相关性和排序效率，以吸引更多用户使用其搜索服务。推荐平台根据用户的行为、兴趣等数据利用算法进行个性化推荐，从而增加用户在平台上的停留时间和购买转化率。算力是指计算和处理数据的能力，对处理分析数据的精度和效率有着关键作用，主要包括通用算力、智能算力及超算算力等。算力竞争是指不同主体围绕计算能力的提升、优化和应用展开的竞争，以在数据处理、科学计算、人工智能训练与推理等方面获得优势，例如，通过升级硬件性能、构建数据中心及采用超级计算机等支持复杂的计算任务。

（二）新的市场组织

数字经济的发展深刻地变革了市场的组织方式，催生了以平台经济与平台生态系统为代表的新的市场组织模式。平台经济是以互联网平台为主要载体，以数据为关键生产要素，以网络信息基础设施为重要支撑的新型经济形态，通过连接不同用户群体（如消费者和商家、用户和广告商）来创造价值。平台经济的核心特征是双边或多边市场，具有规模经济、高效连接、网络效应和锁定效应等特征（尹振涛、陈媛先和徐建军，2022）。平台经济由于经营不受地域、时间、空间和自然资源等条件限制，使其成本增长无限趋于零，并以信息流为纽带能够将不同市场有效地连接在一起，高效地集聚形成新的业务流程、产业融合及资源配置模式。网络效应是指平台的用户越多，其对其他用户的价值越高。锁定效应则是指由于连接成本、软件学习和升级系统所需的时间等原因会造成较高的转移成本，用户会忽视平台成本的提高或对成本变化迟钝，选择坚持使用当前平台。人工智能技术的发展会加剧这些特征，并提高平台经济的垄断能力，但平台间为了争夺用户、资源、市场份额和商业利益等，会采取差异化竞争、价格战、并购和整合等方式竞争，因此会形成竞争性垄断的市场结构（李韬和冯贺霞，2023）。

在此基础上，还催生了平台模式下具有开放性和动态性特征的生态系统。平台生态系统是一种基于数字化平台构建的复杂网络结构，由平台企业、用户（包括消费者、商家等多边群体）、第三方开发者、供应商、合作伙伴等多个主体组成，各主体通过平台进行交互、协作与价值共创，形成相互依存、相互影响的生态关系。生态系统具有强大的网络效应，其中用户、合作伙伴等数量越多，价值越高，吸引力越强，形成正反馈循环。生态系统竞争不再局限于企业自身的产品和服务，而是涵盖了企业与供应商、合作伙伴、用户等各方所构成的整个生态体系之间竞争。例如，苹果的 iOS 生态系统，包括硬件、软件开发者、用户等，共同与安卓生态系统竞争。

（三）新产品和服务形态

人工智能不仅通过变革生产流程，实现产品形态的个性化定制，增加了产品差异化水平，让产品不再局限于传统形态，可根据功能和场景需求呈现出多样化形态。更重要的是，人工智能技术打破了行业边界，改变了产品在功能、外观及交互等多方面的特征，实现了产品智能化和集成化的功能特征，增强了各行业产品的差异化程度。产品智能化是指通过集成现代信息技术，如人工智能、大数据处理、物联网等，使产品具备类似于人类的感知、记忆、思维和学习能力，从而能够自动进行决策和操作，具有感知、决策和学习能力，以及较强的自适应性。人工智能推动了产品的语音交互、手势交互、眼神交互能力，使产品具有了情感感知和回应能力。产品集成化是指将不同的技术或功能模块集成到一个产品中，以提高产品的功能性和效率。这种集成可以是硬件与软件的结合，也可以是不同功能模块之间的整合，具有多功能性、高效性、兼容性等特征。同时，人工智能还推进了产品形态多样化发展，让产品不再局限于传统形态，可根据功能和场景需求呈现出多样化形态。

与此同时，人工智能还提升了服务的个性化与自动化。通过对用户数据的分析，企业能够精准掌握用户偏好和需求，进而提供个性化服务。人工智能的客服能自动回答用户常见问题，处理简单业务流程，提高服务效率。智能物流系统可实现自动仓储、分拣和配送，提升物流服务的自动化水平。此外，人工智能又提升了企业的预测分析能力，使企业能够提前预判用户需求并主动提供服务。

人工智能背景下的市场竞争呈现出新的竞争优势、新的市场组织及新的产品和服务形态，这些都影响着企业的生产决策和定价能力，也影响了市场需求的规模和有效性。

二、人工智能背景下的市场垄断

垄断是指在特定市场中，一家企业或少数几家企业控制了该市场的生产和销售，能够对市场价格和产量进行控制。传统经济学强调，垄断企业能够通过控制产量、提高价格获取超额利润，减少消费者剩余，限制资源配置效率。但在非完全垄断的市场结构下，垄断企业有能力和资源进行大规模研发创新，在一定程度上也能推动技术进步。人工智能技术带来的竞争优势，市场组织、产品与服务的变革，也造成市场进入壁垒提高、垄断范围扩大等问题。人工智能背景下的市场垄断主要有以下几个新特征。

（一）新垄断要素

人工智能技术的不断突破，使得数据要素逐渐成为企业竞争的关键，也逐渐成为市场垄断力量的来源。数据垄断不仅仅是“数据占有的垄断”，更多的是企业或平台“基于数据的垄断”，即利用数据资源占有或垄断的优势，以数据作为其维护和强化市场垄断地位、获取垄断利润的工具（沈坤荣和林剑威，2024）。数据具有内生生成性，即数据属于经济活动的“副产品”，企业所拥有的数据量是其产量或者用户数量的增函数，只要有经济活动，就有数据产生，经济活动越多，可产生的数据也就越多。因此，拥有较大市场份额的大企业基于其产量规模和用户规模可以生成和掌握更多的数据资源。如果数据是企业的必要或重要的投入要素，新进入企业由于缺乏数据资源，将难以同在位企业竞争。卡尔瓦诺和保罗（Calvano & Polo，2021）指出，数据构成了垄断企业的“在位优势”，在位企业的数据基础成为其他企业进入市场所必须支付的高昂的“固定成本”，进而阻止其他企业进入市场。

同时，算力和算法的发展和迭代也会面临新的技术壁垒。人工智能技术需要深厚的数学基础，以及对深度学习、强化学习、自然语言处理等理论的深刻理解。开发先进的人工智能算法和模型，需要大量数据和强大算力进行训练和优化。人工智能技术的复杂性和高研发投入形成技术壁垒，阻止新进入者进入市场。在位企业通过申请大量人工智能相关专利，构建知识产权壁垒，限制竞争对手的技术发展。因此，具有数据、算法和算力的企业凭借其技术优势、领先的人工智能算法和技术成为垄断的核心，其他企业难以在短期内复制或超越。此外，数据的开发利用及技术的深度研发和算力基础设施的搭建等都需要大量资本投入。潜在进入者也面临更高的资本壁垒，人工智能技术更新换代快，大型科技公司投入大量资源进行研发，积累了先进技术和模型，新进入者难以短时间追赶。

（二）新垄断条件

伴随着数字经济的发展，平台经济成为重要的市场组织，人工智能技术的发展，会通过加剧平台经济的网络效应和范围经济效应，加剧平台垄断。一方面，人工智能会通过促进用户规模快速增长、提高用户参与度等增强网络效应。人工智能有利于平台精准进行个性化推荐，提升用户体验，吸引更多用户加入平台。智能客服、智能助手等人工智能应用不仅能及时响应和满足用户需求，让用户更愿意留在平台上互动，提高用户参与度和使用频率，还能帮助平台更好地整合资源，拓展业务边界，形成更广泛的网络效应。同时，还有助于优化网络效应传导机制，不仅能精准匹配供需双方，提高交易效率和成功率，还可以对信息进行筛选、整理和推送，提高信息流通效率。

另一方面，人工智能有利于拓展平台经济的业务范围，打破传统行业边界，实现跨界融合，人工智能技术的通用性使得垄断企业能利用技术优势跨界进入金融、医疗、零售等多个领域，进一步扩大垄断范围。大型企业利用在某一领域积累的数据优势，通过人工智能分析挖掘，可跨界进入其他领域。同时，人工智能技术与其他技术如物联网、大数据等融合，企业可基于此构建跨领域的生态系统。人工智能算法成为企业竞争的核心要素，企业通过算法优化在不同领域的业务。具有先进算法的企业在多个领域获得优势，可能形成算法驱动的跨界垄断。

（三）新垄断形式

人工智能技术不仅强化了传统垄断策略，还催生了新的垄断形式，使得市场垄断行为更加隐蔽和复杂。企业通过数据、算法、平台、自动化等手段巩固市场地位，同时利用人工智能技术的不可解释性、动态调整能力和技术复杂性掩盖其垄断行为。一方面，垄断形式多样化。人工智能催生了新的垄断形式：一是控制核心算法算力，通过掌握算法等核心技术，以及控制服务器、数据中心等关键算力基础设施，巩固市场垄断地位，同时利用算法优先推荐自家产品或服务，实时调整价格，排挤竞争对手或操纵市场。二是独占数据，除了通过平台运营积累海量用户数据，形成数据壁垒，使竞争对手难以获取同等规模的数据外，更采取限制第三方访问平台数据，或通过数据格式封闭性阻止数据共享，形成数据独占，并通过限制数据的可移植性，阻止用户将数据迁移到其他平台，增加用户转换成本。三是锁定生态系统，构建封闭的平台生态系统，限制用户和开发者使用竞争对手的服务，将核心服务与附加服务捆绑，迫使用户依赖平台的全套服务，与供应商、开发者或合作伙伴签订排他性协议，限制他们与竞争对手合作。四是强化网络效应，不仅在双边市场中，通过吸引更多用户和供应商，形成强大的网络效应，使竞争对手难以进入，还通过连接不同用户群体（如消费者和商家），增强平台的不可替代性。五是收购与整合，通过收购初创公司和同类企业，消除潜在竞争对手，扩大市场份额，通过收购上下游企业，控制整个产业链，增强市场控制力。六是掠夺性和差异化的定价策略。通过低价甚至免费策略吸引用户，排挤竞争对手，待市场垄断后再提高价格，并利用大数据分析对不同用户群体实施差异化定价，通过价格歧视，实现利润最大化。

另一方面，人工智能技术使得市场垄断行为更加隐蔽和复杂，企业通过数据、算法、平台、自动化等手段巩固市场地位，同时利用人工智能技术的不可解释性、动态调整能力和技术复杂性掩盖其垄断行为。例如，平台垄断及对于用户行为操作的隐蔽性增加，如企业可能利用人工智能算法决策过程的不可解释性和非透明性特征，隐藏歧视性定价、排他性行为等垄断策略。平台通过限制或收费访问 API，阻止第三方开发者接入，这种行为可能被包装为“技术优化”或“安全考虑”。通过分析用户行为提供个性化推荐，但这种推荐可能被用户视为“自然”的结果，而非平台的有意操控。利用人工智能设计成瘾性产品（如社交媒体、游戏），增加用户黏性，但这种设计可能被包装为“用户体验优化”，通过人工智能预测用户行为并提前干预，影响用户决策，但这种干预往往不易被用户察觉，平台垄断的隐蔽性也在增加。

第二节 人工智能对市场竞争的影响

人工智能背景下的市场竞争呈现出以数据和算法为代表的新的竞争优势，平台经济等新的市场组织，以及产品和服务的数字化、个性化等新特征，其背后反映了人工智能技术对市场竞争主体、竞争方式、竞争内容都有着深刻的影响。

一、人工智能背景下市场竞争变化的基本特征

人工智能背景下市场竞争变化主要反映在竞争主体、竞争优势、竞争领域等方面。

（一）市场竞争主体分化

人工智能技术的不断发展与应用，使得市场竞争主体出现分化态势。一方面，强化了大企业的优势。在人工智能技术研发、产品创新和市场拓展方面占据领先地位的寡头企业，均具有较强的资金、技术和数据资源。大型企业不仅拥有更多数据资源，能够训练出更精准的模型，同时也能承担技术研发所需的资金和技术投入，并通过搭建平台和生态系统，控制产业上下游，形成竞争壁垒。此外，人工智能技术会降低企业生产运营成本，增强大型企业的规模经济效应。因此，头部企业之间会通过优化算法、提高算力、进行大规模投入等策略展开竞争。人工智能在促进企业竞争的同时，也会增强其合作，促进协同创新和资源共享，形成竞合的市场状态。竞合是指企业之间既存在竞争关系又存在合作关系的一种市场状态。特别是在技术研发、供应链及市场销售方面。不同企业在技术研发方面各有优势，通过合作可以整合资源，共同攻克技术难题，缩短研发周期，降低研发成本。企业在

供应链环节进行合作，实现资源共享、优势互补，提高供应链效率和稳定性。企业通过联合开展营销活动，共享渠道、用户等资源，扩大品牌影响力和市场份额。

另一方面，人工智能技术的开源工具和云服务的普及降低了技术门槛，使中小企业能够以较低成本使用人工智能技术。同时，人工智能技术使中小企业能够通过数据分析和个性化服务，在细分市场中找到差异化竞争优势，促进了中小企业的创新发展与竞争。不能忽视的是，大型企业凭借其技术和资本优势，会通过收购、控制数据和技术标准等措施，限制有竞争力的中小企业的发展，同时，技术和数据鸿沟会使得市场竞争主体出现不平衡发展。

（二）竞争优势数智化

人工智能背景下的市场竞争强调数据要素的重要性，企业的数智化水平对创新水平和生产效率都有着关键影响。数据成为企业生产的关键要素，作为人工智能的基础，数据的规模和质量直接决定着模型的质量及其产能转换水平。同时，算法和技术创新是核心竞争力，高效精准的算法成为企业竞争的核心，技术创新速度决定了市场地位。企业需要不断提升算法效率和算力支持，以在技术竞争中占据优势。人工智能技术不仅能帮助企业掌握市场需求变动，灵活调整企业策略，通过优化生产流程，提高资源配置效率，降本增效，还能通过精准营销和个性化定制等，提升客户满意度，增加用户黏性。此外，人工智能技术还会推动企业在业务模式、产品形态和服务方式等方面进行创新，拓展新的市场和业务领域。

（三）竞争领域扩大

人工智能不仅优化了企业竞争策略，还会拓宽竞争领域。主要有以下几个方面：一是人工智能技术能够优化企业研发效率，降低企业创新的不确定，并能根据用户数据提供个性化产品和服务，提升用户体验和满意度。因此，其能够通过加速产品创新迭代、提升产品定制化程度来加速产品竞争。二是人工智能能够帮助企业基于用户画像和行为数据，优化销售渠道，实现精准广告投放和营销活动策划，提高营销效果和投资回报率，并通过分析销售数据和市场趋势，预测销售情况，优化销售渠道。三是通过自动化生产和优化生产流程，减少人力成本和资源浪费，优化供应链管理、物流配送等运营环节，使企业有更大价格调整空间，同时通过优化动态定价策略，实现差异化价值定价，促进价格竞争。四是通过个性化服务和互动增强用户与品牌的情感连接，智能客服和售后系统能快速解决用户问题，提高用户满意度和忠诚度，增加用户黏性，提升企业品牌竞争力。

二、人工智能背景下市场竞争变化的典型事实

人工智能背景下市场竞争呈现的新竞争优势、新市场组织及新产品和服务形态，主要源于以下几个方面。

（一）制造业智能化实现降本增效，扩大市场供给

人工智能不仅能够减少资源错配，提高传统要素产出效率，还能通过促进技术进步与优化组织管理，提升全要素生产率。人工智能技术会直接提升传统要素的重置与产出效率。通过创造虚拟劳动替代人类劳动执行程序化任务，实现复杂任务的“智能自动化”，利用数据分析和智能算法，精准匹配市场供求，优化生产流程，减少停机时间和资源浪费，实现智能供应链管理，提升部门间协同工作效率。人工智能还有利于整合企业资源，降低企业监督管理成本，提升企业内部信息处理和传递效率，优化企业生产管理决策。此外，人工智能还有利于推动柔性制造，提高生产的灵活性，满足消费者个性化需求。通过快速调整生产线，适应多品种、小批量的生产需求，提高生产灵活性。

案例5-1 海尔卡奥斯（COSMOPlat）平台

海尔集团创立于1984年，是全国首批智能制造试点示范企业，于2012年开始向互联网平台型企业转型，努力从产品经济向体验经济转型，从大规模制造向大规模定制转型。海尔已经初步建立起互联工厂体系，打造了具有自主知识产权的工业互联网平台——COSMOPlat。COSMOPlat平台共分为四层：资源层、平台层、应用层、模式层。第一层是资源层，开放聚合全球资源，实现各类资源的分布式调度和最优匹配。第二层是平台层，支持工业应用的快速开发、部署、运行、集成，实现工业技术软件化。第三层是应用层，为企业提供具体互联工厂应用服务，形成全流程的应用解决方案。第四层是模式层，依托互联工厂应用服务实现模式创新和资源共享。目前，COSMOPlat平台已打通交互定制、开放研发、数字营销、模块采购、智能生产、智慧物流、智慧服务等业务环节，通过智能化系统使用户持续、深度参与到产品设计研发、生产制造、物流配送、迭代升级等环节，满足用户个性化定制需求。

如基于海尔COSMOPlat平台的洗衣机个性化定制，基于COSMOPlat平台，洗衣机用户的个性需求在众创汇平台上进行了交互，有990万用户、57个设计资源参与新式产品创意设计；创意立项之后，借助开放平台引入26个外部专业团队，共同研发攻克技术难题；产品样机通过认证之后，利用26个网络营销资源和558个商圈进行预约销售；用户下单后，开启模块采购和智能制造，在125个模块商资源和16个制造商资源的参与下，产品按需定制、柔性生产；产品下线后，通过涵盖9万辆“车小微”和18万“服务兵”的智慧物流网络，及时送达用户家里，并同步安装好。

COSMOPlat平台已启动社会化服务，为企业提供互联工厂模式、大规模定制方案、大数据服务、网络协同制造、智慧知识服务、检测与认证等八大生态服务。除家电行业外，这一模式至今已有效推广到电子、船舶、纺织、装备、建筑、运输、化工七大行业。目前通过该平台，已聚集了 3 亿用户和 380 万资源，服务全球 3 万多家企业，平台成交额超过 2000 亿元，构建了全球领先的八大互联工厂，成功实现了大规模定制转型。

资料来源：吕梓薇，张宁，程馨．工业互联网平台数字化赋能过程研究——以海尔卡奥斯为例［J］．管理案例研究与评论，2023（6）：353－362．

（二）信息不对称减少，降低交易费用

人工智能搭建的平台和系统能整合各方信息，促进信息在市场参与者之间快速流通和共享。对消费者而言，有利于提高全面的产品信息，并结合消费者行为数据，进行个性化推荐和匹配；对厂商而言，借助人工智能分析消费者的浏览、购买、评价等数据，精准把握消费者需求、偏好和痛点，减少对消费者认知的不确定性，使企业能更有针对性地研发产品、制定营销策略。更重要的是，人工智能能够优化供应链新管理，通过实时收集和分析供应链各环节的数据，清晰掌握原材料供应、生产进度、库存水平、物流配送等信息，减少因信息不畅导致的生产延误、库存积压等问题，提高供应链效率和透明度。人工智能可以通过数据收集和信息分析能力，把握需求和供给的变动情况，分析预测市场的变动情况，形成灵活合理有效的价格机制，引导资源有效配置。同时还有利于降低不确定性和交易费用，化解市场失灵问题。不仅通过数据分析和判断，能有效识别个人成本与收益和社会成本与收益的偏差，有效限制负外部性造成的供给过剩及正外部性引起的供给不足问题，化解外部性问题。还可以通过智能化模型分析，降低交易前的信息收集成本，促进交易双方的信息对称，简化交易流程，减少交易过程的谈判和协商成本，降低交易费用。

案例5－2　阿里巴巴供应链金融平台

阿里巴巴在物流供应链金融服务领域的创新，借助旗下的菜鸟物流、蚂蚁集团及网商银行，通过整合物流、数据和金融资源，帮助中小企业实现灵活、快捷的融资解决方案。

阿里巴巴平台上拥有大量的中小企业商户，部分商户在扩大经营规模时，由于资金周转不畅而遇到瓶颈。阿里巴巴依托其强大的数据平台和菜鸟物流网络，结合蚂蚁集团的金融科技优势，联合网商银行为商户提供了一系列供应链金融服务。借助其大数据平台和技术优势，将商户在平台上的交易记录、库存信息、订单情况等数据进行整合分析，为商户建立精准的信用评分模型，使金融机构能够基于实时数据进行风险评估，利用大数据、机器学习等技术实现自动风控和风险预警机制，帮助网商银行等金融机构降低违约风险。菜鸟物流系统的实时监控功能也确保了质押物的动态管理，进一步降低了风险。利用应收账款融资、存货融资、订单融资及预付款融资等模式，大大缩短了资金回笼周期，帮助商户提前获取资金支持，加速商品的流通和销售，有效缓解了上游供应商的现金流压力并保障了供应链的连续性。

资料来源：笔者自行整理而成。

（三）优化消费决策，提升用户体验

人工智能通过对大量消费者数据的分析，精准了解消费者的兴趣、偏好、行为习惯等，为消费者提供个性化的产品推荐和服务，扩大消费需求。利用预测分析功能可以根据消费者的历史数据和行为模式，预测消费者的需求和购买趋势，并通过精准推送、个性化推荐，以及智能客服辅助和价格预测等方式，优化消费决策。同时，人工智能技术的应用丰富了消费体验，智能产品与服务产业改变了人们的生活方式和消费习惯，使得消费者能够享受到更加便捷、高效、安全的服务。如在出行领域，自动驾驶

技术的发展将极大改变人们的出行方式，提高道路安全性和通行效率，在医药健康领域，实时监测、预警提醒等服务改变了人们的生活方式。

（四）整合市场供求信息，提升市场价格的有效性

一是人工智能可收集和分析海量数据，涵盖历史交易、市场需求、消费者偏好、竞争对手价格等。通过挖掘数据中的规律和趋势，能精准把握市场供求状况变化，为价格制定提供准确依据。二是运用机器学习和深度学习算法，对未来市场趋势、需求变化和价格走势进行预测。基于历史数据和实时信息训练模型，提前预判市场动态，让企业提前调整价格策略，以应对即将到来的市场变化。三是实时监测市场环境变化，如竞争对手调价、原材料价格波动、政策调整等，依据预设的算法和模型，快速自动调整价格，确保价格始终反映市场最新情况。四是根据不同消费者的特征和行为，如购买频率、消费能力、品牌忠诚度等，实施个性化定价。为价格敏感度高的消费者提供优惠，对追求品质、价格敏感度低的消费者制定较高价格，使价格更能反映消费者对产品价值的认知。

人工智能技术通过优化企业生产效率和消费决策，缓解信息不对称和价格信息失效等方面，变革了市场竞争主体、竞争优势，拓展了竞争领域，形成了新的市场竞争特征。

第三节　人工智能对市场垄断的影响

一、人工智能背景下市场垄断变化的基本特征

人工智能通过提升市场进入壁垒、增强企业价格决定能力等方面对市场垄断产生着重要影响。人工智能背景下的市场垄断变

化具有以下几个特征。

（一）数据垄断加剧

人工智能技术的应用使数据成为关键生产要素，同时也加剧了数据垄断。数据是训练和优化人工智能模型的核心资源，拥有更多数据的企业能够构建更强大的人工智能系统，从而形成竞争壁垒。一方面，人工智能技术的应用会加剧数据积累的网络效应，用户越多，数据积累越多，模型性能越强，进而吸引更多用户，提高数据规模。因此，原本占据较大市场份额的大企业拥有更多的数据资源，并通过正反馈机制，增强算法和算力，促进数据分析能力的增长。另一方面，人工智能技术的应用会加剧数据独占，企业通过独家数据访问权或封闭数据格式，限制竞争对手获取数据。如用户的行为数据、交易数据等通常由平台企业独家掌握。因此，数据的作用在大企业和小企业之间是不对称的，而这将进一步强化大企业的优势，扩大企业之间的差距，推动大企业形成更强的市场势力（沈坤荣和林剑威，2024）。

（二）算法共谋普遍性和隐蔽性增加

算法共谋是经营者利用算法在数据收集、信息传递及自动化决策等方面的优点，以比传统协同行为更加隐蔽的方式达成并实施的垄断协议（殷继国，2022）。经济合作与发展组织（OECD）根据算法在共谋形成机制中的作用，将算法共谋分为监控算法共谋、并行算法共谋、信号算法共谋和自学习算法共谋四种类型。监控算法共谋是经营者利用算法监控竞争对手的价格、产量等数据，实现与竞争对手在价格、产量上的协同；并行算法共谋是具有竞争关系的经营者通过使用相同的算法达成一致价格的共谋类型；信号算法共谋是指算法在对已收集数据进行挖掘的基础上，自动向竞争对手发送价格信号，竞争对手在接收、分析信号后与信号发送方达成共谋；自学习算法共谋是在不需要经营者实质参与的情况下依靠自学习算法实现共谋。算法共谋不仅会通过操作价格，导致市场价格高于竞争水平，导致市场力量集中，形成垄断租金，损害消费者利益；同时，还会通过价格策略排挤新进入者，减少企业之间的竞争压力，抑制创新动力（苏敏和夏杰长，2022）。

人工智能算法通过机器深度学习、自学习迭代等方式，不断调整和稳固企业行为的协同性和一致性。自动化定价算法的推广加剧了算法共谋的普遍性。尽管企业定价人工智能算法通过市场数据和供求数据进行自动调价时，会提高共谋的效率，但由于具体行业数据和算法的相似性，造成企业之间作出相同决策，引起市场行为趋同。如市场的价格和交易量是公开的时，算法可以利用公开的市场价格和交易量的数据，实现协同行为。同时，算法的复杂性和隐蔽性也加剧了算法共谋的隐蔽性，人工智能算法尤其是深度学习模型具有“黑箱”特征，通常具有不可解释性，不仅可以在没有明确的协议或沟通时，通过算法的自主学习和优化实现共谋，还可以通过定价或产量变化向竞争对手传递信号，诱导对方采取合作行为，增加监管难度。

（三）平台经济的限制竞争活动加剧

平台经济限制竞争的垄断行为主要有自我优待策略和拒绝访问。自我优待策略是指具有优势市场地位的平台主体，凭借自身技术或数据等优势，给予自营业务优惠待遇以获取竞争优势或排除竞争的行为，如优先排序、数据与功能屏蔽、限制消费者选择、滥用规制执行者地位、资源分配倾斜等。拒绝访问也称数据限制访问，是具备市场支配地位的经营者，出于保持竞争优势、保护用户隐私及数据安全的目的，对其他经营者的数据访问限制，或者拒绝为竞争对手提供数据访问资格。

人工智能技术会通过强化数据优势、优化算法歧视及增强锁定效应等加剧此类限制竞争的自我优待。首先，大型平台凭借已有的海量数据和先进的人工智能技术，更精准地分析用户偏好等信息，优化自家产品和服务，并利用数据壁垒限制竞争对手获取数据，巩固自我优待的地位。其次，平台可利用人工智能算法对自家业务进行更隐蔽、更高效的优先排序和推荐。特别是通过算法歧视，将自家产品在搜索结果中始终排在前列，用户难以察觉这种算法歧视，使得平台的自我优待行为更难被发现和监管。最后，人工智能驱动的个性化服务会使用户对平台产生更强的依赖，增加用户的转移成本。平台通过人工智能为用户提供越来越贴合其需求的独家服务，使用户难以切换到其他平台，进而平台可以更有恃无恐地实施自我优待策略，因为用户即使意识到被区别对待，也可能因转移成本过高而选择继续留在该平台。同时，人工智能会通过强化数据控制能力、增强数据垄断地位等方式加剧此类限制竞争的拒绝访问。随着数据要素逐渐成为企业的核心竞争要素，人工智能的应用会使数据优势企业的竞争力进一步提升，从而吸引更多用户和业务。企业为了维护其垄断地位，会更倾向于拒绝其他企业对其数据的访问，以防止竞争对手利用数据赶超。

（四）动态定价策略加剧价格歧视

人工智能技术改变了企业在产量和价格竞争中的策略行为。人工智能技术通过其强大的数据处理能力和预测分析能力，使企业能够更精准、更灵活地制定和调整价格策略。通过实时收集和分析市场数据（如需求变化、竞争对手价格、库存水平等），帮助企业快速响应市场变化。通过机器学习算法预测未来需求变化，帮助企业提前调整价格策略。结合需求预测，优化库存水平，并通过分析竞争对手的价格和市场份额，优化企业价格策略。通过分析用户的浏览历史、购买记录和偏好，为不同用户提供个性化价格。并将市场细分为多个群体，根据不同群体的支付意愿和需求弹性制定差异化价格，增强了企业的定价能力，加剧了价格歧视。

此外，人工智能技术也对垄断竞争市场结构下的企业行为有着重要影响。人工智能驱动的预测能力使企业能够更准确地预测市场需求和竞争对手的行为，从而优化产量决策。人工智能技术还影响了领导企业与跟随企业之间的策略互动。在斯塔克尔伯格模型中，领导企业先行动，跟随企业根据领导企业的决策调整自己的策略。人工智能技术增强了领导企业的预测和决策能力，使其能够更准确地制定战略，进一步巩固市场地位。

二、人工智能背景下市场垄断变化的典型事实

人工智能背景下市场垄断的典型特征主要体现在市场进入壁垒的提升、平台垄断的加剧及动态定价引起的价格歧视问题。

一是数据和技术造成市场进入壁垒提升。大型平台凭借广泛的用户基础和多元化的业务，利用人工智能技术可以收集海量用户数据，涵盖用户行为、偏好、消费习惯等各方面，增强了平台的数据优势，平台将收集的数据作为核心资产，通过人工智能算法进行深度挖掘和分析，形成独有的数据优势。其他新进入者因缺乏数据难以提供同样精准的服务，形成数据垄断壁垒，阻碍市场竞争。大型科技公司不仅凭借市场规模优势，获取了大量数据，为人工智能模型的训练提供数据支持，同时巨头企业有资金实力购置大量的计算设备和建立数据中心，提供算力支持。更重要的是，大型企业在人工智能研发方面具有人才优势和技术优势，积累了大量的技术专利和算法模型。人工智能技术的复杂性和专业性，使得新进入者难以在短时间内掌握核心技术，并且技术迭代速度快，新企业追赶难度大。例如，谷歌在搜索引擎市场占据主导地位，具有数据规模优势，新进入者难以获得与谷歌相当的数据规模，无法训练出同等性能的人工智能模型，而谷歌则利用这些数据训练人工智能算法，不断优化搜索引擎的性能和精准度，使其在搜索引擎市场占据主导地位，新的搜索引擎很难获取足够的数据和技术来与之竞争。OpenAI 在 AI 研究和开发领域的成功，离不开微软等企业的巨额资金支持。

二是平台垄断加剧。人工智能技术通过增强平台的网络效应

和规模经济，加剧了平台垄断。（1）人工智能驱动的个性化推荐系统，根据用户的历史数据和行为预测其需求，精准推送内容、产品或服务，增加了用户在平台上的停留时间和使用频率，提高了用户对平台的依赖度和忠诚度。（2）平台的用户越多，收集的数据就越丰富，人工智能算法就越能提供更精准的服务，从而吸引更多用户，不断强化平台的网络效应，扩大垄断优势。例如，亚马逊是全球最大的电商平台之一，同时也是一个重要的第三方卖家市场。但亚马逊采取在搜索结果中优先展示其自有品牌产品，为自有品牌提供更多的广告资源和支持，提高其曝光率，以及通过平台获取第三方卖家的销售数据，分析热门产品，并推出类似的自有品牌产品等自我优待行为，为其自有品牌提供不公平的竞争优势。谷歌是全球最大的搜索引擎，同时也在多个领域（如购物、旅游、地图）提供自有服务。谷歌在其搜索结果中优先展示其自有服务，并通过搜索引擎获取用户行为数据，优化其自有服务的竞争力。（3）大型平台利用资金优势，通过并购具有潜力的人工智能初创企业或相关领域企业，消除潜在竞争威胁。同时，获取被并购企业的技术、人才和市场份额，进一步增强自身实力。如 2012 年脸书（Facebook）以 10 亿美元收购了当时快速增长的图片分享应用照片墙（Instagram）。照片墙在收购前已成为社交媒体领域的重要竞争者。而收购后，照片墙的独立发展受到限制，其功能逐渐与脸书整合，减少了市场竞争的多样性。（4）平台通过人工智能技术打造涵盖多个领域的生态系统，将用户、开发者、合作伙伴等紧密连接在一起，造成生态系统锁定。如苹果公司的操作生态系统（iOS）就是一个典型的平台生态系统，由苹果手机、平板电脑等硬件设备，苹果操作系统，应用商店（App Store）及大量的开发者和用户共同构成。利用深度整合硬件与软件，扩大应用商店的丰富资源，提升用户体验，增强用户依赖性，用户账户体系与数据同步也增加了用户的转移成本，从而锁定用户。

三是企业价格决定权增强。人工智能通过分析海量消费者数据，能精准构建用户画像，清晰掌握消费者的购买能力、价格敏感度等。如电商平台根据消费者的历史购买记录、浏览行为等，对高收入且价格不敏感的消费者展示较高价格，对价格敏感的消费者推送优惠信息，实现更精准的价格歧视。通过实时监测市场变化、消费者需求和竞争对手价格等，随时调整价格。如航空公司利用人工智能系统根据航班预订情况、出行时间等，对不同时段预订的消费者收取不同价格。例如，大数据杀熟现象。大数据杀熟是指经营者利用大数据收集消费者的消费习惯、消费能力、所在地区、年龄、职业、浏览历史等信息，对同一商品或服务制定不同价格，以获取更多利润的商业行为。通常老客户或消费能力强的客户，可能会比新客户或消费能力弱的客户面临更高的价格，这种现象多发生在电商平台、在线旅游平台、网约车平台等领域，具有一定的隐蔽性，消费者往往难以察觉。

例如，亚马逊是应用人工智能动态定价的典型代表。亚马逊的人工智能系统会分析大量的数据，包括竞争对手的价格、商品的销售速度、用户的浏览和购买行为等。在某电子产品的销售中，当竞争对手降低同款产品价格时，亚马逊的人工智能系统在监测到这一变化后，迅速分析该产品在自身平台的历史销售数据及用户对价格的敏感度。如果发现用户对价格较为敏感，且该产品的库存充足，系统会立即降低价格以保持竞争力。通过这种动态定价策略，亚马逊不仅提高了商品的销售量，还优化了库存管理，提升了整体的运营效率和盈利能力。出行平台优步（Uber）利用人工智能实现动态定价，以平衡供需关系。在高峰时段或特殊天气条件下，出行需求会大幅增加，而车辆供应相对不足。Uber 的人工智能系统会实时监测各区域的供需情况，当发现某个区域的需求远超供应时，系统会自动提高该区域的乘车价格，即所谓的“高峰期定价”。价格的提高一方面可以激励更多司机前往该区域提供服务，增加车辆供应；另一方面，也能使部分对价格敏感的乘客选择等待或改变出行方式，从而缓解供需矛盾。而在需求较低的时段，价格则会相应降低，以吸引更多用户使用

Uber 出行。通过这种动态定价策略，Uber 提高了运营效率，提升了用户和司机的满意度。

本章小结

人工智能技术的强替代性、渗透性、创造性及自适应性等技术特征，变革了经济主体决策方式、企业组织与生产效率、产品与服务形态，影响形成行业的厂商数量和市场需求、产品的差异化程度、市场进入和退出的难易程度及厂商的价格决定机制，进而影响市场结构。一方面，人工智能会通过提高生产效率、降低信息不对称、优化消费决策，形成新的竞争优势、市场组织及产品形态促进市场竞争，形成以数据、算法和算力为代表的新竞争优势，促进平台经济等市场新组织的发展，催生了新产品和服务形态。人工智能背景下的市场竞争呈现主体分化、竞争优势数智化及竞争领域扩大等特征。另一方面，人工智能还会通过提高数据和技术的市场进入壁垒，增加平台经济的垄断活动，增强企业价格决定权等加剧市场垄断。人工智能背景下市场垄断出现了新垄断要素、新垄断条件及新垄断形式，呈现出数据垄断加剧、算法共谋隐蔽化、平台经济的限制竞争活动加剧及动态定价的普及等特征。

关键概念

人工智能　数据垄断　算法共谋　平台经济　自我优待　限制访问　动态定价策略

阅读文献

[1] 陈楠．人工智能对经济增长的影响［M］．北京：中国社会科学出版社，2023.

[2] 黄益平，黄卓．平台经济通识［M］．北京：北京大学出版社，2023.

[3] 刘小鲁，董烨然．平台经济学［M］．北京：中国人民大学出版社，2023.

[4] 沈坤荣，林剑威．数据垄断问题研究进展［J］．经济学动态，2024（3）：129－144.

[5] Acemoglu D. et al. Too Much Data：Prices and Inefficiencies in Data Markets［J］. American Economic Journal：Microeconomics，2022，14（4）：218－256.

思考题

1. 人工智能背景下市场竞争与垄断有何新特征？

2. 平台经济限制竞争的活动主要有哪些，人工智能会对其产生什么影响？

3. 人工智能如何影响企业的动态定价策略？

4. 人工智能对算法共谋有何影响？

5. 人工智能背景下数据垄断有何新特征？

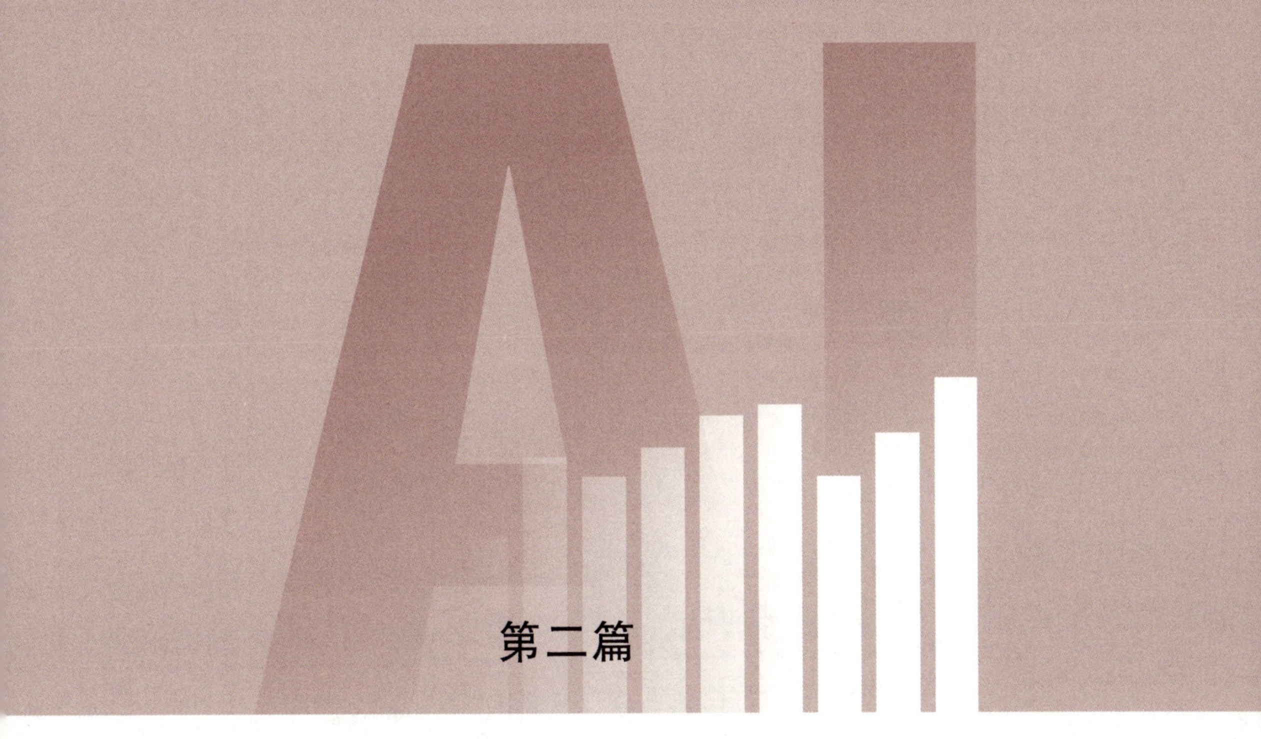

第二篇

人工智能与中观经济学

第六章

人工智能与智能制造

随着全球经济进入数智化转型阶段，人工智能逐渐成为实现优化制造业智能化生产、管理及服务的关键技术，在智能制造（intelligent manufacturing，IM）中扮演着重要角色。本章首先对智能制造进行概述，并深入理解人工智能在智能制造场景中的理论基础及介绍人工智能在智能制造场景中的典型应用，在此基础上进一步介绍人工智能在智能制造场景中的前沿动态与发展方向。

第一节　智能制造的概述

智能制造自 20 世纪中期以来就已经成为一个世界范围的时代话题，随着大数据、云计算和物联网等技术发展，智能制造的内涵及外延不断丰富。本节在着重论述智能制造模式演化的基础上，解释智能制造的概念、构成及特征，并给出智能制造的“技术—经济”范式。

一、智能制造的演化历程

（一）世界范围内智能制造的演化

新一轮工业革命是以往工业革命的延续和发展，从手工生产到大规模生产，再到个性化生产（见图 6－1），制造模式也随之发生变化。在人工智能技术的普及和应用下，制造业经历了从以“人—物理”二元系统（human-physics system，HPS）为主体的传统制造，进入以“人—信息—物理”三元系统（human-cyber-physics system，HCPS）为主体的智能制造，其也由“辅助和支持”逐渐转换为“部分取代”（Li et al.，2017）的角色。进一步追溯可以发现，“智能制造”最初由 20 世纪 50 年代至 20 世纪 90 年代中期以计算机技术为核心的数字化制造发展到以信息技术为核心的网络化制造。近年来，人工智能技术渗透到制造领域，促使制造业进入以新一代人工智能技术为核心的智能制造阶段。数字化制造向新一代智能制造演变的实质是“人—信息—物理”三元系统的迭代升级，以实现产品及其生产和服务过程的最优化。总体来看，智能制造经历了以下阶段。

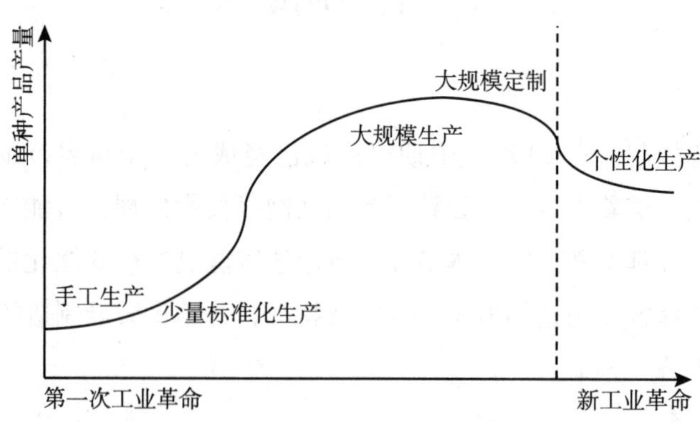

图 6－1　工业革命与制造模式的演化

资料来源：姚锡凡，张存吉，葛动元．人工智能与智能制造概论［M］．北京：科学出版社，2024.

1. 数字化制造阶段

1950年，美国麻省理工学院研发的第一台数控铣床，标志着计算机技术首次应用于制造设备。随后，计算机辅助设计开始萌芽，大型计算机开始用于生产计划调度和工艺优化。到1970年，基本实现了设计与制造的初步衔接，大幅减少了人工干预，提高了设备的精度及生产速度，使数字化制造快速发展。斯坦·戴维斯（Stan Davis）于1987年在《完美的未来》一书中首次提及大规模定制（mass customization，MC），通过计算机实现的大规模定制，适应小批量多品种生产，提升了自动化水平。由此可见，大规模定制生产推动数字化制造进程。事实上，数字化制造与传统制造的“人—物理”系统相比，增加了一个信息系统（cyber system），通过计算机辅助工具替代人工与机械控制，实现单点流程的自动化与制造过程的数字化改造。

2. 网络化制造阶段

互联网进入Web时代，互联网与信息技术的深度融合是促使形成高度协同、灵活响应制造体系的关键。这一时期，其主要表现为：一是制造过程的网络化。互联网技术支持分散工厂的快速重组，实现了敏捷制造，进而赢得了竞争优势，并通过全球分散网络化制造模式实现了低端制造的转移，促使形成了经济发展方式转变的国际化分工。二是产品与服务的网络化。以网络化平台实现企业与用户的实时交互，推动了制造业转向以用户为中心的新管理模式形成，网络化制造与早期数字化制造的不同在于，其并非仅聚焦于单一环节或企业内部流程的数字化改造，而是以互联网平台为载体，将分散的制造资源连接成网络及实现系统集成，实现制造资源的优化配置。

3. 新一代智能制造阶段

制造系统主要以人为中心，通过人工智能技术与制造业的有机融合，实现了制造业各环节的系统优化集成。在产品设计方面，以知识库为依托，通过对产品性能、可靠性等的精确分析，极大提高了产品设计的效率。在产品生产方面，通过有效建立与实际产品和生产过程高度一致的模型，形成了人机协同的智能化、绿色化、可持续的制造系统。与网络化制造相比，新一代智能制造通过融合人工智能等技术，实现了制造过程的自主决策与动态优化，即从制造业的“自动化”向“认知化”“智能化”的跃迁。

（二）我国智能制造政策的演化

从全球来看，智能制造虽尚处于实施阶段，但各国政府均将其列入国家发展计划，对其进行大力推行。例如，美国的先进制造技术（AMT）发展计划、欧洲联盟的欧共体技术研究与发展战略计划（ESPRIT）项目、日本的先进制造国际合作研究项目等。而我国智能制造的发展历程最早可追溯到20世纪80年代，政府将“智能模拟”列入科技发展规划的主要内容。随后，我国颁布了一系列指导性政策文件，标志着中国制造业发展正式步入快车道。近年来，我国相继提出《智能制造发展规划（2016－2020年）》等政策，以及推广中国智能制造示范项目用以指导中国智能制造的发展（权小锋和李闯，2022）。其中，我国具体制定的智能制造政策如表6－1所示。

表6－1　“十二五”以来中国智能制造政策梳理

阶段	年份	名称	发布机构
“十二五”时期	2012	《智能制造科技发展“十二五”专项规划》	科技部
	2015	《中国制造2025》	国务院
		《2015年智能制造试点示范专项行动实施方案》	工业和信息化部
“十三五”时期	2016	《智能制造发展规划（2016－2020年）》	工业和信息化部
	2017	《高端智能再制造行动计划（2018－2020年）》	工业和信息化部
	2018	《国家智能制造标准体系建设指南（2018年版）》	工业和信息化部、国家标准化管理委员会

续表

阶段	年份	名称	发布机构
"十四五"时期	2021	《"十四五"智能制造发展规划（2021 年）》	工业和信息化部、国家发展和改革委员会、教育部、科技部、财政部、人力资源和社会保障部、国家市场监督管理总局、国务院国有资产监督管理委员会
	2024	《智能制造典型场景参考指引（2024 年版）》	工业和信息化部

资料来源：笔者自行整理而成。

由此可见，智能制造改变了制造业生产方式，其不是简单的技术突破或是传统产业改造，而是新一代信息技术在企业生产制造中渗透的结果（沈坤荣等，2024），是制造业转型升级的产物（吕越等，2023）。

二、智能制造的概念

20 世纪 80 年代末，美国的保罗·肯尼思·赖特（Paul Kenneth Wright）和戴维·艾伦·伯恩（David Alan Bourne）在《制造智能》一书中首次提出智能制造的概念，认为智能制造是指机器能够自动进行小批量生产。在此基础上，英国的威廉姆斯（Williams）将智能制造进一步界定为"贯穿制造组织内部的智能决策支持系统"。21 世纪以来，随着新一代信息通信技术与制造业深度融合，智能制造不断被赋予新的内涵。美国发布的《实施 21 世纪智能制造》报告中指出，智能制造是先进智能系统强化应用、新产品快速制造、产品需求动态响应，以及工业生产和供应链网络实时优化的制造。我国《智能制造发展规划（2016－2020 年）》进一步将智能制造定义为："基于新一代信息通信技术与先进制造技术深度融合，贯穿于设计、生产、管理、服务等制造活动的各个环节，具有自感知、自学习、自决策、自执行、自适应等功能的新型生产方式。”①

归纳起来，已有研究对于智能制造的理解可分为：一类是狭义的理解。聚焦于生产制造环节，在制造运行管理、生产现场监控、现场设备的管理过程中引入先进制造技术、互联网、物联网技术等智能化方法和手段，实现车间级生产流程的优化。另一类是广义的理解。智能制造是指全产业链的智能化重构，不仅包括生产制造环节，还包括产品研发设计、供应链、管理、服务等内容，强调从“制造”到“智造”的新型制造模式。

总的来说，智能制造是一个大而广的概念，智能制造与传统制造的本质区别是制造过程中应用范围、生产规模、组织模式等的不同，将传统制造以人为主的手工操作、半自动化操作的制造模式转变成柔性化、智能化和高度集成化的智能决策与控制模式，具体差异如表 6 – 2 所示。

表 6 – 2　　传统制造与智能制造的对比

分类	传统制造	智能制造
设计环节	标准化产品设计	个性化产品设计
	独立设计	跨部门/跨企业云平台协同
制造环节	流水线生产	柔性化生产
	抽样检测	AI 视觉检测
管理环节	以人工管理为主	人机协同管理
	经验驱动决策	数据驱动决策
服务环节	被动维护	预测性维护
	增值服务有限	增值服务丰富

资料来源：笔者自行整理而成。

① 经济建设司．关于印发《智能制造发展规划（2016 – 2020 年）》的通知［EB/OL］. 中华人民共和国财政部网，2016 – 09 – 28.

三、智能制造的构成及特征

（一）智能制造的构成

智能制造的构成可划分为智能制造技术与智能制造系统两部分，前者聚焦与智能制造相关的技术工具创新与应用，后者强调智能制造技术集成后形成的生产与管理体系，二者相辅相成。

1. 智能制造技术

智能制造技术作为支撑制造业智能化转型的基础，主要包含物联网技术、云计算技术及人工智能技术等，具有产业结构效应和经济增长效应（郑江淮和冉征，2021）。其中，物联网技术是利用物理世界的嵌入采集各类涉及监控、连接、互动等信息，方便识别、管理和控制，实现虚拟世界真实的映射和优化管理。云计算技术是在存储海量数据的基础上，通过分布式计算提高数据分析与处理的能力，促使海量数据在智能制造内顺畅流转。人工智能技术通过提高产品生产的可扩展性，实现生产制造的自动化与智能化。例如，深度学习算法能够应用于视觉质检，自然语言处理可以提高客服响应时效，强化学习算法在动态排产与能耗优化方面具有明显的优越性。与此同时，虚拟现实通过运用音像和传感装置智能推理、预测、仿真，虚拟展示制造过程和未来的产品。

2. 智能制造系统

智能制造系统是技术集成后形成的系统性生产与管理架构，其重点在于实现全要素、全流程的智能化协同。智能制造系统可细分为智能化制造设备、柔性制造系统、工业互联网平台等。首先，智能制造设备主要指数控机床和工业机器人。数控机床是控制代码或进行逻辑处理对信息进行解码的自动化机床，促进物理世界和数字世界的融合。工业机器人是指由人类指挥或在预先编程的程序中运行的多关节机械手或高自由度机器，能够连续、准确地完成焊接、涂装、装配等工作。其次，柔性制造系统（flexible manufacturing system，FMS）通过模块化设备与可编程控制支持多品种生产，如丰田 TNGA 架构可灵活切换燃油车、混动车与电动车生产线。最后，工业互联网平台通过整合设计、生产、供应链数据，支撑跨企业资源调度。此外，智能制造设备依赖于以下三个要素：一是制造设备的部署成本。部署成本决定了智能制造设备是否进行配置。二是微处理器芯片的计算能力。微处理器芯片的计算能力为机器拥有数字智能提供了前提条件。三是合理运用分析工具。大数据分析技术解决了海量数据的处理、分析难题。

（二）智能制造的特征

与传统的制造系统相比，智能制造系统具有以下特征。

1. 自组织与超柔性

制造业的生存、竞争能力取决于开发周期的长短，是否能够生产出较低成本、较高质量，以及更能适应市场动态变化的产品。智能制造中的各组成单元在工作任务的导向下，自行组成一种最佳结构，以适应具有动态市场的变化。其柔性主要体现在运行方式与结构形式上，这种融合也被称为超柔性，如同一群具有生物特征的人类专家，会根据环境的变化进行自我组织，具体体现为机器柔性、工艺柔性、产品柔性、维护柔性、生产柔性、扩展柔性、运行柔性。例如，电子商务领域出现的 C2B 模式是柔性制造的典型表现。

2. 人机一体化

智能制造并不直接等价于“人工智能”系统，事实上，它是一种混合智能，也称为人机一体化的智能系统。基于人工智能的智能机器虽具有逻辑或形象思维，能够进行机械式推理、预测、判断，但并不具备灵感思维。因此，以人为核心，并在智能机器配合的情况下，将专家知识、人工智能与制造过程集成，进而使制造系统能够进行自主决策，更好地适应生产状况的变化，实现智能制造。在这个过程中，人与智能机器之间并不冲突，是一种以人为核心，和谐相处、相互“理解”、各显其能的关系。

3. 自律性

自律性是指以实时采集的数据与满足自身运行的信息为基础，能够分析判断、自主调控自身行为。一般而言，具有自律性的设备被统称为“智能机器”，具体体现在系统对突发事件的快速响应和长期学习进化。例如，能源管理系统（energy management system，EMS）通过实时电价和产能需求调整设备运行模式以降低能耗。可见，自律能力是智能制造从“自动化”向“智能化”转换的关键特征，其本质是通过强有力的知识库和基于知识的模型，在信息空间分析、仿真制造过程中的协调运作与竞争，实现制造系统的优化运行。

4. 学习性与自我维护性

学习性与自我维护性是智能制造的本质特征。一方面，智能制造具有扩充学习认知的功能，通过在实践中的自我学习，产生知识，充实知识库。需要注意的是，智能制造的“知识库”不仅包含研发人员本身具备的知识，同时还包含在智能制造过程中通过自学习而不断完善的知识规律、研发人员难以掌握或难以描述的知识规律，促使智能制造能够适应复杂多变的环境系统。另一方面，制造业在运行过程中具备自行诊断、自我维护的能力，以协助智能制造进行自我优化。其中最为典型的是预防性维护系统，该系统包含计划维护、以可靠性为中心的维护等，其作为防范智能设备发生故障的必要手段，已成为智能制造普遍采用的一种维护方式。

四、智能制造的“技术—经济”范式

“技术—经济”范式（techno-economic paradigm，TEP）作为演化经济学中的核心概念，最初由学者卡萝塔·佩蕾斯（Carlota

Perez）和克里斯托弗·弗里曼（Christopher Freeman）提出，表征某一时期主导技术革命与经济社会深度融合所形成的系统性规则。历次工业革命引发了生产要素重组与制度体系重构，形成新的“技术—经济”范式。以制造业为例，随着以人工智能为重要引擎的第四次工业革命到来，制造业生产组织模式得以重构，催生分布式协同制造网络，进而逐步形成新的经济规则、产业生态和社会治理。具体表现为：

一是数据成为生产系统的“大脑”。工业设备、工艺和产品的要素数据化，使数据要素成为主导生产的主要资源，打通了供应链的数据壁垒，突破了边际收益递减规律，通过乘数效应重构经济投入产出结构。同时，其通过采集的数据能够实时追踪设备状态，对产线参数进行动态调整，极大压缩了新产品的研发周期。因此，智能制造的生产单元从物理工厂转向数据节点，可视为“数据驱动决策”的范式转移。

二是生产流程重构。智能制造通过模块化重构生产函数，打破了传统流水线的刚性结构，通过可重构制造单元实现产线快速重组，有效解决了标准化与个性化之间的矛盾，实现范围经济，推动制造业向自适应、自优化的智能生产模式演进。例如，汽车制造领域通过数字孪生技术实现大规模定制化生产。

三是组织模式创新。智能制造主要采取的是一种分布式协同的组织方式，从传统的线性模式转向“多中心—强耦合”的网络化模式，有利于重塑产业生态。同时，智能制造的分布式协同催生了新的开源生态，涌现出数据服务商、算法供应商等新企业，衍生形成新的创新生态。这种组织模式的创新正在引发深刻变革，促使产业竞争主体由原先的单个企业转变为产业生态，重塑产业竞争的新规则。

综上所述，智能制造的“技术—经济”范式的成熟不仅重塑了制造业，更推动了其他产业的智能化转型，最终实现了经济效率与社会福祉的双重提升。

第二节　人工智能在智能制造场景中的理论基础

从理论视角看待人工智能在智能制造场景中的驱动作用，必须了解人工智能技术如何渗透与融入经济活动中。本节重点介绍复杂网络理论、离散事件动态系统理论、通用技术扩散理论。

一、复杂网络理论

复杂网络理论起源于图论，可以追溯到1736年伟大数学家欧拉（Euler）提出的著名的“柯尼斯堡（Konigsberg）七桥问题”。1959年，为了描述通信和生命科学中的网络，匈牙利数学家保罗·埃尔德什（Paul Erdos）和阿尔弗雷德·雷尼（Alfréd Rényi）提出随机网络模型，建立了随机图理论，为构造网络提供了一种新的方法。此后邓肯·瓦茨（Duncan Watts）和史蒂文·斯特罗加茨（Steven Strogatz）提出的小世界网络（small-world networks，SWN）模型和艾伯特·拉斯洛·巴拉巴西（Albert László Barabási）、雷卡·阿尔伯特（Réka Albert）在《科学》（*Science*）期刊上提出的无标度网络模型，为复杂网络研究提供了重大突破。复杂网络理论的本质是通过节点和连边来表征系统结构，该理论认为节点间的关联模式决定了复杂系统的整体行为特征，而智能制造在性能方面实际上取决于系统的复杂关系。因此，复杂网络理论作为一种描述智能制造的工具具有一定优势。本部分将从网络的定义及表示、网络的统计特征、复杂网络在智能制造中的应用来介绍该理论。

（一）网络的定义及表示

真实网络 Q 由顶点集 P 和连边集 U 构成：

$$Q = (P,\ U) \tag{6-1}$$

其中，$P = \{p_1,\ \cdots,\ p_i\}$ 表示 i 个顶点的集合，$U = \{u_1,\ \cdots,\ u_n\}$ 表示 n 条连边的集合。节点为网络中的点，顶点为图中的点。

真实网络 Q 的邻接矩阵 $V = (a_{ij})_{n \times n}$ 为 N 阶矩阵用于表示网络结构。

$$其中，a_{ij} = \begin{cases} z_{ij}，从顶点\ i\ 到顶点\ j\ 的权重为\ z_{ij}\ 的边 \\ 0，无从顶点\ i\ 到顶点\ j\ 的边 \end{cases} \tag{6-2}$$

需要说明的是，当 $z_{ij} = 1$ 时，意味着 V 为一个无权网络；当 $z_{ij} \neq 1$ 时，V 为一个加权网络。V 为对称矩阵时，则表示为无向网络。

（二）网络的统计特征

一般常用节点度、平均节点度、集聚系数和平均最短路径长度等指标衡量网络的统计特征，为智能制造建模提供了必备工具。

节点度 $J_i(i \in N)$ 是指与节点 w_i 相连的边，用于刻画节点在网络中的影响。而平均节点 $<J>$ 表示整个网络中边的丰富程度，具体为：

$$< J > = \frac{1}{N}\sum_{i=1}^{N} J_i \tag{6-3}$$

集聚系数 $A(J_i)$ 常用于表示邻接节点间存在连边的概率：

$$A(J_i) = \frac{2G_i}{j_i(j_i - 1)} \tag{6-4}$$

其中，G_i 表示邻接节点间存在的连边数量，平均集聚系数 $<A>$ 为：

$$< A > = \frac{1}{N}\sum_{i=1}^{N} A(J_i) \tag{6-5}$$

最短路径长度 le_{ij} 表示节点 w_i 到节点 w_j 之间的最短路径，平均最短路径长度 $<le>$ 衡量网络中节点之间的分离程度。

$$<le> = \frac{2}{N(N-1)}\sum_{i<j} le_{ij} \tag{6-6}$$

（三）复杂网络在智能制造中的应用

复杂网络理论为智能制造提供了有效的建模工具，在系统建模与优化、故障预测与控制、提升供应链管理等方面应用广泛。在生产流程建模中，将生产制造的过程抽象为网络模型，以节点表示设备或工序，以边表示信息流或数据流，通过网络分析识别瓶颈节点，优化信息流或数据流分配，提升系统整体效率。在故障预测与控制中，基于复杂网络分析及预测设备故障的连锁反应，事前采取措施，通过控制算法最大限度地降低故障风险，防止大规模的设备故障。在供应链管理中，将供应链抽象为复杂网络，节点为各个企业，边为物流或者信息流，通过分析供应链网络的脆弱性，制定针对性策略，以最大限度地降低运输成本，降低供应链中断风险。

二、离散事件动态系统理论

近年来，随着人工智能技术的广泛应用，具有离散事件特点的制造系统应运而生。这类系统不同于系统动力学理论，其内容的演化受离散事件间的错综复杂的相互作用影响，由此逐步形成系统科学与控制理论的新兴分支——离散事件动态系统理论。而制造系统属于离散事件动态系统，因此离散事件动态系统理论也是研究智能制造领域的重要理论之一。

（一）离散事件动态系统

离散事件动态系统（discrete event dynamic system，DEDS）作为一类状态随离散事件发生而产生变化的动态系统，其状态是离散的，系统是否发生状态转移主要取决于离散事件是否发生。例如，生产设备的状态分为开始、停止，计算机的状态可分为运行、停止。该系统满足以下主要特点：第一，状态集合和事件驱动。离散事件动态系统具有有限或无穷个整数组成的集合，当离散事件发生时，系统会发生状态转移，且系统每次运行只能实现其中一种状态转移。第二，活动和物理时间。这里的物理时间指一般意义上的时间，认为离散事件的发生为瞬时的，而系统状态转移后会维持一定的物理时间，且每个状态下会进行至少一项活动。第三，随机性。离散事件动态系统可视为一个随机过程。例如，各类活动的持续时间及状态转移的概率均为随机变量。

（二）离散事件动态系统理论内容

该理论仍处于发展阶段，目前被广泛认可的模型主要有逻辑层次模型、时间层次模型和统计性能层次模型。

第一，逻辑层次模型。早期该模型主要描述物理状态与事件的关系，主要用于定性分析。现阶段，该模型在原有基础上引入时间与随机因素，主要内容为计时 Petri 网和随机 Petri 网。

第二，时间层次模型。该模型认为应在物理时间上，系统研究事件和状态演化之间的逻辑关系，常借助于线性系统的概念与方法对离散事件动态系统进行逻辑研究。例如，狭义的时间层次模型是以双子代数理论为基础，研究计时 Petri 网。

第三，统计性能层次模型。该模型最早源于研究随机服务系统，也被称为排队论。其主要内容是通过运用广义半马尔可夫过程、仿真分析法、运行分析法等方法，量化随机服务系统的运行规律，为智能调度与自动化服务普及等实际场景提供决策依据。

（三）离散事件动态系统理论在智能制造中的应用

离散事件动态系统理论在智能制造中的应用广泛，主要集中于生产计划与调度优化方面。根据企业类型可划分为离散型企业与连续型企业，针对离散型企业而言，这类企业以单件或小批量生产为主，生产工序间存在明确的排队等待过程，导致生产效率较低，而离散事件动态系统理论的应用，能够量化分析零部件在生产过程中所需的等待、加工时间，优化设备数量与任务分配策略，提升整体效率。

针对连续型企业来说，这类企业主要以连续流程化生产为主，排队问题更多体现在设备稳定性及原材料稳定性上，离散事件动态系统理论的应用有助于缩小企业信息集成缝隙，优化服务强度，避免因过载导致生产线中断，提高企业经济效益。

三、通用技术扩散理论

1962 年，埃弗里特·罗杰斯（Everett M. Rogers）在《创新的扩散》一书中提出技术扩散理论，认为技术扩散过程由创新技术、时间、传播渠道与社会系统构成。之后，国内外学者开始对技术扩散进行了大量的理论与实证研究。一般而言，技术扩散是指技术在扩散过程中突破传统边界，向更广泛的场景延伸。它按照流动方向可划分为企业间的扩散、内部的扩散及总体扩散，而按照空间区位的变化特征可划分为扩展扩散①、等级扩散②及位移扩散③。随着 ChatGPT、DeepSeek 的兴起，通用技术取得了根本性的能力突破，技术扩散理论不断丰富与深化。由于通用技术在整个经济中扩散为技术变革提供了一种新的解释，本小节将重点介绍通用技术扩散理论的主要内容。

（一）通用技术扩散理论的内容

通用技术是一种能够改变多种应用领域技术的根本性技术进步。通用技术扩散理论认为在各经济部门广泛且有效地采用了通用技术是适应科技革命的关键。同时，还对扩散模型与扩散特征

① 扩展扩散是由发源地向外辐射扩展覆盖范围的扩散，距离越近扩展扩散越明显。

② 等级扩散是一种以等级序列顺序的扩散，等级越高扩散越明显。

③ 位移扩散是一种随时产生非均衡的位移，位移的随机性越高，即位移的方向和幅度变化大时，扩散越明显。

进行了说明。

一是通用技术的扩散模式。根据技术扩散的动力来源可划分为强制性技术扩散和诱致性技术扩散。其中，强制性技术扩散是由政府主导，政府通过财政政策、产业政策等方式以促进通用技术扩散。诱致性技术扩散是由市场主导，在面对因技术不对称引致的获利机会时，个人或组织自发进行和推动的技术传播行为。这两种模式并不存在互斥效应，一般在技术扩散早期，由于信息不完全、市场势力等因素的影响，可能导致通用技术扩散滞后或者速度缓慢，需要引入强制性技术扩散。而在技术扩散的后期，主要以诱致性技术扩散为主。

二是通用技术扩散具有典型的非均衡特征。在实际扩散过程中，通用技术的创新者及技术采纳者出于解决彼此间可能存在的技术水平、组织结构等方面异质性问题的目的，趋向于进行双向趋同。这意味着两者对通用技术达成一致见解时，技术扩散是成功的，反之则相反。需要注意的是，当通用技术是颠覆性、突破性的时，技术创新者和技术采纳者所面临的异质性问题会变得更加突出，双向趋同的达成难度更高。因此，不同的通用技术在行业间扩散时的速度与程度具有差异。

（二）通用技术扩散理论在智能制造中的应用

在智能制造中，通用技术扩散理论为理解和推动人工智能技术在智能制造中的应用提供了重要的理论框架和实践指导。主要体现在以下几个方面：一是促进人工智能技术在企业内部的扩散。在智能制造领域中，某些部门或团队可能率先采用新技术，并将其成功经验向其他部门或团队传授，促进技术在企业内部的扩散。二是跨行业扩散。智能制造的跨行业扩散涉及知识转移和经验分享，通用技术扩散理论为其提供了具体框架，帮助其在不同行业间进行有效传播，提升其市场影响力。

第三节　人工智能在智能制造场景中的典型应用

借助第二节中的理论基础，可以发现人工智能的渗透与融合，会促使制造业生产及服务模式、决策模式、商业模式发生变化。本节首先介绍人工智能在智能工厂的应用，其次介绍人工智能在智能物流与供应链应用的研究，最后介绍一些人工智能的中国应用模式。

一、人工智能在智能工厂的应用

由于客户日益增长的个性化产品需求及人工智能技术的广泛应用，以往的制造技术及制造过程的管控能力无法适应新的环境变化，涌现了以智能特性为制造系统核心功能的新形态，全球制造业企业开启了智能工厂（smart factory）建设实践。智能工厂作为实现智能制造的基础，在充分结合精益生产与绿色环保的理念下，实现了设备互联、柔性自动化、高度智能化、自动化的节约生产方式，能够更好地为制造业降本增效。

智能工厂作为智能制造应用的领域之一，是工厂从数控化走向智能化的代表，其主要由企业层、管理层及集成自动化系统三大部分构成。

企业层。企业层对从产品设计到生产制造的全流程进行统一、集成、透明化的管理。企业通过借助物联网技术实现从生产管理到工业网底层的网络互联，以达到纵向集成的目的，同时，其能够采集现场物料数据及实现全产品生命周期的数据流转，并在特定生产条件下进行判断与逻辑推理，为生产排产提供数据支撑。此外，企业根据产品的变化利用三维建模等可视化技术对产品的设计与制造进行仿真，确保制造系统的使用性能能够在生产线投入运行前完成深度解析，为大规模、个性化的生产制造提供底层支持。

管理层。管理层负责制订计划，并通过网络对生产制造过程中资源的状态进行统一管控与协调，以更好地促进职能部门对生产计划的准确执行。这里最为重要的是对结构化数据存储质量记录的反馈及生产质量的控制，进而更好地为质量管理提供评判、分析及追溯依据，协助科学设立适宜的生产质量控制点，避免质量控制点过多引起的流程烦琐，或者质量控制点过少产生新的质量风险。

集成自动化系统。集成自动化系统是自下而上，通过技术集成以创建包含设备现场层、中间控制层及操作层的工业网络。在设备现场层，将工业网络嵌入生产、检验、试验的主流程，关注质量损失。在中间控制层，通过工控软件对设备进行管控，提升对制造系统的重视程度。在操作层，以人为核心，基于最低成本的原则，通过专业技术人员对物理网络运行状态的分析与评估，以便更好地优化生产制造全流程。

工业机器人等人工智能技术的迅速兴起，为制造企业建设智能工厂提供了技术基础。同时，国家及地方政府对“智能＋”政策扶持，驱使制造业进行智能工厂建设。我国家电、装备制造等行业的企业对生产和装配线进行自动化、智能化改造，涌现出海尔、西门子等智能工厂。例如，西门子创建的安贝格数字化工厂在设计研发、生产制造，以及管理调度、物流配送等过程均实现了数字化操作，实现了物理世界与虚拟世界的融合，推动全产业周期的高能效生产。

案例6－1　海尔集团——打造全球家庭中央空调的“灯塔工厂”

当前，新一轮科技革命和产业变革不断加速，全球制造业竞争日益激烈。市场需求的变化不仅对企业的技术创新能力提出了更高要求，生产模式、成本控制等领域数字化转型的紧迫性也随之增加。在此背景下，作为中国智能制造领域的先行者，海尔智家不仅持续加速技术层面的创新，更对传统制造模式展开了深刻变革。以用户为中心，海尔智家已建成覆盖冰箱、洗衣机、家空、智慧楼宇、热水器等多个产业的互联工厂，通过产业链全流程、全要素实时并联，实现了由大规模制造向大规模定制的转型升级，不仅提高了生产效率、产品品质，还可以快速满足用户个性化定制的最佳体验需求。

以海尔胶州空调互联工厂为例，工厂凭借“In China for Global”的世界工厂创新模式，成功入选 2024 年全球“灯塔工厂”。具体来看，针对海外订单的复杂性和航运周期的不稳定性，工厂运用预测算法和双种群进化算法，实现产线能力的精准预测和自适应动态调度；为了满足全球不同地区气候差异需求，工厂利用大量仿真和实验数据，通过支持向量回归算法构建真空度预测模型，实现内部真空度的准确预测和抽空标准的自调优，进一步保障产品品质。

在探索制造业数字化、智能化转型升级的过程中，海尔智家与时俱进，率先布局 AI 创新应用。2025 年初，海尔智家旗下海尔合肥冰箱互联工厂荣获全球首个工业 4.0“AI 创新领航”奖。工厂创新应用生成式 AI、机器学习等先进技术，部署了多个先进用例。从发泡气泡工艺参数的精准调整，到复杂设备故障的智能诊断与答疑，AI 在每一个环节都发挥着关键作用，大幅提升了生产效率和产品品质，在为用户创造极致体验的同时，也为全球制造业提供了 AI 技术应用的“中国样本”。

基于制造模式的转型升级和持续的科技创新，海尔智家获得了国内外权威认可。从世界范围内看，海尔已累计打造 10 家“灯塔工厂”，全球最多；8 家工厂入选 4 届工业 4.0 奖，中国最多。从国内来看，海尔智家旗下 3 家工厂入选工信部首批“卓越级智能工厂”，7 家企业入选国家制造业单项冠军企业，5 家工厂入选国家智能制造示范工厂，10 个场景入选国家智能制造优秀场景，均为行业最多。

资料来源：岁末盘点，海尔智能制造行业最领先［EB/OL］. 新浪科技网，2025 -01 -21.

二、人工智能在智能物流与供应链的应用

随着人工智能技术尤其是大数据分析与深度学习算法的不断成熟，物流和供应链管理中的预测与规划能力得以显著提升，其也由传统的自动化向智能和自适应演化。一方面，人工智能技术的应用能够使物流系统具备感知、学习、推理及自主决策能力，最大限度地处理和分析海量数据，调整生产与库存规划，并通过运输、仓储、包装等环节的智能化，降低运输成本，提升运营效率，应对市场波动。同时，其能够一定程度减少碳排放和资源浪费，实现绿色物流。另一方面，人工智能技术的快速发展在供应链可视化和管理方面也发挥了重要作用，其提供了强大的技术支持，能够通过数据整合提高供应链的透明度，改善传统供应链管理的数据孤岛、信息壁垒等问题，有助于企业及时地发现和解决潜在问题，提高响应速度。

相比传统物流与供应链管理，智能物流与供应链管理主要包含了以下内容。

一是物流的智能化、整合管理。智能物流与供应链利用人工智能技术，集成各种物流信息，实现数据共享与互通，对物流过程的路线优化、仓储管理、订单处理等环节进行定点定位管理，实现了高度智能化。同时，智能物流实现了跨集团、跨企业、跨组织之间的协同，提高了整体的运营效率，进一步促使智能物流成为现代物流管理的重要发展方向。例如，自动驾驶卡车及无人机配送在物流运输中的应用广泛，提升了配送速度和效率。物流车辆安装的 GPS 装置，能够对车辆在途信息进行追踪，获取实

时信息，以最优的方式避免不确定风险的发生，及时处理在途异常情况。

二是供应链的协同性与可视化。智能物流与供应链通过信息系统支撑，以直供的方式，将零部件直接输送到生产线，降低本地库存，并消除供应链的牛鞭效应（指供应链上的一种需求变异放大现象），以应对市场波动。同时，其能够利用人工智能技术将信息串联并整合，减少响应和决策时间，降低交易成本。此外，智能物流与供应链的一个重要功能是实现需求分析及预测。其不仅能够根据历史数据建立预测模型，构建采购建议系统、调拨计划系统，还能从客户对产品的评价中充分挖掘用户的情感与体验，将分析结果反馈到生产制造及供应商供货环节，进而优化供应链效率。例如，京东利用人工智能技术优化了供应链管理。其主要基于大数据平台和增强学习等技术，对历史数据进行分析，定期预测产品销量，为采购、库存管理等提供智能化建议。

三、人工智能的中国应用模式

智能制造是决定制造业强国的重要体现，从区域来看，人工智能在我国制造业的应用模式已形成珠三角、长三角、环渤海和中西部四大产业集群。其中，珠三角和长三角地区是推动智能制造的主力军，在战略性新兴产业发展方面势头强劲。如长三角地区的工业互联网和人工智能等新兴领域的发展处于全国前列。环渤海地区凭借区位优势，在发展智能制造方面具有较大潜力。中西部地区的智能制造虽起步较晚，但目前已初具优势，其发展呈现增长态势。通过对四大产业集群的分布态势与发展情况进行分析，人工智能在中国制造业的应用模式可以归纳为产学研政结合、龙头企业带动、吸引企业三种模式。

（一）产学研政结合模式

产学研政结合模式作为培育和发展智能制造产业的重要方

式，是通过企业、政府、高校和科研院所、科技中介服务机构的多主体作用，联合形成的一个“产学研政”协同合作的创新生态系统，以最大限度实现新兴科技和新兴产业的深度融合，推动新型技术成果在智能制造装备产业中转化，进而拓展智能制造装备业的领域，提高智能装备产业的优势。该模式的核心在于，企业需要抓住内部与外部的机遇，对内需要建立良好的机制，推进技术升级和产品换代。对外需要通过战略联盟等新形式，与外部企业建立合作关系。同时，政府也应通过平台搭建及多渠道的政策支持等方式，为科技成果的转化提供良好的营商环境。

目前，产学研政合作模式已在具有一定前期基础的智能制造装备产业中推广。例如，长三角国家技术创新中心（以下简称“长三角国创中心”）通过产学研政合作模式，整合江苏、上海等地区的创新资源，将科研成果转化为生产力，在智能制造装备领域取得了良好的社会效益与经济效益。该中心在促进了科技成果快速转化的同时，推动了智能制造装备业的高质量发展，为长三角地区的经济发展注入了新鲜动力。其取得的创新成果包含“有源腰部助力外骼机器人”、第三代半导体 SiC 外延设备等。其中，“有源腰部助力外骼机器人”主要通过智能感知和控制系统辅助工作人员完成高强度的重物搬运等工作，应用于零部件的搬运工作。第三代半导体 SiC 外延设备通过产学研政合作，将新技术得以产业化，有助于新能源汽车性能的提升。

（二）龙头企业带动模式

龙头企业带动模式也在我国智能制造场景中广泛应用，这些企业基本都是成熟型企业，具有明显的市场竞争优势，在示范作用的影响下，能够在某个行业或者某些地区产生深远影响。智能制造产业的龙头企业一般具有以下特征：一是技术先进性。龙头企业具备应用数字化设计与仿真、智能装备等方面的技术，进而有效提升生产效率与产品质量。二是创新能力突出。龙头企业注重参与先进管理理念的学习，通过主导或参与制定行业技术标准，形成显著的创新优势，推动敏捷制造。三是经济效益的实现。龙头企业在智能制造领域中通常拥有较高的市场占有率，具有明显的经济效益。四是示范引领能力。龙头企业应具备较强的示范效应，通过合作等多种方式，助力其他企业智能制造水平的提升。

龙头企业带动模式在珠三角和长三角地区呈现出蓬勃发展的态势，已取得显著的成效。一方面，珠三角地区通过龙头企业的带动，推动智能制造快速发展。例如，华为在 AI 芯片、折叠屏技术方面取得的重大突破，不仅提升了华为自身的竞争力，也推动了整个行业的发展。同时，华为在智能终端产品领域，与屏幕盖板、触控模组、摄像头模组等供应商建立了紧密的合作关系，有助于提升整个生态系统的竞争力，充分发挥了其龙头企业的带动作用。另一方面，长三角地区作为智能制造的重地，通过龙头企业的带动，为制造业的转型升级提供了有力的支撑。例如，阿里巴巴达摩院开发的多模态大模型在制造业等领域有广泛的应用场景。

（三）吸引企业模式

智能制造的核心在于通过集成先进的制造技术与人工智能技术，实现生产过程的智能化和高效化。而吸引企业入驻的模式有助于在较短时间内形成技术创新和应用集群，在这个集群中的企业能够共享技术资源，交流创新经验，进而加速智能制造技术的迭代升级和深入发展，增强企业的市场竞争力，打造一流的高端品牌。吸引企业模式的实质是企业通过国内外的自由流动，参与区域或全球价值链分工，形成产业转移。该模式不仅能够吸引前沿、新兴智能制造装备企业入驻，也能吸引计划建立子公司的企业入驻。吸引企业模式相比龙头企业带动模式的优势在于其通过提供政策支持，吸引不同规模与不同领域的企业入驻，能够使企业类型更加多元化，在应对市场变化时更具灵活性。同时，企业通过参与智能制造的集群式发展，能够更容易接触到潜在用户或者合作伙伴，以扩大市场份额。

吸引企业模式在珠三角、长三角、环渤海及中西部地区均有所应用，该模式通过提供优质的智能制造环境，吸引了不同企业入驻，推动了智能制造技术的发展和应用。例如，环渤海地区的烟台黄渤海新区以“产业立区”，已形成集研发、生产、应用于一体的汽车及新能源、高端装备制造等五大主导产业集群。该新区不断健全工业互联网服务体系，营造良好的转型氛围，实现多家企业的赋能。中西部地区的资阳临空经济区智能制造产业园，以基金招商方式吸引企业，目前已取得的成效为首台混合动力无人驾驶矿车——载山 CarMo100 正式下线，为当地汽车产业集群注入了新的动力。

第四节 人工智能在智能制造场景中的前沿动态与发展方向

人工智能在智能制造场景中的未来发展，代表着以人为中心的智能制造迈向新的阶段。本节将从以下四个方面对前沿动态与发展方向进行归结：第一，边缘计算是人工智能技术的新突破。第二，工业元宇宙是探索新的场景模式。第三，实时动态数字孪生能够促使智能制造在数字孪生的加持下得以重塑。第四，解释性人工智能，强调在人工智能中从人的需求出发，落实有效的应用场景，开发人类认知模型，进而形成以人为本的智能制造。

一、边缘计算是智能制造的重要基础

边缘计算作为连接物理与虚拟世界的一个开放式平台，通过靠近数据源的网络边缘，将网络、计算、存储和应用进行集成。边缘计算成为智能制造领域未来发展方向之一的主要原因在于：

一是节省核心网带宽，降低网络传输成本。在智能制造中，机器人及自动化设备等往往需要实时通信和协同工作，边缘计算通过边缘层对数据做初步筛选能够在一定程度上节省核心网带宽，大幅降低网络运输成本，避免数据堵塞问题。二是低时延。边缘计算的时延有望控制在1毫秒之内，能够适应智能制造过程中对实时性要求高的场景，迅速调整生产计划。三是安全性更高。边缘计算中的数据存储与处理是在本地或网络边缘，减少了数据在网络中的传输距离和时间，降低了数据泄露风险。四是深度融合先进技术，提高配置效率。边缘计算通过与人工智能技术的系统集成，能够收集产品缺陷，及时调整生产过程，预测设备的故障趋势和寿命周期，减少设备停机时间。

目前，我国正在积极推进边缘计算的相关研究，其市场规模处于快速增长阶段。未来，边缘计算将通过5G/6G、云计算等技术深度融入智能制造的各个环节，推动制造业向“边缘驱动”转型。一是5G/6G将助力边缘计算应用，使应用扩展到运输系统、智能驾驶、实时触觉控制和增强现实等领域。基于5G/6G规模实验的产业发展与边缘计算建设的协同，有助于利用高带宽、低时延网络提升边缘节点间的通信效率。二是加强供应链边缘化建设，通过供应链在仓库、物流等环节部署边缘节点，能够有效实现库存实时跟踪与路径优化。三是在边缘智能上注重AI模型轻量化。利用模型压缩将AI嵌入边缘设备，赋予设备在参数自调整、故障自诊断方面的自主决策能力。

二、工业元宇宙成为智能制造领域新热点

从工业革命的演进历程来看，机器由被动“裸机”发展到具有感知能力的智能机器，工作人员由手动操作发展到多模态人机交互操作，经济模式也由实体经济向体验经济转变，而元宇宙正是在这一背景下形成的，随着工业技术与元宇宙的深度融合，其将逐渐向工业化延伸，进一步发展为工业元宇宙，其通过虚拟

仿真、实时监测和数据分析等手段，在真正意义上打破虚拟世界和现实世界的界限，广泛应用于生产线的智能化升级，赋予制造业更多可能性。同时，通过构建工业元宇宙生态，吸引更多的企业、机构参与进来，共同推动工业元宇宙在制造领域的深度应用。

工业元宇宙作为元宇宙在工业领域的新型载体，是以新技术群融合为基础，实现工业领域中虚实映射的工业系统。目前，工业元宇宙在当下全球市场中的重要地位，具有明显的增长趋势，预示着工业元宇宙广阔的发展前景。未来工业元宇宙将从单一技术验证向全链条整合转型，可以围绕以下方向展开具体研究：一是在运维方向的拓展。专注于人工智能驱动的预测性维护。例如，利用传感器数据与机器学习预测设备故障，减少非计划停机时间。同时，结合先进制造技术，远程诊断设备状态并进行相应维修。二是在供应链方向的拓展。例如，利用工业元宇宙整合全球供应商资源，动态匹配订单与产能，形成分布式制造网络。三是在服务创新方向的拓展。重视底层关键技术研究，促使企业通过工业元宇宙平台形成数据驱动的服务创新，以满足个性化的客户需求，这些方向将共同推动工业元宇宙的发展。

三、数字孪生迈向实时动态孪生

随着信息化时代的到来，以前分离的实体世界和虚拟世界被整合为虚拟融合世界。在虚实融合时空的背景下，数字孪生的思想最早产生于“信息镜像模型”（information mirroring model，IMM），而后美国空军研究实验室（air force research laboratory，AFRL）的一次演讲中首次明确提出了数字孪生这一概念，标志着产品将具有虚实双态的属性，未来的新产品都以数字孪生的方式进行交付，促进知识创新和产品优化。需要明确的是，数字孪生技术并不是单独存在的，也不是单纯的构型管理的工具，而是各种技术的综合体，每个数字孪生模型需与对应的物理实体有某些形式的数据交互。对应到制造业，为了能够加快制造业的产品或服务在信息空间与物理空间的融合，必须充分利用好新一代人工智能技术，而数字孪生的出现恰好是连接信息与物理世界的重要桥梁，实现智能制造的目标。例如，产品的数字孪生覆盖产品设计的全过程，能够协助企业创新商业模式；工厂数字孪生在厂房建设、生产监控、生产调试等方面能够帮助企业规划细节，提高产能。

当前，数字孪生是各界关注的热点，在各个行业有广泛的应用场景。它以数字化方式在数字世界呈现物理世界的参数，模拟其在现实环境中的行为特征，完成仿真验证和动态调整。在未来，数字孪生应朝实时动态孪生方向演进，由“静态映射”向“主动干预”转变，成为智能制造的核心技术。一是数字孪生技术结合内存计算等技术，将实时状态的同步速率提升至毫秒级，使物理工厂与虚拟模型实现毫秒级数据摄取与分析，进而用于工厂能耗调控的动态更新与设备故障的秒级诊断。二是全生命周期仿真迭代。通过新产品虚拟测试，实时调整虚拟模型参数以匹配物理实体变化。例如，在虚拟环境中模拟设备超负荷运行等极端工况或突发事件，或者动态仿真预测不同生产情况下的质量波动，以更好地优化生产效率。

四、解释性人工智能构建智能决策场景

随着新一代人工智能技术的应用，人机交互方式不断革新，逐渐使人类从单人—单机物理直接交互发展到“人—机—物”的虚实融合的系统协同，从事更有价值的创新性工作。根据国际研究机构高德纳（Gartner）发布的 2024 年新兴技术成熟度曲线中可以发现，生成式人工智能已进入期望膨胀期，这一趋势加速了解释性人工智能的发展，即应借助新兴技术的变革，自我完善并在复杂环境中作出有效决策。解释性人工智能是指人工智能模型的方式，更加注重人的主体地位，让用户更能理解人工智能的决策依据和逻辑，进而建立起人们对人工智能系统的信任。解释性人工智能在智能制造领域具有重要影响。首先，解释性人工智

能提升了智能制造的透明度与可信度。在智能制造中，决策过程可能是一个“黑箱”，需要通过引入解释性人工智能协助理解决策的意图与行为，提高制造的透明度。其次，解释性人工智能能够助力智能制造的升级迭代。解释性人工智能的应用会更容易发现制造过程中的改进空间，推动智能制造的不断完善。最后，解释性人工智能符合人本智造的理念。解释性人工智能会更积极地发挥人的参与性和创造性，进而提升智能制造的灵活性和适应性，更好地满足客户的个性化需求。

解释性人工智能的应用作为智能制造未来发展的重要方向之一，在实际应用中，智能制造企业已开始解释性人工智能的探索。未来，随着人工智能技术的不断更迭和应用场景的拓展，解释性人工智能将在智能制造领域发挥更加重要的作用。具体来看，在技术层面，兼具逻辑推理的深度学习架构的进一步开发与改进，有助于提高大模型的可解释性、真实性，为决策提供更具说服力的解释。在数据层面，在数据多样性的基础上，将数据转化为结构化的知识图谱，并对其进行推理和解释，提高决策的泛化能力和解释的可信度。

本章小结

智能制造作为新一轮科技革命的核心引擎，正在全面重塑传统工业制造体系，对制造业转型升级起着深度变革作用。本章系统阐释了基于人工智能技术的智能制造的概述、理论基础、应用模式及发展方向，具体而言：智能制造是基于人工智能技术的应用，在生产制造、产品研发设计、供应链、服务等产业全生命周期下形成的一种新型制造模式，主要包含智能制造技术与智能制造系统两个方面，且具有自组织与超柔性、人机一体化、自律性、学习性与自我维护性特征。从应用模式来看，以数字工厂为例，它通过人工智能技术的应用对生产设备、物料流转、环境参数实施精准调控，突破传统制造模式局限，达成生产流程的柔性化运作。以智能物流与供应链为例，人工智能凭借实时数据感知与智能分析能力，在需求预测、智能排产、物流优化等环节发挥关键作用，推动制造服务向智能化方向升级。以中国的应用模式为例，智能制造主要体现为政府引导、龙头企业带动、吸引企业三种模式。从发展方向来看，随着人工智能与制造业的深度融合，边缘计算成为智能制造的重要基础、工业元宇宙成为智能制造领域新热点、数字孪生迈向实时动态孪生、解释性人工智能构建智能决策场景，将为未来智能制造的发展提供重要支撑。

关键概念

智能制造　智能制造技术　智能制造系统　数字孪生　工业元宇宙　智能工厂　解释性人工智能　边缘计算

阅读文献

[1] 陈明，梁乃明，等．智能制造之路：数字化工厂［M］．北京：机械工业出版社，2016.

[2] 邓朝辉．智能制造技术基础［M］．武汉：华中科技大学出版社，2021.

[3] 李培根，高亮．智能制造概论［M］．北京：清华大学出版社，2021.

[4] 马苏德·索鲁什，理查德·D. 布拉茨．人工智能与智能制造：概念与方法［M］．吴通，程胜，王德营，译．北京：机械工业出版社，2024.

[5] 姚锡凡，张存吉，葛动元．人工智能与智能制造概论［M］．北京：科学出版社，2024.

[6] Rogers E. M., Valente T. W. Technology Transfer in High - Technology Industries [M]. New York: Oxford University Press, 1991.

思考题

1. 简述智能制造的演进历程。

2. 简述智能制造与传统制造的区别。

3. 简要分析智能制造的“技术—经济”范式。

4. 简述智能制造技术的主要应用领域，并结合实例说明其影响。

第七章

人工智能与农业现代化

农业现代化本质上是技术革命驱动下的系统性变革。人工智能作为一种高精尖技术的综合体，正引发传统农业全方位、多层次的改造，通过大数据分析、机器学习、物联网、计算机视觉等技术手段，不断重塑了农业生产和经营体系，推动农业向数字化、智能化、可持续化方向转型。本章将在阐释“AI + 农业”的内涵与特征的基础上，详细介绍“AI + 农业”如何开启农业现代化的新时代，又如何从研发、生产、经营和管理等农业全产业链和全流程加速中国农业现代化的进程，并进一步列举人工智能在农业现代化场景中的典型应用。

第一节 “AI + 农业”的内涵、特征与经济价值

“AI + 农业”是人工智能的主要应用场景之一，“AI + 农业”运用人工智能技术提升农业效率，推动农业智能化、精准化、高效化转型，催生新业态，促进农业现代化。

一、“AI + 农业”的内涵

“AI + 农业”是指人工智能与农业的深度融合，运用人工智

能、物联网、大数据等先进技术，对农业生产全过程进行智能化管理，实现农业生产效率、资源利用效率和农产品质量的全面提升。其旨在解决传统农业面临的资源浪费、效率低下等问题，实现农业生产的转型升级。“AI + 农业”是现代农业发展的新趋势，其通过智能感知、智能分析、智能决策和智能执行，推动农业向智能化、精准化、高效化转型。

“AI + 农业”在智慧农场、农业机器人、农业大数据、智慧育种、智能化种植及智慧渔业六大场景应用中展现出强大的生命力和广阔的应用前景。这些应用不仅提高了农业的生产效率和农产品品质，还推动了农业产业的转型升级和可持续发展。除在农业生产端外，“AI + 农业”也渗透到农业管理、农产品加工、农业品牌创建、农产品营销等多个环节中，从精准农业到智能灌溉，AI 的应用正在改变传统农业的面貌，推动农业整体向现代化迈进。

2025 年中央一号文件《中共中央　国务院关于进一步深化农村改革　扎实推进乡村全面振兴的意见》（以下简称《意见》）发布。《意见》首次提出运用人工智能、低空技术建设现代化农业，铸造农业新质生产力，以科技创新引领先进生产要素集聚，因地制宜发展农业新质生产力，拓展人工智能、大数据、低空技术等在农业全产业链中的应用场景，瞄准加快突破关键核心技术，强化农业科研资源力量统筹，培育农业科技领军企业。国家发展“AI + 农业”具有深远意义，它不仅能够提高农业生产效率、提升农产品质量和产量、优化农业供应链管理，还能创造新的经济增长点。

二、“AI + 农业”的特征

“AI + 农业”通过农业智能化管理、精准化操作、高效化生产和可持续发展，引领现代农业迈向新的发展阶段。“AI + 农业”具有以下特征。

（一）农业智能化管理

利用AI技术可以实现从播种到收获过程中的各个环节的智能化管理，减少人工干预，降低劳动强度。“AI+农业”通过智能设备实时监测作物生长环境、土壤状况等关键参数，为农业生产提供精准决策支持。智能农机、智能灌溉系统等设备的应用，实现了农业生产的自动化和智能化。

（二）农业精准化操作

在农业生产中，通过整合传感器、无人机、卫星遥感等技术，农民能够实时监测土壤、作物生长状况和气候变化。在养殖业中，智能养殖设备可以实时监测牲畜的生长状况，通过佩戴在牲畜身上的传感器收集数据，利用AI算法分析这些数据，及时发现牲畜的健康问题，实现对疾病的及时预警。基于大数据分析，AI能够预测作物生长需求、病虫害发生趋势等，为农民提供个性化和精准化的操作指引，实现精准施肥、精准灌溉等，进而实现精准管理，提高农作物产量和品质。

（三）农业精准化决策

“AI+农业”可以推动农作物预测与市场分析，在农作物的产量预测和市场需求分析中发挥重要作用。通过分析气象数据和历史病虫害发生记录，预测农业的病虫害风险，以便于提前采取措施，降低损失。通过分析市场趋势等多种因素，预测农作物的市场价格，把握市场波动的走势，根据市场需求和消费者偏好，帮助农民制订科学的种植计划，精准调整种植策略，生产出更符合市场需求的农产品，降低了市场风险，提高了农民的经济收益。消费者也可以通过手机App等方式直接了解农产品的生产过程和质量信息，提高了消费者对农产品的信任度。

（四）农业高效化生产

在传统农业生产中，大量使用化肥、农药和除草剂等化学物质，对土壤、水源和空气造成了严重的污染。“AI + 农业”通过人工智能技术的应用，助力农业生产、加工、销售等环节实现信息化和智能化，AI 技术的应用将显著提高农业生产效率。智能化的种植设备可以根据作物的需求自动调节温度、湿度和光照等环境因素，为其创造最适宜的生长条件。农业机器人从播种、除草、采摘到运输，能够完成各种复杂的农事操作，提高作业精度和效率。智能农机的高效作业、精准农业的实施，都使农业生产过程更加顺畅，极大地降低了人力和时间成本。

（五）农业可持续发展

“AI + 农业”注重环境保护和资源节约，通过人工智能技术的应用，可以实时监测农田的土壤质量、水质情况等环境指标，及时发现和预警环境污染问题，实现农业的可持续发展。通过精准施肥、智能灌溉等措施，可以减少化肥、农药的使用量，降低对土壤、水源和空气的污染。同时，智能农业系统还能够优化农业生产结构，促进农业可持续发展。

三、“AI + 农业”的经济价值

“AI + 农业”正以前所未有的速度改变着传统农业的面貌，AI 技术将进一步渗透到农业生产的各个环节，将催生出更多的新业态和新模式，推动农业全产业链的重塑和升级，展现出广阔的发展前景和强劲的增长动力。其经济价值体现在以下方面。

（一）提高生产效率

传统农业生产方式依赖大量人力和经验，效率低下、成本高昂。“AI + 农业”通过引入智能农机、自动化灌溉和施肥系统，实现了生产过程的精准化和自动化，避免了人工操作的误差，能够减少人力投入，提高农业生产效率。

（二）优化农业供应链管理

农业供应链涉及生产、加工、仓储、运输和销售等多个环节，传统的供应链管理方式存在信息不对称、物流效率低等问题。“AI + 农业”借助大数据、物联网和区块链等技术，实现了供应链的数字化和智能化管理。通过实时跟踪农产品的生产、运输和销售信息，优化物流配送路线。利用区块链技术的不可篡改特性，建立农产品溯源体系，增强消费者对农产品质量和安全的信任，提升了农产品的市场竞争力。

（三）实现农业的标准化

农业标准化是实现现代农业转型的关键，传统农业在标准化方面面临诸多挑战。AI 技术的应用，通过收集、分析海量的农业数据，建立了标准化的生产模型。这些模型能够指导农民按照统一的标准进行操作，推动农业生产的标准化进程。

（四）创造新的经济增长点

“AI + 农业”催生了农业新兴产业和商业模式，包括农业大数据服务、农业机器人研发制造、智慧农业解决方案提供商等。这些新兴产业和商业模式不仅为农业领域带来了新的投资机会，还创造出新的经济增长点。

第二节　“AI + 农业”开启农业现代化的新时代

农业现代化是人类社会从传统农耕文明向现代工业文明转变的重要标志。根据熊彼特创新理论，人工智能作为一项具有“创造性破坏”功能的通用技术，正在不断重构农业生产函数，为农业现代化注入新的动能。

一、人工智能提高农业生产效率

农业生产效率通常指单位面积、单位时间和单位劳动力投入所获得的农产品产出。农业生产效率的提升是农业现代化的核心目标之一，也是人类社会经济发展的基础推动力，其本质是农业系统要素配置效率的优化过程（罗必良，2024）。在“技术—经济”范式框架下，人工智能推动农业从机械化、信息化向智能化的范式跃迁，形成以数据、算法、智能装备为特征的新生产体系，深刻契合了新结构经济学所主张的发展中国家或地区应从其自身要素禀赋结构出发，发展其具有比较优势的产业，在“有效市场”和“有为政府”的共同作用下，推动经济结构的转型升级和经济社会的发展（林毅夫，2012）。

关于农业生产效率提升的理论根基可追溯至精准农业理论体系，该理论由皮埃尔·罗伯特（Pierre C. Robert）等学者于20世纪90年代系统提出，强调通过3S技术（遥感RS、地理信息系统GIS、全球定位系统GPS）实现农田时空异质性管理，构建“感知—分析—决策—执行”的闭环系统①。随着人工智能技术的迭代发展，精准农业已进入智能农业新阶段，其核心特征表现为：（1）数据要素的深度渗透；（2）生产系统的自适应性；（3）全产业链的智能协同②。人工智能作为一种通用目的技术（general purpose technology，GPT），通过智能化、自动化和数据驱动的方式，为农业生产效率提升提供了新的技术范式与实施路径。

（1）人工智能赋能农业机械，使其从单一的执行工具转变

① Robert P. C. Precision Agriculture：A Challenge for Crop Nutrition Management［J］. Plant and Soil，2002，247：143－149.

② FAO. Digital Agriculture Report：Reaping the Benefits of Digital Technologies［R］. Rome，2022.

为自主决策的智能终端。智能农机的技术突破源于控制论与机电一体化的理论融合，其核心在于建立“环境感知—认知决策—精准执行”的闭环控制系统（Wiener，1948）。以自动驾驶农机为例，通过北斗卫星导航系统、激光雷达和多源传感器融合技术，拖拉机、插秧机等农业机械可以实现厘米级精度的无人驾驶作业（刘成良等，2022）。这种技术的应用不仅提高了作业的精准度，还大幅提升了作业效率。无人机“飞控”技术的进步与普及也为农业生产效率的提升提供了全新的可能。搭载多光谱相机的农业无人机可以实时监测作物长势，并结合人工智能算法生成变量施肥或喷洒处方图。2015～2022 年中国植保无人机保有量从 2324 架增长至 16 万架，植保无人机作业面积从 1152.8 万亩次增长至 14 亿亩次①。

（2）人工智能赋能种植管理与决策优化，通过大数据驱动的精准管理，突破传统经验依赖。数字孪生（digital twin）理论为智能种植决策提供了方法论基础，其技术实现遵循“物理实体—虚拟模型—数据交互—智能决策”的迭代优化框架（Grieves，2014）。核心技术创新体现在：通过多尺度建模、实时数据同化和知识图谱构建，从而驱动大数据和相关技术平台进行精准管理，突破了传统农业对经验的依赖。作物生长模型是其重要应用之一。通过整合气象、土壤、作物基因等多源数据，构建数字孪生模型，可以预测最佳播种期、灌溉量和收获时间，从而实现精准种植管理。IBM 公司的沃森（Watson）农业决策平台在印度旁遮普邦的应用表明，通过集成卫星遥感与土壤电导率传感器，其数字孪生系统可将氮肥施用方案优化至米级精度，使小麦产量标准差从 23.4% 降至 7.1%②。

---

① 我国大田种植信息化率超过 21.8%　多措并举推进智慧农业发展［EB/OL］. 央视网，2022－12－27；我国植保无人机保有数量今年将首次超过日本［EB/OL］. 环球网，2016－04－01.

② Bansal S. UR BH I. Sustainability of Agriculture Systems：A Case Study of Punjab［J］. Indian Journal of Economics and Development，2020.

（3）人工智能赋能农业供应链高效运转和协同优化，通过整合生产、仓储、物流等数据，优化农产品流通路径，提高供应链效率，重构了农产品“从农田到餐桌”的价值链传导机制，在需求预测、物流优化、质量追溯等关键环节形成系统性突破。例如，美国农民商用网络公司（Farmers Business Network，FBN）开发的智能预测系统，运用 Prophet 时间序列算法整合历史销售数据、社交媒体舆情、宏观经济指标等 47 个特征维度，将马铃薯市场需求预测误差率从传统方法的 25% 压缩至 8% 以内[①]，显著缓解了农产品供需结构性矛盾。而在流通环节，智能算法正在重塑冷链物流体系，京东农场在海南荔枝季部署的遗传算法优化系统，通过动态计算运输路径、仓储节点与消费热力分布，实现从采摘到北上广深消费者手中的全程控温配送，使损耗率从 15% 降至 4.8%，创造了生鲜电商的效率新标杆[②]。

二、人工智能提高农业资源利用效率和农产品品质

（一）人工智能基于优化算法和精准控制技术为农业资源的有效利用奠定了技术基础

在农业发展的理论框架中，资源效率理论着重强调农业资源的利用应当追求以最小的投入获取最大的产出，从而实现资源利用的最优化配置（王晓岭、于惊涛和武春友，2013）。而质量效益理论则明确指出，农产品品质的提升，关键在于对生产过程实施精准控制。从资源效率理论和质量效益理论的视角来看，人工智能凭借其基于数据驱动且不断迭代的优化算法和精准控制技术，为达成农业资源利用的帕累托改进提供了可能，同时也为农业生产的精准化与高效化发展，奠定了坚实的技术基础。通过一

---

① 资料来源：FBN 网站。

② 资料来源：《2023 年中国生鲜农产品供应链研究报告》。

系列先进技术及其协同应用，人工智能不仅显著提高了农业资源利用效率，降低了资源浪费和环境压力，还全方位、多层次地提升了农产品的品质和安全性（见表7－1），为现代农业的可持续发展注入了强大动力，引领农业朝着更加智能化、高效化、绿色化的方向迈进。

表7－1　人工智能在农业资源优化及产品品质提升中的典型应用

技术领域	技术手段	典型案例	效果数据
智能灌溉	土壤湿度传感器＋算法	以色列 Netafim 系统	节水 40%①
精准施肥	卫星影像＋机器学习＋计算机视觉	德国拜耳 FieldView 平台	肥料利用率提升 25%②
品质检测	近红外光谱＋深度学习	日本富士通草莓分选系统	准确率为 95%
冷链管理	物联网＋预测算法	新西兰 Zespri 奇异果系统	货架期延长 15%

注：①Netafim 公司 2020 年技术报告。②拜耳农业 2021 年技术报告。
资料来源：笔者自行整理而成。

（二）人工智能实现了农业的实时、精准管理

以水肥管理为例，传统农业存在诸多弊端。传统的灌溉方式多依赖经验，缺乏科学精准的把控，常常导致水资源的大量浪费及过度灌溉问题，对农作物的生长环境反而造成负面影响。而在施肥环节，传统的“一刀切”施肥方法，未能充分考虑不同地块土壤特性及农作物不同生长阶段的营养需求差异，不仅造成肥料的浪费，还可能引发环境污染等一系列问题。人工智能技术的应用为解决这些问题带来了契机。在灌溉领域，精准灌溉系统借助土壤湿度传感器和气象监测设备，能够实时、精准地采集农田环境数据，随后结合先进的算法对这些数据进行深度分析，系统依据农作物独特的需水特性及实时更新的气象数据，动态、灵活地调整灌溉时间和灌溉量，真正实现了“按需供水”的理想目标，有效提高了灌溉效率（Smith，2019），达到节水增效的良好

效果。尤其在干旱地区的农业生产中，精准灌溉的应用对于水资源的可持续利用具有不可估量的价值。而在肥料管理方面，精准施肥同样展现出人工智能的巨大优势，通过卫星遥感技术获取宏观的农田信息，结合土壤采样获取的微观土壤数据，利用机器学习算法生成详细的农田氮磷钾分布图。基于此，系统能够根据农作物具体的营养需求和每一块农田独特的土壤特性，精准指导施肥设备进行差异化作业，实现科学、精准施肥（Zhang，2020），不仅可减少化肥浪费，降低生产成本，还减轻了对环境的潜在污染。

（三）人工智能通过深度学习算法实现农产品品质指标的快速、准确测定

随着我国社会主要矛盾的变化，人们对于农产品的需求也从原有的单一数量型需求转向更高的质量型需求，由此对农产品品质及质量提出了更高的诉求（陈文胜，2019）。传统的农产品检测方法通常需要对样品进行破坏性检测，不仅效率低下，而且会造成样品浪费，无法满足现代大规模、高效率的农产品检测需求。而人工智能驱动的无损检测技术则有效解决了这一难题，通过近红外光谱技术获取农产品的光谱特征数据，再结合深度学习算法对这些数据进行全面、深入的分析，从而实现对农产品品质指标的快速、准确测定。例如，该技术可以精准测定水果的糖度、肉类的脂肪含量等关键品质指标（Tan，2018），并依据这些指标实现精准分级，极大地提升了农产品品质检测的效率和准确性。此外，区块链与人工智能的创新性结合，在解决农产品流通过程中的信息不对称问题、改进农产品质量安全管理和增进消费者信任等方面发挥了重要作用（黄季焜、苏岚岚和王悦，2024）。区块链溯源系统通过物联网设备全面采集农产品生产过程中的各类数据，利用 AI 技术对这些海量数据进行智能分析和处理，而区块链技术则凭借其独特的分布式账本和加密算法，确保数据的完整性和不可篡改性（Lee，2021）。消费者只需通过简单的操

作，就能够清晰地追溯农产品从种植到销售的全过程全链条数据记录，为消费者提供了便捷、高效的溯源体验。在农产品产后管理环节，智能冷链管理技术成为保障农产品品质的关键一环。智能冷链管理通过物联网传感器实时、精准地监控冷链物流过程中的温度和湿度数据，利用 AI 算法对农产品的保鲜期进行科学预测，并据此优化配送方案，可以有效延长农产品的保鲜期，减少产后损失。

三、人工智能推进生态循环农业发展

传统农业发展模式受限于技术手段粗放与经验依赖性强等固有缺陷，长期面临物质循环断裂、能量耗散失控及信息反馈迟滞三大系统性瓶颈。生态循环农业（ecological circular agriculture，ECA）作为一种基于生态系统自组织理论的农业生产范式，通过重构农业系统的物质代谢网络与能量传递路径，致力于实现资源高效利用与生态平衡的动态维持。其核心理论框架涵盖三个维度：以废弃物资源化为核心的物质闭环流动、以生物质能多级联产为特征的能量梯级利用，以及以生物多样性保护为目标的生态稳定调控。人工智能技术的引入，通过构建“感知—决策—执行”闭环系统（见图 7 - 1），系统性提升了农业生态系统的自洽性与抗干扰能力，为生态循环农业的实践提供了革命性工具。

（1）基于数字孪生技术的三维建模体系，构建农业生态系统的高精度数字镜像。物联网传感器网络实时采集土壤数据、作物生长参数（叶面积指数、蒸腾速率等）、微生物群落动态（菌群丰度、代谢活性等）及环境气象数据，通过多源数据融合算法建立虚拟农田模型。该模型具备动态模拟与参数敏感性分析功能，例如，在堆肥工艺优化中，通过解析碳氮比、孔隙度与微生物活性的非线性关系，可精准预测不同温控策略下的腐殖质转化效率，使传统堆肥效率从 40% 提升至 65% 以上[①]，这种全息感知体系为系统优化奠定了数据基础。

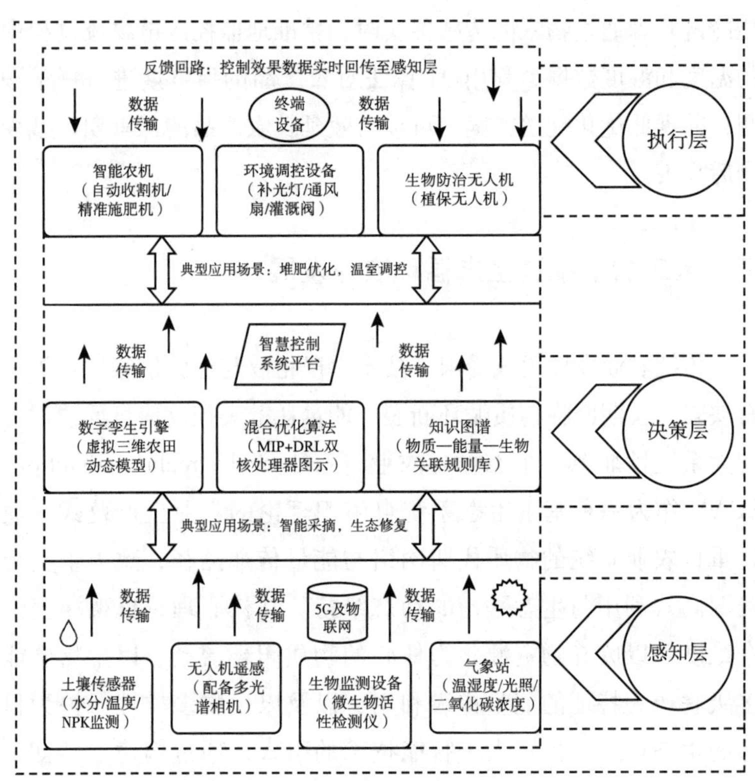

图 7 -1　生态循环农业系统架构

资料来源：笔者自行绘制。

（2）目标优化算法的引入，则解决了生态循环农业中经济效益、生态效益与社会效益的协同难题。由于农业系统具有多尺度、多主体、多冲突目标的特性，传统方法难以实现协同优化。人工智能通过混合整数规划与深度强化学习的融合应用，有效解决了传统单目标优化的局限性。在典型“猪—沼—果”循环模

① Peladarinos N.，Piromalis D.，Cheimaras V.，et al. Enhancing Smart Agriculture by Implementing Digital Twins：A Comprehensive Review［J］. Sensors，2023，23：7128.

式中，遗传算法（GA）可基于历史数据与实时监测信息，动态调整沼气产量、果园需肥量及能源分配策略，在确保系统稳定性的同时，将能量匹配度提升25%以上[①]。温室环境调控方面，深度强化学习智能体通过连续试错学习，可自主生成通风频率、补光强度与二氧化碳浓度的协同方案，使光合作用效率提升18%，同时降低能耗12%，这种动态决策机制实现了帕累托最优解的持续追踪。

（3）实时反馈控制系统的建立，标志着农业调控从经验驱动向数据驱动的范式转变。在物质循环层面，近红外光谱与机器学习模型的结合，可实时监测堆肥物料的腐熟度与养分含量，通过模糊PID控制器动态调节翻堆频率与通风量，将有机质转化率的波动范围控制在±2%以内。在能量管理方面，模型预测控制系统可依据实时负荷需求优化气化炉温度与蒸汽轮机转速，使生物质能综合利用率从30%跃升至55%。生态平衡维护则通过卷积神经网络（CNN）与图神经网络（GNN）的协同应用得以强化：无人机遥感影像经CNN处理可识别作物胁迫早期特征，联动生物防治无人机释放天敌昆虫；GNN通过分析物种迁徙路径生成生态廊道设计方案，促进传粉昆虫种群恢复，使生物多样性指数提升30%[②]。

四、人工智能提高农业生产的适应性和韧性

在农业现代化进程中，农业生产的适应性（adaptability）与韧性（resilience）是确保农业可持续发展的关键要素和重要保

---

① Chen X., He Z., Wu H., et al. Multi-Objective Optimization of Integrated Crop-Livestock Systems: Exploring Resource Allocation Based on Emergy Evaluation [J]. Sustainability, 2023, 15 (11): 8771.

② Guo S., Zhang R., Liu Y. UAV-Based AI Monitoring for Ecological Restoration: Early Disease Detection and Biodiversity Enhancement [J]. Remote Sensing, 2023, 15 (8): 2045.

障。人工智能技术在提高农业生产的适应性和韧性方面发挥了重要作用。“适应性”概念源于生态学，指生物在环境变化时通过调整自身行为、生理特征等方式维持生存与繁衍的能力，在农业领域则体现为农业系统对自然环境与市场条件变化的响应与调整能力（Folke，2006）。“韧性”最初应用于工程学，描述材料受外力后恢复原状的能力，在农业范畴内意味着农业系统在遭受冲击（如自然灾害、市场波动）后快速恢复并持续发展的能力（Walker et al.，2004）。随着全球气候变化加剧与市场竞争日益激烈，提升农业生产的适应性与韧性，保障粮食安全迫在眉睫。人工智能技术凭借其强大的数据处理与分析能力，正成为推动农业现代化、增强农业适应性与韧性的核心驱动力。人工智能提升农业生产的适应性和韧性体现在以下几个方面。

（1）人工智能通过数据分析和预测，突破了传统风险管理的线性思维，可以帮助农民提前应对气候变化和市场波动。例如，在气候变化监测中，人工智能可以通过对气象数据的分析，预测气候变化对农业生产的影响，并提出相应的应对措施。而在市场波动预测中，人工智能通过对海量市场数据的分析，可预测农产品的市场需求和价格波动，从而帮助农民合理安排生产计划，提高农业生产的适应性和韧性。例如，在农业市场风险管理领域，基于改进长短时记忆网络（LSTM）与迁移学习的多模态农产品价格预测系统整合了气象数据、供应链物流信息及社交媒体舆情等多源异构数据，通过改进的 LSTM 优化时间序列特征提取能力，并结合迁移学习技术解决小样本问题。针对水稻价格波动预测，该模型通过迁移玉米和大豆的历史价格模式，在训练数据有限的情况下仍实现 92% 的预测准确率，较传统 ARIMA 模型提升 45%①。

（2）人工智能技术在农业机械和农业管理中的应用，提高

① 桂泽春，赵思健．人工智能在农业风险管理中的应用研究综述［J］．智慧农业（中英文），2023，5（1）：82－98.

了农业生产作业中的适应性和韧性。例如，智能农业机械可以根据不同的地形和气候条件，自动调整工作模式，适应不同的农业生产环境。在农业管理中，人工智能可以通过对农业生产数据的分析，提出更优化的管理方案，帮助农民应对各种挑战。此外，人工智能还通过基因编辑和品种优化技术，提高了农作物的适应性和抗逆性（Muhammad Amjad Farooq et al.，2024），促进了相关品种的推广和应用，提高了农业生产的韧性。总的来说，通过提高农业生产的适应性和韧性，人工智能技术正在推动农业进入一个全新的时代，可以预见未来的农业生产将更加精准、高效且可持续，而人工智能将在其中扮演越发重要的角色。

第三节　“AI + 农业”加速中国农业现代化

人工智能推进农业现代化具有阶段性特征，本节分别从农业研发、农业生产、农业经营及农业管理四个方面出发，分析人工智能对中国农业现代化的影响。

一、智能实验：人工智能推进农业研发现代化

智能实验是指通过人工智能算法，借助自动化技术，实现实验流程的自动化、高效化、精准化，且具有自适应性。其核心在于利用先进的信息技术提升实验效率、数据质量和科研创新能力。

农业研发作为推动农业现代化和保障粮食安全的关键环节，其目的就是探索新的知识、技术和方法，以提高农业生产效率、改善农产品质量、增强农业可持续性，并解决农业生产和经营中遇到的各种问题。与传统实验相比，智能实验具有以下几点优势。

1. 避免人为误差

智能实验借助传感器网络、自动化设备及智能监控系统，实现从数据采集到实验操作的全流程自动化，避免了传统实验中因人为因素导致的不精确操作和数据记录偏差。例如，智能考种分析仪通过自动化流程减少人为误差，确保种子检验的准确性和一致性。此外，农业机器人在播种、施肥和病虫害防治等环节的精准操作，进一步降低了因人为失误导致的生产风险。这种高度自动化和智能化的实验模式，为农业研发提供了更可靠的数据支持和更高效的实验环境。

2. 减少资源浪费

智能实验在农业领域相较于传统实验，通过精准调控和优化资源配置显著减少资源浪费。其借助物联网、大数据和传感器技术，实时监测土壤湿度、养分含量等关键指标，实现精准灌溉、施肥和施药。例如，智能灌溉系统可根据作物需水量自动调整灌溉量，避免水资源浪费。此外，智能实验通过数据分析优化农业生产流程，减少化肥和农药的过量使用，降低环境污染。这种精准化管理不仅提高了资源利用效率，还推动了农业的可持续发展。

3. 提高实验效率

智能实验利用机器人、自动化设备及智能监控系统，实现从数据采集到实验操作的全流程自动化。例如，智能机器人可在田间自动完成播种、施肥、收割等任务，减少人工干预，降低劳动强度，同时提高操作精度和效率。此外，智能实验系统通过优化实验流程和实时数据分析，能够快速生成决策建议，进一步提升实验效率。这种智能化管理方式不仅提高了实验效率，还为农业科研提供了更高效、更精准的技术支持。

4. 减少环境污染

相较于传统实验，智能实验通过精准调控与数据分析显著减少环境污染。其利用物联网技术实时监测土壤、气候等环境参数，结合大数据分析实现精准灌溉、施肥和施药。这种精准化管理避免了传统实验中因人为操作不精准导致的资源过量使用和废弃物排放。同时，智能实验通过优化资源利用效率，减少化肥和农药的使用量，降低农业面源污染。此外，智能实验还推动了绿色防控技术的应用，进一步减少化学物质对环境的影响。

5. 实现数据共享

智能实验在农业领域通过数字化平台和先进技术实现数据共享，相较于传统实验具有显著优势。其借助物联网、大数据和云计算技术，构建了农业数据共享平台，打破了数据孤岛，实现从生产、管理到销售的全链条数据整合。例如，基于联邦学习框架的农业数据共享平台，可在保护数据隐私的前提下，整合多方数据资源，提升数据利用效率。此外，智能实验通过云平台和区块链技术，确保数据的安全性和可追溯性，为农业科研、生产管理及政策制定提供实时、精准的数据支持。这种数据共享模式不仅提高了农业生产的透明度和协同性，还推动了农业产业链的智能化升级。

二、车间农业：人工智能推进农业生产现代化

车间农业，又称“工厂化农业”，是一种在可控的人工环境中进行的农业生产模式。其核心在于通过先进的设施与技术手段，对农业生产的关键环境因素（如温度、湿度、光照、营养供给等）进行精准调控，从而摆脱自然条件的限制，实现农业生产过程的工业化、标准化与高效化。

这种生产模式不仅能够显著提高单位面积的生产效率，还能稳定农产品的质量，同时减少对自然资源的依赖，降低因自然环境变化带来的生产风险，是现代农业发展的重要方向之一。人工智能在车间农业中的应用，为农业生产现代化提供了强大动力，主要体现在以下几个方面。

1. 精准环境调控

人工智能结合物联网传感器，能够实时监测车间农业中的温

度、湿度、光照、二氧化碳浓度等关键环境参数，并通过机器学习算法进行精准调控。例如，智能温室控制系统可根据作物生长需求自动调整环境条件，为作物提供最佳生长环境，从而提高产量和品质。

2. 智能决策支持

基于大数据分析和机器学习技术，人工智能可以构建复杂的预测模型，综合考虑作物生长周期、市场需求和气候变化等因素，为生产决策提供科学依据。例如，AI 可以根据历史气象数据和作物生长模型，预测最佳播种和收割时间，帮助农民优化生产计划。

3. 病虫害智能识别与防控

人工智能中的图像识别技术能够快速、准确地识别病虫害，结合深度学习算法，系统可以实时发出预警并提供科学的防治建议。例如，AI 模型可以识别苹果黑星病和小麦黄锈病，准确率高达 95%，显著提高了病虫害管理效率。

4. 智能化生产流程优化

人工智能驱动的自动化设备，如智能灌溉系统、精准施肥系统、采摘机器人等，显著提高了车间农业的生产效率。例如，智能灌溉系统通过实时监测土壤湿度，自动调整灌溉量，减少水资源浪费。同时，AI 驱动的机器人能够精准识别杂草并进行除草作业，减少除草剂的使用。

5. 农产品质量检测与溯源

人工智能技术可用于农产品的质量检测和溯源，通过图像识别和数据分析，快速检测农产品的外观、内部品质等指标，确保产品质量。此外，结合区块链技术，AI 可实现农产品全链条追溯，增强消费者信任。

6. 推动农业可持续发展

人工智能通过精准管理资源使用，如优化灌溉、施肥和农药施用等，减少对环境的影响。同时，AI 驱动的气象预报和灾害预警系统能够帮助农民应对极端天气，保障生产的稳定性。

综上所述，人工智能在车间农业中的应用，不仅提高了生产效率和产品质量，还推动了农业生产的可持续发展，为农业生产现代化提供了有力支持。

三、精准感知：人工智能推进农业经营现代化

精准感知是指通过先进的传感器技术和数据分析手段，实现对目标对象或环境的高精度、实时监测与信息获取。在农业领域，精准感知是推动农业现代化的关键技术之一，通过多种传感器和智能算法，实现对农业生产环境和作物生长状态的精准监测与调控。AI 在农业经营现代化中发挥着重要作用，通过精准感知、数据分析、智能决策和自动化作业等技术手段，推动农业经营的智能化、高效化和可持续化。人工智能通过精准感知技术在农业经营现代化中发挥重要作用，主要体现在以下方面。

1. 优化农产品供应链

基于人工智能的供应链系统，通过区块链和物联网技术构建的农产品全程追溯体系，既可以让顾客精准地选择自己偏好的食品，也可以向顾客提供有关食物来源的详细信息，从而追踪和监督食品安全。优化了供应链管理，确保了食品安全，提升了市场响应速度。

2. 提升农业信息服务质量

人工智能技术的运用可大大缓解因信息不对称导致的农产品供需失衡，以及农业融资贵、融资难等传统棘手难题。

综上所述，人工智能通过精准感知技术在自动化作业与供应链优化、农业信息服务等方面发挥了重要作用，推动了农业经营现代化的全面升级。

四、智慧管理：人工智能推进农业管理现代化

智慧管理是指通过融合现代信息技术（如物联网、大数据、

人工智能、云计算等）和创新管理理念，实现对资源的优化配置、对市场变化的敏捷响应及对组织绩效的持续提升。

农业机器人和自动化设备通过智慧管理促进农业发展，其逻辑在于：借助物联网、大数据和人工智能技术，实现精准作业与资源优化，提高生产效率并降低成本；同时，通过实时数据监测与分析，为农业生产提供智能决策支持，推动农业向高效、可持续方向发展，其主要体现在以下几个方面。

1. 精准作业与资源优化

农业机器人和自动化设备通过集成传感器、卫星定位系统和智能算法，能够实现精准的播种、施肥、灌溉和植保作业。例如，自动化的灌溉系统可根据土壤湿度传感器数据精准调控用水量，减少水资源浪费。此外，农业机器人利用多传感器融合技术，实时监测农田环境和作物生长状态，实现精准作业。

2. 提高生产效率与降低成本

农业机器人和自动化设备显著提高了农业生产效率，降低了人力成本。例如，自动采摘机器人能够快速识别和采摘成熟果实，减少人工劳动强度。同时，自动化设备如无人驾驶拖拉机和智能收割机，通过精准导航和自主作业，提高了作业效率和质量。此外，自动化设备还能通过减少重复作业和优化作业路径，进一步降低生产成本。

3. 数据驱动的智能决策与可持续发展

农业机器人和自动化设备结合物联网和大数据技术，为农业生产提供数据支持和智能决策。例如，通过传感器网络收集的农田数据，结合机器学习算法，可以预测病虫害发生趋势，优化植保方案。此外，智慧管理系统能够实时监控农业生产过程，提供精准的生产建议，推动农业向绿色可持续方向发展。

综上所述，农业机器人和自动化设备通过精准作业、提高生产效率及数据驱动的智能决策，显著提升了农业生产的现代化水平，为农业可持续发展提供了有力支持。

“AI + 农业”是人工智能与农业的深度融合，是农业发展的新兴趋势。通过技术赋能，实现精准作业、资源优化与生产效率提升；借助政策支持，推动技术研发和产业协同；利用大数据分析，提供科学决策支持，降低生产风险；催生智能农场、农业大数据平台等新业态，促进农业全产业链升级。这种模式推动农业向智能化、高效化、可持续方向发展，加速我国农业现代化进程，助力高质量发展。

专栏7－1　“看见”作物的机器：蓝河科技如何用AI视觉减少80%除草剂使用

在美国加州的生菜田里，一组装有高清摄像头的机械臂正以每小时12公里的速度穿梭。这些由蓝河科技（Blue River Technology）研发的智能除草机，正在完成一项革命性任务——通过实时图像识别区分作物与杂草，实现除草剂的毫米级精准喷洒。

行业痛点：除草剂滥用危机

传统农业中，除草剂平均每公顷使用量达3～5升，但实际作用于杂草的有效剂量不足30%。过量喷洒不仅导致每年约120亿美元的经济损失，更造成地下水污染和土壤板结。美国农业部数据显示，抗除草剂杂草种类在过去20年增长4倍，形成恶性循环。

技术突破：从像素识别到决策优化

蓝河团队开发的See & Spray系统，将计算机视觉与深度学习相结合，构建了三大核心模块：

（1）毫秒级识别引擎：搭载3000组标注样本训练的卷积神经网络，可在0.05秒内完成单帧图像中367个植物特征分析。

（2）动态决策系统：结合气象站数据和历史耕作记录，根据作物生长阶段动态调整喷洒策略。

（3）机械控制闭环：采用脉冲式电磁阀喷嘴，配合车辆行进速度实现每秒200次的精准启停。

这套系统使除草机如同具备“数字眼睛”，能准确识别2厘米以上的杂草，将除草剂使用量从传统喷雾器的全面覆盖降低至靶向点喷。

商业落地：从试验田到百万亩农田

2015年首台原型机在加利福尼亚试用时，遭遇了多重挑战：露水反光导致图像误判、高速移动产生的运动模糊、不同作物品种的识别差异。研发团队通过三阶段迭代突破瓶颈：一是引入多光谱成像技术，通过近红外波段增强叶片脉络特征；二是开发运动补偿算法，结合惯性测量单元（IMU）消除图像拖影；三是建立包含87种作物的开源图像数据库，农民可通过手机App上传新物种照片。截至2023年，该系统已覆盖北美超过200万亩农田。与德州棉花种植者合作案例显示：每亩除草成本从28美元降至9美元，作物产量提升12%，除草剂残留量达到有机认证标准。

生态影响：重新定义可持续农业

这项技术的环境效益超出预期：

每季减少约4500吨化学药剂进入生态系统。

保护授粉昆虫栖息地，试点区域蜜蜂种群恢复23%。

降低92%的农机燃油消耗，因设备重量比传统喷雾器轻3/4。

更深远的影响在于改变农业决策模式。系统生成的田间热力图，帮助农场主发现土壤微量元素分布，优化轮作方案。在科罗拉多州，某家庭农场据此调整种植结构，年收入增长40万美元。

未来挑战：技术普惠与数据安全

尽管取得显著成效，AI农业仍面临推广障碍。每台设备25万美元的售价超出大部分农户的承受能力，部分州郡存在数据所有权争议。蓝河科技正探索“设备即服务”模式，并与孟山都等企业合作开发作物健康区块链系统，确保数据确权和追溯。

联合国粮农组织预测，到2030年智能除草技术可减少全球农业碳排放12%，相当于1.2亿辆汽车的年度排放量。当机器学会“看见”土地，这场始于像素识别的技术革命，正在重构人类与自然的生产契约。

资料来源：Blue River Technology. See & Spray Ultimate：Precision Weed Control System Technical White Paper［M］. Sunnyvale：Blue River Press，2023.

第四节　人工智能在农业现代化场景中的典型应用

随着人工智能技术的快速迭代，农业生产正经历从传统经验驱动向数据智能驱动的范式转变。基于深度学习、机器视觉、物联网等核心技术构建的智能系统，已深度渗透至农业生产全链条，显著提升了农业生产的精准化、自动化和可持续性水平，本节将列举并分析人工智能在农业现代化场景中的典型应用。

一、农业大数据：农作物识别与检测

农业大数据是通过现代信息技术对农业生产全过程中产生的海量数据进行采集、存储、分析和应用的技术体系。作为现代农业发展的重要驱动力，其在农作物识别与检测领域的应用尤为突出。通过图像识别、机器学习等技术，该系统可实现对作物的精准分类、生长状态监测及病虫害预警，为农业生产提供科学决策支持。农业大数据不仅可以提高农业生产效率、减少资源浪费，还可以推动农业向智能化、精准化和绿色化方向发展，从而实现农业现代化。

农作物识别与检测依赖于多种技术的协同作用。首先，数据采集技术是基础，包括卫星遥感、无人机航拍和地面传感器等，这些技术能够获取农田的高分辨率图像和多光谱数据，为后续分

析提供丰富的信息源。其次，图像识别和机器学习技术是核心，通过卷积神经网络（CNN）等深度学习模型，可以高效地提取图像中的特征信息，区分玉米、小麦、水稻等不同作物，甚至识别同一作物的不同品种，实现精准分类。此外，大数据和云计算技术为海量数据的存储、处理和分析提供了平台支持，使得病虫害早期预警成为可能。

在病虫害检测方面，通过对大量历史数据的分析，机器学习模型能够识别出病虫害的早期特征，并预测其发展趋势。通过无人机拍摄农田图像，结合计算机视觉技术，可以快速检测出作物叶片上的病斑或虫害痕迹，帮助农民及时采取防治措施，减少损失。此外，大数据分析还可以结合气象数据、土壤数据等环境因素，构建病虫害发生的预测模型，为农业生产的风险管理提供支持。

农业大数据优化了农业生产全过程的资源管理。通过整合气象、土壤及作物生长数据，系统可以生成精准施肥与灌溉方案。此外，市场供需数据的分析可辅助调整种植结构，降低滞销风险。通过对市场需求和价格变化的实时监测，农民可以及时调整生产和销售策略，提高产品的市场竞争力和销售收入（汝刚、刘慧和沈桂龙，2020）。农业大数据技术正推动农业生产向智能化、绿色化方向转型。

二、农业机器人：智能设备替代人力完成重复的劳动任务

在人口老龄化与农业劳动力短缺的双重挑战下，传统农业生产长期依赖人力和经验判断的局限性日益凸显。农业机器人作为智能设备在农业领域的重要应用，正在逐步替代人力完成重复性劳动任务，推动农业生产向智能化、自动化方向发展。传统的农田作业存在效率低、精度差、劳动强度大等问题，而智能化农业机器人通过集成机器视觉、传感器技术和自动控制技术，能够实

现对农田环境的实时监测和精准管理。

具体而言，农业机器人能够执行种植、施肥、除草、喷洒农药等任务，显著提高作业精度和效率。通过 GPS 和视觉 SLAM 技术，机器人可以在复杂地形中实现精准导航和定位，避免重复作业和资源浪费。此外，机器人还可以根据作物生长状态和病虫害情况，自动调整作业策略，减少农药和化肥的使用，降低环境污染，促进农业的可持续发展。以美国蓝河科技（Blue River Technology）开发的“See & Spray”机器人为例，其采用计算机视觉技术识别作物间距，实现单株精准播种，同时通过图像分析区分杂草与农作物，使农药有效沉积率从传统喷洒的 30% 提升至 85%[①]。农业机器人的推广不仅减少了对人力的依赖，还降低了劳动成本，提高了生产效率。中国工程院 2022 年的研究报告指出，搭载智能灌溉系统的机器人可减少 30% 的用水量，并提高水稻亩产 15%[②]。农民可以通过手机或电脑远程监控和调度机器人，实现生产的灵活管理，精准施药机器人将农药有效沉积率从传统喷洒的 30% 提升至 85%，大幅减少面源污染。同时，机器人通过实时数据采集和分析，能够及时发现作物生长问题并采取相应措施，确保作物健康生长和产量稳定。

农业机器人不仅是生产工具的技术迭代，更是农业生产关系的根本性变革。通过将人类从重复劳动中解放，并赋予农业系统自主学习能力，人工智能技术正在重塑粮食安全、生态保护与农村发展的平衡路径，实现农业现代化的全面转型。

三、智能化种植：作物自动化管理

随着现代农业向数字化、智能化方向转型，作物自动化管理

① Bogue R. Agricultural Robots: Current Trends and Future Prospects [M]. New York: Springer, 2021.

② 中国工程院．智能农业机器人技术发展报告［R］．北京：科学出版社，2023.

成为提升农业生产效率与可持续性的核心路径。基于物联网、大数据、人工智能等技术的融合，智能化种植技术通过构建全流程的自动化系统与平台，实现了从环境监测到精准作业的闭环管理，优化了资源利用效率与农产品质量。

智能化种植的核心在于对农作物生长环境的实时感知与动态调控。借助土壤传感器、气象传感器及植物生长传感器，系统可全天候采集土壤湿度、温度、养分含量、空气温湿度、光照强度等关键参数，并通过物联网技术传输至云端平台进行整合分析。土壤养分传感器可实时监测氮磷钾含量，结合作物生长模型动态调整施肥方案，避免传统经验式施肥导致的资源浪费与环境污染。此外，计算机视觉技术可识别作物叶片颜色、形态等特征，结合深度学习算法诊断病虫害或营养缺乏症状，为精准防治提供依据。

在环境数据与作物需求分析的基础上，智能化种植技术通过自动化设备实现精准作业。智能灌溉系统根据土壤湿度传感器反馈数据，结合气象预测模型动态调整灌溉量。智能施肥系统则通过变量施肥技术（VRT）实现肥料按需投放，减少过量施用导致的土壤酸化问题。此外，无人机技术的应用进一步拓展了精准作业场景，如多光谱无人机可快速获取农田遥感影像，分析作物长势差异并生成处方图，指导播种、喷药等作业。

智能化种植不仅关注生产过程，还通过农业大数据平台实现全产业链的协同管理。例如，基于历史气候数据与作物生长模型，系统可预测干旱、洪涝等灾害风险，提前优化种植计划或启动防灾预案。同时，农产品质量追溯系统通过区块链技术记录种植、加工、流通各环节数据，确保食品安全并提升市场信任度。在经济效益方面，智能化管理通过精准匹配市场需求与生产计划，降低了滞销风险。

智能化种植技术以数据为驱动、以自动化设备为载体，重构了传统农业的生产逻辑。不仅提升了土地产出率与资源利用率，更通过标准化管理与全链条协同，为农业现代化提供了可复制的技术范式。随着5G、边缘计算等技术的深度融入，作物自动化管理将进一步向“无人化农场”演进，最终实现农业生产的高效、精准与可持续性目标。

四、智慧农业系统：实时监测土壤湿度、养分含量

智慧农业系统通过集成物联网、大数据与人工智能技术，构建了面向设施农业的土壤环境动态监测体系。该系统以土壤湿度与养分含量为核心监测指标，依托智能化温室种植场景，实现了农业生产要素的数字化感知与精准调控，推动传统农业向智慧化方向转型升级。

在土壤湿度监测方面，系统采用多频段电容式传感器网络，通过空间网格化部署实现土壤含水量的三维立体监测。山东寿光设施蔬菜基地的监测网络，通过5分钟/次的高频采样捕捉土壤水分动态变化。结合作物需水模型与气象预测数据，系统可动态优化灌溉方案，使水分利用效率提升30%以上，有效解决了传统种植中普遍存在的水资源浪费问题。在养分监测领域，系统构建了“原位检测＋光谱分析”的复合监测体系。土壤原位传感器实时获取N、P、K等离子浓度，配合近红外光谱技术进行植株营养诊断，通过数据融合算法建立土壤—作物养分动态模型。决策系统基于机器学习算法，能够根据作物生长阶段和环境参数生成个性化施肥方案，在保证产量的同时减少肥料用量15%～20%。系统的技术架构采用“端—边—云”协同计算模式，实现监测—决策—执行的闭环控制。终端传感器网络实时采集土壤参数，边缘计算节点进行数据预处理，云端平台整合多源数据并利用深度学习模型生成优化决策。这种架构设计使系统响应时间缩短至200毫秒以内，满足设施农业实时调控需求。从产业转型视角来看，智慧监测系统显著改变了传统生产模式。系统积累的种植大数据为品种改良和栽培模式创新提供了科学依据，如朱艳等（2020）以小麦、水稻等作物为主要对象开展了作物生长模型

CropGrow 的构建与应用研究。预计 2028 年底，我国设施农业生产信息化率将达到 32% 以上。[①]

随着 5G 通信、人工智能等新技术的融合应用，智慧农业监测系统正朝着更高精度、更强智能的方向发展。但当前仍存在传感器耐久性不足、模型泛化能力有限等技术瓶颈，需要产学研协同攻关。未来应重点加强纳米传感材料、多模态数据融合等关键技术的研发，推动形成全要素、全链条的智慧农业监测体系，为实现农业高质量发展提供技术支撑。

五、智慧农场：农产品质量分拣和溯源

农产品质量检测可以对农产品的外观、大小、形状等特征进行快速而准确的检测和评估，以保证农产品的质量和安全。传统的农产品质量检测往往依赖于人工目测和经验判断，存在主观性和不确定性，容易出现误判和漏检的情况。而利用人工智能技术，可以实现对农产品外观、大小、形状等特征的自动识别和分析，提高了检测的准确性和一致性，保证了农产品的质量和安全，增强了农产品的市场竞争力。传统的农产品质量检测需要大量的人力和时间投入，效率低下。而基于 AI 技术的智能分拣系统，通过高分辨率摄像头与深度学习算法，能够对农产品的外观、尺寸、色泽、瑕疵等特征进行快速、精准的识别与分析，实现对农产品的快速自动化检测，大大缩短了检测周期，提高了检测效率。农产品质量检测设备可以实现连续、高速、大批量的检测，满足了市场对农产品质量检测的需求，提高了生产效率，使农产品能够以更高的质量标准进入市场。另外，农产品质量检测还可以实现对农产品质量的追溯和管理。利用人工智能技术，可以实现对农产品生产过程的全程监控和记录，包括种植、生长、采摘、加工等环节，保证了农产品的质量和安全。

---

① 资料来源：农业农村部发布的《全国智慧农业行动计划（2024－2028 年）》。

随着消费者对食品安全与品质需求的日益提升，传统农业生产中依赖人工的农产品质量分拣与溯源模式已难以满足现代化农业的发展需求。智慧农场通过整合人工智能、物联网（IoT）及大数据等先进技术，构建了智能化、高效化的农产品质量分拣与溯源体系，为现代农业的高质量发展提供了新的解决方案。

智慧农场的另一核心功能是通过区块链、物联网传感器与二维码技术实现“从农田到餐桌”的全程溯源。在生产环节，传感器实时监测土壤温湿度、光照强度及农药残留等数据，并通过区块链技术加密存储，确保数据的真实性与不可篡改性。在流通环节，新能源电动冷藏车与智能控温配送柜的应用，有效保障了农产品在运输过程中的新鲜度，极大地降低了损耗率。消费者通过扫描产品上的二维码，可以追溯农产品的种植地块、施肥记录、质检报告及物流轨迹等信息。这种透明化的溯源体系不仅增强了消费者对产品的信任度，还为食品安全提供了有力保障。

智慧农场的运营体系以“技术集成＋模式重构”为核心，整合了农业物联网、农场管理云平台、大数据分析等关键技术，形成“生产—分拣—冷链—销售—溯源”的闭环管理模式。同时，新型电子商务平台与社区团购渠道的结合，缩短了农产品流通周期，提升了利润率。这种模式不仅提高了生产效率，还通过数据驱动的精准营销优化了供应链资源配置，为农产品的品牌化发展奠定了基础。

《“十四五”全国农业农村信息化发展规划》明确提出，2025 年我国农产品溯源覆盖率将超过 50%，AI 分拣设备渗透率目标达 40%。随着 5G、边缘计算等技术的应用，未来智慧农场将向“无人化分拣”与“动态溯源”方向演进，进一步降低食品安全风险并提升产业附加值。智慧农场通过智能化分拣与溯源体系的深度融合，不仅解决了传统农业的质量管控痛点，更以数据为核心重构了农产品价值链，为农业高质量发展提供了实现路径。

本章小结

人工智能作为新一轮科技革命的核心驱动力，正在深刻重构传统农业生产模式，为我国农业现代化注入创新动能。本章系统阐述了人工智能对农业现代化的深刻影响。人工智能通过提高农业生产效率、提升农业资源利用效率和农产品品质、推进生态循环农业发展，并提高农业生产的适应性和韧性，以此开启农业现代化的新时代。具体来看，智能实验借助人工智能算法及自动化技术，实现农业研发实验流程的自动化、精准化，其核心在于利用先进的信息技术提升农业实验效率、数据质量和科研创新能力。车间农业通过对农业生产的关键环境因素进行精准调控，从而摆脱自然条件的限制，实现农业生产过程的工业化、标准化与高效化。人工智能通过精准感知技术在供应链优化、农业信息服务质量提升等方面发挥了重要作用，推动了农业经营现代化的全面升级。智慧管理通过融合农业机器人、自动化设备和创新管理理念，实现对资源的优化配置、对市场变化的敏捷响应及对组织绩效的持续提升。值得注意的是，人工智能与农业的深度融合仍需突破技术适配性、数据壁垒和复合型人才培养等瓶颈。未来，随着5G、区块链等技术的协同创新，人工智能将更深度赋能农业现代化，助力构建高产高效、绿色生态、智慧可控的现代农业体系。

关键概念

人工智能　车间农业　生态循环农业　智能实验　“AI + 农业”　智慧农业　农业机器人

阅读文献

[1] 黄季焜，苏岚岚，王悦．数字技术促进农业农村发展：机遇、

挑战和推进思路［J］. 中国农村经济，2024（1）：21－40.
［2］聚变：中国农业人工智能白皮书［R］. 北京：35 斗研究院，2022.
［3］中国人工智能系列白皮书——智慧农业［R］. 北京：中国人工智能学会，2024.
［4］Digital Technologies in Agriculture and Rural Areas－Briefing Paper［R］. 罗马：联合国粮食及农业组织，2019.
［5］Muhammad Amjad Farooq，Shang Gao，et al. Artificial Intelligence in Plant Breeding［J］. Trends in Genetics，2024，40（10）：891－908.

思考题

1. 人工智能对农业生产率的影响体现在哪些方面？

2. 我国“AI＋农业”存在哪些机遇与挑战？

3. 请举例说明人工智能在农业现代化场景中的典型应用及其原理。

4. 在蓝河科技的智能除草系统案例中，尽管该技术显著降低了除草剂使用并提升了农业可持续性，但其推广仍面临设备成本高昂（25 万美元/台）和数据所有权争议的双重挑战。假设你是一名农业科技政策顾问，请思考政府应通过哪些政策（补贴、标准制定、数据法规）推动技术普惠？

第八章

人工智能与现代服务业

随着人工智能技术的迅猛发展，现代服务业正处于一场意义深远的变革浪潮之中。人工智能凭借其独特优势，深度介入现代服务业，全方位重塑现代服务业的发展格局。本章将深入探讨人工智能在现代服务业中的多方面影响。聚焦于人工智能引发现代服务业模式的变革，涵盖要素、结构和效率等维度；分析其对现代服务业创新生态的变革作用，包括产业、组织和服务创新等层面；探讨人工智能与现代服务业“鲍莫尔成本病”的关系；对未来发展趋势进行展望并总结。

第一节　人工智能引发现代服务业模式的变革

一、人工智能引发现代服务业要素变革

人工智能在现代服务业发展过程中占据重要位置，可以助力服务业自动化、智能化、柔性化等方面转型升级（黄群慧和贺俊，2019）。服务业智能化不仅应包括产品智能化、管理智能化、服务智能化，还应该利用人工智能技术构造现代服务业要素体系。

（一）人工智能赋予现代服务业资本要素更强的功能

在服务业范畴内，资本通常涵盖用于生产服务的设备和基础设施。人工智能赋予资本要素更强的功能，其中设备智能化和基础设施优化表现突出。以智能机器人为例，其能够自动完成复杂的装配工作，智能生产线可依据预设程序自动调整生产参数，大幅提高生产效率和产品质量。智能电网能够精准根据用电需求动态调整电力分配，智能交通系统借助大数据分析优化交通流量，有效提升基础设施的利用效率。人工智能作为新一代信息技术，同样具备 ICT 的替代性特征。传统 ICT 的替代性主要表现为 ICT 资本作为一种生产要素投入，对非 ICT 资本投入的替代，其根源在于 ICT 技术发展长期遵循“摩尔定律”（Jorgenson & Stiroh，2008）。伴随技术进步和质量提升，ICT 资本的实际价格会持续下降，由此带来 ICT 资本与其他资本之间的价格优势，推动现代服务业进行资本替代（蔡跃洲和付一夫，2017）。除了资本要素之间的替代之外，人工智能的替代性特征还包括了资本要素对劳动要素的直接替代。人工智能在实际应用中经常被视为一种自动化技术，延续了自动化技术逐步实现劳动替代的长期发展趋势（Aghion et al.，2017）。随着技术日渐成熟，应用范围广、生产效率高且价格更低的人工智能资本要素，自然会在越来越多的生产任务中实现服务业资本要素体系的变革（Agrawal，2019）。此外，人工智能驱动的客户服务系统能高效处理大量客户咨询，远超传统客服系统的处理能力，助力现代服务业在相同资本投入下收获更高产出。

（二）人工智能增强现代服务业劳动要素的能力

人工智能通过辅助和增强人类劳动者的能力，成为提升劳动生产率的有力助推器，帮助人类作出更为准确的决策，促进知识在不同领域的共享与传播，激发人类的创新创造力。在医疗健康服务领域，AI 辅助医生进行疾病诊断，提高诊断的准确性和效率；在教育服务场景中，AI依据学生的学习特点提供个性化学习方案，显著提升学习效果；在艺术创作领域，AI也为艺术家提供创意灵感和创作辅助。智能替代是人工智能在现代服务业的重要应用体现，即人工智能技术承担原本由人类执行的重复性、标准化或低技能任务，释放人力资源，使其能够专注于更具创造性和价值的工作。智能替代有以下特征：自动化——人工智能系统能够自动执行任务，无须人工干预；标准化——人工智能系统能够按照既定的标准和流程完成任务；重复性——人工智能系统能够重复执行相同的任务，而不会出现疲劳或效率下降；低技能——人工智能系统能够完成不需要复杂思考或专业技能的任务。

在服务业中，诸如数据录入、简单客户咨询等大量重复性任务可由人工智能完成，释放人力资源，凭借其处理大量数据时的精确性和一致性，显著提高服务质量，降低人力成本。在金融服务领域，AI能够进行风险评估和信用评分，快速且准确地为决策提供支持；在服务业，客服机器人可自动回答客户咨询、处理订单，智能客服系统还能自动识别客户意图，提供个性化服务，有效提升客户满意度。

二、人工智能引发现代服务业结构变革

在科技飞速发展的当下，人工智能已成为推动现代服务业生产结构变革的核心力量。其技术应用在提升生产效率和服务质量的同时，还促进了服务业与制造业、农业的深度融合，引领现代服务业产业结构进入新一轮变革阶段。

深度学习与大数据的有机结合成为人工智能发展的主要技术路线，有力推动了人工智能从实验技术向产业化的转变。人工智能通过机器学习，分析并规划服务业生产资源配置情况，管理风险点控制和服务产品质量。数字技术的持续创新，尤其是新一代信息技术的蓬勃发展，为现代服务业与先进制造业的深度融合提

供了强大的内在驱动力。人工智能在提高生产力、创造新产品与服务方面展现出巨大潜力，日益增长的经济需求促使经济竞争和产业升级对人工智能的需求越发迫切。人工智能是推动中国科技跨越发展、产业优化升级、生产力整体跃升的重要战略资源。中国积极推动互联网、大数据、人工智能和实体经济深度融合，培育壮大智能产业，加快发展新质生产力，为高质量发展注入新动能。开展人工智能行动不仅能够推动传统产业转型升级，还能通过智能化管理、跨行业协同等方式培育和发展新质生产力。生产智能化主要是生产方式的转变，即通过人工智能分析与决策，实现信息化、集成化、自主化生产（耿子恒，2023）。人工智能在现代服务业生产结构变革中体现在生产效率和绩效提升、产业结构深刻变革，共同推动人工智能在现代服务业中的深入应用，引领产业结构的新一轮变革。

事实上，人工智能引发现代服务业结构变革的原因涵盖技术进步、经济需求和政策支持等方面。人工智能技术持续成熟，深度学习、强化学习、神经网络等成为研究热点，各国政府加大对人工智能产业的扶持力度，推动产业链上下游协同发展。人工智能产业迅速崛起，成为推动经济增长的新引擎，广泛应用于金融、医疗、教育、零售、物流等现代服务业领域，有效提高服务效率和质量，深刻改变现代服务业的生产结构。人工智能在现代服务业生产结构中的变革现状可以从以下四个方面进行详细说明。

一是现代服务业生产效率和绩效的提升。人工智能在服务行业展现出显著提升生产力和绩效的潜力。在保险行业，人工智能的应用重塑了理赔处理流程，极大提高了效率和准确性。生成式人工智能和大型语言模型的突破性进展，进一步拓展了其应用范围，使自动化能够涉足更具创造性和更复杂的任务领域。二是现代服务业产业结构的深刻变革。人工智能通过促进服务业发展、推动制造业服务化转型及引发生产方式变革，实现产业结构的升级。在医疗行业，人工智能的深度学习算法提高了健康医疗服务的效率和疾病诊断的准确性（王小艳，2020）；在生产性现代服务业，智能制造的发展依托人工智能技术，直接推动了智能制造业的快速崛起（杨柯等，2020；孙效华等，2020）。三是现代服务业数字技术创新的驱动。数字技术创新是推动现代服务业与先进制造业深度融合的关键路径，其贯穿于产业融合的全过程，为两者的深度融合创造了新的物质基础和空间基础。四是对服务业高质量发展的影响。人工智能的应用有助于促进城市产业结构升级，提升城市技术创新水平和绿色低碳水平，推动城市高质量发展。不过，这种影响在东部地区表现更为显著，而在东北地区可能因低技能劳动力等因素，对高质量发展产生一定抑制作用（赵春江，2018；陈桂芬等，2018；梁瑞华，2019）。

三、人工智能引发现代服务业效率变革

新一轮科技革命在服务业的扎根绝不会缺席，将和中国庞大的服务业市场共同作用，促进科技与服务业融合。事实上，人工智能正以前所未有的深度和广度融入现代服务业，引发了一场意义深远的效率革命，成为推动服务业数智化转型和高质量发展的关键力量。

人工智能作为新一轮科技革命和产业变革的重要驱动力，正重塑现代服务业的发展格局（王小艳，2020）。大规模工业机器人的使用一方面加速了对从事程式化工作的低技能劳动力的替代，这些劳动力最终进入暂时无法被机器人替代的传统服务业部门，可能会将服务业发展锁定在较为低端的水平上（Rodrik，2018）；另一方面，工业机器人提高了劳动生产率和经济增长速度（Marien，2014），将会增加对现代服务业的有效需求从而优化服务业结构，与此同时，包括工业机器人在内的自动化和智能化技术催生了一大批新业态和新模式，创造了大量知识和技术密集型工作职位（Acemoglu & Restrepo，2018），对服务业生产效率具有积极作用。人工智能通过推动生产要素的创新性配置，实

现了劳动者能力的增进、劳动资料的智能升级及劳动对象形态的拓展与优化组合，有效拓展了生产边界，创造了全新的生产空间（郭凯明，2019），为产业的深度转型升级和新质生产力的形成与发展注入了强大动力。具体到服务业领域，人工智能的广泛应用有力地推动了传统服务业向智能化、数字化的转型进程。借助互联网、大数据与人工智能等技术的融合应用，服务业的生产效率得到显著提升，服务消费的新潜能被充分激发，服务贸易也呈现出全新的特点，这些技术融合在培育数字经济发展新动能方面发挥了至关重要的作用。人工智能引发现代服务业效率变革主要包括以下方面。

（一）人工智能提高现代服务业技术创新效率

近年来，人工智能技术在深度学习、自然语言处理、机器学习等领域取得了突破性进展，为服务业的变革带来了前所未有的机遇。以 2012 年谷歌的深度学习算法在 ImageNet 竞赛中取得优异成绩为标志，人工智能技术进入了一个全新的发展阶段，其强大的图像识别能力为众多服务业应用场景提供了技术支撑，如智能安防、图像内容审核等领域迎来了新的发展契机。新兴的数字技术能够执行原有由劳动力负责的工作任务，从而替代劳动力，将对服务业劳动收入份额和技术创新效率带来影响（姜伟等，2024）。技术创新效应包含生产率效应和补偿效应。生产率效应是指由人工智能带来的生产效率提升提高了服务业生产过程中对新技术无法替代的劳动力需求；补偿效应是指人工智能及数字技术的发展能够拓宽劳动力的就业范围，创造新的工作岗位、工作形态、工作任务。

（二）人工智能提高现代服务业数据积累效率

大数据技术的成熟使服务业能够收集和分析海量的用户数据，为人工智能的精准应用提供了丰富的数据资源。阿里巴巴通过对消费者行为数据的深度挖掘和分析，优化了商品推荐系统，实现了商品推荐的个性化和精准化，显著提高了销售额，充分展示了数据驱动下人工智能在服务业中的巨大价值。在生产性服务业领域，智能算法已成为风险管理和投资决策的重要工具。通过对海量金融数据的实时分析和风险评估，金融机构能够更准确地预测市场趋势，制定合理的投资策略，降低风险。在医疗保健领域，人工智能从辅助诊断到个性化治疗方案的制定，都发挥着越来越重要的作用。例如，一些医疗机构利用 AI 技术对医学影像进行分析，帮助医生更准确地诊断疾病，提高诊断效率和准确性；同时，根据患者的个体差异，为患者提供个性化的治疗方案，提高治疗效果。

（三）人工智能提高现代服务业市场范围扩展效率

随着消费者生活水平的提高，对个性化、高效服务的需求日益增长，这促使服务业积极寻求新的生产方式和服务模式。亚马逊的智能物流系统通过优化配送路线和库存管理，大幅提高了配送效率，满足了消费者对快速配送的需求，成为服务业满足市场需求、借助人工智能提升竞争力的典型案例。人工智能在现代服务业生产效率变革中扮演着关键角色，其未来的发展方向预示着服务业将经历更为深刻的变革。智能化服务升级将成为未来的重要发展方向，人工智能将推动服务业从传统模式向智能化服务全面升级，涵盖个性化推荐、自动化客户服务、智能决策支持等多个方面。例如，电商平台将利用人工智能实现更加精准的商品推荐，提高用户购物的满意度；企业客服将实现高度自动化，快速响应和解决客户问题；金融机构将借助智能决策支持系统，更科学地制定投资和风险管理策略。数据驱动决策将进一步深化，服务业将更加依赖大数据和人工智能分析，通过对海量数据的挖掘和分析，实现服务的精准化和高效化。企业将利用数据分析洞察消费者需求，优化产品设计和服务流程，提高市场竞争力。

第二节　人工智能引发现代服务业创新生态的变革

在信息技术迅猛发展的当下，智能化和数字化浪潮正全方位重塑服务业的格局。随着消费者需求的日益多样化，个性化服务成为市场焦点，服务效率也成为企业竞争的核心要素。与此同时，新业态不断涌现，推动着市场持续变革，智能化现代服务业的兴起已成为不可阻挡的时代趋势。数字技术创新与服务业的深度交融，不仅为传统服务业注入了全新活力，更为消费者带来了前所未有的便捷体验。

一、人工智能引发现代服务业产业创新变革

当前，我国居民消费结构正在由生存型、物质型向服务型消费升级（石明明等，2019）。服务型消费规模不断扩张，定制化、个性化、多样化消费所占比重不断提升。相比传统服务业由于自身产销同步性、不可储存性等特征（江小涓和罗立彬，2019），导致供需双方在价格、时间、空间等方面存在供需错配问题（夏杰长和熊琪颜，2022），如区域内产生对某一种定制化、个性化的服务需求，可能会面临无供给或供给价格过高的现象，导致需求得不到满足。人工智能技术正是通过创新互补，扩大了服务业产业的市场范围并促成产业创新变革。服务业依托于互联网平台，海量的个性化、定制化、符号化消费需求数据开始在互联网平台不断积累，有利于平摊服务成本，拓宽服务范围，形成规模经济、范围经济和长尾效应（江小涓，2017）。

（一）人工智能技术为服务业发展注入强劲活力

人工智能技术催生了大量新兴企业，创造了丰富的就业机会，吸引了众多高技术人才汇聚，同时也为地方政府带来了可观的税收收入。以阿里巴巴集团为例，其借助人工智能技术优化电子商务平台，显著提升了商品推荐系统的精准度。通过对海量用户数据的深度分析，该系统能够精准把握用户偏好，为用户推荐契合度更高的商品，进而有效增加了销售额。此外，阿里巴巴的智能物流系统“菜鸟网络”运用 AI 技术，实现了物流流程的智能化管理，提升了仓储、分拣、运输等环节的效率，大幅降低了运营成本。这一系列举措不仅推动了阿里巴巴自身业务的增长，还带动了整个电商生态系统的繁荣，为经济增长作出了重要贡献。当消费需求旺盛的部门技术进步更快时，技术进步使其产量上升、产品价格下降，但价格降幅小于产量升幅，增加值上升，增加值份额上升；技术进步慢的部门增加值占比下降。而当价格效应占主导地位时，技术进步快的部门实际产出上升、产品价格降幅大，增加值占比下降；技术进步慢的部门产出上升慢、价格上升，增加值占比上升（王弟海，2021）。

（二）人工智能助力公共服务业产品质量快速提升

在医疗、教育、交通等关键公共服务领域，人工智能技术的应用极大地改善了服务质量，提升了民众的生活品质。在医疗领域，人工智能技术辅助诊断和治疗的应用日益广泛。例如，腾讯医疗 AI 实验室开发的“腾讯觅影”，利用先进的 AI 算法对医学影像进行分析，能够帮助医生更准确、高效地进行癌症早期筛查。该系统已在全国多家医院投入使用，成功提高了癌症早期诊断的准确率，为患者争取了宝贵的治疗时间，显著提升了医疗服务的整体水平，让更多患者受益于精准医疗。

（三）人工智能推动智能化现代服务业的发展

智能化现代服务业以物联网、大数据、云计算、人工智能等新一代信息技术的融合应用为依托，致力于创新服务内容、模式和方式。它涵盖了信息技术催生的新兴服务业态，以及传统服务业借助信息技术实现的转型升级。美团点评便是这方面的典型代表，其通过 AI 技术优化外卖配送路径规划，结合实时路况和订单信息，智能调度骑手，大大提高了配送效率，减少了用户等待时间。同时，美团利用人工智能技术进行餐厅推荐和菜单优化，根据用户的口味偏好、消费习惯等因素，为用户推荐个性化的餐厅和菜品，提升了用户的餐饮消费体验，也助力商家提高了运营效率和服务质量，推动了餐饮服务行业的智能化发展。

二、人工智能引发现代服务业组织创新变革

组织创新是指内部开发或外部引进新创意并将其产品化、市场化的过程（Freeman，1989；Amabile，1996）。广义的组织创新具有多阶段属性，分为创意的产生和创意的执行（Farr，1992）。创造力被定义为产生想法的新颖性和有用性，常常被视为创新过程的第一阶段，而创新则强调这些想法的执行或应用。因此，在组织管理领域中，创造力和创新密切相关，常常被视为创新过程的两端。从创新层次视角来看，创新可以分为个体、团队和组织层面的创新。与传统自动化和工业机器人等相对狭隘领域的技术进步相比，人工智能带来的深度学习已经超越通用技术带来的现代服务业的组织变革。

（一）促进现代服务业与先进制造业深度融合

AI 技术创新是推动现代服务业与先进制造业深度融合的核心动力，有助于增强制造业的核心竞争力，培育现代化产业体系，实现经济的高质量发展。人工智能技术的发展改变了服务业

企业的运营模式，降低了实物资本在企业资产中的比重，同时加大了对数字技术产品的投资。此外，人工智能技术创新催生了平台经济体，促使生产组织方式向平台化转变，为“两业融合”创造了新的发展空间。海尔集团积极引入人工智能技术进行生产线智能化改造，通过AI技术实现生产流程的自动化控制和优化，实时监测生产设备的运行状态，提前预测设备故障并进行维护，有效提高了生产效率，降低了次品率。同时，海尔还借助智能化生产收集的数据，为用户提供个性化的产品定制服务，实现了制造业与服务业的深度融合，提升了企业的综合竞争力。

（二）推动服务业新质生产力的形成

人工智能的发展是培育新质生产力的重要引擎，新质生产力源于技术的革命性突破、生产要素的创新性配置及产业的深度转型升级。人工智能融入各产业和社会再生产的各个环节，通过优化生产要素配置，提升劳动者技能，推动劳动资料智能化升级和劳动对象形态的拓展，实现了生产边界的扩张和新生产空间的创造。例如，滴滴出行利用人工智能技术优化出行服务，通过实时数据分析预测路况，智能匹配乘客与司机，提高了出行效率。随着自动驾驶技术的发展，滴滴在自动驾驶车辆的安全监控和维护等方面创造了新的就业机会，体现了新质生产力的形成，推动了产业组织的升级和转型。

（三）现代服务产业组织的完善

加快发展人工智能是完善现代服务业产业体系的关键举措，人工智能技术与服务业产业应用的深度融合，塑造了人工智能产业化与产业智能化相互促进的良好局面，催生了新兴产业和未来产业，填补了现代化服务业产业组织的短板。百度AI产业研究中心发布的《AI技术产业化蓬勃发展正当时——百度生态伙伴AI应用案例集》详细梳理了16大行业的AI应用场景。在医疗健康领域，AI技术广泛应用于疾病诊断、药物研发等方面。AI

辅助诊断系统能够快速分析医学影像，帮助医生更准确地判断病情；在药物研发过程中，AI 可以加速药物筛选和研发进程，提高研发效率，降低研发成本，推动整个医疗行业向现代化、精准化迈进，完善了医疗健康产业的组织形态。

三、人工智能引发现代服务业服务创新变革

人工智能作为引领新一轮科技革命和产业变革的关键力量，正深刻改变着人们的生产、生活和学习方式，推动技术的革命性突破，同时通过优化生产要素配置，实现了劳动者能力的提升、劳动资料的智能化升级及劳动对象形态的拓展与优化组合，有效拓展了生产边界，创造出全新的生产空间。阿里巴巴在电子商务领域的实践充分体现了这一点。其利用人工智能技术优化商品推荐系统，借助深度学习和大数据分析，实现了个性化购物体验，不仅促进了销售的增长，还颠覆了传统的零售模式，推动零售业朝着智能化、精准化方向发展，促进现代服务业服务形态变革。

（一）个性化服务

人工智能技术借助深度学习和数据分析能力，能够精准洞察用户需求和偏好，从而为用户提供高度个性化的服务。蚂蚁集团开发的 AI 健康管家、AI 生活管家等应用，基于对自然语言的理解和处理能力，能够准确把握用户意图，为用户提供定制化的健康管理方案、生活服务推荐等。例如，AI 健康管家可以根据用户的健康数据和生活习惯，提供个性化的饮食、运动建议，实现健康服务的个性化和精准化，满足用户多样化的需求。

（二）服务效率提升

AI 技术在教育、医疗、交通、物流、政务服务等众多领域有着广泛的应用，自动化和智能化手段的运用显著提高了服务效率，降低了运营成本。在教育领域，智能教学系统根据学生的学

习进度和掌握情况，自动生成个性化的学习内容和练习题目，提高了教学效果和学习效率；在物流领域，智能仓储和配送系统实现了货物的自动分拣、运输路径优化，提高了物流配送速度；在政务服务领域，AI 辅助的智能审批系统简化了办事流程，缩短了审批时间，提高了政务服务的效率和质量。

（三）新业态的创造

AI 技术的发展催生了众多新的服务业态，智能语音助手、自动驾驶等新兴服务模式不断涌现，拓展了服务的边界和范围。以智能语音助手为例，其可以集成在各类智能设备中，为用户提供语音交互服务，实现信息查询、设备控制等功能，为用户带来了更加便捷的生活体验；自动驾驶技术的发展则有望改变交通运输行业的格局，提高交通安全性和运输效率，创造出全新的出行服务模式。

（四）智能化现代服务业的发展

智能化现代服务业作为一种新型服务业态，以物联网、大数据、云计算、人工智能等新一代信息技术的融合应用为手段，为客户提供个性化、网络化、智能化、高技术含量、高附加值的服务。其发展趋势呈现出柔性化、协同化、绿色化和分享化的特点。柔性化体现在根据客户需求快速调整服务内容和方式；协同化强调各服务环节之间的高效协作；绿色化注重资源的节约和环境的保护；分享化则促进了资源的共享和利用效率的提升。例如，一些共享出行平台利用 AI 技术实现车辆的智能调度和资源共享，既满足了用户的出行需求，又提高了车辆的使用效率，体现了智能化现代服务业的发展趋势。

（五）AI 技术创新与服务业的深度融合

AI 技术创新持续推动着现代服务业与先进制造业的深度融合，创造新的服务模式和新业态，推动智慧物流、服务外包、医养结合、远程医疗、远程教育等新兴领域的发展。在智慧物流领域，数字技术实现了物流信息的实时跟踪和智能调度，提高了物流效率和管理水平；在医养结合领域，借助AI技术及其应用，实现了医疗服务与养老服务的融合，为老年人提供了更加便捷、高效的健康养老服务；远程教育则打破了时间和空间的限制，利用AI技术和AI辅助教学工具，为学生提供丰富多样的学习资源，实现了优质教育资源的共享。

专栏8-1　人工智能是一种创新或模仿技术吗

在创新领域，AI是否是一门通用技术，以及是否是一个有效的模仿方法并不很明确。事实上，这个答案与政策有着直接的关系。要是一项技术使得创新获利很频繁，那么意味着对于强化知识产权的需求就会更少，因为平衡会转向对垄断权力的限制，同时会减少对创新支出的补偿。

新的技术通常适用于创新与模仿。以塑料模型这种技术为例，它既提供了新设计的可能性，培养了创新，同时也对“逆向工程”带来了更多的可能性。机器学习，在某种意义上说就是一种复杂的模拟；它见证了何为工作，同时也找到了探索它们之间关系的方法。因此，似乎AI很有可能是创新或模仿的一种通用技术。

对于一个新闻大鳄，由于机器学习的一些形式，很多新闻聚集者都在做这方面的工作；他们匹配用户的一些新闻故事会优先预判它是否有趣。这显然是一种能够产生价值的服务，而在没有AI技术的情况下，它并不会以任何形式存在。但一些新闻网站认为它构成了对于版权的侵犯。从语义上讲此处存在疑惑：这项整合技术是否是创新或者模仿?

答案当然是两者兼而有之。这很像一种序贯创新，即后来的创新是建立在原来创新的基础上进行不断尝试与改善。在有些情况下，去决定新的创新是否是对原来创新的一种充分突破，如在专利法中运用的不显然一词。目前，依然不是很清楚这些词如何应用在由机器产生的创新中，"不显然"被解释为人在艺术领域拥有的普遍技能的一种情况，因此它根本上是与人的大脑相关。我们将回答像"什么事显而易见"这种字面上的问题，而在这个世界上由机器产生创新的地方将是中心，但要在知识产权奖励与成本上作出平衡优势是比较困难的。

像新闻聚集者那样的情况其实很大程度上已经得到了管理，具体实施上就是与互联网就一些版本问题进行合同签订。一个新闻源头可以阻止文本内容通过机器人文件使这些文章可见或不可见于聚合者。而唯一令人担忧的竞争点是：如果新闻聚集者占少数，他们仍然拥有超过那些文章创作者的垄断权利，因此只是简单地允许内容提供商退出会使这个问题变得棘手。这类新闻聚集者可能控制了很多消费者的焦点，没有它新闻源就无法生存。

资料来源：阿贾伊·阿格拉瓦尔，乔舒亚·甘斯，阿维·戈德法布．人工智能经济学［M］．王义中，曾涛，译．北京：中国财政经济出版社，2021：123－124.

第三节　人工智能与现代服务业"鲍莫尔成本病"的跃迁

自20世纪中叶起，全球产业结构演进呈现显著的服务化转向，服务业增加值占GDP比重呈现系统性抬升，逐步取代制造业成为现代经济增长的核心引擎。然而，在服务业享受经济增长红利的背后，其内生性结构矛盾"鲍莫尔成本病"作为后工业时代的典型症候开始显现。这一现象由经济学家威廉·鲍莫尔提出，揭示了由于服务产品存在不可储存性、生产消费同步性等技术特征，服务业的全要素生产率增速长期低于制造业部门，引致

“相对价格效应”和“支出转移效应”，最终形成国民经济中的“成本病困局”。当前，服务业已成为我国国民经济的第一大产业。普遍认为，服务业较容易受到“鲍莫尔成本病”的影响，原因在于服务业生产率较低，在经济服务化的过程中，容易出现结构性减速。值得关注的是，以“生成式”为代表的新一代人工智能将对服务业的生产模式、要素投入、技术进步、生产效率等产生深刻影响，从而为治愈服务业“鲍莫尔成本病”提供新的“解集”。因此，应重视并支持人工智能基础技术的投入与研发，鼓励人工智能技术在服务业广泛应用，同时，密切关注和防范人工智能广泛应用所带来的潜在风险和问题。本节将深入探讨人工智能在现代服务业中的应用，以及借助其“规模效应”和“结构优化效应”推动“鲍莫尔成本病”发生结构性跃迁的具体机制，进而实现成本病治理范式从“制度修补”向“系统重构”的质变突破。

一、现代服务业“鲍莫尔成本病”的演进与争议

20 世纪 60 年代，各个国家服务业占 GDP 的比重持续上升。对此，很多经济学家从理论上进行阐释。其中，以鲍莫尔（Baumol）为代表的经济学家认为服务业相较于制造业，在生产率增长方面存在滞后的状况。这种滞后使得服务业成本相对上升，并诱发资源配置扭曲、通胀压力传导等一系列结构性经济和社会问题。在其开创性论文《非平衡增长的宏观经济学：城市危机剖析》中，鲍莫尔（1967）构建了一个两部门非均衡增长模型，该模型涵盖两个部门：一是由技术进步驱动、生产率呈现持续增长态势的“进步部门”；二是受技术影响较弱、生产率相对低下的“停滞部门”。基于劳动力可在两部门间自由流动，且社会对“停滞部门”所提供服务的需求价格弹性较低的假设，随着时间推移，劳动力将不断向生产率较低的“停滞部门”涌入。这一过程中，“停滞部门”的单位产品成本会持续攀升，产出价格日

益走高，其在GDP中所占比重亦不断增大，而整个国家的经济增长速度则会持续放缓，此现象被称为“鲍莫尔成本病”。从经济实践来看，众多服务行业以劳务产出为主要形式，需要服务提供者与消费者在同一时空下完成交易，难以实现机械化、标准化及自动化作业，导致生产效率提升缓慢，堪称鲍莫尔所界定的“停滞部门”的典型代表。“鲍莫尔成本病”理论一经提出，就受到大量争议和实证检验。依据研究结论与观点主张的差异，本节将相关研究归纳为三大类别：“鲍莫尔成本病”存在说、“鲍莫尔成本病”否定说及“鲍莫尔成本病”条件存在说。

一是“鲍莫尔成本病”存在说。在早期研究中，学者们多运用规范分析方法对“鲍莫尔成本病”进行探讨，其中大多数研究成果支持服务业“成本病”的存在。“鲍莫尔成本病”表明，与制造业相比，服务业生产率增长滞后，这是由服务的结果无形性、生产与消费的同步性、不可储存、不可贸易、所有权不能完全让渡等技术经济特征所内生决定的（江小涓，2011）。许多学者围绕服务业劳动生产率和全要素生产率展开量化研究，研究结果均表明服务业生产率增长缓慢，与制造业生产率之间差距不断拉大（Raa & Wolff，2001；Duarte，2010）。在理论模型上，考虑到行业之间的异质性，将两部门模型扩展到三部门甚至多部门（Baumol et al.，1985；Ngai & Pissarides，2007），增强“鲍莫尔成本病”模型的一般性；并将鲍莫尔的思想融入新古典增长理论，构建能够同时刻画总量平衡增长（卡尔多事实）和产业结构变化（库兹涅茨事实）的统一框架（Pugno，2006）。在结论深化上，基于长期现实观察，鲍莫尔（2001）发现服务业名义产出大幅提升的同时，实际产出份额长期不变，这就是所谓的“服务业之谜”（service paradox），后续研究在此基础上提炼出“鲍莫尔成本病”假说下生产率差异对两部门经济指标的影响（见表8-1），即“鲍莫尔成本病”（Baumol-Bowen）效应。

表8-1　“鲍莫尔成本病”假说下两部门经济指标比较

衡量指标	制造业（进步部门）	服务业（停滞部门）
相对成本与相对价格	下降	上升
实际产出份额	不变	不变
就业份额	下降	上升
名义产出额	下降	上升

还有一组文献从经验研究角度证实部门间生产率差异对产业结构、经济增长的影响（Nordhaus，2008）。服务业“鲍莫尔成本病”的本质是部门间生产率差异下成本增长压力引起产品与要素相对价格的变动和要素的重新配置（Ngai & Pissarides，2007），鉴于“服务”需求缺乏价格弹性，“服务”相对价格变动引发需求结构变动，形成鲍莫尔效应。现有研究证实鲍莫尔效应是各国劳动力就业结构服务化、产业结构服务化的重要原因（Fukao & Paul，2021），并对经济增长产生负面影响（Hartwig，2011），即引发经济增长“结构性减速”。

二是“鲍莫尔成本病”否定说。该学说对服务业生产率测算的科学性与准确性产生质疑。现有研究提出服务业具有不可测度性特征（Griliches，2008），对服务业生产率的测量在投入、产出与测算方法三个方面均存在误差：（1）关于劳动投入统计，由于难以获得准确的工作时长数据，对劳动投入难以准确测算，同时兼职劳动者的存在也增加了统计难度；（2）服务产出的数量和质量难以准确衡量，且难以从价格变化中分离出服务质量或服务组合变化的影响；（3）传统生产率测度方法忽视服务质量改进因素，会造成生产率低估。在此基础上，庞瑞芝和邓忠奇（2014）通过改进服务业生产率测算方式发现服务业生产率高于工业，且其增长率存在赶超趋势，“服务业低效率”观点并不成立。同时，“鲍莫尔成本病”否定说认为劳动力同质性、封闭经济等理想化假设会导致对服务业“鲍莫尔成本病”及其影响的高估。对劳动力同质性假设而言，现有研究通过引入正外部性、

"干中学"效应、人力资本积累效应与劳动力市场上的自选择效应（Young，2014），否定了"技术—结构—速度"间的线性逻辑关系。此外，开放经济条件下，劳动力全球流动、低技术含量生产环节外包等方式的出现也对"鲍莫尔陷阱"形成挑战（谭洪波，2018）。

三是"鲍莫尔成本病"条件存在说。"鲍莫尔成本病"条件存在说认为这一假说的成立存在一定条件，其观点逐渐成为"鲍莫尔成本病"假说的主流观点。这一组文献以服务业内部生产率增长的高度异质性为基础（王恕立等，2015）：服务业内部不仅包含表演艺术等生产率增长缓慢的部门，还存在通信服务业等生产率增速远高于制造业平均水平的部门，难以一概而论。"鲍莫尔成本病"条件存在说这一组文献主要从不同类型"服务"视角解读"鲍莫尔成本病"假说的成立条件：首先，从专业化分工程度和机器对劳动力的替代性维度入手，服务业可分为可标准化服务业与不可标准化服务业。其中，可标准化服务业生产过程同质化、生产要素替代性强，能够实现规模经济与效率提升，因此，仅不可标准化服务业符合"停滞部门"特征（李建华和孙蚌珠，2012）。其次，按照产出性质，将服务业分为作为中间产品的"生产者服务业"与作为最终产品的"消费者服务业"，后者更符合"停滞部门"特征（Herrendorf et al.，2013）。

二、人工智能的规模效应促使现代服务业"鲍莫尔成本病"的跃迁

在现代服务业数字化转型进程中，人工智能的规模效应发挥着重要作用，为缓解"鲍莫尔成本病"提供了新的契机。规模效应在AI领域表现得尤为显著，由于AI系统的训练需要大量数据，随着用户基数扩大，数据采集成本呈现指数级下降，而数据价值则呈现网络外部性增长并迅速累积，数据量也会迅速累积。这种数据的增长使得AI技术的处理能力、算法效率和数据处理

能力不断提升，进而降低了 AI 技术的单位成本，使其能够在更广泛的领域得到应用，这便是人工智能的规模效应。

人工智能主要通过以下几个方面促使“鲍莫尔成本病”发生跃迁，以缓解服务业成本相对上升的问题：一是生产率提升路径。人工智能技术快速发展，以“生成式”（AIGC）为代表的新一代人工智能不断取得突破，这将对服务业的生产模式、要素投入、技术进步、生产效率等产生巨大的影响，从而有可能治愈服务业的“鲍莫尔成本病”，提高全社会生产率。例如，人工智能技术能够深度嵌入处理许多服务业中的重复性任务，如客户服务、数据录入和分析等工作。这些重复性任务往往耗费大量人力和时间成本，通过 AI 自动化处理，可以显著提高服务业的劳动生产率。二是边际成本递减路径。人工智能技术在开发完成后，其复制和扩展的成本相对较低。随着人工智能技术应用范围的不断扩大，每增加一单位服务所增加的成本增量（即边际成本）会逐渐降低，使得服务业企业能够以更低的成本提供更多的服务，提高了企业的经济效益。三是服务模式创新路径。人工智能技术优化了现有服务的同时创造出了全新的服务模式。智能推荐系统能够根据用户的历史行为和偏好，为用户精准推荐产品或服务；个性化医疗服务则通过分析患者的个人数据，为患者制定专属的治疗方案。在提升效率的过程中，也极大地增加了消费者的价值感知。四是人力成本削减路径。在众多服务业领域，人力成本是主要的开支项目。例如，在医疗领域，决定生产率的内在因素，即询问病史和各项检查，受到技术进步的影响甚小，技术进步也基本上没有提高护士更换绷带的速度。医疗领域中人类互动的固有特性使该行业的生产率没有随着技术进步而大幅度提升。随着以生成式人工智能为代表的新一代人工智能在医疗领域的广泛应用，医疗领域的“鲍莫尔成本病”有可能趋于缓解。人工智能技术的应用能够减少对高成本劳动力的依赖，通过自动化和智能化手段完成部分工作，从而有效降低整体运营成本。

三、人工智能的结构优化效应促使现代服务业"鲍莫尔成本病"的跃迁

人工智能的结构优化效应在现代服务业中呈现为对"鲍莫尔成本病"的范式级突破，其本质是通过技术渗透重构服务业的要素组合方式，实现生产函数向帕累托最优边界的系统性位移，进而推动"鲍莫尔成本病"的跃迁。结构优化效应是指通过技术创新和流程重组，改善服务的生产结构和运营模式，以实现整体效率和质量的提升。在服务业中，结构优化能够显著降低成本，提高生产率。人工智能推动服务业强化商业模式创新，提高服务业供需匹配效率。很多服务产品无法被"拥有"，无法被储存、带走或以后使用，因此，存在供需匹配效率不高的情况，在不同时空的服务领域可能出现消费者排队与资源闲置并存的现象，这造成了服务效率的降低。人工智能技术能够优化企业的资源调度、利用与分配，使服务能力的时空分布更符合消费者的需求。对消费者而言，人工智能技术也能够帮助消费者合理安排接受服务的时间与空间，从而提升消费者体验。人工智能技术在提供服务质量、交易匹配等方面具有优势，从而使点对点交易成为可能，推动"零工"和"共享"等商业模式创新，从而增加服务业资源供给的柔性。人工智能在现代服务业中展现出多方面的结构优化效应：

一是流程自动化，人工智能通过服务解耦与模块重组实现生产率的非对称突破。AI 可以自动执行许多服务业中的标准化流程，减少对人工的依赖，降低错误率和成本。在物流行业，订单处理、仓储管理等流程可以通过 AI 实现自动化，提高物流效率，减少人工操作带来的错误和延误。二是决策支持，AI 通过系统供需网络的拓扑重构分析大量数据，为服务业提供精准的决策支持，优化资源配置和服务设计。在零售行业，AI 系统分析销售数据、消费者行为数据等，帮助企业制订更合理的采购计划、商

品陈列方案和营销策略，提高企业的运营效率和市场竞争力。三是个性化服务，AI 技术根据客户需求和行为数据提供个性化服务，提高客户满意度和忠诚度。在线教育平台利用 AI 技术，根据学生的学习进度、知识掌握情况和学习习惯，为学生提供个性化的学习路径和教学内容，提高学习效果和学生的学习积极性。四是智能调度，在服务调度和资源分配方面，AI 可以优化流程，减少等待时间和资源浪费。

为此，人工智能对“鲍莫尔成本病”的跃迁驱动机制，本质上是通过技术嵌入重构服务业的生产函数参数，突破传统服务经济中“生产率停滞—成本刚性”的恶性循环。这一过程可解构为四大路径：一是服务生产率的非线性跃升。AI 通过自动化和智能化改造传统服务流程，大大提高了服务效率，减少了服务时间。在智能物流中，自动驾驶货车和智能仓储管理系统的应用，使货物运输和仓储管理更加高效，缩短了供应链周期。二是边际成本曲线的范式颠覆。人工智能减少了服务业中的人力成本和管理成本，尤其是在数据处理和客户服务方面。例如，智能客服系统可以自动处理大量客户咨询，降低了企业的客服成本；AI 辅助的数据处理工具可以快速准确地处理数据，减少了人工数据处理的工作量和成本。三是服务能力的维度扩展。人工智能使服务业能够提供更复杂、更高质量的服务，如智能医疗诊断、金融风险评估等。在医疗领域，AI 辅助诊断系统可以帮助医生分析医学影像，发现潜在的疾病风险，提高诊断的准确性和可靠性；在金融领域，AI 技术可以对大量金融数据进行实时监测和分析，及时发现风险并提供风险预警，增强了金融机构的风险管理能力。四是商业模式相变的催化效应，人工智能推动了新服务模式的出现，如基于大数据分析的精准营销、智能推荐系统等。这些新服务模式不仅满足了消费者的个性化需求，还为企业开拓了新的市场空间，提高了企业的盈利能力。

本章小结

人工智能的飞速发展，正引领现代服务业经历一场全方位的深度变革。在我国积极推动产业结构优化升级、加快数字经济建设的时代背景下，人工智能深度渗透到现代服务业的各个领域，成为推动其转型发展的关键力量。一方面，人工智能重塑了现代服务业的发展模式，从要素变革上改变资本与劳动要素的功能与配置，在结构变革中促进产业融合与升级，于效率变革里推动服务业向智能化、数字化迈进。另一方面，人工智能引发了现代服务业创新生态的变革，在产业创新中催生新兴企业与服务模式，在组织创新上促进产业融合与新质生产力形成，在服务创新方面实现个性化服务、提升效率并创造新业态。同时，针对现代服务业面临的“鲍莫尔成本病”问题，人工智能凭借规模效应和结构优化效应，为缓解成本压力、提升生产率指明了新的方向。

然而，人工智能在助力现代服务业发展的过程中，也带来了诸多挑战。例如，数据安全与隐私保护问题日益凸显，算法可能存在的偏见影响服务公平性，大规模应用导致的就业结构调整给劳动力市场带来冲击等。因此，我们必须全面、客观地认识人工智能对现代服务业的双重影响，既要充分发挥其技术优势，不断推动人工智能在现代服务业中的创新应用，加速产业升级；又要高度重视并积极应对其带来的挑战，通过完善政策法规、加强技术监管、推动技术创新等措施，实现人工智能与现代服务业的协同发展，进而为经济社会的高质量发展注入强劲动力。

关键概念

人工智能　现代服务业　要素变革　结构变革　效率变革　创新生态　“鲍莫尔成本病”　规模效应　结构优化效应

阅读文献

[1] 陈楠．人工智能新时代：人工智能对经济增长的影响［M］．北京：中国社会科学出版社，2023.

[2] 耿子恒．人工智能：数字时代产业发展的新动能［M］．北京：社会科学文献出版社，2023.

[3] 郭哲滔，任宇翔．人工智能新时代：核心技术与行业赋能［M］．北京：清华大学出版社，2024.

[4] 李开复，王咏刚．人工智能［M］．北京：文化发展出版社，2017.

[5] 刘志毅．智能经济：用数字经济学思维理解世界［M］．北京：电子工业出版社，2019.

思考题

1. 人工智能在推动现代服务业创新变革的过程中，如何平衡创新发展与数据安全、伦理道德等问题？

2. 结合人工智能在现代服务业中的应用，分析传统服务企业应如何进行数字化转型以适应新的市场竞争环境？

3. 人工智能的规模效应和结构优化效应在缓解“鲍莫尔成本病”方面已取得一定成效，但在实际应用中，如何确保这些效应持续发挥作用？

第九章

人工智能与金融发展

在科技飞速发展的当下，人工智能已成为推动各行业变革的核心力量，金融领域亦深受其影响。从工业革命时期科技与金融的初步融合，到如今人工智能时代金融的全面智能化转型，金融业在科技的赋能下不断创新发展。人工智能凭借其强大的数据处理、分析预测和智能决策能力，深度渗透到金融服务、金融创新等各个环节，为金融行业带来了前所未有的机遇。与此同时，和任何新兴技术一样，人工智能在金融领域的应用也伴随着诸多争议与挑战。

第一节　科技革命赋能金融发展的历史脉络

一、第一次工业革命与金融变革

18 世纪后期，第一次工业革命率先在英国爆发，这次工业革命以蒸汽机、机械纺织设备和焦炉冶铁技术的发明与广泛应用为主要特征，开启了现代化大生产和经济增长的新模式，标志着人类迈入“机器时代”。工业生产的大爆发，加速了资金流通和资本积累。

随着工商业的发展，银行体系迅速扩张。技术发明改变了生产要素配置比例，资本支出占比大幅提高。以蒸汽机为例，一台瓦特改良蒸汽机成本在2000英镑左右，相当于1770年英国男性年收入中位数的100倍（Brunt，2006）。工业革命强化了对金融资本的需求，适应工业时代的银行体系开始建立。18世纪时，伦敦超越阿姆斯特丹和巴黎，成为欧洲金融业中心，初步形成由英格兰银行、伦敦私人银行和伦敦以外的乡村银行构成的三级银行网络，伦敦的私人银行代理乡村银行在伦敦的金融业务。随着工商业和海外贸易扩展，大批实业家的资金收支、贸易商在乡村银行和伦敦私人银行间的资产划拨、收入上升带来的政府税收业务扩张推动银行数量持续增加。伦敦私人银行由1750年的30家增长至1770年的50家和1800年的80家（Lipson E.，1947）；乡村银行从1793年的400家增长至1810年的超过700家（W. H. B. 考特，1992；陈雨露，2021）。1773年，世界上第一家证券交易所——伦敦证券交易所正式成立。工业革命以其强大变革力量，孕育出证券交易等金融业新业态。

二、第二次工业革命与金融创新

19世纪70年代，第二次工业革命兴起，电力、内燃机、化学工业等领域取得重大突破，推动了生产力的极大发展。随着经济扩张和技术进步，大规模基础设施建设及其融资需求刺激了美国资本市场和投资银行业务的发展。1783年独立战争结束后，为改善联邦政府脆弱的财政状况、偿还战争中欠下的债务，美国财政部以政府信用为担保，统一发行新国债来偿还各种旧债，美国证券市场开始活跃，大量经纪人涌入市场从事国债承销。1863年，纽约证券交易所的建立标志着严格意义上的美国资本市场真正形成。19世纪上半叶，巨大的铁路融资需求使铁路证券成为华尔街的主要投资品种之一，挂牌交易的铁路证券从1835年的3

只增长到1850年的38只。[①] 1861～1865年南北战争时期，联邦政府为军费融资，推动证券市场空前发展。股票发行也迅速增加，铁路股票在美国大量上市，1880年铁路股票占据美国股市总市值的60%以上（约翰·戈登，2005）。在此期间，诞生了一批兼营或专营投资银行业务的金融机构。如1850年亨利·雷曼等兄弟三人建立了以棉花贸易为主业的“雷曼兄弟公司”，逐步开启铁路债券销售等业务，并于1889年首次作为承销商发行了国际蒸汽公司（Steam Pump Company）的股票。1869年，主要从事票据交易的高盛公司成立，随后增加贷款、外汇兑换和股票包销等业务。19世纪60年代中后期，大西洋海底电缆的投入使用（便利了美国市场和欧洲市场的信息传递）和股票自动报价器的推出，促使资本市场交易量稳步增长（陈雨露，2021）。

三、第三次工业革命与金融新动力

20世纪中叶，第三次工业革命爆发，以电子计算机、信息技术、生物技术等为代表的高新技术迅猛发展。这一时期，以创业投资体系为特征的第三次金融革命为工业革命缔造了新的推动力量。创业投资专注于投资新兴的、具有高增长潜力的科技企业，为科技创新提供了重要的资金支持。许多知名的科技企业，如苹果、微软等，在创业初期都得到了创业投资的青睐。

与之并行的是纳斯达克（Nasdaq）股票交易市场的设立与发展。1971年，为使投资者可通过高速、透明的电脑系统进行股票交易，美国全国证券交易商协会（NASD）设立了世界上第一家电子股票交易市场纳斯达克[②]，此举进一步拓宽了创投基金项目退出渠道。从20世纪80年代开始，在创投体系的助推下，一

① 陈雨露．工业革命、金融革命与系统性风险治理［J］．金融研究，2021（1）：1－12.

② 纳斯达克是什么？［EB/OL］．和讯网，2024－10－02.

些科技公司在技术与商业上均取得成功，苹果、微软、亚马逊、思科等科技公司在纳斯达克上市直接推动了纳斯达克市场的蓬勃发展，加深了创投体系与产业革新的相互交融，为美国经济发展作出了重要贡献。

四、信息时代的金融数字化转型

20 世纪 90 年代以来，随着互联网技术的普及，金融业进入了数字化转型阶段。从科技框架的初步搭建，到移动互联网、大数据等一系列技术创新在金融领域落地生根，科技逐渐成为金融业发展的重要推手。以银行为代表的金融机构在完成数据大集中后，数字化进程加速。根据中国银行业协会的数据，2020 年银行业金融机构网上银行交易笔数达 1550.30 亿笔，同比增长 9.68%；银行业金融机构手机银行交易数达 1919.46 亿笔，同比增长 58.04%①。截至 2022 年末，网商银行累计服务小微客户数超 5000 万人，其中，当年新增贷款客户中，超 80% 为首次在商业银行取得经营性贷款，不良贷款率控制在 1.94%，处于行业较低水平，充分体现了金融科技在服务实体经济和风险控制方面的优势②。

五、人工智能时代的金融变革

2022 年末以来，以生成式人工智能应用 ChatGPT 为首的技术浪潮席卷全球：2023 年 3 月，GPT-4 的诞生标志着人工智能应用正式走向“通用人工智能”（artificial general intelligence，AGI）时代。生成式人工智能与传统人工智能的区别在于，它具

① 徐一鸣.《2020 年中国银行业服务报告》正式发布［N］. 证券日报，2021-03-16.

② 2022 年网商银行年报：小微信贷客户超 5000 万，新增用户 8 成为首贷户［EB/OL］. 中国经济网，2023-04-28.

有如一般人类的智慧，同人类一样拥有学习、推理与适应新环境的能力，并可超越特定编码与应用限制解决复杂且综合性的问题。目前，生成式人工智能作为驱动新一轮科技和产业变革的重要动力，已被广泛应用于数字金融、医疗保健、信息安全、智能汽车等领域。近年来，人工智能技术的快速发展为金融业带来了更深刻的变革。大模型、人工智能生成内容（artificial intelligence generated content，AIGC）等新技术的出现，使金融服务更加智能化、个性化。在证券行业，大模型和 AIGC 技术助推数字化转型，金融机构利用这些技术生成营销文案、推广策略，提高营销效果和用户转化率。一些金融机构还探索将 AI 数字人嵌入开户流程、客户服务等业务中，提升客户服务体验。人工智能技术还可以通过对海量金融数据的分析和挖掘，实现更精准的风险评估和投资决策。

第二节　人工智能赋能金融业的理论基础

一、金融业务的数据驱动理论

金融领域天然具备数据密集型特征，其数据量大、生成速度快、类型多样（如交易记录、社交行为、政务信息），为人工智能模型提供了训练基础。随着互联网和移动设备的普及，数据生成速度更是呈指数级增长，并且数据类型也极为丰富，除传统的金融交易记录外，还涵盖了客户在社交媒体上的行为数据，以及与金融相关的政务信息，如税收政策调整、金融监管法规发布等。

盖等（Gai et al.，2018）提出的数据驱动金融发展框架指出，人工智能通过整合多源异构数据，突破传统征信边界，构建更全面的风险评估模型。传统的征信体系主要依赖于客户的信用记录、收入证明等有限的数据来源，难以全面反映客户的真实信用状况。而人工智能技术能够将来自不同渠道、不同格式的多源异构数据进行融合。例如，线上活动数据包括客户在电商平台的消费行为、浏览记录，在金融 App 上的操作习惯等。这些数据与传统征信数据相结合，能够从多个维度对客户进行刻画，从而构建出更为全面、准确的风险评估模型。

欧等（Oh et al.，2023）认为通过自然语言处理（NLP）将客户评论转化为结构化情绪指标，可显著提升客户画像的精准度。在金融服务过程中，客户会通过各种渠道表达对金融产品或服务的看法，如在线客服对话、社交媒体评论、产品评价等。这些评论大多以非结构化的文本形式存在，传统分析方法难以从中提取有价值的信息。而自然语言处理技术能够对这些文本进行深入分析，将客户评论转化为结构化的情绪指标，如客户对产品的满意度、对服务的认可度、对市场趋势的预期等。通过将这些情绪指标纳入客户画像体系，金融机构能够更全面、深入地了解客户的需求、偏好和心理状态，从而为客户提供更具针对性的产品和服务。银行可以根据客户对理财产品的评论情绪，优化产品设计和营销策略，推出更符合客户期望的金融产品（廖高可和李庭辉，2023）。

数据资源日益丰富，数据处理能力不断提升，二者紧密联系。在此基础上，人工智能推动金融服务从“经验依赖”转向“数据驱动”，让金融服务更科学、精准和高效。

二、金融服务的成本效率理论

人工智能通过虚拟化服务与自动化流程，显著降低金融业务的边际成本。在传统金融模式下，许多业务流程需要大量的人工操作和实体设施投入，这导致了高昂的运营成本。通过人工智能技术的应用，使金融服务可以通过虚拟化的平台和自动化的流程来实现。客户可以随时随地通过互联网接入平台进行金融交易，无须到实体网点办理业务，大大减少了实体网点建设和运营的成本。

在金融市场中，资金的供需双方往往存在信息不对称的问题，导致资金匹配效率低下，交易成本增加。人工智能技术能够通过大数据分析和智能算法，对资金供需双方的信息进行精准匹配。例如，一些智能借贷平台利用 AI 技术，能够快速分析借款人的信用状况、借款需求和贷款人的资金供给能力、风险偏好等信息，实现资金的高效匹配。这种精准匹配不仅提高了资金配置效率，还减少了因信息不对称导致的交易成本。据研究，通过 AI 优化的数字平台，金融服务成本可下降 90% 以上，极大地提高了金融机构的运营效率和盈利能力（Boot et al.，2021）。

人工智能技术应用于金融投顾服务时，能够借助先进的算法和强大的计算能力，对数百万客户的投资需求进行分析和处理，根据客户的风险承受能力、投资目标等因素，为每个客户量身定制投资组合。由于采用了自动化的服务模式，无须大量的人工干预，使得服务数百万客户的人均成本趋近于零。人工智能审批系统在金融业务审批流程中也将发挥越来越重要的作用。以抵押贷款审批为例，传统的审批方式需要人工对大量的文件和资料进行审核，过程烦琐且耗时较长。而人工智能审批系统能够利用机器学习算法快速分析贷款申请人的信用记录、收入情况、资产状况等信息，自动完成审批流程。福思特等（Fuster et al.，2019）的研究表明，AI 审批系统将抵押贷款处理效率提升了 20%，同时大大减少了人工审核所需的人力成本和时间成本，使运营成本大幅缩减。

人工智能驱动的在线支付与移动金融（Wang et al.，2021）消除了时空限制，使客户获取服务的成本降低 80% 以上，推动金融普惠性发展。移动支付平台利用人工智能技术实现了实时身份验证、风险监控和欺诈检测，确保用户交易的安全。由于无须到实体网点办理业务，客户节省了时间和交通成本，这使得更多的人，尤其是偏远地区、低收入群体和小微企业，能够以较低的成本享受到金融服务，极大地推动了金融普惠性的发展，让金融服务覆盖到更广泛的人群和地区。

三、金融资源的配置优化理论

人工智能技术通过精准识别风险与需求，优化资本配置效率。在金融市场中，资本的合理配置是实现资源有效利用的关键。传统金融机构在进行资本配置时，往往受到信息不对称的困扰。由于难以全面了解借款人的真实情况，尤其是对于一些弱势群体，如缺乏抵押物的小微企业主、个体经营者及信用记录较少的年轻人，传统金融机构出于风险考虑，往往不愿意为他们提供贷款或其他金融服务。

人工智能信用模型能够突破传统信用评估的局限，利用大数据分析技术，对借款人的数字足迹进行深入挖掘。通过分析借款人在电商平台的消费行为，可以了解其消费习惯、消费能力和还款能力；通过分析社交媒体活跃度，可以了解其社交关系网络、社会信用状况等。这些多维度的数据信息能够更全面、准确地评估借款人的信用风险。伯格等（Berg et al.，2020）的研究表明，采用人工智能信用模型后，违约预测误差可降至1.2%，大大提高了信用评估的准确性。金融机构能够更有信心地为弱势群体提供信贷服务，王和何（Wang & He，2020）的研究也显示，弱势群体的信贷获得率因此提高了30%，有效缓解了他们融资难的问题，促进了金融资源的公平分配。

在股票交易方面，人工智能技术在高频交易中发挥了核心作用，它能够在纳秒级的时间内对海量的市场数据进行分析，包括股票价格、成交量、市场趋势等信息。通过实时监测市场变化，人工智能系统能够迅速作出交易决策，实现资产的动态再平衡，这种高效的交易方式使市场资源能够更快速地流向最有价值的投资项目，提高了市场资源的配置效率。

人工智能可以解决“劣币驱逐良币”问题，也缩小了金融服务中的“长尾市场”缺口。“长尾市场”是指那些被传统金融服务忽视的小众市场和个性化需求。人工智能技术能够通过对大量数据的分析，发现这些小众市场的需求，使金融服务更加全面、公平地覆盖到各类客户群体，促进了金融市场的健康发展。

第三节　人工智能在金融领域的基础应用

一、智能投顾在资产配置与动态投资管理中的应用

智能投顾（robo-advisor）作为人工智能在金融领域的核心应用之一，依托神经网络、遗传算法等混合人工智能技术，显著提升了金融预测与决策的精准度。在金融预测方面，传统计量经济模型（如线性回归）因难以捕捉非线性关系，在货币汇率预测中表现有限。纳格和米纳（Nag & Mitra，2002）的研究表明，结合神经网络与遗传算法的混合模型，其预测精度和稳健性显著优于传统方法。在投资风险评估方面，拉维桑卡等（Ravisankar et al.，2011）通过概率神经网络与遗传规划，在财务报表欺诈检测中准确率提升至92%，远超传统特征选择方法[①]。

智能投顾的实践应用体现为动态资产配置与组合管理。智能投顾借助机器学习算法，深度挖掘和分析海量金融数据。它可以精准评估投资者的风险偏好、财务状况和投资目标，为投资者量身定制个性化资产配置方案。同时，能够实时监测市场动态，一旦资产价格、宏观经济指标或政策发生变化，便迅速自动调整投资组合中的资产配置比例，实现风险分散与收益最大化。例如，智能投顾平台会基于人工智能技术自动再平衡投资组合，当资产

---

① 廖高可，李庭辉，人工智能在金融领域的应用研究进展［J］. 经济学动态，2023（3）：141－158.

偏离目标配置超一定比例时触发调整机制，并利用股息或存款现金流进行部分再平衡，极大地提升了投资效率和风险管理水平。智能投顾不仅能够处理传统的金融与宏观数据，随着自然语言处理（NLP）技术在金融文本分析中的应用，其优势进一步凸显。该技术使金融机构和投资者能够快速从海量文本数据中提取关键信息和情感倾向，增强金融市场情报获取速度，帮助投资者更好地洞察市场情绪，更快作出决策。智能投顾的运作逻辑如图 9－1 所示。

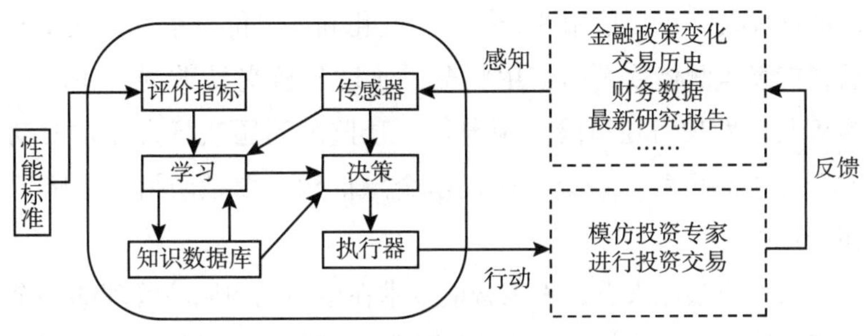

图 9－1　智能投顾模型示意图

资料来源：中国人民银行武汉分行办公室课题组．人工智能在金融领域的应用及应对［J］．武汉金融，2016（7）：46－47，50.

二、人工智能在信用评估与风险监控中的应用

与传统信用评分方式不同，人工智能凭借强大的数据处理和分析能力，打破了数据来源的局限。它不仅整合借款人的基本信息、历史信贷记录等传统数据，还将社交媒体行为、电商平台数据等多源信息纳入其中。例如，通过分析借款人在社交媒体上的活跃度、社交关系网络及消费偏好等，挖掘出潜在的信用特征，构建更为全面精准的信用画像，从而更全面地反映借款人的信用状况和潜在风险。

在构建信用评分模型时，人工智能借助机器学习算法，如决策树、随机森林、神经网络等对海量历史数据进行深度训练。通

过特征工程提取对信用风险有重要影响的特征，不断优化模型，极大地提高了信用评分的准确性和预测能力。以神经网络为例，其能够自动学习数据中的复杂模式和规律，适应多样化的信用场景和复杂的风险特征，无须预先设定明确规则，还能依据最新数据和市场变化动态调整评分规则和权重，实现实时信用评分，及时反映申请人信用状况的动态变化。

在风险控制的各个环节，人工智能都发挥着关键作用。在贷款审批阶段，人工智能系统实现自动化审批流程，快速筛选高风险申请，对低风险和中等风险申请自动审批，提升审批效率，缩短放款周期，依据信用评分提供个性化利率定价方案。贷款发放后，持续监测借款人的信用状况，通过分析交易数据、还款行为等及时发现潜在风险并预警。一旦监测到还款行为异常波动或资金流向可疑，系统迅速提示金融机构采取预防措施，降低违约风险。

从行业整体来看，人工智能技术在金融机构风险管理的多个领域已取得显著成效。在信用风险管理方面，通过机器学习算法从海量客户数据中提取有用信息，建立更精准的信用评分模型，实时监控借款人行为，提前识别违约风险。在市场风险管理中，借助深度学习和大数据分析实时处理市场海量数据，预测市场波动趋势，助力风险对冲和资产配置，在高频交易和算法交易领域实现即时交易决策，还能通过自然语言处理技术分析市场情绪。在操作风险管理方面，利用机器人流程自动化（RPA）技术替代人工完成重复性操作任务，减少人为错误（王坤，2024），应用于网络安全领域实时检测异常行为，防范安全威胁。在流动性风险管理方面，通过分析大量市场数据和内部交易数据，实时监控流动性状况，预测资金缺口，帮助金融机构优化资金配置，制定应急预案。

企业已将人工智能技术应用于实际业务中并取得良好效果。如易诺华（Enova）利用人工智能技术为非主流消费者、企业和银行提供高级分析和技术，其搭建的巨人（Colossus）平台通过对大量数据的学习和训练，合理确定借款人的贷款额度和利率，降低违约率和损失率。神经元系统（scienaptic system）搭建的信贷平台，利用人工智能技术连接非结构化数据和结构化数据，为银行和信贷机构提供更高透明度。在欺诈检测和预防方面，Socure 创建的身份验证系统使用机器学习和人工智能分析申请人的多源数据，帮助客户满足“了解你的客户”相关条件；Zest AI 作为人工智能技术驱动的信贷评估平台，利用数以千计的数据点评估信用信息匮乏的借款人（黄琦等，2023）。

从专利数据来看，2017～2023 年与“人工智能”相关的“金融风险”专利申请数量自 2019 年后逐年增加，这表明金融风险监测技术正从传统数据分析技术向与新兴技术结合的方向发展。在全球范围内，美国在金融风险监测技术领域的专利数量最多，其次是世界知识产权组织、日本、韩国等。中国金融风险监测技术相关专利从 2010 年后加速增长，2023 年达到峰值，显示出中国在该领域技术创新活动日益活跃①。随着金融市场复杂性增加，以及金融科技、AI 技术在金融风险监测中的深度应用，未来金融风险监测技术的专利申请数量有望持续增长。专利技术中的人工智能成分也会越来越高，为金融行业的稳健发展提供了有力支撑。

三、智能化客服与智能营销服务在个性化服务中的应用

在金融服务领域，人工智能在个性化客服与营销服务中的应用正深刻变革着行业格局，为用户带来前所未有的体验提升。

在个性化客服方面，智能客服成为解决传统客服痛点的关键力量。传统金融服务中的人工客服常面临响应不及时及难以满足个性化需求的困境。智能客服则依托自然语言处理、机器学习、

① 柴洪峰，李智鑫，王意帆，等. 基于人工智能的金融风险监测技术发展趋势[J]. 新金融，2024（3）：4－10.

大数据分析等前沿技术，实现与客户的自然交互，并精准提供定制化服务。借助自然语言处理技术，智能客服能精准理解客户输入的文本或语音内容，即使客户表述模糊，也能通过对大量咨询数据的学习，准确识别不同语境下的问题意图。例如，当客户询问“我想了解下最近收益稳定的理财产品”，智能客服能迅速抓取“理财产品”“收益稳定”等关键信息，为客户提供精准的产品推荐。人工智能还可以利用机器学习算法对客户历史行为数据和偏好数据进行深度剖析，构建详细的客户画像。基于此画像，智能客服针对不同类型客户提供个性化服务推荐，如为保守型投资者推荐稳健型理财产品，为激进型投资者推荐高风险高回报的投资产品，极大地提高了客户获取信息的效率，增强了客户对金融机构的信任与满意度，显著提升了金融服务的整体质量和用户体验。

在智能营销服务方面，人工智能同样发挥着举足轻重的作用。通过聊天机器人和情感分析工具的应用，人工智能显著改进了用户体验并优化了市场营销策略。聊天机器人能够全年无休、24 小时不间断地处理用户的基本咨询和操作请求，大幅降低了运营成本（王力，2023）。同时，借助对客户行为和偏好的深入分析，人工智能能够制定精准的市场营销策略，依据构建的用户画像和具体场景，为用户推荐最契合的金融产品和服务，以此提高用户满意度和忠诚度，有效增加客户黏性。

实践充分展示了人工智能在个性化客服与营销服务中的强大效能。肯索技术（Kensho Technologies）公司运用人工智能技术，为摩根大通、美国银行和摩根士丹利等领先金融机构提供机器智能和数据分析，能针对复杂金融问题给出易于理解的答案，并从表格和文档中快速提取有价值的见解，提升了客服解答问题的专业性和效率。派生路径（derivative path）的云平台 Derivative Edge 具备自动化任务和流程、可定制工作流程及销售管理等功能，帮助金融机构控制衍生产品组合，优化营销服务流程（黄琦等，2023）。

专栏9-1　英国金融业应用人工智能的现状

2020~2024年，英格兰银行和英国金融行为监管局一直在定期调查英国金融业使用人工智能和机器学习的情况。2024年的调查覆盖了近120家公司（包括银行、保险公司、资产管理公司、非银行贷款机构和金融市场基础设施运营机构），发现75%的受访公司已经在其运营中使用了某种形式的人工智能，高于2022年的53%。所有受访的英国及国际大型银行、保险公司和资产管理公司都使用了人工智能。17%的受访公司使用了如OpenAI的GPT4这样的大型语言类基础模型，它将高级机器学习（即深度学习）应用于海量数据，从而极大地拓宽了其应用场景。

从金融稳定的角度来看，一些常见的人工智能早期应用场景的风险非常低。41%的受访者使用人工智能来优化内部流程，26%的受访者使用人工智能来增强客户支持，从而提高效率和生产力。许多公司也在使用人工智能来减轻网络攻击（占37%）、欺诈（占33%）和洗钱（占20%）所带来的外部风险。例如，支付系统长期以来一直使用机器学习来自动阻止可疑支付——一卡通方案于2024年升级了欺诈检测系统，这套系统据称使用了基于1万亿数据点训练的基础模型。更重要的应用场景也在涌现。16%的受访者正在使用人工智能进行信用风险评估，另有19%的受访者计划未来三年内这样做；11%的受访者将其用于算法交易，另有9%的受访者计划未来三年内这样做；4%的公司已经在使用人工智能进行资本管理，另有10%的公司计划未来三年内这样做。

在2024年的调查中，金融服务公司使用的第三方人工智能模型中有44%来自排名前三的模型供应商，而在2022年进行的调查中，这一比例只有18%。ChatGPT的推出增加了人们对基础模型和生成类人工智能的兴趣。作为下游应用程序的根基，通用基础模型被广泛应用于金融系统，甚至整个经济体系和全世界。

在最新的调查中，超过一半（55%）的人工智能使用场景实行一定程度的自动化决策，采用半自主决策（在决策的某个环节有人为干预）和完全自动化决策场景的比例大约为1∶1。

在人工智能模型治理方面，调查发现只有1/3的受访者认为自己完全了解公司应用的人工智能技术。越来越多的公司考虑将人工智能应用于业务信用风险评估、资本管理和算法交易等具有更大影响的领域。

在人工智能使用的监管方面，针对过度依赖通用技术提供商的问题，英格兰银行金融政策委员会2021年建议为关键的第三方服务提供商设立一套管理机制。该机制于2023年生效，允许英国财政部指定为数不多的第三方服务提供商，由这些第三方公司提供对多家公司至关重要且难以轻易或快速替代的服务，并接受金融监管机构的直接监督。英格兰银行、英格兰银行审慎监管局和英国金融行为监管局已就适用于这些第三方服务提供商的规则进行了咨询，并在考虑向财政部推荐可以进入指定名单的第三方公司。

资料来源：莎拉·布里登．人工智能与金融稳定［J］．中国金融，2024（23）：16－18．

第四节　人工智能在金融领域的创新应用

一、人工智能与区块链的协同应用

在金融科技蓬勃发展的当下，区块链与人工智能的协同创新正为金融领域开辟出全新的发展路径，展现出巨大的潜力与机遇。区块链技术以其去中心化、不可篡改、可追溯等独特特性，为金融数据的存储与共享打造了安全且可信的环境，从根本上解决了数据的真实性与信任难题。在金融数据的海洋中，数据的准确与可靠至关重要。区块链通过分布式账本技术，将数据分散存储于多个节点，每个节点都拥有完整的账本副本，任何一方都难以对数据进行篡改，确保了数据的原始性与真实性；数据的可追溯性让每一笔交易从产生到最终结算的全过程都清晰可查，极大地增强了数据的可信度。

人工智能在数据处理与分析方面具备卓越的能力，当区块链与人工智能相互融合，两者的优势得以互补，为金融领域的诸多业务带来了创新性变革。

以跨境支付领域为例，区块链技术发挥着关键作用。传统的跨境支付流程烦琐，涉及多个中间机构，导致支付周期长、手续费高昂。区块链通过构建分布式账本，打破了地域与机构之间的壁垒，实现了跨境交易的实时清算和结算。每一笔跨境交易的信息都被记录在区块链上，各个参与节点可以实时同步数据，无须再通过层层中转和对账，大大提高了支付效率，同时显著降低了交易成本。与此同时，人工智能技术在此过程中也发挥着不可或缺的作用。利用人工智能技术对跨境交易数据进行深入分析，能够实时监测交易风险，有效防范洗钱、恐怖融资等违法犯罪活动。

在供应链金融领域，区块链与人工智能的协同应用同样展现出广阔的前景。供应链金融涉及众多参与方，信息不对称问题较为突出。区块链通过记录供应链上各环节的交易信息，从原材料采购、生产加工、产品销售到最终交付，每一个环节的数据都被完整且真实地记录在区块链上，确保了数据的真实性和完整性。这些数据为金融机构提供了可靠的授信依据，金融机构可以基于这些数据更准确地评估供应链上企业的信用状况。而人工智能则对供应链数据进行全面分析，通过对企业的订单数据、物流数据、库存数据等多源数据的整合与深度挖掘，运用机器学习算法预测企业的还款能力和违约风险，从而优化供应链金融的风控体系。例如，某金融机构在为供应链上的企业提供融资服务时，借助人工智能对企业的历史订单数据进行分析，了解企业订单的稳定性和增长趋势。通过分析物流数据，掌握货物的运输效率和交付及时性，结合库存数据，评估企业的库存管理能力。综合这些数据，金融机构能够更准确地评估企业的运营状况，为企业提供更合理的融资额度和利率，促进供应链的稳定发展。区块链还可以实现智能合约的自动执行。智能合约预先设定好交易规则和执行条件，当这些条件在区块链上被触发时，合约自动执行，无须人工干预。结合人工智能对合约执行条件的实时监测，确保合约的顺利履行，进一步减少交易纠纷和违约风险。

二、人工智能在反洗钱领域中的应用

在全球数字经济迅猛发展的时代背景下，洗钱犯罪手段越发复杂多样，传统反洗钱方式逐渐显露出诸多弊端，人工智能技术凭借其独特优势，在反洗钱领域得到广泛应用，并发挥着至关重要的作用。基于人工智能技术搭建的客户身份筛查和风险评级智能模型，能有效识别客户身份。金融机构在与客户建立关系时，借助这些智能模型，可对客户开立账户的真实目的提供辅助建议，精准预判账户开立是否具有欺诈性。其中，人工智能生物信息识别技术应用最为普遍，像人脸识别、签名印鉴等安全防伪技术，极大地提升了客户身份识别的准确性和安全性，为反洗钱工作筑牢了第一道防线。

可疑交易监测是反洗钱工作的核心内容之一。金融行动特别工作组（FATF）明确规定金融机构和其他受监管实体有查明并报告可疑交易的义务。基于机器学习的人工智能工具，通过监测客户日常交易习惯，能够建立起精准的客户基本行为模型。这有助于快速识别可疑行为，高效处理海量交易数据。与传统基于可疑模型抽取可疑交易的方式相比，人工智能统计工具克服了滞后性问题，减少了数据积压，提高了监测和报告的自动化程度，显著提升了金融机构反洗钱的工作效率。人工智能技术还能助力金融情报机构更高效地归集、分类和分析来自多主体的大量数据，精准锁定高价值可疑线索，从而提高可疑交易分析质量，增强了反洗钱工作的精准性和有效性。

从国际实践来看，诸多机构在利用人工智能反洗钱方面取得了显著成果。特征空间（Featurespace）公司研发的“自适应行为分析”和“自动化深度行为网络”技术，通过实时机器学习平台 ARIC Risk Hub（Featurespace 公司开发的一款用于企业欺诈和金融犯罪监测的实时机器学习平台），能够对事件进行高效风险识别。该平台运用英伟达图形处理器训练的深度学习模型，全面分析银行客户交易的各类数据要点，生成客户档案，实时不间断地识别异常行为并准确标记，已被全球 70 多家金融机构用于监测欺诈攻击和可疑活动。第一资本（Capital One）金融集团设计的基于机器学习模型的可疑交易监测系统，由随机森林模型驱动，利用广泛数据辅助决策，为反洗钱调查人员提供深入内容，优先开展风险为本的调查，并且通过多种方式持续监测，不断提升模型性能（于江、梁绥和刘巍，2024）。

三、人工智能的员工化训练与应用

目前，应用人工智能的智能投顾、智能客服、智能销售已经得到了普遍的实践与推行。在更深层次上，随着人工智能技术的不断发展，专业化训练的人工智能正朝着员工化的方向迈进。通过特定的训练，人工智能能够实现完全独立完成业务，成为真正意义上的“人工智能员工”。在金融机构中，基于通用人工智能（AGI）技术的 IT 建设将逐渐从传统的建设运维系统向培养管理人工智能模型转变。这一转变将催生一系列超级个体岗位，如“智能柜员”“智能客户经理”等（见图 9－2）。“智能柜员”可以承担客户的基础业务办理，如开户、转账、查询等，其操作速度和准确性远超人工柜员，且能够同时处理大量客户业务，极大地提高了业务办理效率。“智能客户经理”则能够根据客户的全方位信息，为其提供专业的金融咨询和个性化的金融产品解决方案，通过与客户的持续互动，建立长期稳定的客户关系。

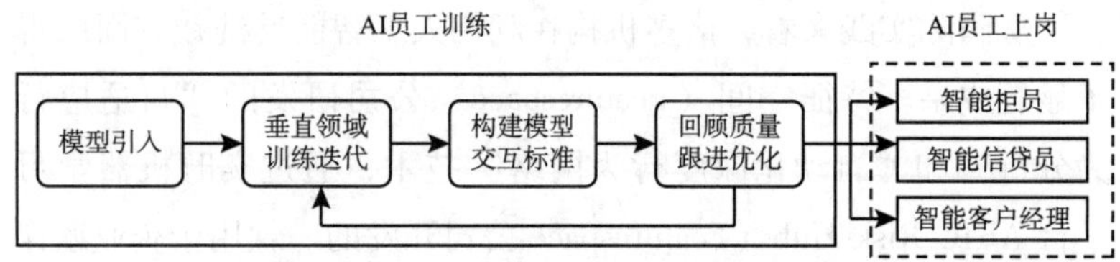

图 9－2　金融业 AI 员工的训练与使用

资料来源：交通银行软件开发中心课题组．与时俱进的金融科技：基于人工智能的新架构与治理思路［J］．新金融，2023（10）：18－25.

人工智能员工的出现对企业组织架构将产生深远影响。从整体来看，企业执行层面的工作量将会降低，以往由大量人工执行的重复性、规律性工作，如今可由人工智能员工高效完成。在减少基础岗位的同时，培养、观察、监督、管理人工智能模型和人工智能员工的工作量将会增加。企业需要投入更多的资源来训练人工智能模型，使其不断优化和适应业务需求。企业还需要建立完善的监控体系，确保人工智能员工的行为符合企业的规范和客户的利益，需对人工智能员工的工作表现进行评估和管理，及时发现并解决可能出现的问题。新的技术变化促使企业形成全新的组织模式，在新的组织模式下，企业更加注重技术研发、数据管理、风险管理等方面的能力建设，以更好地驾驭人工智能技术，实现企业的可持续发展。企业可能会设立专门的人工智能研发团队，负责模型的开发和优化，成立数据管理部门，确保数据的质量和安全，构建风险管理体系，对人工智能应用过程中的风险进行识别、评估和控制。

人工智能在金融领域的广泛应用已成为不可逆转的趋势，它不仅改变了金融服务的方式和效率，还重塑了企业的组织架构和运营模式。金融机构和企业只有积极拥抱人工智能，合理调整组织架构，充分发挥人工智能的优势，才能在激烈的市场竞争中实现更高质量的发展。

专栏9-2　人工智能在我国金融行业应用的政策环境变化

金融行业人工智能应用政策环境持续优化。金融业是信息密集型行业，其信息化水平一直走在各行业的前列。长期以来，金融业在新兴技术应用方面既是积极推动者，也是直接受益者。当前，金融系统响应国家战略，积极拥抱人工智能，成为人工智能应用的最佳行业/领域之一。

2022年，中国人民银行印发的《金融科技发展规划（2022－2025年）》指出，国家"十三五"规划期间，大数据人工智能等技术金融应用成效显著，同时明确要抓住人工智能全球发展新机遇，以人为本推进人工智能技术在金融领域的深化应用。

2021年与2023年，中国人民银行分别制定并发布了《人工智能算法金融应用评价规范》《人工智能算法金融应用信息披露指南》等行业规范，从人工智能金融领域应用的基本要求、评价方法、判定准则，以及人工智能在金融领域应用过程中的信息披露原则、形式、内容等方面进行了规范，有效推动了人工智能在金融领域的应用。

除了行业政策对人工智能在金融领域应用的支持与监管外，在人工智能的应用上，金融业也要受到国家通行法规的监管。

2020年7月，国家标准化管理委员会、中央网信办等五部委联合印发《国家新一代人工智能标准体系建设指南》，其中安全、伦理是人工智能标准体系的重要组成部分并贯穿于其他七个部分。

2021年9月，国家新一代人工智能治理专业委员会发布了《新一代人工智能伦理规范》，提出应遵循以下伦理规范：增进人类福祉、促进公平公正、保护隐私安全、确保可信可控、强化责任担当、提升伦理素养。

2022年11月，国家互联网信息办公室通过了《互联网信息服务深度合成管理规定》，提出针对基于人工智能技术的深度合成服务提供者和使用者的一般规定、数据和技术安全管理规范、监督检查主体和法律责任。

2023 年 8 月，《生成式人工智能服务管理暂行办法》开始施行，该办法提出了坚持社会主义核心价值观、防止歧视、尊重知识产权和商业道德、尊重他人合法权益、提升服务的透明度和生成内容的准确性及可靠性等指导原则，详细规定了生成式人工智能技术发展与治理的要求、监督检查和法律责任。

资料来源：李东荣．人工智能在金融领域的应用现状、问题及对策［J］．新金融，2024（10）：4－6；饶晗．美欧生成式人工智能政策法规比较研究及启示［J］．中阿科技论坛（中英文），2024（3）：157－162.

第五节　人工智能推动金融发展中的风险与挑战

金融领域人工智能的应用为行业带来了显著的变革与发展机遇，极大地提升了金融服务的效率、拓展了金融服务的边界，但在金融领域的广泛应用也带来了一系列不容忽视的风险与挑战。这些问题不仅影响着金融行业的稳定运行，还对金融监管、消费者权益保护及社会公平等方面产生了深远的影响。

一、人工智能的技术性风险

（一）算法同质性引发系统性风险

在金融科技蓬勃发展的当下，人工智能底层算法的趋同性成为一个潜在的重大隐患。众多金融机构和金融科技企业在人工智能技术的应用上，常常依赖相似的底层算法和运算模式。一旦这些关键技术的漏洞被不法分子利用，如遭受黑客攻击，后果将不堪设想。黑客若成功破译这些技术，所有应用该技术的金融业务体系都可能在短时间内陷入瘫痪，风险会迅速蔓延至整个金融体系的各个主体，进而引发系统性风险。

以自动交易算法为例，其被逆向操控的风险不容小觑。在2016年，就曾发生过自动交易算法被逆向操控的实际案例（Arnoldi，2016）。人类交易员通过破解自动交易算法，使其执行与预期相反的操作，加剧了市场操纵风险。此外，黑客即便不了解交易算法的内部工作原理，也能通过操纵算法决策所依据的数据来控制算法交易者的决策（Nehemya et al.，2020）。算法同质性使得金融市场在面对外部攻击时显得极为脆弱，一旦出现问题，可能引发整个市场的动荡。

（二）市场波动风险的传染性增强

随着人工智能在金融领域的深入应用，金融市场各主体之间的关联性日益紧密，这使得风险的传染性大大增强。风险不再局限于单一的金融机构或特定的市场区域，而是呈现出跨市场、跨区域的网络化扩散趋势。在国家之间的金融风险传染方面，恩格尔等（Engle et al.，2015）的研究发现，人工智能技术的应用强化了系统性风险在不同经济主体之间的扩散。在金融机构与金融市场之间，人工智能技术使得二者的关联性更加紧密，单个金融机构或市场受到的变动与冲击，会通过部门间的紧密联系，以更快的速度传播风险，其传染效应也更为强烈。

二、数据泄露对隐私安全的挑战

在生成式人工智能赋能金融领域的进程中，数据隐私与安全问题成为横亘在前的重大阻碍。生成式人工智能的运行高度依赖数据，在处理金融业务所涉及的海量个人与企业敏感数据时，很容易陷入复杂的隐私保护困境。这些敏感数据范围广泛，包含客户的财务状况、信用记录、个人身份信息，甚至涉及个人或家庭的日常工作与生活细节（刘志雄，2024）。

一旦这些敏感数据保护措施不到位，就极有可能发生泄露或被滥用的情况。数据泄露或滥用事件，不仅会给客户造成严重的财务损失，还会对社会层面产生不良影响，极大地损害了公众对金融服务的信任。根据数据隐私保护理论，保障客户隐私，既是遵循法律底线的必然要求，也是维持客户信任、构建长期稳定金融服务关系的关键。金融机构在实际运营过程中，需要解决如何在执行高标准隐私保护举措的同时，保障金融服务高效供应的难题。保证生成式人工智能在金融应用中的所有数据处理流程都符合隐私保护规定，已成为其能否成功赋能金融领域的核心要点。

三、算法不透明对监管的挑战

（一）“黑箱”决策的监管障碍

深度学习模型在金融风险管理、信用评分等领域得到了广泛应用，但其决策过程通常被视为“黑箱”。在信用评分场景中，深度学习模型可能会基于一些难以理解的因素作出决策，从而产生隐性歧视。例如，模型可能会过度关注某些看似无关但实际上与特定群体相关的特征，导致对某些群体的信用评估出现偏差。

由于深度学习模型的复杂性，金融机构很难满足法案对算法解释性的要求，导致执行难题的出现。这种监管要求与算法复杂性之间的矛盾，不仅增加了金融机构的合规成本（王力，2023），也影响了监管的有效性，使监管机构难以对金融市场中的人工智能应用进行全面、有效的监督。

（二）过度拟合导致社会不平等

在利用人工智能技术进行金融风险管理时，模型过度拟合是一个常见的问题。当模型过于复杂，在训练过程中过于关注训练数据的噪声和异常值时，就会出现过度拟合现象。此时，模型虽然在训练数据上表现出色，但在面对新的数据时，预测能力会显著下降。在市场波动较大的情况下，过度拟合的模型可能会错误地评估风险，导致金融机构作出错误的决策。更为严重的是，过度拟合可能会强化历史数据中的偏见（王坤，2024）。在信贷市场中，如果模型过度拟合，可能会将历史数据中存在的对某些群体的偏见进一步放大，形成群体排斥循环。例如，由于历史原因，某些群体在信贷市场中获得贷款的难度较大，这种情况反映在数据中后，过度拟合的模型可能会进一步限制这些群体获得信贷的机会，从而加剧社会不平等。

本章小结

本章聚焦人工智能与金融发展，梳理了科技革命赋能金融发展的历史脉络，从第一次工业革命促使银行体系扩张，到如今人工智能推动金融智能化转型，金融业不断革新。在理论基础方面，金融业务的数据驱动理论、成本效率理论及资源配置优化理论，为人工智能在金融领域的应用提供了有力支撑。在应用层面，人工智能在金融领域的基础应用广泛，智能投顾提升投资管理水平，人工智能参与信用评估与风险监控，提高了业务的精准度；智能化客服和营销服务带来个性化体验。除基础应用外，人工智能的创新应用也有新的进展，人工智能与区块链协同创新，推动跨境支付和供应链金融发展；人工智能在反洗钱领域也可以发挥关键作用；人工智能员工化趋势也是一种创新实践，未来可能会逐渐改变金融企业的组织架构。人工智能推动金融发展的过程中也面临诸多风险与挑战，如算法同质性引发系统性风险、市场波动风险传染性增强、数据泄露威胁隐私安全、算法不透明阻碍监管并可能加剧社会不平等。金融行业在积极应用人工智能的同时，需重视这些问题，以实现可持续发展。

关键概念

智能投顾　供应链金融　人工智能员工化　人工智能金融应用风险

阅读文献

[1] 陈雨露．工业革命、金融革命与系统性风险治理［J］．金融研究，2021（1）：1－12.

[2] 交通银行软件开发中心课题组．与时俱进的金融科技：基于人工智能的新架构与治理思路［J］．新金融，2023（10）：18－25.

[3] 廖高可，李庭辉．人工智能在金融领域的应用研究进展［J］．经济学动态，2023（3）：141－158.

[4] 伊夫·希尔皮斯科．金融人工智能：用 Python 实现 AI 量化交易［M］．石磊磊，余宇新，李煜鑫，译．北京：人民邮电出版社，2022.

[5] 郑小林，贲圣林．智能投顾（大数据智能驱动投顾创新）［M］．北京：清华大学出版社，2025.

思考题

1. 结合实际案例，分析人工智能在金融服务个性化方面的优势和可能存在的问题。

2. 从监管角度出发，如何制定更有效的政策来解决算法不透明带来的监管难题？

3. 在人工智能员工化趋势下，金融企业应如何调整人力资源管理策略以适应新的组织模式？

第十章

人工智能与新型能源体系建设

随着碳达峰碳中和战略目标的提出，能源转型与低碳化逐步成为推动我国经济绿色高质量发展的重要举措。在新一轮科技革命浪潮下，与新质生产力发展相适应的新型能源体系是深入推进能源领域革命性变革、助力人与自然和谐共生的中国式现代化发展的重要手段。本章介绍人工智能时代新型能源体系建设的内涵与特征，构建人工智能发展下新型能源体系建设的逻辑框架，并识别其关键挑战，最终针对性探讨人工智能推进新型能源体系建设的现实路径。

第一节　人工智能时代新型能源体系的内涵与特征

可再生能源的转变、分散式生产和存储、以能源互联网实现分配和零排放的交通方式等构成了新型能源体系的主要内容。人工智能技术与新型通信技术、新能源使用、新型交通运输与建筑方式等绿色节能要素相结合，将形成囊括经济、社会、生态三大系统的广泛链接。本节从新型能源体系建设的概念界定入手，厘清人工智能时代下新型能源体系的核心内涵与特征。

一、人工智能时代新型能源体系概念的界定

新型能源体系概念的提出与发展呈现出明显的“宏观框架→微观机制”的渐进深化特征。谢克昌院士以我国能源革命“结构优化期—变革期—定型期”的三阶段划分为基础，将定型期（2030～2050年）能源体系定义为“需求合理化、开发绿色化、供应多元化、调配智能化、利用高效化”的新型能源体系。这一定义从目标角度对于新型能源体系进行了初步阐述。朱晔等（2023）进一步从能源结构转型升级的视角，提出新型能源体系是“以清洁能源为主，以清洁高效利用传统化石能源为辅，以促进能源发展方式和用能方式的绿色低碳转型为核心要义，依托正在建设的新型电力系统，充分发挥电力在能源体系中的平台枢纽作用，有效保障我国能源安全、助力气候变化全球治理、有效兼顾各方利益的新一代能源体系”①。为进一步剖析新型能源体系的构成要件，陈星星和任羽菲（2024）对于新型能源体系的概念进行了分解，将其细分为新型能源系统与新型能源机制两大方面。其中，新型能源系统是以风能、太阳能、生物质能、地热能、核能等零碳和低碳能源为主，以传统化石能源为辅，依靠先进科技与工业体系打造的能源系统；新型能源机制是指适应并支持新型能源系统发展壮大的相关机制和政策体系，包括市场化交易机制、技术创新支持机制、财政金融支持政策及能源法律法规体系等。新型能源系统通过技术创新和产业升级，推动能源结构向绿色低碳转型；新型能源机制通过政策支持和制度保障，为新型能源系统的发展提供动力和保障。二者相互支撑、协同发展，共同推动能源体系向高效、智能、可持续方向发展。

数字经济背景下，新型能源体系发展路径与人工智能技术的

① 朱晔，徐石明，丁孝华，等．新型能源体系建设的背景形势、策略建议和未来展望［J］．中国科学院院刊，2023，38（8）：1187－1196.

深度应用密不可分，新型能源体系中人工智能要素的贡献不容忽视。人工智能是新型能源体系的核心驱动力：首先，人工智能为数据驱动的能源系统决策提供支撑。人工智能技术通过对海量能源数据的采集、分析和挖掘，实现能源系统的精准预测、智能调度和优化控制。例如，通过物联网技术，在能源生产、传输等环节部署大量传感器，构建能源系统的“数字孪生”。其次，人工智能技术赋能能源设备的智能监控和自动化运行，减少人工干预，提高系统的安全性和可靠性。例如，在智能电网中，自动化控制系统能够实现电力设备的远程控制和调度。此外，人工智能还加速了能源领域的技术创新与突破，有力推动了新型能源技术的研发和应用。例如，生成式人工智能有助于在已有知识的基础上挖掘知识之间的关联性，并在一定程度上具有辅助创新者发现新知的潜力，为优化能源系统设计、加速新型储能技术研发等创新活动提供了强大动力。

因此，基于已有关于新型能源体系的概念界定，结合人工智能技术在新型能源体系建设过程中的关键影响，本章将人工智能时代新型能源体系定义为：以人工智能技术为核心驱动力，深度嵌入能源生产、传输、消费、存储等环节，以清洁低碳、安全高效、智能互联为目标的现代化能源系统与能源机制的总和。它以可再生能源为主体，以化石能源的低碳化高效利用为补充，依托人工智能技术手段实现多能互补、供需互动，推动能源领域绿色可持续与高质量发展。

二、人工智能时代新型能源体系的内涵

人工智能时代新型能源体系的核心在于以人工智能技术为驱动，推动能源系统向智能化方向演进，构建一个高度自主、动态平衡、可持续发展的能源生态系统。具体而言，人工智能时代新型能源体系的内涵体现于以下几个方面（叶美兰、刘备和朱卫未，2025）。

（一）数据成为能源系统的核心要素

数据是驱动能源领域人工智能技术持续更新迭代的基础资源。人工智能时代下，能源行业数字化进程加速，产生了丰富的数据要素资源。这些数据要素贯穿于能源生产、传输、消费各个环节，进一步推动了能源系统智能化转型升级。首先，数据要素的挖掘强化了能源系统的智力支持水平。通过对数字、图像（或视频）、文本等海量多模态数据的分析与学习，数据挖掘技术能够从低密度信息中提炼出高价值知识，用于对能源系统生产状况进行识别与预测，进而及时发现潜在风险与痛点，对能源生产过程中具有潜在优化价值的模式和关系进行有针对性的改良与革新，实现高水平能源供给，提高能源效率。其次，数据要素的流动有助于破除能源系统转型的知识壁垒。数据要素在能源领域各个环节间的自由流动有助于加速能源供需信息与技术知识的共享与扩散，弥合能源系统上游与下游环节之间由于分工差异等原因所产生的知识“鸿沟”，推动跨界技术融合与业内协同创新，进而显著提升能源产业科技创新能力。最后，数据要素的整合有助于为能源系统中各主体之间的协同合作提供基础。数据的标准化、集成与存储为能源领域产学研协同合作提供了统一接口，提升了数据共享的效率。通过整合各类数据资源，能源企业可以获取前沿的技术研究成果，加快推进实验室技术的商用化进程；科研机构得以收集能源行业技术革新的迫切需求，针对性开展科研攻关；高等院校则可同时对尖端科研成果与业界技术信息加以利用，培育“人工智能 + 能源”的复合型创新人才，进一步推动能源领域原始智能技术创新及其成果转化进程。

（二）算法成为能源系统的关键工具

算法是人工智能的核心，其将长期以来在能源生产实践中所积累的经验与知识转化为其可以理解和执行的指令，赋予能源系统自主学习并自主决策的能力。人工智能时代下，能源系统依靠先进算法加快实现智能属性，极大优化了能源中间投入、资本等有形生产要素，以及以数据为代表的新兴无形生产要素在能源系统中的配置与利用效率，为新型能源体系建设注入强劲动能。一是算法迭代驱动能源智能技术进步。智能算法通过学习、更新与优化模型参数，不断提升识别与预测精度，以技术进步推动能源资源生产过程优化，驱动能源领域新质生产力持续提升。例如，谷歌及其人工智能子公司 DeepMind 开发了一个神经网络模型，可以使用天气模型和涡轮机位置信息来预测风力发电输出，极大提高了可再生能源机组输出的预测准确性。二是算法应用优化能源生产要素效率。智能算法的应用使能源领域资源要素的配置更为高效与精准，已然成为支撑能源市场供给匹配机制的重要手段。例如，结合区块链技术，智能合约技术有助于实现能源交易的自动撮合、自动执行与自动结算，减少交易中间环节并提高了能源交易的透明度，有效降低了交易成本与信任成本。三是算法共享能够深化能源技术创新扩散。智能算法具有可重新编程性（戚聿东和杜博，2024）和部分排他性（任保平，2024）等特征，能源企业与其他创新主体可以在现有算法基础上进行增量开发，仅需关注算法在应用层面的适应性调整，从而强化了智能化生产技术的扩散效应，进一步提升了智能算法从研发侧向应用侧的成果转化效率。

（三）算力成为能源系统的基础支撑

算力是充分发挥数据处理与分析效能的基础保障。如果没有充足算力支撑，数据要素与智能算法的作用便无法实现。人工智能时代下，运算能力发展需要与能源系统日益增长的算力需求相匹配，保障新型能源体系的稳定运行。在基础设施方面，高性能计算平台基于多计算机节点，以集群或互联组的形式协同作业，能够从容应对规模庞大而运算复杂的负载挑战，在短时间内执行海量计算任务。依托超高算力密度与并行计算架构，高性能计算平台的构建为能源系统的实时检测、分析和决策提供了基础算力支撑，进而成为人工智能时代能源革命的算力基座。在算力配置方面，云计算基于算力资源池化与动态调度机制，依托其可拓展性优势，精准匹配智慧能源管理系统运算需求与分布式算力资源，为能源系统提供灵活、高效的计算资源；边缘计算则将依托物联网设备或本地边缘服务器，将基于人工智能的计算应用程序直接部署在油田钻井、运输管道、输电线路等边缘侧终端，而不需要传送至云端后再进行计算，大大提升了运算效率与响应速度，有助于人工智能技术更为精细敏捷地控制能源系统，有效提升了智慧能源管理系统的自适应能力。

三、人工智能时代新型能源体系的特征

人工智能时代下新型能源体系之“新”，主要体现在智能化技术所驱动的能源结构新、产业体系新及治理体系新三个方面的特征。

（一）新能源结构

能源供需结构的更新迭代主要表现于化石能源向非化石能源转变、单一非化石能源开发向多能互补转变两大维度。一方面，随着“双碳”目标的推进，未来我国主体能源将逐步由化石能源向非化石能源过渡，具体表现为煤炭、石油等传统化石能源的占比逐步下降，风能、太阳能、水能、核能等非化石能源将成为能源供应的主体。另一方面，非化石能源增量组合形式将呈现出多样化特征。新型能源体系将在现有能源体系上不断升级演进和变革重塑，逐步构建起新型电力系统、氢能等新的二次能源系统和化石能源零碳化利用系统，“风光氢储”（风力发电、太阳能光伏发电和氢能储存系统）一体化等能源组合模式将突破单一非化石能源开发的传统形式，形成“多能互补、协同发展”的全新态势。其中，依托精确预测与自动化决策控制方面的优势，人工智能技术能够有效优化新能源的生产与调度效率，进而提升能

源供给的稳定性与灵活性，缓解可再生能源波动性大的问题，提升能源结构转型过程中能源供应的稳定性与灵活性。

（二）新产业体系

新型能源体系催生新技术、新产业、新模式。就产业智能化而言，人工智能技术的引入与应用有力推动了传统能源产业的高端化、智能化、绿色化转型升级。以智能技术为基础的低碳零碳负碳技术装备的大规模推广应用为传统能源行业碳减排提供了重要支撑，碳捕集、利用与封存（CCUS）技术在火电厂、油气化工等领域的广泛应用，氢能制备与利用技术在交通、工业等领域的快速推广，以及分布式能源系统中的规模化部署有效压缩了传统能源行业的碳排放空间；新能源、智能电网、能源互联网等战略性新兴产业将成为经济增长的新引擎，推动能源产业的高质量发展。就智能产业化而言，新一代信息技术、人工智能与能源系统的深度融合催生了以智能化为核心特征的能源产业发展壮大。能源大数据平台、智能电网管理系统、能源互联网交易平台等依托数据驱动实现能源系统的高效管理和优化；虚拟电厂、分布式能源、能源共享平台等能源生产新模式、新业态将不断涌现，重塑能源产业生态。

（三）新治理体系

能源治理体系的转型升级不仅包括健全完善能源领域政策体系，为新型能源体系的建设提供制度保障，而且包括支持要素实现高效配置的市场化机制构建，并为提升能源领域各主体创新能力营造良好生态。在能源决策支持方面，人工智能可以通过模拟不同能源结构及其发展模式的演化路径，对比分析不同能源治理情境对于经济增长与产业结构转型的长期影响，有助于为制定更为精准有效的能源转型政策提供智力支撑；此外，基于大数据的人工智能分析工具可以动态监测能源系统的排放情况，提高能源治理的精准度。在要素配置优化方面，人工智能为能源市场价格形成、供需匹配及市场主体间的竞争与合作提供技术支撑，进而提高能源领域市场要素的流动效率，促使能源治理从“宏观调控主导”向“智能优化驱动”转型。基于深度学习与神经网络技术，人工智能得以精准分析市场动态，打破供需信息滞后、市场预测偏差等扭曲能源市场要素价格的瓶颈。在创新体系形成方面，智能化研发平台构建正在进一步重塑能源领域协同创新模式。人工智能与仿真技术、数字孪生技术的结合使在虚拟环境中模拟大型能源设备运行成为可能，极大削减了创新试验成本并提高了创新研发效率；以生成式人工智能为基础的创新协作平台能汇总产、学、研多方技术知识与需求，识别能源技术创新痛点及其突破口，加快了能源创新成果的转化速度。

第二节　人工智能时代新型能源体系建设的逻辑框架

党的十八大以来，以习近平同志为核心的党中央从国家发展和安全的战略高度，顺应能源发展大势，提出“四个革命、一个合作”的能源安全新战略，即能源消费革命、能源供给革命、能源技术革命、能源体制革命和全方位加强国际合作。本节将围绕这一逻辑框架，深入探讨人工智能如何在能源消费、能源供给、能源技术、能源体制和国际合作五个关键维度中发挥作用，并探索这一框架如何为构建新型能源建设体系提供理论支持。

一、新业态：人工智能赋能能源消费革命

科技变革浪潮下，如何在满足日益增长的能源需求的同时，确保能源消费方式的可持续性与环境的和谐共生？随着人工智能技术的迅速发展，能源消费领域正在迎来前所未有的变革，人工

智能为能源消费注入了智能化、个性化和灵活化的动力，推动着这一领域的革命性发展。

（1）在居民能源消费层面上，人工智能的发展不仅提高了信息交互的效率，更通过智能化技术深刻改变了居民的生产和生活方式，为居民提供了更高效、灵活的能源使用方式和更为绿色节能的消费选择。在居民日常生活方面，人工智能在居民消费领域的渗透，推动了数字化购物和服务的普及，使消费者的购买行为不再依赖于线下商场和超市，从而减少了商业建筑的照明、供暖、空调等能源需求。在交通出行方面，人工智能推动了新能源汽车的智能化与普及。在日常工作方面，人工智能推动了居家办公、远程教育、线上医疗等新兴工作和生活模式的发展，减少了通勤和办公场所的刚性用电需求，增加了绿色电力和柔性用电，进而优化了整体能源消费结构。

（2）在企业能源消费层面上，人工智能通过智能化管理与数据分析技术，优化了能源使用效率，并推动了企业绿色转型进程。通过智能化能源管理系统，企业能够实时监测、分析和调节能源消耗，及时发现并解决能源浪费问题，从而实现能源高效利用。例如，通过对设备用电功率、运行时长及负荷波动进行精准跟踪，人工智能技术能够自动识别高能耗设备或不合理的生产工艺，为企业提供智能节能优化方案，进而推动企业能源消费向更加高效灵活的方向转型。

二、新结构：人工智能助力能源供给革命

随着全球能源需求日益增长，传统的能源供给模式正面临着巨大的挑战。如何提高能源产出效率？如何在保证能源供应的同时减少对环境的负面影响？这是学界与业界为推进能源供给革命所需解答的关键问题。作为一种强大的数据处理与优化工具，人工智能通过深度学习、模式识别等手段，逐步打破了传统能源供给模式的局限，促使能源系统向着更加智能化、高效化、绿色化

的方向发展。

（1）在能源生产与优化领域，人工智能以其强大的数据分析和预测能力，展示出广泛的应用与强大的市场需求。据统计，人工智能在能源生产的潜在应用已超过50种，且全球已有数百家企业推出“人工智能+能源”产品，投资额已突破130亿美元，极大优化了太阳能、风能和水电的传输效率，显著提升了能源转化率。具体来讲，在太阳能领域，人工智能技术通过对光照强度与天气变化的精准预测，不仅优化了电网调度，而且减少了对传统化石能源的依赖；在风能领域，人工智能技术深入分析风速与风向的动态变化，帮助优化风电场的布局与设备配置，提高了风电场的能源产出和效能；在水电领域，人工智能技术通过实时监测水流与水库水位，优化水资源的分配，进而提高了水电站的能源输出与运营效率。人工智能在能源领域的全面渗透与应用，推动了能源生产模式的智能化和精细化管理，进而提高了能源供给体系的整体效能。

（2）在能源传输与调度层面，人工智能改变了能源系统的运作模式，提升了能源系统在应对复杂多变的供应环境方面的能力。人工智能通过精准的数据分析和实时预测，能够实现电力需求、供给和负荷的动态平衡，优化能源调度与传输路径，最大限度地减少能源浪费。例如，在电网调度中，人工智能技术依托实时数据分析与历史趋势预测，实现对电力需求的精准预判，并提前优化负载分配与储能调度，确保能源供给的平稳过渡，不仅提升了能源的传输效率，减少了损失，还能智能调控不同能源的输入输出，基于多能互动，保障电力供应的可靠性与灵活性。

三、新科技：人工智能驱动能源技术革命

作为能源革命战略的重要一环，能源技术革命是助推能源消费、供给、体制革命和加强国际合作的基础。《能源技术革命创新行动计划（2016－2030年）》中指出，科技决定能源的未来，科

技创造未来的能源。而人工智能作为这一力量的代表，正以前所未有的方式推动能源技术革命，重新定义“能源”的未来边界。

（1）在能源技术研发上，近年来，我国能源科技创新能力和技术装备自主化水平显著提升，建设了一批具有国际先进水平的重大能源技术示范工程。人工智能的应用已成为推动这一成就的核心力量。能源勘探、储能技术、清洁能源开发等新型能源体系建设的典型领域均蕴藏着海量的复杂且具有关联性的数据，为人工智能驱动能源技术协同整合提供了要素基础。人工智能在能源技术研发中的应用，突破了传统技术的局限，推动了能源技术研发从“单一解决方案”向“系统性集成”转变，使能源技术可以跨越多个维度进行同步优化。华为发布的“FusionSolar 智能光储发电机解决方案”就是一个典型例子，通过机器学习与数据分析，该解决方案推动了“光伏—储能”一体化技术的创新，促进了分布式能源系统的智能化管理，为未来高效能量转换与储能材料等应用成果的研发提供了技术基础。

（2）在能源技术应用上，能源技术的推广与应用，除了依赖于技术本身的先进性与可靠性外，更离不开一种合适的“载体”来承载和放大其效能。人工智能技术将前沿研发成果转化为切实可行的技术应用，推动技术从实验室走向市场，帮助技术从“实验室成果”转化为“实用成果”。具体而言，一方面，通过深度学习、机器学习等技术，人工智能技术能够从这些复杂的数据中提取关键规律，精确预测未来的运行趋势，从而优化技术的运行效果。另一方面，通过持续学习和自适应优化，根据不同的操作条件与外部环境变化，自动调整运行策略，确保能源设备的最优运行状态。

专栏 10－1　华为数字能源管理平台

华为数字能源管理平台融合人工智能、大数据、物联网、5G 移动通信等技术，旨在构建能源互联网与能源数字化管理平台，助力客户实现家庭、园区、ICT、县域和城市五大场景的低碳化、智能化管理（见图 10－1），与生态伙伴共同推动源网荷储一体化、“双碳”管理数字化进程，引领能源绿色革命。当前，相关平台已经覆盖 100 多个国家与地区，依托 100 万台以上的相关设备为 10 万以上的用户提供能源智能化服务。

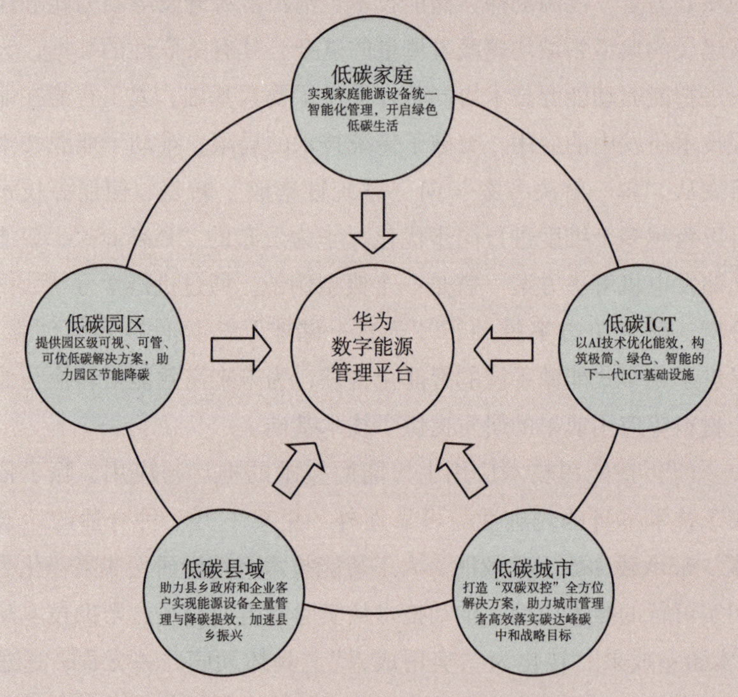

图 10－1　华为数字能源管理平台应用场景

深圳国际会展中心近零能耗场馆是华为数字能源管理平台建设与应用的典型案例。其会展中心三栋建筑的综合节能率 > 70%、本体节能率 >20%，全部达到了国家近零能耗建筑技术标准。据测算，深圳国际低碳城会展中心投入使用后，每年将生产 127 万度绿电，园区用电基本实现自发自用；每年可减少碳排放 606 吨，相当于年等效植树 3.3 万棵。其引入了 AI、大数据、物联网等技术构建能源管理云服务，对园区内空调、照明、充电桩、电动窗等建筑能耗相关设备进行精细化管理；基于能源管理云实现碳排放一屏可视、一网可管，助力园区低碳高效运营。具体而言，首先，平台汇聚了能量流和信息流，实现能耗数据可视化。目前，国际低碳城会展中心三栋建筑的各项能耗指标参数（水、电、气）均已实现可视化，园区智慧运营中心（IOC）大屏数据实时动态刷新，并可提供历史数据和能耗报告查询；借助 AI 优化算法，能源管理云还能实现设备能耗数据监测分析及节能策略一键生成。其次，平台已经实现发储用一体化调度，支撑全生命周期精细化减碳。从传统的被动节能到主动节能，能源管理云创新融合数字技术与电力电子技术，实现国际低碳城能耗全链路的数字化和智能化；通过发储用智能协同和一体化调度，综合节能率最高可达 15%；未来能源管理云还将针对国际低碳城内的电、水、冷等各类能源进行全生命周期精细化管理，打造从测量、规划、行动到效果跟踪的闭环碳管理系统，为国际低碳城提供绿色、低碳、安全的全方位能源服务。

资料来源：数字能源管理平台—智能低碳能源管理系统—华为数字能源［EB/OL］. 华为数字能源技术有限公司，2025 - 04 - 05；数智赋能、端云协同、光储融合，打造国内首个近零能耗场馆［EB/OL］. 华为数字能源技术有限公司，2025 - 04 - 05.

四、新制度：人工智能推动能源体制革命

自“四个革命、一个合作”能源安全新战略提出以来，我国不断完善能源体制机制，打通能源发展“高速路”，并朝着更加开放、可持续的方向发展。在这一历史进程中，如何进一步提升能源市场化体制的灵活性与适应性，成为亟待解决的核心问题。人工智能作为推动能源技术创新与优化的关键力量，其深度介入正为能源体制的创新与突破提供前所未有的机遇。

（1）在能源市场主体上，人工智能的引入优化了能源市场主体的运作效率，深刻推动了市场主体角色和功能的革命性转变。就政府相关部门而言，基于精准的数字化模拟和智能化预

测，人工智能增强了政策制定过程的前瞻性与科学性，使政府能够实时把握能源供需动态、资源配置状态和市场运行态势。就能源企业而言，人工智能赋予了企业全新的技术能力，使其不仅能够更高效地进行设备监控和运营优化，还能够通过智能算法分析市场变化、预测未来需求。就普通用户而言，人工智能不仅使用户能够更加精细化地掌控个人或企业的能源需求，还促进了智能家居、智能电力管理系统等新型消费模式的普及，丰富了居民的绿色生活选择。

（2）在能源市场结构上，人工智能技术的应用，尤其是在智能电网、分布式发电等领域，能源生产与消费逐渐由集中式向分布式转变。人工智能通过优化电网的负荷调度、实时数据分析与智能响应，使消费者不仅可以主动调整自己的能源需求，还能在合适的时机参与到能源供给链条中，促进了“prosumer”模式（产消者，即参与生产活动的消费者）的普及，促进了市场结构的多样化发展。

（3）在能源市场运行上，人工智能通过深度学习与预测模型对能源需求与供给的非线性波动进行精准洞察，促进了能源市场的去中心化，从而提升了市场透明度与交易效率。能源的交易不再仅仅依赖于传统的市场交易机制，而是可以通过算法驱动的自动化系统实时定价与结算，进一步打破了能源要素流动的市场壁垒。从长远来看，人工智能技术打破了传统能源市场的垄断格局，也为新兴能源企业和消费者提供了更平等的参与机会。

五、新格局：人工智能促进能源合作革命

随着全球能源结构的深刻变革，各国在能源资源的配置、技术的共享、市场的互联互通等方面的合作需求日益增长。人工智能打破了地域和行业的界限，为跨国和跨区域的能源互动提供了智能化的解决方案，从而优化了资源配置、减少了合作中的不确

定性与风险。

（一）依托智能分析与前瞻布局，挖掘多元合作机会

人工智能借助卓越的数据处理、模式识别与预测能力，助力我国提前布局尚未被开发的能源市场和合作空间，赋能高质量共建“一带一路”倡议目标的实现。依托人工智能技术，中国在能源领域的“走出去”战略不再局限于传统的资源输出，而是形成了更加多元化的合作模式，涵盖了跨国油气管道、电力网络、智能电表等多个领域，促进了我国与东北亚、中亚、东南亚等地区的电网连接。凭借人工智能对全球能源需求和供应链的精准预测，使中国在全球能源合作的舞台上逐步获得了更多的战略优势，并在共建“一带一路”国家中搭建起了稳固且互利的能源合作网络。

（二）运用实时监测与智能评估，防范隐性合作风险

人工智能通过分析海量的历史数据、实时市场变动、政策动向及地缘政治环境，能够提前识别潜在的风险因素。在能源合作项目中，任何突发的自然灾害、政治冲突或技术故障都可能导致项目风险激增。通过深度学习算法，人工智能技术能够从不同国家和地区的能源政策、市场波动和环境变化中发现隐性风险，并提供前瞻性警示。通过实时监控系统，我国可以依赖人工智能整合不同地区的电力供需、气候条件、市场价格等数据，帮助各方精准评估潜在的技术和经济风险，进而制定更合理的风险应对策略。

第三节　人工智能时代新型能源体系建设的挑战

技术创新与智能化应用为新型能源体系建设带来了前所未有

的发展机遇。然而，人工智能时代下，新型能源体系建设也面临着一系列瓶颈和挑战，包括人工智能自身能源消耗、数据孤岛、先进算力不足及算法安全等问题。

一、回弹效应限制新型能源体系扩容增效

回弹效应（rebound effect）指的是能源效率提高后的实际节能量与预期节能量不一致，甚至出现反向的趋势或负面效应的现象。在新型能源体系的构建过程中，回弹效应不仅存在于技术层面，还表现在经济主体消费行为等多个维度，制约了新型能源体系节能减排效果的发挥。

（1）在人工智能与新型能源体系建设的融合背景下，人工智能技术本身的高算力需求和大规模数据处理带来的巨大的能源消耗，导致整体用电用能需求持续攀升。人工智能技术的广泛应用催生了更多超大规模数据中心，其高能耗特性加剧了电力需求。一方面，数据中心作为人工智能训练和推理的核心基础设施，其自身运行过程中需要消耗大量电力，以 Open AI 的 ChatGPT 为例，其响应一个请求的平均能耗相当于点亮一个 60 瓦的灯泡约 3 分钟[①]。另一方面，高算力智能服务器在持续计算时会释放大量热能，为了确保设备稳定运行，必须依赖高效制冷系统进行散热，使电网负荷持续加剧，进一步加大了电力供应压力，增加了数据中心的能耗负担。

（2）在追求能源效率的技术改造过程中，需求的反向增长可能抵消技术进步带来的节能效果。具体而言，一方面，在其他条件不变的情况下，生产设备的单位成本降低，相关产品的价格下降所导致的引致需求，刺激能源消费扩张，反而使能源总消耗上升；另一方面，长期市场预期等诱因对能源价格产生下行压

① AI 是“吃电狂魔”？将面临“缺电”？中国这个解法值得关注［EB/OL］. 中国新闻网，2024 - 04 - 15.

力，从而激励企业投入更多的能源来替代其他生产要素。而随着可再生能源消费比例的提高，短期内可能会减少对化石能源的依赖，但由于可再生能源存在波动性和间歇性，长期来看传统能源仍然在企业能源要素投入中占据重要地位。这种结构性约束不仅削弱了能源结构优化的成效，还可能导致能源系统的整体负担加重，阻碍节能减排目标的实现。此外，居民消费者对于便捷性或舒适性的需求将促进制冷、供暖和出行等能源服务需求激增，引起能源消费增加，进而选择使用更多电力密集型的设备，最终增加了总体能耗。这种额外消费行为往往削弱了新能源技术普及初期的节能减排效果。

二、数据孤岛阻碍新型能源体系协同发展

数据作为驱动能源系统智能化、优化资源配置的关键要素，在新型能源体系的建设过程中具有重要作用。然而由于能源行业自身的技术特性，行业内存在严重的“数据孤岛”问题。大量的多源异构数据分散在各个产业和环节之间，开放共享难度大，不仅限制了数据信息价值的充分发挥，还影响了能源系统的整体效率，最终阻碍了新型能源体系的协同发展。

（一）能源开发、运输与利用环节的数据协同受限

在能源开发环节，数据孤岛问题阻碍了能源企业对全局数据的获取，使地质勘探、资源评估、环境影响分析等关键环节缺乏完整的信息支持。在能源运输环节，高效运输与能源的动态平衡管理至关重要。能源供需匹配、传输调度与应急响应若难以形成实时协同，将削弱能源传输网络的稳定性与适应性。在能源利用环节，工商业和居民用户的用能数据难以与电力、热力、燃气等供应方的调度体系无缝对接，导致能源需求预测不精准，影响能源供需匹配效率。

（二）政策制定与市场监管的数据协同受阻

由于缺乏统一的标准和数据接口，政策制定和市场监管之间的联动效果仍待强化。一方面，政策调整难以及时响应市场动态和监管反馈，部分政策的执行效果可能滞后于市场需求变化，难以精准匹配行业发展需求。另一方面，监管机构难以实时跟踪政策落实情况，缺乏基于反馈数据的动态优化能力，可能使政策调整滞后于市场发展节奏，影响能源市场的稳定性和预期管理。这种滞后性和不协调性削弱了投资者对新能源项目的信心，进一步制约了整个能源体系的转型进程。

三、算力门槛掣肘新型能源体系提质突破

在推进构建新型能源体系建设过程中，新型能源体系的构建正面临着算力瓶颈的制约，具体表现为算力资源与能源资源空间错配、技术研发与应用生态建设不足等问题。

（一）算力资源与能源资源空间错配

当前，我国东部地区承载了全国 60% 的算力资源，而随着数据中心的规模化和分布式新能源的爆炸性增长，东部地区能源供应日趋紧张，电价高企，导致算力基础设施运营成本居高不下。西部地区虽拥有丰富的风电、光伏等绿色能源，但其算力资源的占比仅为 20% 。东部算力集群高度依赖传统电力支撑，加剧了碳排放与能源安全压力；西部绿电则因本地算力需求相当不足，通常要穿越 1000 ~ 2000 公里送到中东部，长距离输送导致输电损耗与成本上升①。这种结构性矛盾进一步削弱了清洁能源的就地消纳能力，影响了整体能源系统的效率和可持续发展。

① “算力 + 能源”支撑能源行业发展［EB/OL］. 中华人民共和国国家发展和改革委员会，2024 - 02 - 06.

（二）技术研发与应用生态建设不足

人工智能时代下，氢能、电池技术、智能电网等新型能源技术的发展往往需要高算力支持。然而，当前高性能智算的供给不足、算力中心布局分散等问题，延缓了相关技术的研究与开发进程，技术创新的潜力受限。同时，能源大模型的开发需要高昂的算力投入，但部分中小企业受制于计算资源和资金成本，难以深度参与，进一步加剧了行业技术生态的不均衡，制约了能源智能化转型的进程。

四、算法安全制约新型能源体系稳健运行

随着能源系统智能化加速推进，算法安全问题正逐步成为制约其稳定运行的重要因素。具体表现为算法泛化能力不足、恶意攻击风险加剧、算法偏见导致资源分配不均等问题。

（一）算法泛化能力不足影响能源系统的稳定性

以新型电力系统为例，其具有“双高”特性（高比例可再生能源、高比例电力电子设备），其运行依赖海量数据的实时分析与决策。而传统算法在应对复杂系统时，尤其是当面对极端天气或需求时，算法的泛化能力仍显不足。当前人工智能模型主要依赖历史数据进行训练，而能源供需的非线性特征要求算法具备高度的动态适应能力。然而，现有算法在处理复杂能源系统时，往往因数据滞后、目标设定偏差或优化机制局限，导致决策偏差，削弱能源调度的精准性和灵活性，从而降低了整体能源利用效率。

（二）恶意攻击影响能源数据的安全性

在新型能源体系中，多源数据的融合分析涉及跨系统、跨领域的数据共享，数据流动过程监管的不完善加剧了安全风险。同

时，人工智能易受复杂多变运行环境或恶意干扰、诱导的影响，这种漏洞可能被攻击者利用，来获取敏感的能源数据或篡改数据，进而直接影响算法的准确性和决策的可靠性。此外，算法本身也可能成为攻击的目标。尤其是在智能电网和其他分布式能源系统中，系统的开放性和互联性使攻击者可以通过各种手段渗透到系统中，篡改或控制核心算法。而这类攻击往往具有隐蔽性和长期潜伏性，随着时间推移，其影响可能逐步积累，最终导致能源系统稳定性下降，甚至引发大规模的安全事故。

（三）算法偏见影响能源资源分配的公平性

算法偏见，也称为算法歧视，是指在信息的生产、分发及核查的过程中对用户造成非中立的影响。这些偏见可能在无意中影响能源资源的分配和调度，进而造成系统不公平。具体而言，算法依赖历史数据进行训练，而这些数据本身可能存在地域、用户类型的不均衡。例如，历史数据更侧重于工业负荷预测，可能导致智能调度系统优先保障大型工业用户的用电需求，而对分布式能源用户或偏远地区居民的用电保障不足。这种数据不平衡和算法偏差不仅影响特定用户或地区的电力可及性，还可能导致整体能源利用效率的下降。若算法倾向于过度配置资源给某些历史负荷较高的区域，而忽视新能源消纳能力较强的区域，可能出现电力短缺与能源浪费并存的现象。

第四节　人工智能时代新型能源体系建设的推进路径

人工智能时代下，加强新型能源体系建设，促进能源领域智能化变革，对于推进新型能源体系建设、保障国家能源安全并促进经济社会绿色可持续发展具有重要意义。如何打破能源系统转型升级的智能化瓶颈，构建起适应人工智能时代发展需求的清洁低碳、安全高效的新型能源体系，是本节所关注的重点内容。

一、驱动智能化绿色化技术深度融合，缓解能源回弹效应

人工智能时代下，缓解能源回弹效应的关键在于供需双侧发力，显著降低智能化系统的电力消耗，并运用智能化技术手段引导居民能源消费朝绿色低碳方向转变。因此，驱动智能技术绿色节能转型，推进智能化能源技术应用普及，实现智能化绿色化技术深度融合，是人工智能时代新型能源体系构建的关键路径之一。

（一）推动人工智能技术绿色节能转型

降低人工智能技术应用过程中的能源消耗，能够进一步提升人工智能的节能减排效果，释放人工智能的绿色转型潜力，赋能新型能源体系建设。应着力优化智能化设备的运行效率，在硬件层面，研发功耗更低的芯片与更具调度弹性的计算设施，进而高效利用已有计算资源，减少设备闲置造成的能源浪费；在软件层面，应通过优化算法或部署边缘计算进而降低计算复杂度，降低能耗，提升用能效率。

（二）促进智能化绿色能源技术应用普及

采用人工智能技术手段，引导能源生产供应及能源耗用的绿色化进程。一方面，在能源生产侧，应着力发挥人工智能技术在能源生产与供给调度的优势作用。推广智能电网和分布式能源系统，例如，在“沙戈荒”地区建设大型风能与光能基地，并配套智能电网调节技术，提升新能源消纳能力。另一方面，在能源消费侧，应推动智能化能源应用，引导居民绿色消费，例如，支持智能家居节能系统、建筑一体化智能光伏系统等智能化绿色能

源技术在居民生活中的应用普及，并探索“光储充换”（光伏、储能、充电、换电）智能一体化充电站试点等。

（三）驱动智能化绿色化技术深度融合

人工智能对于能源绿色化技术进步的驱动作用与能源绿色化转型需求对于人工智能迭代升级的牵引作用并非相对孤立。二者间相互促进，形成良性循环，将推动能源系统智能化与绿色化水平同步跃升。一方面，依托新能源技术服务人工智能绿色化进程，进一步推进人工智能时代新型能源系统绿色运行。例如，结合可再生能源供给调度，利用风电、光伏等清洁能源，为能源系统中的人工智能算力设施供电。另一方面，应依托能源系统各模块的智能化，集成构建能源系统的智能一体化解决方案。例如，利用智能模型预测能源供需波动并优化储能调度，以此加快负荷灵活调节与电网供需平衡，聚合分布式能源资源，从而得以加快“虚拟电厂”发展。

二、加快能源系统智能网络体系构建，联通能源“数据孤岛”

数据要素的流动有助于同时强化能源系统中各主体的知识交流与信息共享能力，促进数据驱动的智能化技术进步与能源产业链上下游应用场景的互动适配，进而最大化释放能源数据融合驱动能源系统提质增效的“乘数效应”。因此，我国能源系统亟须打破数据孤岛困境，构建起联结能源产业链各节点的智能网络，实现数据要素在网络节点间的高效流动配置。相关举措包括构建能源产业链数据流通体系、建设能源系统数据基础平台及完善能源要素市场机制等①。

① 周开乐，虎蓉．强化能源数据融合，实现多能协同增效［N］．中国能源报，2024－07－29（6）．

（一）完善能源产业链数据可信流通体系

为加强能源数据平台建设，有效促进人工智能渗透能源产业全链条，应加速建设以产业链联动为导向的可信数据共享平台，打破能源产业链各环节、各主体间的数据流动壁垒。一是应建立起能源行业数据标准规范与信任体系，增强能源数据的可用、可信、可流通、可追溯水平，实现能源产业链数据流通全过程动态管理。二是依托上下游多场景复用，激活能源数据要素流动的应用价值，挖掘不同场景能源数据需求，通过“数据要素 × 能源”提升能源开发、加工、运输、储存、消费等各领域的效率；支持能源产业链龙头企业牵头，联合中小企业、科研机构和高校，共同开展数据驱动的能源技术研发和创新应用，驱动互联式创新，促进能源生产模式的新质化发展。

（二）加强能源系统数据基础平台建设

旨在通过构建开放互联的能源数据综合服务共享体系，实现数据流、能源流、信息流与业务流的协同融合，服务能源系统智能决策。积极完善能源系统数据平台的分层架构设计，实现基础设施层、数据层、应用层和用户层的融合互动，提高数据要素有效流通；推动能源系统多元主体数据资源池共建，促进多元能源数据融合，减少数据设施重复建设。

（三）健全能源数据要素流动市场机制

完善能源数据要素的市场化机制，通过市场评价其贡献并依据贡献决定报酬，从而提升数据要素在能源领域的流通效率和质量。在要素市场方面，利用数据融合技术支撑数据确权、流通交易和收益分配，创新能源数据要素的价格形成与传导机制，构建多边交易平台，实现能源数据的精准点对点交易。在产品质量方面，开发面向用户的能源数据创新产品，形成可复制、可推广的能源数据服务新模式。

三、完善能源系统算力基础设施建设，强化能源算力支撑

充足的运算能力是支撑智能化能源系统正常运行的基础，而算力的提升来源于超算中心、高性能计算平台等硬件设施，以及云计算、边缘计算等软件架构的建设与部署。因此，完善能源系统算力基础设施建设，为能源系统智能化转型提供强大的运算能力，是新型能源体系建设的重要条件之一，主要通过建设能源系统算力底座、优化能源系统计算框架及构建能源系统算力网络三条路径得以实现。

（一）建设能源系统算力底座

算力芯片与高性能算力平台是能源系统运算能力形成所必需的物质基础。在微观层面，应进一步推动算力芯片研发迭代，重点突破高性能计算芯片等关键技术，提升芯片的运算效率与能效比。在宏观层面，应着力构建起“超算 + 智算 + 边缘计算 + 存储”一体化的多层次能源算力设施体系；加快推进能源算力应用中心建设，为能源智能生产调度体系提供支撑，确保多能协同互补和用能需求智能调控等核心功能的实现。

（二）优化能源系统计算框架

合理的计算框架设计能够科学配置运算压力，进而提升整体运算效率。采用云计算与边缘计算协同架构，搭建一体化云平台作为算力供给基础平台，借助云原生技术，赋予计算资源弹性伸缩能力，构建弹性、可拓展、分布式的智慧能源解决方案，实现能源系统主体随用随取、按需匹配。例如，构建起基于云端分析负荷数据、边缘端实时响应调节需求的智能电网计算框架，通过合理分配算力，有效提升电力系统智能响应效率。

（三）构建能源系统算力网络

算力的网络化有助于整合不同地域的算力资源，实现能源系统算力配置的“规模效应”。在网络联结方面，应大力发展“信息高铁”等算力网技术，加快形成具有全国规模的低熵及高通量算力服务；在节点部署方面，应着力将算力枢纽节点打造成为数据算力高地，推动“东数西算”与能源基地联动，例如，将西部风光基地的绿电直供东部算力中心，形成“能源—算力”协同网络，逐步实现能源系统算力统一供给能力。

四、提升能源智能算法安全防护能力，保障系统稳健运行

能源安全是国家安全的重要组成部分。在人工智能时代下，提升能源系统智能算法的自主可控水平与安全防护能力，是保障新型能源体系平稳有序运行、维护国家能源供给安全的现实要求。具体而言，强化能源系统智能算法安全屏障，主要依赖于加快能源领域算法自主研发、加强能源系统算法安全研究、完善能源算法安全监管体系三条路径。

（一）加快能源领域算法自主研发

掌握具有自主知识产权的能源领域智能算法，是人工智能时代摆脱能源系统对外技术依赖、保护国家能源命脉的重要途径。应加强人工智能算法与能源生产应用的交叉学科研究，依托“政府—社会—企业”多主体联合攻关、“产学研用”深度融合的新型举国体制，着力突破以能源系统大模型为代表的核心算法“卡脖子”问题，并针对电网调度、油气勘探等具体应用领域，加快能源领域自主可控的智能算法研发。

（二）加强能源系统算法安全研究

在技术层面，筑牢能源系统智能算法的安全保障壁垒，防御

针对能源系统智能算法模型的外部攻击，是能源系统算法安全防护的关键领域。一方面，对内需建立健全算法漏洞检测机制，定期评估系统安全性。为保证核能等关键领域智能算法的安全稳定运行，需对其实施更为严格的监控和备份机制，确保其在算法遭受意外故障或潜在威胁时，能够迅速切换至备用系统，维持能源供应的稳定性和安全性。另一方面，对外需加快开发抗攻击算法，防范黑客对能源系统智能算法的潜在破坏；对于具有较高风险的能源智能管理系统进行安全认证，优化其算法加密和访问控制机制，降低系统被恶意攻击的风险。

（三）完善能源算法安全监管体系

在管理层面，建立健全能源系统智能算法运行的安全监管体系，有助于为能源算法运行提供及时有效的人为纠偏机制，弥补因算法自动决策所造成的潜在安全风险。一方面，应制定算法伦理与安全标准，例如，建立科技伦理审查机制，明确人工智能算法在能源决策中的责任边界等。另一方面，应构建能源算法安全多方协同监管平台，由政府部门、社会公众及第三方专业机构联合监控能源系统算法运行，确保能源算法运行过程的透明性与可追溯性，及时发现并填补相关算法安全漏洞。

本章小结

人工智能时代下，新型能源体系以人工智能技术为核心驱动力，深度嵌入能源生产、传输、消费、存储等环节，以清洁低碳、安全高效、智能互联为目标，是现代化能源系统与能源机制的总和，具有能源结构新、产业体系新、治理体系新三大主要特点。其以数据为核心要素、以算法为关键工具、以算力为基础支撑，依托人工智能技术手段，实现多能互补、供需互动，推动能源领域绿色可持续与高质量发展。在“四个革命、一个合作”的能源安全新战略下，人工智能在能源消费、能源供给、能源技术、能源体制和国际合作五个关键领域中均发挥重要作用，推动能源体系深度转型升级。然而，在人工智能时代下，新型能源体系建设仍受到能源回弹效应、数据孤岛、算力门槛、算法安全等瓶颈制约，需要从驱动智能化绿色化技术深度融合、加快智能网络体系构建、完善算力基础设施建设、提升算法安全防护能力等方面协同发力，全面推进人工智能时代新型能源体系建设。

关键概念

新型能源体系　能源回弹效应　算法偏见　能源消费革命　能源供给革命　能源技术革命　能源体制革命

阅读文献

[1] 林伯强．以煤矿智能化建设推动煤炭工业协同转型［J］．人民论坛·学术前沿，2025（2）：26－35.

[2] 孙博文．面向中国式现代化的数字生态文明建设的三重逻辑［J］．改革，2024（10）：62－77.

[3] 中共国家能源局党组．加快建设新型能源体系　提高能源资源安全保障能力［N］．中国电力报，2024－06－03（1）.

[4] Nepal R., Liu Y., Dong K., et al. Green Financing, Energy Transformation, and the Moderating Effect of Digital Economy in Developing Countries [J]. Environmental and Resource Economics, 2024, 87 (12): 3357－3386.

思考题

1. 新型能源体系相较于传统能源体系有哪些根本性的不同？

2. 什么是“四个革命、一个合作”的能源安全新战略？人工智能如何在其中发挥作用？

3. 人工智能的能源回弹效应体现在哪些方面？如何有效应对这一挑战？

4. 数据孤岛对新型能源体系建设有哪些负面影响？如何缓解这些负面影响？

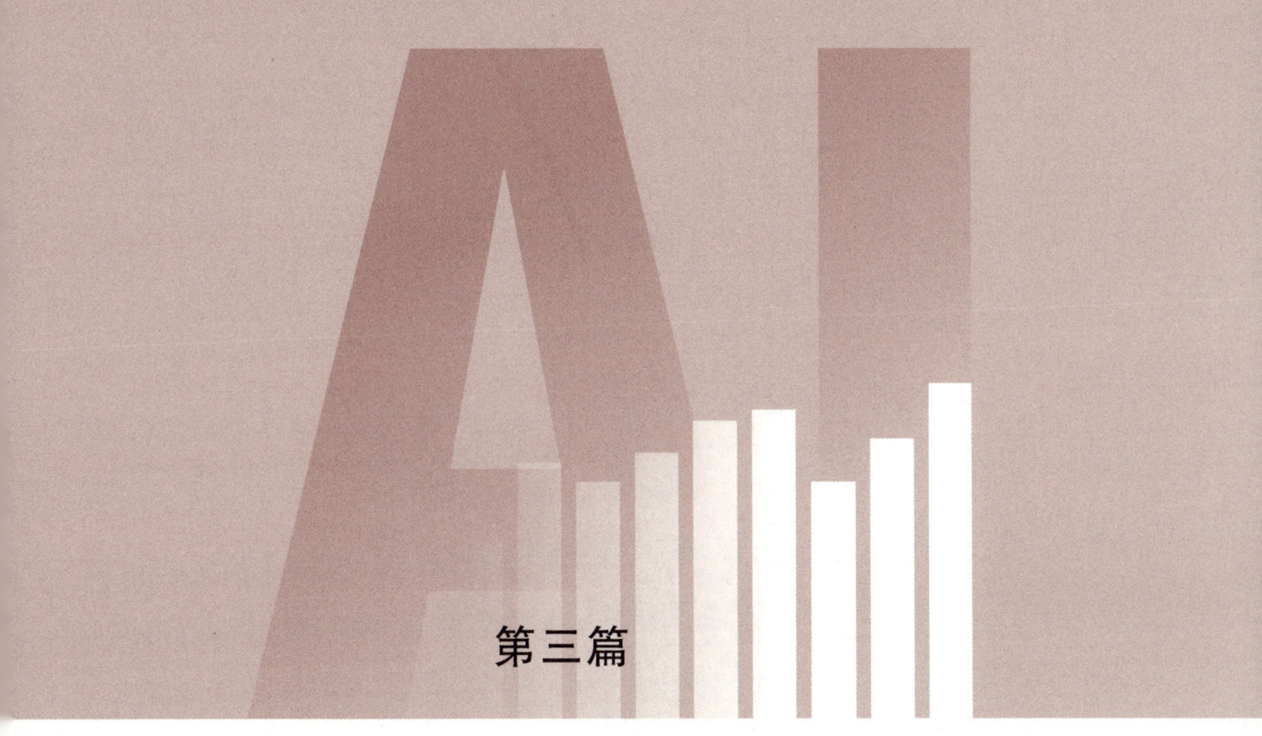

第三篇

人工智能与宏观经济学

第十一章

人工智能与就业、收入分配

劳动力在现代经济中发挥着重要功能，劳动力是生产中的关键瓶颈因素，为大多数人提供主要的收入来源。人工智能和先进机器人能够替代人类的认知能力和体能，从根本上改变了这项功能。工业革命终结了马尔萨斯时代，人工智能可以通过复制劳动力来终结工业时代。随着机器变得越来越便宜、能力越来越强，这可能会导致人类劳动力大幅贬值，从而对就业和收入分配产生显著的影响，本章从人工智能影响就业和收入分配的阶段入手，分别分析人工智能在长期和短期对就业、收入分配的不同影响，并在此基础上进一步探讨人工智能对工作性质、劳动力市场和就业政策及收入分配的影响。

第一节　人工智能对就业、收入分配影响的阶段性

人工智能对就业、收入分配的影响具有阶段性差异。人工智能对就业的影响在短期和长期存在显著差异：短期内会导致部分工人失业，但长期来看会创造新的就业机会。这种短期和长期差异是由技术扩散和市场适应的时间差、人类创造力和社会需求的

长期推动等因素造成的。理解这种短期与长期的差异对于制定有效的经济政策至关重要。本节分别从短期和长期两个视角出发，分析人工智能对就业和收入分配的影响。

一、人工智能对就业、收入分配的短期影响

（一）人工智能对就业的短期影响

人工智能对就业的短期影响主要表现为以下三个方面。

一是岗位替代与失业风险的增加。人工智能能够高效地完成许多重复性、规律性的工作任务，如制造业中的简单装配、数据处理领域的数据录入和分析等。这导致从事这些工作的低技能岗位劳动者面临被替代的风险，从而增加失业风险。特别是在那些高度依赖人工的行业中，如传统媒体行业中的新闻采编和排版工作，随着人工智能在内容推荐和新闻写作方面的应用，相关岗位可能会大幅减少。

二是新兴行业与就业机会的创造。虽然人工智能替代了一些传统岗位，但作为新兴行业，它同时也创造了大量的就业机会，从算法研发到系统构建和维护，都需要专业的技术人才。随着人工智能技术的广泛应用，与之相关的产业链也不断发展，如智能家居、智能城市等领域的就业岗位逐渐增加。

三是技能不匹配引致就业压力的增大。尽管人工智能创造了新型就业岗位，但替代效应在短期内对劳动力就业的影响更为显著，技能不匹配引致就业压力加大。原因如下：

第一，新岗位的进入门槛。人工智能创造的新工作岗位往往集中在特定行业，如 AI 研发、数据分析等，这些岗位通常要求较高的技术背景和专业技能。对于没有相关教育背景或技能的劳动者来说，进入这些行业存在较大的障碍，这抑制了人工智能创造效应的传播和影响。

第二，技能与技术不匹配。在人工智能的冲击下，失业的劳

动力缺乏适应新岗位所需的技能和知识，这导致其在失业后难以迅速找到新工作，从而延长了失业状态。

第三，创造效应的滞后性。虽然人工智能理论上可以创造新的就业岗位，但这些岗位的创造往往需要时间，且可能在行业和地区上分布不均。这意味着在某些行业和地区，创造效应可能不足以抵消替代效应带来的失业问题。

（二）人工智能对收入分配的短期影响

人工智能对收入分配的短期影响主要表现为以下四个方面。

一是就业极化与工资极化。人工智能在短期内会显著替代中等技能水平的程序性认知类工作，这不仅包括传统的体力劳动，还扩展到某些脑力劳动领域。这种替代效应会导致就业极化现象，即高技能劳动力和低技能劳动力之间的就业差距扩大，由于中等技能劳动力的相对供给增加，而需求减少，这会导致他们的工资水平下降，形成工资极化现象。低技能劳动力的工资也可能受到压缩，而高技能劳动力的工资则可能上升，从而加剧收入分配的不平等。

二是创造新就业机会的局限性。尽管人工智能也会创造一些新的就业机会，如数据分析师、人工智能工程师等，但这些新岗位往往对知识、技能要求较高。低技能劳动者由于缺乏必要的教育和培训，很难进入这些新兴领域就业，因此短期内难以从人工智能的发展中受益。

三是市场垄断造成收入分配差距变大。人工智能技术的发展还催生了平台垄断这一新的组织形式，使市场更加集中。通过算法合谋和大数据实现的价格歧视，人工智能可能加剧市场垄断，从而导致行业收入分配差距进一步扩大，居民收入分配差距也随之扩大。

四是对中等收入群体带来结构性的失业冲击。由于技能不匹配和新兴行业吸纳能力有限等原因，部分中等收入劳动者可能面临失业风险或被挤出原有岗位，进入不可被替代的服务业部门。

这将导致中等收入群体规模缩小，收入份额占经济的比例下降。

二、人工智能对就业、收入分配的长期影响

（一）人工智能对就业的长期影响

人工智能对就业的长期影响表现为以下三个方面。

一是职业生态的根本性变革。随着人工智能技术的不断成熟和应用范围的扩大，人机协作成为常态，医生可能依赖 AI 辅助诊断，教师通过 AI 个性化教学，律师利用 AI 分析案例。职业界限不断模糊化，跨领域职业技能如“生物 + AI”“金融 + 算法”成为核心竞争力。

二是新型就业形态与模式创造。随着人工智能技术的发展和应用，传统的全职就业模式将逐渐被打破，兼职、远程工作、自由职业等新型就业模式将逐渐成为主流。这将为劳动者提供更多的选择和机会，使他们能够更好地平衡工作与生活的关系，同时也将促进就业市场的灵活性和创新性。

三是就业市场实现动态平衡。虽然人工智能会对部分岗位造成冲击，但也会推动就业市场的动态平衡。一方面，被替代的劳动者可以通过再培训和技能提升，转向新兴行业或高技能岗位；另一方面，政府和企业也可以采取措施，如提供就业信息平台、引导失业人员向新兴行业转移等，以促进就业市场的稳定和发展。

（二）人工智能对收入分配的长期影响

人工智能对收入分配的长期影响表现为以下四个方面。

一是生产力提升与总体收入增加。技术进步始终是促进经济增长和社会发展的核心动力。人工智能作为当今技术变革的典范，对经济总收入的增长产生了多方面且深远的影响。一方面，人工智能可以智能化重构生产流程，促进生产要素优化配置，推

动全要素生产率跃升，从而显著提高生产力。另一方面，人工智能可以创造新兴职业，扩张企业盈利空间，进而在宏观上促进消费需求和就业需求的整体提升。这将带来总体收入的增加，为改善收入分配提供物质基础。

二是就业创造效应逐渐显现。随着人工智能技术的不断成熟和应用范围的扩大，其就业创造效应将逐渐显现。新的就业机会将不断涌现，特别是在数据分析、人工智能研发、维护和管理等领域。这将有助于吸纳从传统行业中释放出来的劳动力，缓解就业压力。

三是技能溢价与收入分配变化。长期来看，市场对高技能人才的需求将持续增加。高技能人才能够与人工智能技术协同工作，或从事开发、管理人工智能系统等工作。他们的稀缺性将使得企业愿意支付更高的薪酬来吸引和留住他们。这种技能溢价现象可能会在一定程度上加剧收入分配的不平等，但也可能激励更多人提升技能水平，以适应人工智能时代的发展需求。

四是政策调整与收入再分配。针对人工智能对收入分配的影响，政府可能会采取一系列政策调整措施。例如，通过税收、社会保障和再分配政策等手段来缩小收入差距，确保技术进步带来的收益能够广泛惠及社会各阶层，这些政策调整将有助于缓解人工智能带来的收入分配不平等问题。

专栏 11 −1　人工智能的整体收入扩张效应

从历史的长河来看，技术进步一直是推动经济增长和社会进步的关键力量。人工智能作为当代技术革命的代表，其对经济总体收入的扩张效应是多维度和深远的。这种扩张效应的根源在于人工智能作为一种颠覆性技术，不仅能够创造新的就业机会，还能显著提升社会的劳动生产率，从而在宏观层面增加整体的消费需求和就业需求。

正如19世纪英国工业革命期间，新技术的涌现催生了工程师、机械师、修理工、售票员等一系列新兴职业，这些新工作不仅吸纳了大量从农业和传统劳动密集型行业转移出来的劳动力，还促进了社会结构的转型和经济的现代化。这一历史经验表明，技术进步在短期内可能会引起就业结构的变动，但从长期来看，它能够为社会带来新的稳定和繁荣。在人工智能时代，这种扩张效应同样显著。人工智能技术的发展和应用，已经创造出了如机器学习和人工智能工程师、数据分析师、软件开发和系统架构师、人工智能金融分析师等高薪且福利待遇优厚的新职业。这些岗位不仅为专业人士提供了广阔的职业发展空间，也为社会带来了新的经济增长点。

资料来源：Acemoglu D.，Restrepo P. The Race between Man and Machine：Implications of Technology for Growth，Factor Shares，and Employment［J］. American Economic Review，2018，108（6）：1488－1542.

三、人工智能对不同行业就业、收入分配阶段性影响的异质性

（一）人工智能的替代效应集中于传统行业

人工智能通过推进自动化和智能化对传统制造业和服务业的劳动力就业产生影响，其中对低端制造业和服务业的冲击最为显著，特别是对重复性和程序化的工作岗位。在低端制造业领域，人工智能导致低技能劳动者被机器取代，减少了行业对低技能劳动力的需求。与此同时，制造业企业对技术专家和创新型人才的需求不断上升，更加重视劳动力的创新能力和自主学习能力，劳动力就业结构随之发生变化，高技能岗位需求增加，中低技能岗位面临更大的替代风险。

在低端服务业领域，人工智能的应用使得许多低端服务岗位被自动化设备替代，如智能客服和自助结账系统，减少了对传统服务人员的需求。服务业的自动化转型也改变了劳动力的行业分布，提高了对服务业从业者的技能要求。一些低技能服务岗位被自动化技术取代，而需要人际沟通和创造性思维的岗位受人工智能的影响较小。低端服务业中餐饮住宿、批发零售、治安维护等行业岗位由于工作内容比较简单，偏重于体力活动，对劳动力专业技能要求不高，被人工智能替代的风险较高。

（二）人工智能的创造效应集中于新兴行业和服务业

人工智能的创造效应受益最多的是新兴行业和服务业。人工智能作为新一轮科技革命的核心推动力，那么其必然和科技革命背景下产生的新兴行业和服务业有着直接而紧密的联系，如智能汽车行业中的自动驾驶、智能大灯、智能座椅等领域，还有服务业中的医疗领域、教育领域和金融领域等都充斥着人工智能的身影。人工智能通过充分促进这些行业的创新发展，提高了此类行业对劳动力的需求量，从而显著地发挥了人工智能对劳动力就业的创造效应。

（三）人工智能对制造业和服务业的影响存在异质性

人工智能对制造业和服务业的异质性为：一是人工智能对制造业和服务业就业的影响机制不同。人工智能在制造业中通过优化人力资本结构、提高数据要素密集度、改变生产和交付模式等途径影响就业水平，特别是对于技术密集型制造业，如汽车运输、电气机械、计算机、电子以及光学产品等行业，这些行业中人工智能对劳动力就业具有显著的抑制作用。而人工智能对服务业就业的影响主要表现在效率提高、服务优化和创新驱动等方面。在服务行业中客户体验与服务效率十分重要，服务业领域中生成式 AI 的突破性发展，大幅度提高了服务效率和用户体验。具体来说，在广告、电商、金融财税等多个服务性行业中，AI

通过分析用户行为数据和兴趣偏好，实现广告的精准投放，提高广告转化率；通过智能推荐系统，提供个性化商品推荐，提升购物体验；通过风险评估、欺诈检测以及税务筹划等手段，降低金融服务成本和风险，这些原本是人工完成的工作而被人工智能所取代，同样也抑制了劳动力就业。二是人工智能对制造业和服务业就业的影响存在空间异质性，不同地区的人工智能发展水平差异导致其对就业的影响效应也存在区域差异，整体来看，东部地区人工智能对就业的创造效应就大于中西部地区的创造效应。

第二节　人工智能改变工作性质的机理

本节从替代效应和恢复效应两个方面分析人工智能改变工作性质的机理，并阐述过度自动化对就业和收入的影响。

一、人工智能对就业、收入的替代效应

（一）人工智能导致资本成本下降而替代劳动

随着人工智能技术的不断发展和应用，市场上出现了许多开源的人工智能模型，企业可以根据自身需求选择合适的模型，而不必投入大量资金开发专属的人工智能系统，这使得企业开发人工智能和使用的成本逐渐降低，企业使用人工智能的成本下降导致企业更依赖于人工智能，而逐步减少对劳动力的使用（刘国晖等，2016）。这种通过使用人工智能降低劳动力需求的例子在各个行业里均有体现，如在制造业领域，制造企业通过引入计算机视觉技术进行产品质量自动检测，减少了人工检测的误差和成本，或者利用机器学习算法优化生产计划和库存管理，能够更精

准地预测市场需求和生产进度，减少库存积压和缺货现象，降低库存成本；在零售业领域，零售企业通过 AI 技术进行销售预测和客户行为分析，准确预测未来的销售趋势，优化库存和供应链管理，使用 AI 聊天机器人提供客户服务，减少了对客户服务专员的依赖，降低了人力成本；在金融领域，爱彼迎（Airbnb）和多宝箱（Dropbox）等公司通过 AI 优化云资源的使用，降低了云计算成本，AI 算法也可以分析交易模式并标记异常活动，大大降低金融欺诈的风险。因此，人工智能的发展会使资本在生产过程中的重要性相对增加，这将提高资本的有机构成，降低对劳动力的需求。

（二）人工智能可替代重复性的劳动

人工智能能够替代简单重复性工作的原因与该类型工作的特性密不可分，简单重复性劳动通常指那些不需要复杂技能和决策能力、仅需按照固定程序或模式反复进行的工作。这类劳动的特点是任务单一、操作简单、重复性强，且对劳动者的智力要求不高，如流水线工人、数据录入、包装与分拣等。人工智能如工业机器人和生成式 AI，都可以很有效地完成这类简单重复性的工作，这源于人工智能高效率、高精准性、成本低和适应性强等特点，人工智能可以高效快速精准地处理工作，并且可以 24 小时不间断地工作，这给予了企业极大的积极性去运用人工智能来替代这些工作岗位。

（三）替代效应主要集中于中等技能岗位

对欧美等发达经济体的研究发现，技术进步对不同技能劳动者的影响是非线性的，出现了明显的就业极化现象。具体来说，高技能和低技能劳动者的就业比例呈现上升趋势，而中等技能劳动者的就业比例则明显下降（王琦等，2019）。在实证研究中，学者们利用不同国家的数据对这一假说进行了验证。自 20 世纪 50 年代以来，制造业领域对中等技能员工的需求减少已成为一种全球性趋势。人工智能的应用不仅会导致企业劳动力需求和工资总量的变化，还可能引发相应的结构调整。对于不同技能结构的劳动力需求而言，人工智能在替代部分可自动化工作的同时，也会提高企业对非自动化岗位以及与机器人技能互补岗位的劳动力需求。许多研究表明，人工智能对中等技能劳动者的替代性最强，而与高技能和低技能劳动者存在互补效应。

二、人工智能对就业、收入的恢复效应

（一）技术进步会产生新的工作岗位

人工智能作为一种技术进步确实会创造新的工作岗位，这一现象在历史上多次出现，并且在当前的科技发展中仍然持续。一方面，在人工智能快速发展推动企业数字化转型过程中，对电子商务专家、数字营销和战略专家、数字转型专家等岗位的需求不断增加。另一方面，人工智能会扩散到上下游产业，促进新产业的壮大，从而创造新的就业机会。例如，新能源汽车产业的发展不仅需要汽车制造人员，还带动了电池制造、充电基础设施建设等相关产业的就业。同时，人工智能还会促使传统行业进行升级转型，创造出新的工作岗位。例如，传统制造业通过引入智能制造技术，产生了智能制造系统工程师、工业机器人操作员等新岗位。

（二）人工智能将创造更多对劳动力具有比较优势的岗位

劳动力具有比较优势是指在特定的生产或服务活动中，劳动者相对于其他生产要素或劳动者群体，在生产效率、成本控制、创新能力、技能水平等方面具有相对优势，从而使得其在市场竞争中更具吸引力和竞争力。人工智能的替代效应将劳动力原本的职业所替代，导致劳动力失业，而人工智能虽然有新工作的创造效应，但创造出来的工作岗位往往具有较高的门槛，劳动力要适

应人工智能的替代效应和创造效应，就必须提升自己的人力资本水平，以便于适应人工智能创造出来的具有比较优势的岗位。具有比较优势的工作岗位通常具有高技能、非程序化的特点，如技术研发与创新的工作，人工智能本身的发展需要大量高技能人才的参与，如人工智能工程师、机器学习专家、数据科学家等。这些岗位不仅要求从业者具备扎实的专业知识和技能，还要求他们具备创新思维和解决问题的能力。还有复杂决策与管理的工作，人工智能无法完全替代人类在复杂决策和管理方面的优势。人类在战略规划、组织协调、团队管理等方面具有独特的比较优势，因此相关的高级管理岗位、战略规划师等需求将增加。

（三）恢复效应赋能高技能职业和低技能职业

恢复效应在经济学中通常指的是一种市场或经济现象在经历某种冲击或变化后，逐渐恢复到其正常状态或趋势的过程。在劳动力市场中，恢复效应可以理解为在技术进步或其他因素导致就业结构发生变化后，市场通过调整和适应，使得不同技能层次的劳动力重新找到适合自己的岗位，从而实现劳动力市场的再平衡。人工智能赋能高技能劳动力和低技能劳动力就业的机制在于以下两个方面。

一方面，技术进步使得高技能职业的价值和重要性进一步凸显。高技能劳动者在研发、创新、管理等领域具有不可替代的优势，能够为企业创造更大的经济价值，从而获得更高的薪酬和职业发展机会（孙早和侯玉琳，2019）。人工智能等新技术的发展，催生了许多新的高技能岗位。

另一方面，随着人工智能经济的发展，低技能劳动力有了更多的职业转换机会。如一些低技能劳动者可以通过参加技能培训，转型为电子商务运营人员、数字营销专员等新兴职业。高技能劳动者收入的提高，会增加对生活性服务和生产性辅助服务的需求，从而为低技能劳动者创造更多的就业机会。

三、过度自动化对就业、收入的影响

（一）工业机器人的生产率效应

工业机器人的生产率效应主要体现在以下四个方面：一是提高劳动生产率减少人工操作。工业机器人可以替代人工完成大量重复性、高强度的工作任务，从而减少对人力的依赖，并且，机器人具有高精度和高稳定性的特点，可以减少生产过程中的错误和不良品，降低成本。例如，在汽车制造中，机器人可以快速、准确地完成焊接、装配等工序，显著提高了生产效率。二是提升生产速度。机器人具有高效率的特点，能够在短时间内完成大量工作，缩短生产周期。例如，机器人在电子制造领域可以快速组装和测试组件，极大地提高了生产效率。三是提升全要素生产率。工业机器人的应用本身就是一种技术进步，它通过提高生产过程的自动化和智能化水平，促进了全要素生产率的提升。四是优化资源配置。机器人可以更高效地利用各种生产要素，如原材料、设备等，减少浪费，提高资源的利用效率。总之，工业机器人的生产率效应显著，能够为企业带来更高的生产效率、更低的生产成本以及更强的市场竞争力，推动制造业的转型升级和可持续发展。

（二）过度自动化会提高资本积累而增加劳动力需求

企业为了实现自动化通常会通过提高资本积累来增加设备投资从而提高企业的自动化水平，自动化水平的提高可以促进企业的生产效率和产品质量的提升，降低生产成本，从而增加企业的利润水平。企业获得的利润可以再投资于新的自动化设备和技术，进一步推动资本积累，从长期看，过度自动化会通过提高资本积累从而增加对劳动力的需求（毛日昇，2024）。此外，自动化还会推动产业结构的调整和升级，促进新兴产业的发展，进而增加高技能劳动力的需求。

（三）持续的自动化会挤占劳动力在国民收入中的份额

持续的自动化对劳动力在国民收入中份额的影响主要体现在以下几个方面：一是劳动收入份额下降，替代效应导致工资增长放缓。自动化技术的应用使得许多传统工作流程得以自动化，取代了部分人力的工作机会。这削弱了工人在工资谈判中的议价能力，导致工资增长停滞（王筱筱、卢国军和崔小勇，2023）。二是资本回报率提高。自动化提高了企业的生产效率和竞争力，使得企业获得了更多的利润。这些利润往往被用于进一步投资自动化设备和技术，而不是用于提高工人工资。资本的回报率提高，而劳动的回报率相对下降，导致劳动收入份额减少（何小钢、朱国悦和冯大威，2023）。三是劳动力需求结构变化使低技能劳动力需求减少。自动化技术主要替代了低技能和中等技能的劳动力，这些岗位的减少导致低技能劳动力的工资水平下降，进一步降低了劳动收入份额。总之，持续的自动化在提高生产效率和经济增长的同时，也对劳动力在国民收入中的份额产生了负面影响，导致劳动收入份额下降和收入不平等的加剧。

第三节　人工智能与劳动力市场和就业政策

本节从宏观角度出发，重点论述人工智能对劳动力市场的影响、全民基本收入制度存在的挑战，以及在人工智能大背景下，人工智能对就业政策制定的影响。

一、人工智能对劳动力市场的影响

（一）高水平技术人员和管理人才需求增加

人工智能的发展会增加高技术和管理人才的需求。首先，随着人工智能的不断发展，智能制造等领域对高水平技术人员的需求不断增加。如“紫领”人才作为介于传统“蓝领”和“白领”之间的特殊职业群体，在智能制造业的班组长、技术员和质检员等岗位中发挥着重要作用①。其次，数字化、人工智能等技术应用向多场景深入，推动了对技术研发与创新、数字化转型与人工智能领域人才的大量需求。企业为了提升核心竞争力，加大了对技术研发及创新型人才的招聘力度。最后，企业为了适应市场变化和竞争压力，不断进行战略转型和管理升级，需要具备战略思维、创新能力和领导力的管理人才来引领变革和发展，随着人工智能技术的发展，企业对管理人才的智能化管理能力要求越来越高。

（二）技术和劳动力技能不匹配导致的供给失衡

技术和劳动力技能不匹配导致的供给失衡的原因主要有：首先，技术进步并不是均匀发生的，不同行业和企业之间存在差异，这种不平衡性导致劳动力市场中不同职业、行业或地区之间的劳动力需求和供给不匹配。一些技术进步较快的行业可能对高技能劳动力的需求增加，而传统行业则可能面临劳动力过剩。其次，技能具有互补性与替代性。技术的应用需要特定类型的技能或知识，这些技能与技术的应用密切相关，相互促进。然而，人工智能等技术对某些常规任务具有显著的替代性，导致对这些任务相关技能的需求减少。最后，劳动力供给的滞后性导致教育供给与市场需求脱节。现有的教育体系与劳动力市场需求之间存在一定的脱节，导致培养出的技能人才与市场需求不匹配。

（三）劳动力的流动性和灵活性加强

劳动力流动性和灵活性的加强是现代经济发展的重要趋势，一方面，随着经济结构的调整和产业升级，不同行业和地区的劳

---

① 资料来源：中国人民大学劳动人事学院课题组发布的《新质生产力应用型人才就业趋势报告》。

动力需求发生变化，促使劳动者根据市场需求调整就业方向和地域。新兴产业的快速发展吸引了大量劳动力向相关领域流动。另一方面，自由职业、远程办公、共享经济等新型就业形式逐渐兴起，为劳动者提供了更多就业选择和机会，增强了劳动力就业的灵活性。

二、人工智能给社会保险制度带来的挑战

人工智能的广泛应用对现行的、基于工业社会建立的社会保险制度带来了新的挑战，主要表现为社会保险参保资格模糊化和缴费主体隐匿化。

（一）社会保险参保资格模糊化

社会保险参保资格模糊化是指在人工智能时代，由于就业结构的变化和新型就业方式的兴起，使得劳动者是否具备参保资格变得难以确定和界定。具体表现为以下三个方面：一是随着远程工作、自由职业、兼职等新型就业方式的普及，劳动者与雇主之间的雇佣关系变得不再明确，导致参保资格的界定变得困难。二是在高度智能化的生产环境中，机器人可以与人直接进行语言交流、行为互动及情感关怀，进而作为与人共生并具有人的属性、特征及功能的“人”而存在。这使得机器人的“劳动者”身份变得模糊，从而难以确定其是否具备参保资格。三是灵活就业者通常没有稳定的雇主和收入来源，这使得他们难以符合传统的参保条件，导致参保资格模糊化。

（二）缴费主体隐匿化

缴费主体隐匿化是指在人工智能时代，由于就业方式的多样化和新型支付方式的兴起，使得社会保险缴费主体的身份和缴费信息变得难以追踪和核实。具体表现为以下几个方面：一是缴费主体身份难以确定。在灵活就业和远程工作等新型就业方式中，

劳动者的雇主可能并不明确或存在多个雇主，导致缴费主体的身份难以确定。例如，在平台经济中，劳动者可能同时为多个平台提供服务，而平台与劳动者之间的法律关系往往模糊不清，这使得社会保险缴费责任难以明确划分。二是缴费信息难以追踪。随着数字货币等新型支付方式的普及，缴费记录的追踪和核实变得更加复杂。此外，一些智能合约和区块链技术也可能被用于规避社会保险缴费责任，使得缴费主体的身份更加隐匿。三是信息不对称导致缴费主体隐匿。在社会保险缴费过程中，存在信息不对称的问题。部分雇主或劳动者可能利用这一漏洞，故意隐瞒或歪曲缴费信息，以逃避社会保险缴费责任。例如，他们可能用虚构劳动关系、伪造缴费记录或故意低报缴费基数等手段来隐匿缴费主体身份。

三、人工智能对就业政策的影响

（一）就业政策要积极应对产业结构调整带来的影响

人工智能技术的飞速发展正在重塑就业市场，对就业政策制定产生了深远影响。一方面，它催生了大数据、云计算、物联网等新兴产业，这些产业对高技能人才的需求激增，为就业市场注入了新活力。就业政策需紧跟新兴行业发展趋势，调整政策导向，为其人才培养、引进和就业创造良好环境，如提供税收优惠、资金扶持等，促进新兴行业发展和就业机会增加。同时，新兴行业的发展促使就业结构向高技术、高附加值领域转移，要求就业政策更注重提升劳动者技能和创新能力，通过加强职业教育、技能培训等，引导劳动力向新兴行业流动，实现就业结构优化升级。此外，新兴行业为传统行业从业人员提供了转型机会，就业政策应鼓励和支持劳动者职业转型，提供职业培训补贴、创业扶持等措施，帮助他们适应新兴行业需求，实现劳动力合理流动和配置。

另一方面，人工智能在传统行业的广泛应用，导致部分重复性、低技能工作被自动化设备和智能系统取代，就业政策需考虑自动化带来的就业冲击，采取措施缓解低技能劳动者冲击，如设立专项基金，提供再就业培训、生活补贴等支持，帮助他们尽快找到新就业机会。同时，传统行业需在人工智能推动下转型升级，提高生产效率和竞争力，就业政策应支持其数字化转型，提供技术改造补贴、人才培养支持等，创造新就业机会。传统行业从业人员也需不断更新技能以适应人工智能时代需求，就业政策应加强培训和再教育，提高他们的技能水平和适应能力，如鼓励企业与教育机构合作开展在职培训等。

（二）政策制定者重新定位自己的角色

在人工智能技术迅猛发展的当下，就业政策制定者面临角色的重新定位。他们需从被动的规则执行者，转变为主动的技术引领者，密切关注人工智能对就业市场的深远影响，引导就业结构优化升级，推动经济高质量发展。同时，他们要成为风险防范者，提前识别和应对人工智能带来的就业替代、隐私泄露等风险，保障劳动者权益和社会稳定。此外，政策制定者还应强化公共服务职能，加强跨领域合作，建立动态的政策调整机制，为劳动者提供全方位的职业培训、咨询和社会保障支持，创造公平包容的就业环境，使人工智能技术的发展成果惠及更广泛的社会群体，助力就业市场平稳过渡和可持续发展。未来，随着人工智能技术的持续演进，就业政策制定者的角色还将不断演变，需持续探索和创新，构建适应人工智能时代要求的就业政策体系。

（三）对社会包容性和就业公平的影响

人工智能技术的广泛应用对就业政策制定产生了深远影响，尤其是在社会包容性和就业公平方面。一方面，人工智能通过替代一些重复性、低技能的工作，可能导致部分劳动者失业，从而加剧社会不平等。这种就业结构的变化使得高技能劳动者更容易获得优势，而低技能劳动者则面临更大的就业压力。此外，人工智能技术的发展还可能导致工资收入不平等现象的加剧，高工资行业与其他行业的工资差异可能逐渐固化。为了应对这些挑战，就业政策制定者需要采取一系列措施来增强社会包容性和保障就业公平（陈斌开和徐翔，2024）。首先，政府应加大对劳动者教育和培训的投入，建立完善的教育体系和培训机制，帮助劳动者提升技能，适应新的就业需求。其次，政策制定者应完善相关政策和法规，引导企业在使用人工智能技术时充分考虑就业公平性。同时，政府可以通过税收政策等手段，鼓励企业创造更多的就业机会，促进就业的稳定和增长。此外，就业政策还应关注弱势群体和边缘群体的就业问题，采取有针对性的措施帮助他们融入就业市场。例如，为失业者提供职业咨询、职业规划和求职支持等服务，以应对因岗位消失带来的就业压力。通过这些措施，可以缓解人工智能技术应用带来的就业冲击，促进社会的包容性和就业公平，使技术进步带来的利益能够更广泛地惠及社会各阶层。

第四节　人工智能对收入分配的影响

本节着重分析人工智能对收入再分配的影响、人工智能与马尔萨斯主义之间的联系，以及人工智能可能引起马尔萨斯主义回归问题，并提出应对策略。

一、人工智能的劳动力替代与收入再分配

（一）生成式人工智能对劳动力的替代

生成式人工智能（GenAI）的快速发展正在深刻改变劳动力

市场，引发对劳动力替代的广泛讨论。生成式 AI 通过大数据和先进算法，能够快速生成新的知识和信息，替代或补充人类的工作，尤其在重复性和标准化工作方面具有显著优势。在制造业中，AI 可以控制机器人进行自动化生产，减少对低技能工人的需求；在客服行业，智能客服系统能够自动回答客户咨询，降低对人工客服的依赖。这种替代效应使得许多从事这些工作的劳动力面临失业风险，导致劳动力市场的结构性变化。同时，生成式 AI 也改变了知识型工作的性质，在金融、法律、医疗等领域，AI 能够快速分析大量数据，生成报告和建议，甚至进行初步的诊断和决策，降低了对传统知识型工作者的需求。此外，生成式 AI 通过提高生产效率和降低成本，进一步推动了劳动力的替代，优化了生产流程，减少了对传统劳动力的需求（谭静和欧阳彬，2024）。这些变化导致就业结构发生重大变化，低技能和重复性工作的岗位数量减少，而高技能和创新型工作的需求增加，但这些岗位对劳动力的技能要求较高，许多失业人员难以胜任，加剧了劳动力市场的分化。劳动力市场对技能的需求也发生了转变，传统的技能逐渐被边缘化，而对数据分析、人工智能、创新思维等新兴技能的需求不断增加。生成式 AI 对劳动力的替代还加剧了收入不平等，高技能劳动力能够获得更高的收入和更好的职业发展机会，而低技能劳动力由于被替代的风险较高，收入水平相对较低，甚至面临失业的风险，导致收入差距进一步扩大。

（二）工业机器人对劳动力的替代

工业机器人作为现代制造业的重要工具，其广泛应用对劳动力市场产生了深远的影响（王林辉等，2023）。工业机器人在生产线上能够替代大量重复性和体力劳动密集型的工作，如在汽车制造和电子组装等行业中，机器人可以完成焊接、装配、搬运等任务，减少了对传统工人数量的需求。这种替代效应直接导致低技能劳动力的失业风险增加，尤其是在一些劳动密集型的制造业部门。工业机器人通过提高生产效率和降低生产成本，进一步推动了劳动力的替代。机器人能够 24 小时不间断地工作，且具有高精度和高稳定性的特点，能够显著提高生产效率和产品质量。企业为了降低成本和提高竞争力，会优先采用机器人替代部分人力，从而减少对劳动力的需求。

（三）替代效应导致收入再分配失衡

再分配问题是指在社会经济活动中，通过税收、转移支付、社会保障等手段，对收入和财富进行重新调整和分配。从财富集中度视角出发，人工智能对再分配的影响可以分别从短期和长期进行分析。

在短期内，人工智能技术的应用会提高经济中财富分配的不平等程度。人工智能技术的研发和应用需要大量的资金投入，而这些资金往往集中在少数拥有雄厚资本的企业和投资者手中。这些企业通过掌握先进的人工智能技术，能够获得更大的市场份额和更高的利润回报。此外，人工智能技术的“赢者通吃”效应也加剧了财富的集中。在数字平台领域，少数几家大型企业通过人工智能技术的应用，能够吸引更多的用户和资源，从而进一步巩固其市场地位和财富积累。

从长期来看，人工智能对财富分配的影响则取决于其对不同类型技术进步的促进程度。如果人工智能技术能够推动普惠性技术进步，使得更多的企业和个人能够分享到技术发展的红利，那么财富分配不平等的状况可能会得到一定程度的缓解。反之，如果人工智能技术的发展主要集中在少数领域和少数企业，未能有效促进普惠性技术进步，那么财富分配不平等的问题可能会持续存在甚至加剧。

二、人工智能与马尔萨斯主义的重返

（一）马尔萨斯主义的核心观点

马尔萨斯主义是由英国政治经济学家马尔萨斯提出的一种理

论，主要观点是人口增长与生存资料增长之间的矛盾。马尔萨斯认为，人口数量是以几何级数增长，而生存资料则是以算数级数增长。这种增长模式必然导致人口过剩和资源短缺，进而引发社会动荡和贫困。

（二）人工智能对马尔萨斯主义重返的影响

首先是技术进步引发的资源竞争使人类陷入马尔萨斯主义的困境。人工智能的发展带来了生产效率的极大提升，但同时也加剧了资源分配的不平等。那些能够负担得起高昂技术费用的人将获得显著的优势，而无法承担这些费用的人则可能被甩在后面。这种技术进步的不平等分配可能导致社会分层，形成超级智能的富人和相对落后的大众两个截然不同的群体。这种社会结构的根本变化可能加剧资源竞争，使人类陷入马尔萨斯主义的困境。其次是 AI 作为独立实体的发展可能引起马尔萨斯主义重返。如果 AI 发展成为一个拥有自我目标和行为的独立实体，并且与人类利益发生冲突，那么 AI 可能会加速发展并自我改进。由于 AI 不受生物学限制，它们在生产和消费资源方面可能超越人类，从而在资源竞争中占据优势。这种情况类似于马尔萨斯理论中的资源有限和人口增长的矛盾，但这次是由于 AI 的快速发展和资源消耗导致的。最后是数据处理能力带来的挑战加剧马尔萨斯主义所描述的资源短缺问题。在大数据时代，数据呈现出几何指数增长态势。然而，人类对数据的处理、存储和应用能力远不能有效跟上数据增长的速度。这种数据处理能力与数据量之间的不匹配可能导致资源、人力和时间的浪费，从而加剧马尔萨斯主义所描述的资源短缺问题。

（三）应对策略

面对人工智能发展可能引发的马尔萨斯主义重返问题，可以从以下几个方面进行应对。一是制定政策来确保技术进步的收益能够公平分配。这包括对技术增强进行补贴，或者通过税收和转移支付来重新分配财富，对AI的发展和资源消耗进行监管，以防止资源过度集中和不公平竞争。二是提供与AI相关的技能和知识培训，以及提高劳动者的综合素质和创新能力。三是加强跨学科合作，包括经济学、计算机科学、社会学等多个领域的研究者共同探讨人工智能对社会、经济和文化的影响及其应对策略。四是鼓励全社会广泛参与讨论和决策过程，确保人工智能的发展符合公众利益和社会价值观，避免马尔萨斯主义重返。

本章小结

本章全面剖析了人工智能对就业和收入分配的多维度影响。从时间维度看，在短期内，人工智能会造成新岗位匹配难度增大，劳动力再教育需求激增，替代效应强于创造效应，对就业市场冲击明显。长期会引起职业生态的根本性变革，推动经济增长。从行业角度看，传统制造业和服务业低端领域受替代效应冲击较大，新兴行业和服务业则更多受益于创造效应。人工智能还改变了工作性质，既有替代效应导致部分岗位被取代，又有恢复效应催生新岗位与就业机会，但过度自动化可能挤占劳动力在国民收入中的份额。在劳动力市场政策层面，人工智能促使高水平技术人员和管理人才需求增加，却也因技术和劳动力技能不匹配导致供给失衡，劳动力流动性和灵活性得到加强。全民基本收入制度面临劳动者身份识别困难、社会保障标准与水平确立复杂以及国家收入水平是否达标等诸多挑战。就业政策制定需适应新兴与传统行业更替，政策制定者角色亟待重新定位，社会包容性和就业公平问题凸显。收入分配方面，人工智能对劳动力的替代引发收入再分配失衡。人工智能可能会引起马尔萨斯主义重返，但通过制定相应的政策能够避免这一现象出现。

关键概念

替代效应　创造效应　恢复效应　全民基本收入制度　马尔萨斯主义

阅读文献

[1] 阿贾伊·阿格拉瓦尔，乔舒亚·甘斯，阿维·戈德法布．人工智能经济学［M］．王义中，曾涛，译．北京：中国财政经济出版社，2021.

[2] 李舒沁．人工智能的经济影响研究——以中国制造业工业机器人为例［M］．北京：科学出版社，2020.

[3] Acemoglu D.，Restrepo P. Robots and Jobs：Evidence from US Labor Markets［J］. Journal of Political Economy，2020，128(6)：2188－2244.

[4] Acemoglu D.，Restrepo P. The Race between Man and Machine：Implications of Technology for Growth，Factor Shares，and Employment［J］. American Economic Review，2018，108(6)：1488－1542.

[5] Autor D.，Dorn D. The Growth of Low－Skill Service Jobs and the Polarization of the US Labor Market［J］. American Economic Review，2013，103（5）：1553－1597.

[6] Autor D. H.，Levy F.，Murnane R. J. The Skill Content of Recent Technological Change：An Empirical Exploration［J］. Quarterly Journal of Economics，2003，118（4）：1279－1333.

[7] Skare M.，Gavurova B.，Burić B. S. Artificial Intelligence and Wealth Inequality：A Comprehensive Empirical Exploration of Socioeconomic Implications［J］. Technology in Society，2024.

思考题

1. 论述人工智能在长期和短期对就业的不同影响机制，并结合具体行业实例。

2. 分析人工智能导致不同技能水平劳动力就业极化现象的具体表现及成因。

3. 分析人工智能对就业的替代效应和恢复效应在不同行业和岗位上的具体体现，以及这两种效应相互作用下对就业市场的整体影响。

4. 论述人工智能技术的发展如何引发马尔萨斯主义重返，并提出应对之策。

第十二章

人工智能基础设施

随着新一轮科技革命与产业变革深入推进，人工智能基础设施作为数字公共产品，加速了人工智能技术扩散，推动了智能化业态的不断涌现，为促进人工智能发展提供底层支撑。因此，适度超前建设布局人工智能基础设施，开展“人工智能+”行动，培育人工智能产业生态对深入推进我国产业数智化转型和人工智能发展具有重大现实意义。本章着重介绍人工智能基础设施的基本内涵、典型特征、应用场景以及未来发展趋势。

第一节　人工智能基础设施概述

一、人工智能基础设施的演进历程

基础设施是为直接生产部门和人民生活提供基础条件及公共服务的设施，是一个国家经济运行与社会发展的重要载体。1965年，汉森将基础设施划分为经济基础设施与社会基础设施两类（Hansen，1965）。其中，经济基础设施是主要服务于经济生产与一般性经济活动的基础行业部门，具体包括公共设施、公共工程和交通运输；社会基础设施则主要是指服务于人民生活的社会性公共服务部门，具体包括文化、教育、医疗和社会福利保障等。随着经济形态由工业经济向互联网经济、数字经济、智能经济方向快速发展演进，传统基础设施建设已经难以满足经济向数字化、智能化转型的发展目标，以数字创新为驱动、通信网络为基础、算力算法为技术支持的人工智能基础设施在新一轮的智能化产业革命中应运而生，成为推动信息等要素高效流动的公共服务支撑。

人工智能基础设施的发展演进主要经历以下三个阶段：(1) 萌芽与探索阶段。在20世纪50～80年代，人工智能研究侧重于符号推理，受限于当时的计算能力和算法基础，人工智能基础设施建设主要以简单的计算设备和数据存储设施为主，人工智能基础设施的应用相对有限。(2) 初步发展阶段。20世纪90年代至21世纪初期，随着计算机性能的提升和大数据的积累，企业开始投资建设用于人工智能开发、部署和管理的集成硬件、软件和网络基础设施。高性能计算集群、大数据存储和处理系统、机器学习框架等人工智能基础设施逐步建立和发展。(3) 规模化应用与融合发展阶段。2010年以来，神经网络深度学习算法逐步完善（Hinton et al.，2006），这标志着人工智能基础设施建设逐步从“符号推理”阶段迈入数字化、规模化应用阶段。随着新一轮科技革命和产业变革加速演进，以大数据中心、5G基站、工业互联网、区块链、智能计算中心等为代表的人工智能基础设施逐渐与经济生产和社会发展深度融合（Venturini，2022），人工智能基础设施的应用场景逐渐拓展，应用效果日趋提升。

二、人工智能基础设施的内涵

作为数字经济发展的坚实底座，人工智能基础设施已经和水电、交通、仓储、环卫等传统基础设施一样，成为人类社会发展的必备要素，其为战略性新兴产业发展、培育新的经济增长点以及为增强我国的国际竞争力提供了重要保障。从狭义上来看，作为数字基础设施的重要组成部分，人工智能基础设施的内涵可以界定为：以“数据 + 算力 + 算法”为核心（任保平和豆渊博，2024），为支持人工智能技术的研发、应用和推广而构建的算力资源、数据服务、算法框架、开发平台和公共服务等一系列基础设施（解学梅和郭潇涵，2024；罗映宇等，2023）。而广义上的人工智能基础设施除了包含支持人工智能应用所需的硬件、软件、网络、数据等基础设施以外，还包括与之相关的人工智能应用服务、人工智能发展规章制度等。从软硬件设施对比来看，广义人工智能基础设施的组件更为丰富多样，涵盖了从底层硬件到上层应用的各个层面；而狭义人工智能基础设施的组件主要集中于智能计算硬件和核心软件方面。从功能角度对比来看，狭义人工智能基础设施的功能主要是支持人工智能模型的开发、训练与推理；而广义人工智能基础设施功能还包括人工智能应用后续的维护、服务和制度保障。从应用范围对比来看，狭义人工智能基础设施更加注重根据实际需求进行定制和优化，专业化程度更高；而广义人工智能基础设施适用于各种规模和类型的人工智能应用，可扩展性更强。

从上述现有研究提出的定义和对比分析可以看出，人工智能基础设施是数据获取、数据存储、数据分析处理以及数据传递的重要载体。其中，智能传感器网络、智能监测系统等负责收集和抓取数据；数据管道、HTTP 等传输协议为人工智能系统提供数据传输通道；人工智能计算中心、边缘计算、高性能计算、边缘计算等算力基础设施负责分析、处理信息；区块链、人工智能等新技术基础设施等负责确保信息传输的安全性以及最终决策的准确性。人工智能基础设施建设为政府治理、企业发展、学校教育、居民生活和社会发展等提供了广泛的服务，具体如表 12 - 1 所示。

表 12 –1　　人工智能基础设施提供的基本服务

对象	基本内容
政府治理	为政府提供政务服务平台，支持数据分析与决策支持，提高政府服务的透明度和效率
企业发展	在智能制造方面，通过人工智能质检等技术提升良品率，降低生产成本；在供应链管理方面，通过智能预测库存、智能调度、无人配送等功能提高物流效率和准确性；在智慧营销方面，通过智能客服系统实现自动化客户服务、个性化推荐和精准营销
学校教育	提供个性化教育服务，包括智能辅导、在线学习平台等，提升教育质量和学习效率
居民生活和社会发展	在居民健康方面，利用人工智能辅助医疗诊断提高诊断准确率，同时提供智能健康监测、疾病预防等健康管理服务。在城市建设方面，支持包括智能交通、智慧安防、智慧环保等领域的建设，提高城市管理效率和服务水平

资料来源：笔者自行整理而成。

三、人工智能基础设施的分类

根据人工智能基础设施的功能差异，可以将其划分为数据基础设施、算力基础设施、算法基础设施和智能安全基础设施。

（一）数据基础设施

数据基础设施是从数据要素价值释放的角度出发，面向社会提供数据采集、汇聚、传输、加工、流通、利用、运营、安全服务的一类人工智能基础设施，是集成硬件、软件、模型算法、标准规范、机制设计等在内的有机整体，具体包括数据存储设施、数据流处理设施、数据标注设施。数据基础设施具备融合、协同、智能、安全、开放等特征，能够支撑数据从采集到存储、处理、分析再到应用的全流程。数据基础设施是数字经济发展的重要基石，能够确保数据的高效管理和利用，为数字经济的发展提供源源不断的动力（李海舰和赵丽，2023）。从市场经济发展角度来看，数据基础设施也是数字创新的关键支撑，能够加速技术进步、创新创业和产业升级（蔡运坤、周京奎和袁旺平，2024），推动人工智能、大数据、云计算等前沿技术的深度融合与应用，为经济发展注入新活力。从政府治理角度来看，数据基础设施可以通过数据共享和互联互通提升国家治理体系和治理能力现代化（彭远怀和胡军，2024），由此，政府可以更加精准地掌握社会运行状况，提高决策的科学性和效率。

（二）算力基础设施

算力基础设施是集信息计算力、网络运载力、数据存储力于一体的人工智能基础设施，它呈现多元泛在、智能敏捷、安全可靠、绿色低碳等特征，旨在提供强大的数据处理能力，支持复杂的计算任务，满足不同行业的需求，具体包括高性能计算、人工智能计算中心、云计算平台、边缘计算。在数字经济发展阶段，市场对数据的“质”和“量”的要求不断攀升。与传统基础设施相比，全国一体化的大数据中心体系可以通过聚集优势创新资源来服务于内部业务的研发创新，进而产生规模经济效应，并在交通、能源等传统部门和生物医药、新材料等新兴部门中融合应用。云计算则是以互联网为基础，只需少量管理和与服务提供商的交互就能够便捷、按需地访问共享资源的计算模式，其具有按需自助服务、广泛网络接入、计算资源集中、快速动态配置、按使用量计费等主要特点。云计算等算力基础设施一方面可以在数据传输效率、服务方式等方面充分发挥优越性，持续提升数据存储与计算能力；另一方面依托云平台，通过网络互联效应形成数据反馈，强化数据存储和联动能力，优化资源配置速度及规模。

（三）算法基础设施

算法基础设施是以对接大数据为需要、以释放算力价值为目标，提供专业、普适普惠、持续升级的算法服务的人工智能基础设施，具体包括算法框架、模型库等基础且通用的算法服务设施以及满足特定行业特殊需求的专用算法服务设施等。算法基础设施融合了传统基础设施的物质性与算法知识的非物质性，具有虚实相兼的特征，同时表现出导向性、效率性、开放性和联动性等显著特点。从技术开发与产业转型的角度来看，算法基础设施通过提供预置的算法模型，降低了技术门槛，缩减了开发成本，提升了应用效率，加速了算法应用的落地，从而推动了产业智能化转型。从资源配置的角度来看，算法基础设施提供了自动实现生产要素供需匹配并快速达成交易的能力（刘善仕等，2022），推动了企业去中心化的发展逻辑，打破了生产要素对价格和企业的依附，有助于实现生产要素的优化配置，降低交易成本，激发市场主体的积极性与活力，进而促进产业升级和经济增长。

（四）智能安全基础设施

智能安全基础设施是以保障人工智能系统和智能化网络环境安全为目标而进行智能入侵检测、智能防御和智能管理的一类人工智能基础设施。随着人工智能技术的广泛应用，其系统面临着来自各方面的安全威胁，如数据泄露、恶意攻击、模型被篡改等。智能安全基础设施通过数据加密、访问控制、入侵检测等集成先进的安全防护机制高效保护了人工智能系统的模型与数据安全，确保了系统稳定运行。具体而言，其具有的自动化、智能化、集成化、可拓展性特征可以通过自动化工具和流程减少人工干预，提升安全管理的效率与精确度；利用人工智能技术进行安全数据分析，提供安全决策支持，提升威胁检测与响应的速度和准确性；将各种安全设备、系统和软件集成并形成统一的安全防护体系，提高整体安全性，以及能够根据业务需求和安全威胁的变化进行灵活调整与拓展。

人工智能基础设施的分类、内容与功能具体如表 12 - 2 所示。

表 12－2　　人工智能基础设施的分类、内容与功能

分类	内容	功能
数据基础设施	数据存储设施	保存大量包括文件、图片、视频、音频、数据库记录等各种类型的信息；定期将数据复制到其他介质或位置，以防止数据丢失或损坏
	数据流处理设施	面向社会提供一体化数据汇聚、处理、流通、应用服务，推动数据的广泛流通和高效应用
	数据标注设施	对包括图像、视频、文本、音频文件等多种格式的原始数据进行归因和标记，帮助机器学习算法理解和分类处理信息
算力基础设施	高性能计算	包括中央处理器 CPU、图形处理器 GPU 等，先进的计算架构可以处理大规模、复杂的数据计算任务；通过并行计算、分布式计算等技术，它能够快速完成数据的分析、挖掘和转换等操作
	人工智能计算中心	以基于人工智能芯片构建的人工智能计算机集群为基础，可以满足深度学习模型开发、模型训练和模型推理等场景的计算需求
	云计算平台	通过提供灵活的计算资源和开发工具，加速应用程序的开发和部署过程，处理复杂的科学和工程计算任务；连接各类物联网设备，实现数据的采集、分析和优化
算法基础设施	基础算法服务设施	提供查找、递归、排序及动态规划算法等基础算法服务
	通用算法服务设施	包括视觉大模型、生物计算大模型、自然语言处理大模型、跨模态大模型等，其通用性和泛化能力实现了跨越式增长，有助于小型服务应用需求快速落地
	行业专用算法服务设施	算法具有专用性，可以满足特定行业的特殊需求
	算法全周期服务设施	提供包括算法开发、运行、训练、检测和升级等的全周期服务，进而提高算法的稳定性与高效性
智能安全基础设施	入侵检测设施	智能入侵检测设施通过异常检测技术能够识别出与正常行为模式偏离的活动，从而判断是否存在入侵行为，并触发报警机制
	智能防御设施	采取自主防御，如阻断攻击源、隔离受影响的系统等，以减轻攻击造成的损害；与入侵检测设施等其他安全设备联动防御，实现智能协同响应
	智能安全管理设施	安全管理平台提供身份管理、访问控制、事件管理、漏洞管理等功能；智能感知系统可以收集和分析安全日志、网络流量等数据，实时监测网络安全态势

资料来源：笔者自行整理而成。

四、人工智能基础设施的典型特征

（一）算力高效特性

算力高效特性指的是在人工智能基础设施中，通过先进的计算架构、优化的算法和高效的资源调度，实现算力资源的最大化利用和性能提升。算力高效意味着在相同的硬件资源下，能够更好、更快地完成相同的计算任务，从而提高系统整体的计算效率和资源利用率。人工智能基础设施通常采用高性能计算、分布式计算等先进的计算架构，以支持大规模数据处理和复杂计算任务，提高计算效率和性能。针对人工智能应用中的特定问题，研究人员开发了多种优化的算法。这些算法能够降低计算复杂度、提高计算精度和效率，从而满足人工智能应用对高效算力的需求。此外，人工智能基础设施通常配备高效的资源调度系统，能够根据任务需求和资源状态动态调整计算资源分配（Moyne & Iskandar, 2017），这有利于实现算力资源的最大化利用，提高计算效率。

算力是数字经济的基础，通过提高算力有效性，可以加速数据的处理和分析，推动数字经济产业的创新和升级。随着算力有效性的提升，一批以数据为核心的新兴产业应运而生，如云计算、大数据、人工智能等。这些新兴产业不仅为经济增长注入了新的动力，还带动了传统产业的数字化转型。算力应用创新案例覆盖工业、金融、交通等多个领域。在大模型训练场景下，高算效注重单位时间内处理的运行时延、模型训练时间、数据处理质量等指标。同时，资源利用率反映的是算力中心整体资源的利用水平，即在较长时间周期内实际监测到的平均资源利用率，避免算力堆砌及大量资源闲置是实现高算效的关键。

（二）泛在连接特性

工业经济时代，生产系统论强调生产链条的存在和产业关联互补，这种“链式分工”模式导致服务于生产环节的信息、知识和技术同样只能单向或双向线性传递。马克思在提出两类分工理论时强调了分工与不确定性之间的逻辑关系，认为企业内部生产和分工环节的确定性会引致社会分工细化，从而导致市场交易环节的复杂性和不确定性提高。在信息不对称问题的影响下，企业外部的市场交易成本始终存在且难以消除，这致使商品所有者在市场交易过程中可能会面临“惊险一跃”的风险（马克思和恩格斯，1972）。数字经济时代是网络连接的时代，以大数据中心等为代表的人工智能基础设施主要提供算法代码、数据、信息等虚拟产品，是人、机、物实现全面互联的重要载体。其通过连接信息传感设备建立起数据传输、信息传递和知识共享的途径和渠道，加速数据信息在各主体之间的流动，进而推动经济社会发展。在这一时期，工业经济下的物质生产逐渐转化为信息生产，“链式分工”逐步演化为数智化分工网络，单向或双向的信息与知识传播也拓展演变为多方向网络信息传递（杨虎涛和胡乐明，2023）。人工智能基础设施的网络互联特性克服了资源的有限性和同质性，增强产业链上下游企业之间的技术关联性与协同性，促进了供给不可分性和需求不可分性进一步加强，并产生了基于梅特卡夫定律的几何倍增网络效应，进而实现了研发、生产和市场匹配环节互联互通，提高了市场交易过程的公开透明度，缓解了信息不对称问题，降低了企业外部交易成本。

在实践层面，一方面，数字基础设施将生产设备连接至5G网络等数字基础设施，实现设备信息与生产信息超低延时的高效互通，为远程操作生产设备和实时监测生产过程提供可能，并且可以克服传统布线模式下产能调度面临的物理约束，凭借无线传输与无线控制形成灵活调整设备位置、灵活分配任务的柔性生产线，完成对数据信息的实时采集、存储、处理和深度挖掘工作，实现对生产环节的有效控制。另一方面，物联网、工业互联网结合云计算可以提供基于互联网的开放标准和解决方案，实现多方互联，不断催生出新的产业、新的业态与新的模式，形成跨设备、跨系统、跨行业、跨地区的全面互联互通（吕越、谷玮和包群，2020）。

（三）集群稳定特性

在人工智能领域，集群稳定性是确保系统正常运行和数据处理连续性的关键要素。由于人工智能大模型的训练周期长，故障中断恢复较慢且算力损失大，因此智能算法集群的稳定性显得尤为重要。在硬件层面，人工智能基础设施通常包含大量高性能计算节点，这些节点通过高速网络连接共同承担人工智能模型的训练和推理任务。为了确保集群在单个节点故障时仍能继续运行，人工智能基础设施通常采用冗余设计，包括冗余电源、冗余网络接口以及冗余存储等，以确保在硬件故障发生时，系统能够迅速切换到备用资源，从而保持集群的稳定性。在软件层面，人工智能基础设施通常采用分布式系统架构，将计算任务分散到多个节点上执行。这种架构不仅提高了系统的处理能力，还增强了系统的容错性和稳定性。即使某个节点出现故障，这些系统也能够迅速将任务迁移到其他可用节点上，而其他节点仍能继续执行任务，从而保持集群的稳定性和性能。

在实际应用中，人工智能基础设施的集群稳定性对于确保人工智能模型的训练和推理任务的顺利完成具有重要意义。例如，在自动驾驶领域，人工智能模型需要处理大量的传感器数据和图像数据，以实现对车辆周围环境的准确感知和决策。如果集群出现不稳定或故障，将导致数据处理中断或延迟，从而影响自动驾驶系统的安全性和可靠性。

（四）绿色低碳特性

从数字技术与绿色低碳技术的融合来看，这两者是当前科技革命和产业变革中最重要的两个驱动因素。数字技术的普及推动了生产方式的颠覆性改变，而绿色技术的运用则是新质生产力发展的必然要求。人工智能作为新一代信息技术的代表，其基础设施的发展和完善不仅推动了数字经济的繁荣，还为实现绿色低碳转型提供了重要支撑（王镝和章扬，2024）。人工智能基础设施在设计和建设过程中，充分考虑了能源效率和环境保护。例如，在数据中心建设中，许多企业积极探索将算力基础设施建设与分布式光伏发电、燃气分布式供能等新能源基础设施建设结合起来，高效利用清洁能源和可再生能源以优化用能结构。这种做法不仅减少了对传统能源的依赖，还降低了碳排放，实现了绿色低碳的发展目标。人工智能技术在能源管理和节能减排方面同样发挥着重要作用（陈晓红等，2024）。通过大数据分析，人工智能技术可以更精确地预测能源需求和供应，从而降低能源浪费和提高能源效率（杨思莹、李政和李嘉辰，2023）。在电力系统中，智能算法能够根据天气预报、用电历史等信息，准确预测电力需求，从而合理安排发电计划，减少碳排放。同时，人工智能技术还可以构建智能交通系统，减少交通拥堵，降低汽车的油耗和排放，进一步推动低碳出行。

（五）公共产品特性

人工智能基础设施的公共产品特性指的是其作为公共资源能够为社会公众广泛共享并服务于各类应用场景的特性。人工智能基础设施的公共产品特性主要体现在以下几个方面。

一是非竞争性。非竞争性是指一个人对公共产品的消费不会影响其他人对该产品的消费。在人工智能基础设施的情境中，这意味着多个用户或应用可以同时使用基础设施提供的服务，而不会相互干扰或降低服务质量。例如，一个开源的深度学习算法框架可以被多个开发团队同时用于模型训练和推理，而不会因用户数量的增加而降低性能。

二是非排他性。非排他性是公共产品原则上向全体社会公众提供的特性（隆云滔等，2025）。人工智能基础设施原则上应向所有有需求的用户开放，不应因用户的身份、地位或付费能力而有所限制。例如，一个公共的人工智能计算平台应允许所有开发者接入并使用其提供的算力资源，而无须进行额外的筛选或限制。

三是服务易用性。人工智能基础设施作为公共服务设施，其建设和运营旨在满足社会的共同需求。这些基础设施通常由政府、企业或其他社会组织投资建设，并向社会提供开放、共享的服务。例如，政府或企业可以投资建设大规模的数据中心和计算平台，为全社会的人工智能应用提供算力支持；同时，也可以开放算法库、模型库等资源，降低开发者进入人工智能领域的门槛。

四是强外部性。人工智能基础设施的建设和完善不仅有助于提升人工智能技术的整体水平，还能推动相关产业的发展和升级。例如，一个高效的人工智能计算平台可以加速机器学习模型的训练和推理速度，从而提高整个行业的智能化水平；同时，基础设施的完善还可以促进创新创业和人才培养，为经济社会发展注入新的活力。

第二节　人工智能基础设施的应用场景

一、大模型推理应用

大模型推理是指利用大规模预训练模型进行复杂任务推理的过程。随着人工智能技术的不断发展，大模型推理在各领域形成了多模态的应用场景（Nitzberg & Zysman，2022），进而帮助企业快速响应市场需求变化、提高决策效率、降低运营成本等。大模型推理应用的实时性、准确性、安全性依赖于人工智能基础设施建设。在实时性要求方面，人工智能基础设施的大模型推理应用须将训练好的大型人工智能模型应用于实际场景中，以实时处理输入数据并作出决策或预测，因此需要高性能计算基础设施、混合多云连接支持。在准确性要求方面，复杂的、数据密集型的大模型推理存在高性能计算需求，企业需要构建可扩展的人工智能基础设施，包括先进的计算硬件、高效的存储系统和强大的网络连接，以便在关键工作负载之间实现更快速、更精确的数据传输，从而提高大模型推理的准确性。在安全性和隐私性要求方面，企业需要建立安全可靠的网络连接，确保数据在传输过程中不被泄露或篡改。

案例 12 -1　中科曙光——以立体计算发展新质生产力

中科曙光成立于2006 年，历经近 20 年的发展，中科曙光在全国各地设立了 30 多个分支机构，在全国 50 多个城市部署了城市云计算中心，拥有国际领先的三大智能制造生产基地、五大研发中心。在高端计算、存储、安全、数据中心等领域拥有深厚的技术积淀和领先的市场份额，并充分发挥高端计算优势，布局智能计算、云计算、大数据等领域的技术研发，打造计算产业生态，为科研探索创新、行业信息化建设、产业转型升级、数字经济发展提供了坚实可信的支撑。

在算力部署与高性能计算需求“井喷式”增长的人工智能革命浪潮中，中科曙光以立体计算为突破口“赢战”堵点、痛点、卡点，提供涵盖算力建设、应用与生态构建的创新解决方案。在立体算力建设方面，中科曙光拥有多样化算力供应、全局性算力服务与跨壁垒算力调用的算力三维能力，实现计算资源的多维布局与纵横拓展；在立体应用赋能方面，中科曙光能够从广度、宽度、深度三个方面实现全行业、全场景、全周期的三维应用赋能，针对应用开发进行全流程支持与全场景渗透；在立体生态共生方面，中科曙光着力推进数实融合、产学研融合与商业模式融合的生态三维发展，完成与生态合作伙伴的技术互补与价值共创。

在培育和快速发展新质生产力的时代要求下，中科曙光以高效计算的曙光智算释放应用发展力，以全栈可信的曙光云释放服务发展力，以先进存力的曙光存储释放数据发展力，以全局液冷的曙光数创释放绿色发展力，以实数融合的曙光网络释放工业发展力。以释放绿色发展力为例，中科曙光以国家认可的先进液冷技术推动智算中心低碳化，能耗降低最高可达30%，能源使用效率（PUE）最低可降至1.04。

资料来源：根据中科曙光官网内容自行整理而成。

二、超算与智算融合建设应用

超算（超级计算）能够在短时间内处理大量复杂的科学与工程计算任务，具有极快的计算速度、强大的数据处理能力以及高度复杂的并行处理机制等典型特征。智算（人工智能计算）是通过人工智能大模型、深度学习、自然语言处理等先进设备与技术，从海量数据中提取有价值的信息，以支持精准和高效决策的计算过程。由于各行各业对算力的需求急剧增长，超算与智算融合建设应用是逐渐成为现阶段人工智能基础设施建设的一个重要应用场景。超算和智算作为两种重要的算力形态，各自具有独特的优势，超算在高性能计算、大规模数据处理等方面具有显著优势，而智算则擅长于利用人工智能技术进行数据分析和决策。两者可以在充分发挥各自优势的基础上形成技术互补，实现算力资源的优化配置，并在工业生产、城市治理、前沿科学等多个领域实现融合应用，具体如下：

一是工业仿真与数字孪生技术。超算与智算在工业领域的融合应用推动了智能产品设计与智能制造发展。一方面，超算可以模拟复杂的制造过程，优化生产线设计，提高产品开发的效率。智算则可以通过机器学习算法和数据分析，实现生产过程的智能化监控和优化。另一方面，超算与智算可以通过构建数字孪生模型实现对实际系统的虚拟仿真和监测。具体而言，超算通过提供强大的计算能力支持复杂系统的模拟和分析；智算则通过算法优化和数据分析，提高数字孪生模型的准确性和可靠性。

二是智慧城市建设。超算与智算的融合应用可以处理城市级数据，支持城市交通管理、公共安全等领域的决策制定。在城市交通管控方面，超算提供强大的数据处理能力，优化交通信号控制，减少拥堵；智算则支持大规模交通数据的实时分析和处理，提高交通流量预测的准确性和实时性。在城市公共安全监测与预警方面，超算通过强计算支持复杂安全事件的模拟和分析；智算则通过算法优化和数据分析，提高监测系统的准确性和可靠性。

三是前沿科学领域探索。超算与智算的结合为科学研究提供了新的工具和方法，使得科学家能够通过模拟和分析来探索未知领域。在气候模拟与环境预测领域，超算可以运行复杂的气候模型提供对气候变化的深入理解，并预测未来的环境变化；智算则可以通过算法优化提高气候模型的准确性和可靠性。在生物医药领域，超算算力能够快速筛选潜在的药物分子，加速新药的研发流程；而智算中心提供的智能算法和数据分析工具可以进一步优化药物分子的设计和筛选过程（历军，2019）。在量子计算和边缘计算领域，超算通过管理和调度量子计算资源推动量子与人工智能混合算法的发展，解决传统计算机难以处理的问题，而边缘计算在环境感知和快速响应方面展现出巨大潜力。

三、人工智能基础设施在大型央国企的“示范应用”

人工智能基础设施在大型央国企的“示范应用”不仅提升了本企业的运营效率，还推动了行业智能化发展。在算力底座支撑方面，央国企在上海、呼和浩特等地建成了万卡集群，算力平台初步实现多元异构算力调度，有效支撑千亿级及以上通用大模型训练迭代，算力规模同比实现翻倍增长。在智算中心和算力调度运营平台方面，央国企有序推进智算中心和算力调度运营平台建设，做强智算能力供给，以更好地服务中小企业。这些平台通过高效的算力调度和优化，降低了企业计算成本，提升了计算效率。

在行业大模型构建方面，央国企推进多模态大模型与跨模态图像生成能力的发展，从而推动科研、生产、客服等方面降本增效，为企业提供了强大的智能支持。例如，在科技研发方面，中核集团秦山核电有限公司打造的知识管理平台依托大语言模型、智能检索等技术高效整合公司内外部海量知识资源。该平台具备核工业语义库、智能问答等七大核心板块功能，有力提升了核电知识利用效率。在智能生产方面，中核北方核燃料元件公司的生产线上，工业机器人、可视化管理、智能仓库、智能检测等技术得到了初步应用。这些技术通过智能化的检测和诊断，提高了产品的质量和安全性，降低了企业运营成本。在鞍钢股份炼铁集中操控中心，高炉炼铁、铁水运输等数据及流程的可视化为生产员工配备“数字大脑”，实现了生产过程智能化，提高了生产效率和产品质量。

第三节　人工智能基础设施的发展趋势

2023 年 10 月 8 日，工业和信息化部、中央网络安全和信息化委员会办公室等部门联合发布《算力基础设施高质量发展行动计划》，旨在加强计算、网络、存储和应用协同创新，推进算力基础设施高质量发展，充分发挥算力对数字经济的驱动作用。2024 年政府工作报告中明确指出：深化大数据、人工智能等研发应用，开展“人工智能 +”行动。适度超前建设数字基础设施，加快形成全国一体化算力体系，培育算力产业生态。2025 年 1 月 7 日，国家发展改革委、国家数据局、工业和信息化部三部门联合印发的《国家数据基础设施建设指引》中指出，到2029年，国家数据基础设施建设和运营体制机制基本建立。这标志着中国开启新一轮以数据为中心的数字基础设施布局。国家数据基础设施围绕打造可信流通、高效调度、高速互联、安全可靠的体系化能力，持续赋能各行业数据融合与智能化发展。国家数据基础设施建设的重点方向包括建设数据流通利用设施底座，建设数据高效供给体系，建设数据可信流通体系，建设数据便捷交付体系和建设行业数据应用体系。国家关于算力基础设施和数据基础设施建设的规划发展与要求为人工智能基础设施的未来发展趋势指明方向，具体如下。

一、以数据基础设施建设促进数据高效流通应用

高效的数据流通意味着数据能够被快速、准确地收集、处理和分析，从而支持人工智能模型的训练和更新，进而提升模型的泛化能力和准确性。诸如自动驾驶、金融交易等实时决策场景均要求人工智能系统能够迅速处理和分析数据，以作出准确、及时的决策，而数据高效流通可以帮助人工智能系统更快地获取和分析关键信息，从而提高决策的质量和速度。因此，未来以数据基础设施建设促进数据高效流通是一项重要的发展趋势，具体包括以下内容。

一是持续提供高质量数据。在数据的查找和利用方面，制定和实施数据基础设施建设标准和规范，确保数据的格式、质量、安全等方面达到统一要求。建立数据目录分类分级管理机制，加强数据分类管理和分级保护，形成数据“一本账”。支持各行业各领域打造高质量数据集，因地制宜推进公共数据运营平台集约化、标准化建设，推进公共数据的规模化、常态化供给。在数据准确性方面，构建集成数据采集、存储、清洗、标注、管理、应用等功能的一体化数据基础通用工具平台，提升数据加工效率。研究制定高质量数据集建设相关标准，从数据生成、注释定义到

数据管理的全过程，确保数据标注的准确性和数据模型的专业性。

二是促进数据流动共享。建立低成本、高效率、可信赖的数据流通机制，推进数据资源管理服务平台、数据交易平台互联互通，统一平台标准，促进平台间互操作，实现数据资源的跨行业、跨领域、跨区域有序流通，持续提升数据供需的精准匹配程度。支持多种可信数据空间建设，鼓励新技术设施探索，为数据流通提供安全可信的环境。例如，支持基础好、有条件、意愿强的行业和城市先行先试数场建设。鼓励行业、地方积极探索建设区块链网络、隐私保护计算平台等新技术设施。

三是拓宽数据应用场景，用好高质量数据。加强场景牵引，建设面向工业制造、现代农业、数字金融、智慧医疗、智慧交通、跨境物流、航运贸易、卫生健康、绿色低碳、气象服务、数字文化等重点行业领域的数据应用体系，发挥企业主体作用，促进行业数据应用创新。培育基于数据要素的新产品和新服务，促进数据多场景应用、跨主体复用，实现知识扩散、价值倍增。

二、以算力基础设施建设推动智能计算和区域算力协同

算力是人工智能发展的核心驱动力。随着人工智能技术的快速发展，数据量呈爆炸式增长，而人工智能算法需要对这些海量数据进行处理和分析，这就对算力提出了极高的要求。高性能的算力可以支持大型人工智能模型的训练，使得原本需要耗费大量时间的训练过程得以大幅缩短。因此，未来以算力基础设施建设推动智能计算和区域算力协同是一项重要的发展趋势，具体包括以下内容。

一是以算力基础设施建设推动智能计算。在算力支持方面，随着人工智能技术的不断进步，智能计算对于算力的需求也在持续增长，而算力基础设施未来将通过不断提升计算性能、优化计算架构等方式为智能计算提供更加强大的支持。例如，通过构建

超级计算机或高性能计算集群，可以满足大规模并行计算和复杂算法处理的需求，从而加速智能计算的进程。在推动算法与模型持续优化方面，通过利用高性能计算和大规模数据集对算法和模型进行更深入的训练和测试，从而发现其中的不足并改进。此外，算力基础设施还可以支持多种算法和模型的并行处理，加速算法和模型的收敛速度，提高智能计算的准确性和效率。在应用场景方面，算力基础设施的发展将促进智能计算应用场景的拓展与创新。随着算力的不断提升和成本的降低，智能计算将逐渐渗透到更多行业和领域，如智能制造、智慧城市、智慧医疗等。

二是构建算力一体化网络，推动区域算力协同发展。在业务协同方面，根据业务需求优化调整通用算力，提升智能算力占比，引导区域间算力协同发展。针对高时延业务和人工智能模型训练等特定需求，合理布局算力设施，实现算力与业务的精准匹配。在网络协同方面，推动算力网络国家枢纽节点直连网络骨干节点，促进各类新增算力向国家枢纽节点集聚，构建高效、智能、灵活的算力网络体系。加快光传送网、IPv6、SRv6 等创新技术的部署与应用，推动国家枢纽节点和需求地之间高带宽全光连接，推进算网深度融合，提升算力网络的传输效率和承载能力。

具体而言，在重大战略区域算力中心建设方面，在京津冀、长三角、粤港澳大湾区、成渝等区域战略节点有序建设算力设施，满足重大区域发展战略的实施需要。支持企业“走出去”，共建“一带一路”国家布局海外算力设施，提升全球化服务能力，同时促进国内区域算力与国际算力的协同发展。在东、西部地区算力平衡发展方面，加强新兴网络技术创新应用，优化网络计费方式，降低东西部数据传输成本，促进东部中高时延业务向西部转移。此外，将西部地区在存力和环境方面的优势与东部地区算力需求相结合，加快西部枢纽算力基础设施建设，提升算力设施利用效率，形成协同联动、平衡互补的算力布局。

三、以算法基础设施建设推动绿色、开放、共享发展

算法基础设施作为人工智能基础设施的重要组成部分，融合了基础设施的物质性与算法知识的非物质性，通过集成和分发各类算法模型，为人工智能技术创新提供了坚实的基础。算法基础设施建设有助于加速人工智能技术迭代升级，促进算法与数据、算力要素的联动，进一步推动人工智能应用场景的落地和产业智能化、绿色化、开放化发展。因此，未来以算法基础设施建设推动绿色、开放、共享发展是一项重要的发展趋势，具体包括以下内容。

一是以算法基础设施建设推动绿色低碳发展。人工智能基础设施属于高耗能设施，其绿色建设发展对于实现环境保护目标和促进经济、社会和环境三个方面协同发展具有重要意义（陈晓红等，2024）。随着全球对环境保护意识的增强，未来算法基础设施建设将通过采用可再生能源、优化能源利用方式、提高能效、资源循环利用、废弃物的处理与再利用等措施，降低算法基础设施的能耗和碳排放。例如，在可再生能源利用方面，通过建设太阳能光伏电站、风力发电站等设施将可再生能源转化为电能，从而提供绿色、稳定的能源供应。在能源管理系统优化方面，算法基础设施通过对外部环境的感知与识别进一步优化算法模型，进而根据实时监测的能源使用情况来优化能源分配策略、提高能源利用效率，降低能耗和排放。

二是以算法基础设施建设推动开放共享发展。在搭建开放平台方面，未来需建立统一的、稳定的算法基础设施开放平台，支持多种算法语言和框架，为开发者、企业和研究机构提供便捷的算法开发、测试、部署和共享服务，满足不同用户的需求。在营造开源算法社区方面，未来需提供代码托管平台、文档详细的开源项目仓库、丰富易用的开发工具等基础设施服务，制定社区行为准则和贡献指南，鼓励各类主体广泛参与代码编程、文档编

写、模型测试验证等活动。在算法基础设施建设制度供给方面，设立专门的监管机构，开展审批、监督、执法等监管工作。制定具体的算法基础设施建设监管规则和标准，明确数据安全要求、数据质量标准、隐私保护标准等。实施风险评估管理，识别算法基础设施建设的潜在风险，并制定相应的风险管理策略。

四、以智能安全基础设施建设促进社会治理现代化发展

面对日益复杂的网络安全威胁、数据隐私风险以及物理世界与数字世界融合带来的新型挑战，智能安全基础设施以其主动防御、实时响应和自适应优化等功能特性来保护训练数据免受泄露或篡改，确保人工智能模型的输入质量和抗干扰能力，最终高效提升数字和物理环境的安全水平。因此，未来以算力基础设施建设促进社会治理现代化发展是一项重要的发展趋势，具体包括以下内容。

一是以智能安全基础设施建设提升治理精准性。智能安全基础设施通过物联网感知设备、人工智能算法和大数据分析，实现对城市运行状态和社会风险的实时监测与动态评估。基于多源数据融合分析，治理主体能够精准识别诸如交通拥堵、环境污染、公共卫生事件等社会问题，并利用预测性模型提前干预，推动治理模式从“被动响应”转向“主动预防”。隐私计算技术在保障数据安全的前提下，支持个性化公共服务的精准投放，进而使政策执行更加有的放矢。

二是以智能安全基础设施建设增强治理协同性。依托区块链、安全多方计算等技术，智能安全基础设施可以打破部门间的数据壁垒，实现跨领域、跨层级的信息共享与业务协同。通过构建统一的安全数据中台，应急、市场监管等部门可高效联动，形成“监测—预警—处置—反馈”的闭环管理机制。同时，诸如人工智能客服、民意采集系统等智能化政务平台可以降低公众参与门槛，推动政府、企业、社会多元主体共治，提

升整体治理效能。

三是以智能安全基础设施建设强化治理韧性。智能安全基础设施通过人工智能技术驱动的风险预测模型和自动化响应机制，增强社会治理系统对突发事件的适应能力。一方面，工业互联网安全平台、零信任架构等技术保护关键基础设施免受网络攻击，确保城市运行稳定；另一方面，基于舆情分析、金融监管等场景的动态监测，系统可提前识别社会矛盾与经济风险，并触发协同处置流程。这种“防患于未然”的机制设计显著提升了复杂环境下的系统容错与快速恢复能力。

本章小结

人工智能基础设施是网络强国建设的大动脉、技术底座和新引擎。建立健全人工智能基础设施体系是适应人工智能引领的新一轮科技革命和产业变革态势的必然要求，也是加快建成网络强国的基础前提和内在要求。本章介绍了人工智能基础设施的内涵与特征、人工智能基础设施的分类、人工智能基础设施的应用场景以及人工智能基础设施的发展趋势。首先，人工智能基础设施是以“数据 + 算力 + 算法”为核心，为支持人工智能技术的研发、应用和推广而构建的算力资源、数据服务、算法框架、开发平台和公共服务等一系列基础设施，具体包括数据基础设施、算力基础设施、算法基础设施和智能安全基础设施。其次，人工智能基础设施具有算力高效、泛在连接、集群稳定、绿色低碳、公共产品等特性。再次，人工智能基础设施的应用场景包括大模型推理应用、超算与智算融合建设应用、大型央国企的“示范应用”等。最后，人工智能基础设施的发展趋势包括以数据基础设施建设促进数据高效流通应用，以算力基础设施建设推动智能计算和区域算力协同，以算法基础设施建设推动绿色、开放、共享发展，以智能安全基础设施建设促进社会治理现代化发展。

关键概念

人工智能基础设施　数据　算力　算法　泛在连接　绿色低碳　智算融合

阅读文献

[1] 安筱鹏．数字基建：通向数字孪生世界的迁徙之路［M］．北京：电子工业出版社，2021.

[2] 程文．人工智能、索洛悖论与高质量发展：通用目的技术扩散的视角［J］．经济研究，2021，56（10）：22－38.

[3] 罗映宇，朱国玮，钱无忌，等．人工智能时代的算法厌恶：研究框架与未来展望［J］．管理世界，2023，39（10）：205－233.

[4] 解学梅，郭潇涵．人工智能深度学习平台如何实现开源式创新［J］．中国工业经济，2024（8）：174－192.

[5] 野村直之．人工智能改变未来：工作方式、产业和社会的变革［M］．付天祺，译．北京：东方出版社，2018.

[6] Acemoglu D.，Restrepo P. The Race between Man and Machine：Implications of Technology for Growth，Factor Shares，and Employment［J］. American Economic Review，2018，108（6）：1488－1542.

思考题

1．人工智能基础设施的典型特征包括哪些？

2．人工智能基础设施可以划分为哪几类，其基本内容是什么？

3．人工智能基础设施的服务对象包括哪些？分别为其提供哪些具体服务？

4．结合我国实际简述人工智能基础设施的应用场景。

第十三章

人工智能与经济增长

人工智能作为一种通用目的技术，在宏观经济增长中起到非常重要的作用。本章首先介绍人工智能发展对经济增长影响的内在逻辑，并介绍基于任务偏向型技术进步的人工智能经济增长模型以及理解人工智能经济增长的元任务框架，在此基础上进一步介绍人工智能对经济增长影响的机制和人工智能对不同产业经济增长的影响。

第一节 人工智能发展影响经济增长的内在逻辑

一、人工智能的发展浪潮与经济增长

现代意义上的人工智能开端于20世纪40年代，其诞生具有三个方面的基础，一是计算机，二是图灵测试，三是达特茅斯会议。可以说，计算机技术是人工智能发展的基础，而人工智能从一开始就是一种信息通信技术（ICT）（蔡跃洲和陈楠，2019）。图灵（Alan Turing）在其所著的《计算机器与智能》中所提出的图灵准则，则是人工智能研究领域中最重要的智能机标准。1956年8月，美国达特茅斯学院举行的学术讨论会上首次提出了“人

工智能”的术语，1956 年也被称为“人工智能元年”。19 世纪末期，人类发现了神经系统中结构与功能的基本单位——神经元，在人工智能发展的第一个黄金时代，沃伦·麦卡洛克等（Warren McCulloch et al.，1943）发表了《神经活动内在概念的逻辑演算》，该文证明了一定类型的、可严格定义的神经网络，原则上是能够计算一定类型的逻辑函数的，由此开创了当前人工智能研究的两大类别：一是电子设备模拟生物脑的联结主义；二是直接通过模拟逻辑来实现智能的符号主义。

20 世纪 80 年代，个人电脑崛起导致专用 LISP 机器硬件市场崩溃，专家系统存在问题，人工智能发展进入低谷。这使得人们开始对于专家系统和人工智能的信任都产生了危机。人工智能技术也应该拥有身体感知能力，从下而上实现真正的智能的观点再次占据上风，神经网络技术迎来了新一轮的壮大和发展。随着计算机处理能力的不断提升和大数据的出现，20 世纪 90 年代中期至 2010 年，人工智能技术进一步走向实用化。

2011 年至今，人工智能开始注重大数据运用，并迈向自主学习、深度学习和认知智能（乔晓楠和郗艳萍，2018），由此迈入人工智能发展的“第三个黄金阶段”。2012 年，卷积神经网络（CNN）在 ImageNet 大规模视觉识别挑战赛（ILSVRC）中取得了重大突破，引发了对深度学习的广泛关注和研究热潮，并成功促使 AI 研究从传统机器学习方法转向深度学习，其不仅在图像识别领域取得了突破，还在自然语言处理、无人驾驶和医学影像等领域产生了深远影响。2016 年，谷歌 AlphaGo 战胜围棋世界冠军李世石，同年谷歌（Google）提出基于自注意力机制的 Transformer 架构，更是为预训练大模型的研究奠定了基础。2022 年 11 月，OpenAI 的 ChatGPT 横空出世，将生成式 AI 带入了快速发展期。2024 年，DeepSeek 发布第二代 MoE 大模型 DeepSeek - V2，凭借比肩 GPT - 4 Turbo 的性能和仅为 GPT - 4 百分之一的价格，让世界看到了生成式 AI 领域的新力量，掀起了人工智能发展的新浪潮。

总体来看，在人工智能发展的新阶段，大数据、云计算、互联网、物联网等信息技术的发展，以及图形处理器等计算平台的推动，促使以深度神经网络为代表的人工智能技术飞速发展，在图像分类、语音识别、知识问答、人机对弈、无人驾驶等领域实现了从“不能用、不好用”到“可以用”的技术突破，人工智能的应用场景不断扩大，逐渐渗透到社会生产生活的各个方面。工业领域的大模型应用已从研发设计拓展到生产制造环节，推动高端装备和智能制造升级。AI Agent（智能体）正从“辅助工具”演变为“数字劳动力”，接管客服、财务、供应链管理等重复性工作。生成式 AI 技术（如 DeepSeek R1）通过低成本推理能力，赋能医疗、教育、金融等复杂领域。人工智能在各个领域所引领的发展浪潮，为推动世界经济长期增长产生了巨大影响。

二、人工智能发展推动经济增长的内在逻辑

人工智能作为继蒸汽机、电力、计算机之后的第四代通用技术，正在重构技术推动经济增长的底层逻辑，其核心价值不仅在于技术本身的突破，更在于其对生产函数、要素结构和增长范式的系统性重塑。尽管部分学者担忧人工智能可能重演“索洛悖论”，使技术投入与生产率提升不匹配。但更多研究表明，人工智能通过动态要素创新、全要素生产率跃迁和分工范式革命，正在成为推动经济增长的核心引擎。其理论逻辑可从以下维度展开。

（一）人工智能发展以“智能自动化”形成突破规模报酬递减的新型生产要素

传统自动化技术以资本形态嵌入生产函数，但其局限性在于任务单一性、静态性及折旧性。而人工智能驱动的智能自动化（intelligent automation）创造了一种“类人类”的虚拟劳动力，

其本质是兼具自我迭代能力的动态生产要素。这种特征具体表现为三个方面：一是推动任务复杂性跃升，从简单重复任务转向跨领域复杂决策，如医疗诊断或供应链优化，甚至可执行敏捷性和适应性的非结构化任务；二是规模经济重构，人工智能通过深度学习与知识蒸馏技术，能够实现在持续学习中的性能升级而非贬值，进而打破传统资本要素的边际收益递减规律；三是推动要素成本革命，以国产大模型 DeepSeek 为例，其训练成本远低于国际竞品，能够推动算力资源从“重训练”向“重推理”转型，显著降低自动化边际成本。人工智能作为新型生产要素，为突破传统经济增长理论的技术进步形成了新路径。

（二）人工智能发展推动要素质量跃迁，实现劳动力与资本的智能化升级

人工智能通过“人机协同”和“数据赋能”，实现了对传统生产要素的提质增效。在劳动力升级方面，人工智能一方面可以解放劳动力的创造力，例如，人工智能可以接管可计算任务，如文档处理和数据分析等，进而可以释放人类专注于战略决策和创意设计等；另一方面可以实现劳动力的能力延伸，例如，将增强现实（AR）与具身智能（embodied AI）相结合，可以拓展人类在物理空间的操作边界。在资本升级方面，人工智能能够优化资本投入效率，通过引入人工智能后的实时决策网络，可以基于生产数据流进行动态分析，进而实现设备利用率最大化。此外，人工智能具有自适应进化的特征，使传统机械通过 AI 算法迭代提升性能，形成“资本质量—技术迭代”的正反馈。通过要素质量的改善，进而形成推动经济增长的强大动力。

（三）人工智能发展可以通过“微观—中观—宏观”三重跃升机制，推动全要素生产率（TFP）突破性增长

一是在微观领域推动管理革命，AI 决策支持系统可以赋能

扁平化组织，通过实时数据聚合与情景模拟，提升管理者信息完备性，降低决策摩擦成本。二是在中观领域推动资源配置优化，对要素错配进行矫正，如 AI 金融风控模型可以破解小微企业融资难问题，优化资本流向，再如人力资本再配置方面，AI 可以替代常规岗位倒逼人才向研发、设计等高附加值领域流动。三是在宏观领域压缩交易成本，如 AI 推动语言与交互革命，类似 Sora 文生视频等多模态 AI 可以降低跨语言、跨文化交易壁垒。同时，人工智能还可以推动智能合约与区块链融合，如去中心化 AI 代理（agent）可以自动执行合同条款，减少信任成本。通过在微观管理革命、中观配置效率和宏观交易成本三方面的优化和跃升，人工智能可以有效地赋能生产率的增长。

（四）人工智能推动分工范式革命，使从专业化效率到多样化效率

传统技术革命通过专业化分工提升效率，而人工智能参与社会生产分工，则开创了分工“多样化效率”的新范式。这种多样化效率体现在如下方面：一是推动脑力替代与创新涌现，人工智能参与社会分工，对劳动形态的分工替代从体力替代转向脑力替代，使产品创新复杂度指数级提升；二是推动生产可能性边界扩展，多模态生成技术能够催生个性化定制与长尾市场，通过“供给创造需求”激活新消费场景；三是人工智能形成生态协同效应，智能体工作流（agentic workflow）可以整合多个 AI 代理，实现跨行业任务串联，生产过程中的“供应链管理—生产排程—市场营销”的全链路自动化，进而形成网络化增值效应。总体而言，人工智能的经济赋能逻辑已超越单一生产率视角，呈现“要素创新→效率革命→分工跃迁”的多重机制，并能够通过数据反馈闭环与算力—算法—场景协同，形成“技术进步—经济增益”的自我强化与正循环。

第二节　人工智能发展影响经济增长的理论模型

从理论视角上看待人工智能对经济增长的作用，要了解人工智能作为一种通用目的的技术如何嵌入经济增长模型，更加需要研究人工智能对经济发展的影响纳入技术进步的生产函数形式。人工智能对经济增长影响的代表性理论框架有两类：技能偏向型（skill-biased）技术进步和任务偏向型（task-biased）技术进步。本节介绍技术进步在纳入增长模型中的两类框架，进一步介绍了基于人工智能的元任务模型。

一、人工智能纳入生产函数的增长理论框架

（一）人工智能纳入生产函数的技能偏向型技术进步理论模型

早期研究侧重于从技能偏向视角解释技术进步对就业和工资的影响，该分析框架将劳动分为技能劳动和非技能劳动，并假设技术进步为要素增强（factor-augmenting）的形式，且技能劳动和非技能劳动无法完全替代。在这种思路下，人工智能是以“要素替代”的机制作为偏向型技术进步形式引入生产函数的。其中阿西莫格鲁等（Acemoglu et al.，1998，2002，2012）的一系列论文在发展和完善偏向型技术进步理论方面作出了巨大贡献，他们在具备微观基础的内生技术进步理论上，将新技术发展的方向（偏向）内生化，为探讨人工智能引发的技术进步对经济的影响提供了理论框架（张俊等，2014）。

人工智能具有明显的偏向型技术进步特征。汉森（Hanson，2001）较早地尝试利用新古典经济增长模型就机器智能对经济影响进行估计。该模型假设机器既可以与人类劳动互补，也可以替

代人类劳动，在不同的工作中，这种补充或者替代的可能性不同。模型同时假设计算机技术比一般技术改进得更快，机器智能的劳动投入可以根据需要快速增长，从而批量使用机器智能将经济增长率提高一个数量级或更多。人工智能对技术进步和经济增长的影响，就体现在技术进步的过程中更加偏向于劳动还是更加偏向于资本。

我们可以基于以下增长理论框架来理解这一机制。考虑一个总量生产函数，$Y(t)=F[L(t), H(t), A(t)]$，$L(t)$ 为劳动，$H(t)$ 表示另一种要素，如技能劳动、土地、资本或一些中间产品，$A(t)$ 为技术。增进型技术进步等同于要素投入的扩大，如果是劳动增进型，则$\frac{\partial F(L, H, A)}{\partial A}=\frac{L}{A}\times\frac{\partial F(L, H, A)}{\partial L}$，此时总量生产函数可以写作 $F(AL, H)$，即技术进步等同于扩大了劳动的投入，此时若 H 表示资本，即为哈罗德中性技术进步，此时，在资本产出比不变的条件下，利润和工资在国民收入中的分配比率不发生变化。如果是资本增进型，而$\frac{\partial F(L, H, A)}{\partial A}=\frac{H}{A}\times\frac{\partial F(L, H, A)}{\partial H}$，此时总量生产函数可以写作 $F(L, AH)$，也称为索洛中性技术进步。

如果技术进步提高了生产要素 L 相对于 H 的边际产品，则称技术进步是 L 偏向的，即$\frac{\partial(MP_L/MP_H)}{\partial A}\geqslant 0$，有别于要素增进型技术进步，偏向型技术进步使某一生产要素相对需求曲线发生变化，因此给定要素比例，这种生产要素的相对边际产品增加。偏向型技术进步理论就是研究技术偏向及其决定因素。为说明要素增进的技术进步与要素偏向的技术进步之间的联系，将生产函数设定为不变替代弹性函数形式（*CES*）：

$$Y(t)=[\gamma_L(A_L(t)L(t))^{\frac{\sigma-1}{\sigma}}+\gamma_H(A_H(t)H(t))^{\frac{\sigma-1}{\sigma}}]^{\frac{\sigma}{\sigma-1}} \tag{13-1}$$

其中，A_L 为 L 增进型技术，A_H 为 H 增进型技术，γ_i 决定生产要

素 i 在生产函数中的重要性，计算两要素的边际产品可得要素 L 和 H 的相对边际产品为：

$$\frac{MP_H}{MP_L}=\frac{\gamma_H}{\gamma_L}\left(\frac{A_H(t)}{A_L(t)}\right)^{\frac{\sigma-1}{\sigma}}\left(\frac{H(t)}{L(t)}\right)^{-\frac{1}{\sigma}} \tag{13-2}$$

当 $\sigma>1$，即两种要素互为替代品时，$\frac{\partial(MP_H/MP_L)}{\partial(A_H/A_L)}>0$，此时 H 增进型技术进步对应着 H 偏向型技术进步；反之，当二者互为互补品时，有 $\sigma<1$，$\frac{\partial(MP_H/MP_L)}{\partial(A_H/A_L)}<0$，此时 H 增进型技术进步对应着 L 偏向型技术进步。一种特例是 $\sigma=1$，生产函数退化为柯布－道格拉斯（Cobb－Douglas）函数形式，此时无论是 A_L 还是 A_H 发生变化，技术不会偏向于任何一种要素而演进，技术进步是中性的。

（二）人工智能纳入生产函数的任务偏向型技术进步理论模型

技能偏向型技术进步可能会低估机器智能对经济的影响，因为其并没有考虑创造新型工作的可能性。与技能偏向型技术进步不同，任务偏向型技术进步将工作任务作为主要分析单位，该分析框架不仅融合了传统的生产率效应和要素替代效应，同时更加强调技术进步通过改变不同要素的任务内容进而产生的任务替代效应和新工作创造效应。

鉴于传统技能偏向型技术进步难以解释数字时代经济发展中的诸多新问题，更多学者开始基于任务偏向型技术进步的视角探讨技术进步对经济增长的影响（Acemoglu et al.，2011）。较为经典的是阿西莫格鲁等（2018）的研究所提供的新框架，他们在泽拉（Zeira，1998）基于任务的模型基础上引入自动化技术并假设任务个数为内生。该模型的一个创新之处在于提出了一个统一的框架，在此框架中，从前由劳动力完成的任务可以被自动化，同时劳动力具有比较优势的新任务可以被创造。人工智能或者自动化同时具有替代效应和生产力效应，替代效应本身会降低劳动力需求，而生产力效应则通过使用更便宜的资本替代劳动从而提高生产力，并提高对尚未自动化任务中劳动力的需求。之后阿西莫格鲁等（2018）进一步指出，可能限制劳动生产率提高的因素包括：新技术所需技能和劳动力所提供技能的不相适应，以及自动化以过快的速度引进等。新任务倾向于使用新的技能，但如果教育体系未及时提供这些技能，经济转型将会受到阻碍。另外，由于现行的税收体系中倾向于补贴资本而不是劳动，以及劳动力市场的摩擦和不完善，均衡工资会高于劳动的社会机会成本，从而导致自动化技术被过度采用，资本和劳动配置不当，阻碍劳动生产率的提升。

我们可以基于以下机制理解这一框架，在任务模型中，假设生产函数为不变替代弹性（*CES*）的函数形式，最终产品的生产（或服务的提供）可以看作由以 N 计数的一组任务 z 结合在一起完成的，总产出为 Y：

$$Y = B(N)\left(\int_0^N y(z)^{\frac{\sigma-1}{\sigma}} \mathrm{d}z\right)^{\frac{\sigma}{\sigma-1}} \tag{13-3}$$

其中，$y(z)$ 表示任务 z 的产出 $z \in [0, N]$，$\sigma \geqslant 0$ 是任务间的替代弹性，参数 $B(N)$ 取决于 N 代表新任务的系统范围效应，推导过程中将放松其对 N 的依赖以简化符号。当前研究中，替代弹性 σ 能够被赋予任何值，但合理的假设是 $\sigma \leqslant 1$，这意味着任务间总是互补的，根据胡姆勒姆（Humlum，2022）的估算，当前美国这一替代弹性大致为 0.5。

对于任何 $z \in [0, N]$ 的任务可以使用资本或劳动力根据生产函数 $y(z) = A_L\gamma_L(z)l(z) + A_K\gamma_K(z)k(z)$ 进行生产，传统技能增强型技术进步 A_L 和 A_K 即为劳动增强型和资本增强型技术，γ_i 决定生产要素 i 在生产函数中的重要性，即生产率计划项。$l(z)$ 与 $k(z)$ 表示分配用于执行任务 z 的劳动和资本。这个任务生产函数意味着资本和劳动在不同任务中有不同的生产率，但在一个任务中它们是完全替代品。

在整个生产过程中，假定 $\gamma_L(z)/\gamma_K(z)$ 在 z 上递增，即劳动在较高层次任务上具有比较优势，这意味着存在一个阈值 I，使

得 $z \leqslant I$ 的任务可以由资本生产，而高于这一阈值的任务由劳动生产，即：

$$y(z)=\begin{cases}A_L\gamma_L(z)l(z)+A_K\gamma_K(z)k(z) & \text{if} \quad z\in[0,\ I]\\ A_L\gamma_L(z)l(z) & \text{if} \quad z\in(I,\ N]\end{cases} \tag{13-4}$$

将总人口标准化为1，并假定不同工人具有不同单位有效劳动。为简化讨论，假设全社会存在两种类型的劳动：高技能和低技能，并且这两种类型的劳动之间没有比较优势差异［实际上阿西莫格鲁等（2020）也论述了比较优势，这里不再赘述］。两类劳动唯一的区别是，高技能劳动力占人口的比例为 φ^H，λ^H 单位有效劳动，而其余 $\varphi^L=1-\varphi^H$ 的低技能劳动力只有 $\lambda^L<\lambda^H$ 单位有效劳动。这一设定确保了高技能工人和低技能工人都可以执行一些相同的任务。这也意味着工资不平等由 λ^H/λ^L 所决定。由此，假设所有劳动力的供给都是无弹性的，劳动力的总供给可以表示为 $\varphi^U\lambda^U+\varphi^H\lambda^H=L$，劳动力市场出清条件为 $L=\int_0^N l(z)\mathrm{d}z$，另外用 w 表示工资率。

资本被用来完成能够使用其来完成的任务，假定 z 类任务中的资本是从最终产品中生产的，任务 z 的单位成本即资本的租金给定为 $R(z)=R(K)\rho(z)$，其中，$K=\int_0^N k(z)\mathrm{d}z$ 为经济中的总资本存量。这一式子中的第一项 $R(K)$ 意味着，当经济的资本存量较大时，总体资本的必要回报率会增加，第二项 $\rho(z)$ 是任务特定的，表示不同类型任务中资本具有不同的成本。对于那些尚未实现技术自动化即不能由资本生产的任务，我们可以认为 $\gamma_K(z)=0$ 或 $\rho(z)$ 趋近于无穷大。

最后，假定一个（非饱和）代表性家庭消费生产中的最终产品（扣除资本支出）。以上就是人工智能任务框架下较为经典的偏向技术进步模型的设定，借助这一框架可以探讨人工智能对宏观经济的影响。

二、人工智能任务偏向型技术进步增长模型中的竞争性均衡

在人工智能任务偏向型技术进步增长模型中，竞争市场下的均衡通常应满足以下条件：

（1）任务分配的成本最小化，即当且仅当$\frac{w}{A_L\gamma_L(z)}<\frac{R(z)}{A_K\gamma_K(z)}$时，任务 $z\in[0, N]$ 由劳动力生产。

（2）产出收益的最大化，资本量 $k(z)$ 的选择是为了最大化 $Y-R(z)k(z)$，经济的总资本存量 K 被视为给定的。

（3）劳动力市场出清，$L=\int_0^N l(z)\mathrm{d}z$。

上述条件（1）暗含了一个无害的 tie-breaking 规则，即二者无差异时，企业选择资本来执行任务。考虑这一规则，由所有 $z>I$ 的任务将由劳动执行［即对于所有 $z\leqslant I$，有 $l(z)=0$，对所有 $z>I$，有 $k(z)=0$］。在竞争均衡中，所有由劳动执行的任务必须满足：

$$B^{\frac{\sigma-1}{\sigma}}A_L^{\frac{\sigma-1}{\sigma}}\gamma_L(z)^{\frac{\sigma-1}{\sigma}}l(z)^{-\frac{1}{\sigma}}Y^{\frac{1}{\sigma}}=w \tag{13-5}$$

这意味着，对任意两个任务 $z>I$ 和 $z'>I$，均有：

$$\frac{l(z)}{l(z')}=\frac{\gamma_L(z)^{\sigma-1}}{\gamma_L(z')^{\sigma-1}} \tag{13-6}$$

当 $\sigma<1$ 时，较少的劳动力被分配到劳动生产率较高的任务之中，该式与条件（3）中市场出清条件相结合，可得均衡条件下有：

$$l(z)=\frac{\gamma_L(z)^{\sigma-1}}{\int_I^N\gamma_L(z)^{\sigma-1}\mathrm{d}z}L \tag{13-7}$$

此外，对于任意任务 $z<I$，类似地，只有资本被使用时，资本的一阶条件可以简化为：

$$B^{\frac{\sigma-1}{\sigma}}A_K^{\frac{\sigma-1}{\sigma}}\gamma_K(z)^{\frac{\sigma-1}{\sigma}}k(z)^{-\frac{1}{\sigma}}Y^{\frac{1}{\sigma}}=R(K)\rho(z) \tag{13-8}$$

结合这两个式子，代入产出表达式，GDP 或总产出可以表示为：

$$Y = \left[\frac{\left(\int_I^N \gamma_L(z)^{\sigma-1} \mathrm{d}z \right)^{\frac{1}{\sigma}} (BA_L L)^{\frac{\sigma-1}{\sigma}}}{1 - \left(\int_0^I \left(\frac{\gamma_K(z)}{R(K)\rho(z)} \right)^{\sigma-1} \mathrm{d}z \right) A_K^{\sigma-1} B^{\frac{\sigma 2-1}{\sigma}}} \right]^{\frac{\sigma}{\sigma-1}} \quad (13-9)$$

这里的分母由于生产的迂回性质而被假设$\left[\int_0^I \left(\frac{\gamma_K(z)}{R(K)\rho(z)} \right)^{\sigma-1} \mathrm{d}z \right] A_K^{\sigma-1} B^{\frac{\sigma 2-1}{\sigma}} < 1$，以确保该经济体中的产出是有限的，否则因为产出线性地生产机器，而机器又生产产出，总产出可能达到无穷大（Acemoglu，2024），只要上述迂回性质得以满足，均衡就存在且是唯一的。

由式（13－7）和式（13－9）可知，均衡工资可以表示为：

$$w = \left(\frac{Y}{L} \right)^{\frac{1}{\sigma}} (BA_L)^{\frac{\sigma-1}{\sigma}} \left(\int_I^N \gamma_L(z)^{\sigma-1} \mathrm{d}z \right)^{\frac{1}{\sigma}} \quad (13-10)$$

这一方程第一项表明工资与劳动生产率（提高到次幂 $1/\sigma$）成比例，第二项捕捉了来自希克斯中性和劳动增强技术对劳动边际生产率的贡献，而第三项代表了任务分配对劳动边际生产率的贡献。任何小的技术变化［可能改变生产技术的多个维度，如 B、A_L 和 A_K；$\gamma_L(z)$ 和 $\gamma_K(z)$；以及 I 和 N］的影响可以写为：

$$\mathrm{dln}w = \frac{1}{\sigma}\mathrm{dln}\left(\frac{Y}{L} \right) + \frac{\sigma-1}{\sigma}(\mathrm{dln}B + \mathrm{dln}A_L) + \frac{1}{\sigma}\mathrm{dln}\left[\int_I^N \gamma_L(z)^{\sigma-1} \mathrm{d}z \right] \quad (13-11)$$

由此自动化即 I 增加所产生的边际效应，可以由$\frac{\mathrm{dln}w}{\mathrm{d}I} = \frac{1}{\sigma}\frac{\mathrm{dln}Y}{\mathrm{d}I} - \frac{1}{\sigma}\frac{\gamma_L(I)^{\sigma-1}}{\left(\int_I^N \gamma_L(z)^{\sigma-1} \mathrm{d}z \right)}$表示。该表达式的符号并不确定，因此自动化也可能降低工资。具体来说，存在两种相反的效应（Acemoglu & Restrepo，2018a，2018b）：（1）自动化总是对工资（和劳动需求）产生正效应，因为它提高了生产率（或等价地降低了成本）。这个正的生产率效应由第一项表示；（2）同时，自动

化使工人从他们过去执行的任务中被替代。负的替代效应由第二项表示。在特殊情况下，当 $R(K)$ 是常数时，容易验证自动化会增加工资。一般情况下，当 $R(K)$ 增加时，情况就更为复杂，替代效应可能大于生产率收益。总体而言，广义的自动化对均衡工资的影响与其生产率效应密切相关。

考虑任务互补性的效应可能比通常假设的更复杂，即使 $\gamma_L(z)$ 的增加提高了劳动的边际物质产品，但均衡工资是由劳动边际产品的价值决定的，这取决于任务价格的调整。当劳动生产的任务使劳动供给变得更加丰裕或任务本身更容易执行时，这些任务价格会降低，并且在经验相关的情况下（如上文所述，$\sigma<1$），这些任务价格的下降幅度会大于生产率的提高幅度。均衡工资可能仍然会因为生产率的提高而增加，但对劳动的整体收益可能是有限的。例如，保持 I 和 N 不变，当 $\sigma=s_k$ 时，A_L 的增加将使工资保持不变，其中 s_k 表示资本在国民收入中的份额。当 $\sigma<s_k$ 时，更高的 A_L 实际上可以降低实际工资。由于美国经济目前的 $s_k\approx0.4$，胡姆勒姆对上述 σ 的估计约为 0.5，这意味着任务互补型或劳动增强型技术改进不会使工资大幅提高。即使它们提高了工资，这些技术转变也会像自动化一样降低劳动份额。

三、人工智能的平衡增长路径

阿西莫格鲁的任务偏向模型并不能有效区分人工智能对生产率的影响究竟来自广泛边际自动化还是任务互补性。琼斯等（Jones et al.，2024）在其基础上，进一步考虑了横向和纵向技术进步，即自动化深度的提升和替代程度的增加，在其论述中人工智能代表的技术进步依然发生在资本上，但是相比上述模型中给定的资本增进型技术下的生产率 A_K，给出了资本生产率与自动化任务所占份额间的联系，即 $A_K(z)=$

$a(z)^{\frac{\sigma-1}{\sigma}}$，$A=\left[\frac{1}{I}\int_{0}^{I}\frac{1}{a(z)}\mathrm{d}z\right]^{-1}$，即自动化任务 z 的生产率并非外生给定的，同时整个时期在［0，I_t］上的资本生产率则以中间品中资本体现的技术的调和平均数 A 来表示。依照这一改良后的框架，琼斯进一步探讨了人工智能情境下满足卡尔多事实的平衡增长路径。具体而言，在平衡增长路径的设定中，总产出、资本以及消费均会以恒定的速率实现增长，与此同时，利率以及资本收入份额则维持恒定状态。在这个充分考虑了横向和纵向技术进步的模型里，从本质上来看，技术进步的扩展边际（如新任务被人工智能自动化的过程）和集约边际（如已被人工智能自动化的任务中资本投入生产率的提升）在总体层面上呈现出相互制衡的“拔河”态势。当自动化的推进与资本投入生产率的进步以相同的速率并进时，平衡增长便应运而生。这种情况下，资本份额能够保持恒定不变。此外，尽管这两个资本技术指数在总体资本技术指数中相互抵消彼此的影响，但平衡增长路径依然是由资本体现式的改进所驱动的。这是因为在这一过程中，劳动会专注于并增加对剩余非自动化任务的生产投入，从而使得这些任务的产出增加，而资本在总体上则不断深化，即资本在各个领域的投入不断增加且效率不断提升，进一步推动了经济的整体发展，使得经济在技术进步的动态变化中依然能够保持稳定的平衡增长态势。

四、人工智能影响经济增长的元任务模型

任务模型研究了不同复杂程度任务与自动化间的关系。在自动化时代，机器通过预编程方式完成旧任务，人类则通过创造和参与新的任务深化分工。任务替代机制提供了一个观察机器如何参与生产并促进增长的视角。然而，这一机制在通用型人工智能时代则不再适用。当前诸如大语言模型的出现，标志着人工智能的能力已经开始具备通用化的特征，即人工智能不需要预编程，

就可以跨任务、跨场景地使用。比如，随着人工智能的自然语言交互能力的通用化程度提高，其语言交互能力可以完成传统的文字生成任务，也可以参与到新出现的图像生成任务中，还可以无缝参与到新出现的教学培训任务中，这在机器自动化时代是难以实现的。另外在任务替代模型的假定中，随着人与机器分工的深化，会涌现出大量新的任务场景。但是新任务的形态和种类难以提前知晓，这会增大评估人工智能对经济影响的难度。

自 2022 年以来的生成式人工智能的发展，使得人工智能在通用化方面取得了突破，能够在不同场景中使用相同的功能。这与人类在执行不同任务时，其功能不因任务变化而改变相类似。比如，人类在阅读书籍或撰写报告时，大多会使用文字处理功能和手指移动功能，人类具备的这些功能并不会因为上述两个任务场景的不同而新增或消失。而当前人工智能在两个场景中实现文字处理或翻动纸张的功能已经接近人类。这为探讨人工智能对经济的影响提供了一个新的视角，即可以通过考察人工智能对人类在执行这些任务功能上的替代关系，而不是一个完整的任务。

自泰勒（1919）提出“科学管理原理”以来，社会学家们发现任何工作中的复杂任务都可以由一些更基本的任务所组成，新任务不过是这些基本任务在不同情境下的组合。人类的工作按生产环节可以拆分为一系列针对特定场景的任务，但这些看似复杂的场景任务，可以按功能划分为若干具有场景通用性的任务元素，这些任务元素被称为元任务。人类的总工作时间，就等同于人类完成各类元任务的时间。

当前人工智能通用化能力的提升意味着人工智能可以实现越来越多跨场景的功能，那么只要知道人工智能究竟可以完成多少元任务，就能估算出在人工智能的冲击下，人类的劳动和生产结构将会发生哪些变化，以及将对经济产生何种影响。

类似于其他通用目的技术，人工智能技术也是通过研发、融合、增长三个步骤来影响经济。元任务视角下，这三个步骤可以描述为：首先，人工智能研发部门通过技术进步，不断扩大人工智能可执行元任务的类别，同时降低人工智能元任务的执行成本；其次，当人工智能执行某类元任务的成本显著低于人工成本时，就会有产业愿意在生产活动中融入人工智能元任务，以节省开支；最后，随着人工智能成本的继续下降，生产活动中融入人工智能元任务的数量不断增加，最终推动实体经济的增长。这就构成了评估人工智能经济影响的元任务分析框架。

专栏 13 -1　中金研究院提出的人工智能元任务框架

基于任务模型，中金研究院借鉴费尔南德斯等（Fernández - Macías et al. , 2022）的方法，构建了元任务框架，并以此来分析人工智能对经济的影响。首先，根据任务是否涉及人际互动，将人类任务划分为个体型任务和社会型任务两大类。个体型任务指的是无须与他人互动、可以独立完成的任务，而社会型任务指的是必须与他人互动的任务。接着将个体型任务进一步细分为体力型任务和脑力型任务。其中体力型任务又根据位置关系进一步细分为力量型任务、灵巧型任务和空间移动导航任务。脑力型任务则根据工作内容所需创造性的不同，分为信息处理任务和问题解决任务。信息处理任务根据处理的信息是否为编码信息，分为视觉信息处理、听觉信息处理、语言信息处理以及数字信息处理四类任务。而问题解决任务分为问题探索和评估以及问题解决思路的生成与执行两类，可进一步细分为信息收集检索任务、概念化与抽象任务、生成解决思路、计划与执行思路四类任务。而在社会型任务中，根据任务的性质，分为支配型任务和支持型任务，将其进一步细分为销售/劝说/诱导、管理/监督、服务/接待、教学/培训/辅导、关怀五类任务。总共得到了 16 类既具有场景通用属性，又相互独立、无法替代的任务类别，即为人类工作中使用的元任务，其划分如表 13 -1 所示。

表 13－1　元任务维度划分

<table>
<tr><th colspan="4">划分维度</th><th>元任务</th></tr>
<tr><td rowspan="11">个体型任务（无须与他人交互，完全依靠自身完成的任务）</td><td rowspan="3">体力任务</td><td colspan="2" rowspan="2">固定场所任务</td><td>力量型任务</td></tr>
<tr><td>灵巧型任务</td></tr>
<tr><td colspan="2">位置移动任务</td><td>空间移动导航任务</td></tr>
<tr><td rowspan="8">脑力任务</td><td rowspan="4">信息处理任务（基于给定信息进行处理，并按照特定的方式或格式输出）</td><td rowspan="2">非编码化信息处理任务</td><td>视觉信息处理</td></tr>
<tr><td>听觉信息处理</td></tr>
<tr><td rowspan="2">编码化信息处理任务</td><td>语言信息处理</td></tr>
<tr><td>数字信息处理</td></tr>
<tr><td rowspan="4">问题解决任务（基于问题主动搜索、分析和整合信息，并在此基础上产生新的内容、答案、规律或解决方案）</td><td rowspan="2">问题探索和评估</td><td>信息收集检索任务</td></tr>
<tr><td>概念化与抽象任务</td></tr>
<tr><td rowspan="2">解决思路生成与执行</td><td>生成解决思路</td></tr>
<tr><td>计划与执行思路</td></tr>
<tr><td rowspan="5">社会型任务（需要与他人交互的任务）</td><td colspan="3" rowspan="2">支配型任务（意图使别人按照自己的观点或想法行事）</td><td>销售/劝说/诱导</td></tr>
<tr><td>管理/监督</td></tr>
<tr><td colspan="3" rowspan="3">支持型任务（给予对方信息或服务等，不强求改变对方行为动机）</td><td>服务/接待</td></tr>
<tr><td>教学/培训/辅导</td></tr>
<tr><td>关怀</td></tr>
</table>

按照功能拆分元任务的方式并不唯一，但不难看出，这样拆分的好处在于可以确保每个元任务相互独立，功能上不会重叠。从经济学角度上讲，剔除了这 16 个元任务之间的替代关系，只保留它们的互补关系，使得它们构成了一组基向量，可以形成人类整个任务空间。这对于后续理解人工智能如何进入人类的生产活动，以及如何影响人类的就业和分配关系，具有重要的意义。

资料来源：中金研究院，中金公司研究部．AI 经济学［M］．北京：中信出版集团，2024.

五、人工智能发展对经济增长的影响机制

借助人工智能的任务偏向型进步增长模型和元任务的框架，可以考察人工智能对经济增长的影响。总体来看，人工智能对经济增长的长期影响可以体现为以下四个方面。

第一，人工智能实现进一步自动化，即 I 的增加。这种自动化可能是因为人工智能降低了某些边际任务（即略高于 I 的任务）的资本成本，或者提高了执行某些边际任务的机器或算法的有效性，从而提高了 I 以上某些任务 z 的 $\gamma_K(z)$。这种自动化的明显例子包括生成式人工智能工具，如大型语言模型（LLMs）接管简单的写作、翻译和分类任务，以及一些与客户服务和信息提供相关的更复杂任务，或者计算机视觉技术接管图像识别和分类任务。

第二，人工智能可以产生新的任务互补性，提高劳动在其执行任务中的生产率。例如，人工智能可以为工人提供更好的信息，直接提高他们的生产率。这种可能性可以建模为人工智能降低了某些任务 $z>I$ 中互补资本的成本，或者，人工智能可以自动化一些子任务（例如，为计算机程序员提供现成的子程序），同时使人类能够在其他子任务中进行专业化，从而提高他们的生产率。这种渠道需要明确建模构成每个任务的子任务范围。在这种情况下，新的人工智能技术将以足够高的生产率执行这些子任务中的一部分，使得子任务层面的替代效应弱于生产率收益，从而扩大了对劳动的需求和这些任务中劳动的边际生产率。生产率效应大于替代效应的逻辑与阿西莫格鲁等（2019）研究中自动化的基本模型相同。值得注意的是，人工智能也可能使工人能够在非自动化子任务中进行专业化，并提高他们在这些活动中的专业知识（例如，当人类在编写标准子程序上花费更少的时间时，他们可以在编程的其他部分变得更好）。其中，用 $\gamma_L(z)$ 在某些任务 $z\leq I$ 中的增加，或者当它们在所有任务中发生时用 A_L 的增加

来表示任务互补性。

第三，人工智能一方面可以引发自动化的深化，提高在一些先前资本密集型任务（任务 $z\leqslant I$）中的性能 $\gamma_k(z)$，或降低成本 $\rho(z)$：例如，包括 IT 安全、自动控制和精密自动化制造等（Acemoglu et al.，2019）。另一方面，人工智能可以产生新的劳动密集型产品或任务，对应于 N 的增加：这种新任务的产生有许多途径，其中一些新产品和任务可能是人为操纵性的且甚至会具有负面社会价值。

第四，在元任务框架中，人类所从事的工作可以被划分为 16 个互补的元任务类别。在合理的假设下，人工智能在较长时间内难以具备执行所有元任务的能力。因此，即便随着算力成本的下降，人工智能执行特定元任务的成本可以快速下降，但此时整体经济的增速只会越来越取决于那些无法由人工智能完成的元任务增速，这天然限制了经济出现爆炸性增长的可能。

第三节　人工智能发展影响经济增长的产业化路径

从具体的产业增长视角来看人工智能对经济增长的影响，可以将人工智能的宏观经济效应归结为两个方面。第一个方面是人工智能产业化，这是一个从数字智能向具身智能逐步拓展所驱动的产业增长，是由人工智能产业本身发展所决定的。第二个方面是产业人工智能化，即所有现有的产业都将在人工智能的加持下得到重塑和赋能，进而焕发出新的增长动能。

一、人工智能产业化与产业人工智能化

首先，就人工智能产业化而言。随着人工智能技术逐步发展

并越过 S 曲线的第一拐点，人工智能的产业化或将以前所未有的速度推进。整体经济的增速只会越来越取决于那些无法由人工智能完成的元任务增速，同时其接近“无限”的内容和服务供给能力也可能给现有市场带来冲击。

当前人工智能技术已经开始在诸多产业中得到应用。人工智能对互联网和传媒行业的效率提升作用尤为显著，商业化应用精彩纷呈，B 端应用带来强大的内容生产能力，C 端应用则带来创作的平权。人工智能在医疗健康产业中应用丰富，帮助医疗系统提效降本，但面临较多制度障碍和矛盾。人工智能技术有望促进高级别自动驾驶加速落地，重塑汽车产业的商业模式和竞争格局。家电产业属于非标准化场景且容错率低，虽然生成式人工智能和人形机器人给产业带来了富有想象力的前景，但目前仍有待技术成熟。限制人工智能产业化的因素包括技术和制度两方面。在诸多值得期待的场景中，现有的人工智能技术尚未突破所需的效果阈值。制度因素则包括数据权益、版权、责任归属、伦理以及利益相关者的反对等诸多方面。在人工智能节约替代劳动的场景中，更容易产生限制人工智能的制度因素。综合看技术和制度两方面，人工智能在 C 端的应用推广相较 B 端会更慢也更难。

从全球范围来看，美国在人工智能产业链的应用推广方面处于领先地位；印度等国家也在积极推广人工智能的产业应用。中国在人工智能技术和应用方面紧追美国，但产业生态尚不完善。为促进中国的人工智能产业化发展，应完善相关政策，以促进人工智能的消费应用。值得一提的是，人形机器人有望发展成为本轮人工智能技术进步落地的一个重要产业，而且具有高端制造业的属性。由于在制造业领域的产业链和规模优势，中国有望在人形机器人产业取得全球领先地位。

其次，就产业人工智能化而言。在全球化放缓背景下，中国产业链面临着纵向“卡脖子”与横向去中心化两大挑战。应对前者需要加速追赶式创新，促进引领式创新有利于应对后者。以大语言模型为代表的新一轮人工智能技术进步，在生产力层面为兼顾追赶与引领式创新带来了新的机遇与挑战。以制造业为例，国际竞争视角下的产业人工智能化对中国而言是一把“双刃剑”，既有利于中国制造在质上加速追赶先发国家，也有利于先发国家克服劳动成本高的供给劣势加速对中国制造量的追赶，甚或会削弱中国在某些领域中初步建立的领先地位，也有可能为一些后发国家制造业加速追赶提供需求侧契机。

大国规模是产业人工智能化助力中国加速追赶的重要优势。伴随着大模型演进，人工智能规模定律越发凸显。以制造业为例，中国生产规模大意味着潜在可用数据规模也大，有能力支撑中国率先探索大模型等人工智能赋能场景。将潜在可用数据变为现实可用数据存在一些挑战，精密制造数据问题尤为严峻，需优化生产关系予以支撑，除借鉴先发国家的数据库建设经验外，还需要一些具有针对性的措施，例如，加强国企市场竞争约束，设置专门规则以提升其对数据问题的重视程度；对企业尤其是民营企业给予专项优惠贷款，支持有利于产业人工智能化的数据收集、使用等项目；在芯片等追赶问题突出的精密制造领域，打造大企业主导的追赶式创新模式，通过纵向一体化组织架构来便利稀缺数据汇集。

产业人工智能化可能因增强仿制能力带来另一把“双刃剑”，即有利于加速追赶，却未必有利于高度依赖原创的引领式创新。对于大模型等人工智能知识产权保护而言，算法可专利性存在较大争议，大模型或激化内在的公地悲剧与私地悲剧矛盾，致使专利更多地被用作竞争工具而非创新激励。此外，规模定律意味着大模型更有利于大型企业增强市场势力，简单加强知识产权保护有利于进一步提升大企业对中小企业发起专利诉讼的能力，会导致大企业享受的行政壁垒也被强化。考虑到中小企业引领式创新意愿通常高于大企业，单纯强调加强专利保护是否能够有效促进大模型时代的引领式创新，可能存在不确定性。

二、人工智能对传统产业增长的影响

2006年深度学习和2017年Transformer架构出现后，人工智能的主流技术路线基本形成，进入了大模型时代，吸引了越来越多的资本和创业者。模型训练算力（training compute）的增速扩大到每年0.5～0.7个数量级，而2015年前的增速仅为0.2～0.4个数量级，模型性能亦随指数增长而增长。与此同时，硬件的摩尔定律尚未失效，根据Epoch AI研究，芯片性能（FLOP/s）和单位价格所能买到的算力（FLOP/s per dollar）平均每2～3年增长1倍，DRAM内存和带宽平均每4年增长1倍。2024～2030年间全球人工智能硬件市场规模年复合增速有望超过30%。这无不预示着人工智能产业已然越过了曲线的第一个拐点，渗透率和市场规模进入高速增长期，使得人工智能已经开始在国民经济与社会中广泛渗透应用，改造了我国产业的传统形态和结构。

对于工业和农业等第一、第二产业而言。现阶段人工智能对工业、制造业的改造主要集中在工业机器人产业发展和智能制造项目实施上，其本质依然属于专家系统。当前，中国工业机器人市场迅猛发展。根据国际机器人联合会发布的统计数据，2013～2024年，中国已经连续12年成为全球最大的工业机器人市场，也是全球工业机器人安装数量增速最快的国家。工业机器人的应用降低了我国制造业的就业比重，但就当前而言工业机器人替代不是导致制造业就业下降的根本原因，而是对制造业就业岗位的补充与延伸（韩民春等，2020）。同时，工业机器人的应用也带来岗位的转换，引致相关劳动者从繁重向非繁重、常规向非常规岗位转换（王林辉，2023）。在这一过程中，任务模型中的低技能群体产生了更强的替代和更大岗位转换可能性，而快速发展的服务业等第三产业吸纳了这一部分制造业的劳动者。另外，智能制造转型也提升了制造业劳动者的职业健康，何小钢等（2024）认为，机器人的使用一方面可以取代高体力、高风险任务，推动这些工人从事体力强度较低、受伤风险较低的任务和职业；另一方面有助于减少工作时长、降低工作强度和优化工作环境，从而改善工作条件。此外，人工智能在改造我国传统农业方面也具有一定优势。人工智能的自动化是对人类劳动的外部强化，它的自动化操作会比单纯人力操作更加精准和有效（张鹏飞，2018），能替代农民更高效地完成农业生产活动，节约大量劳动力的使用。汝刚等（2020）认为，人工智能不仅仅能够通过作用于农业生产要素及生产技术，包括增强和补充现有的劳动资本、升级农业生产技术等来改造传统农业，而且还可以有效实现农业与二三产业的连接，延长农业的产业链，拓展农产品的价值链，扩展产业范围，实现一二三产业的融合发展，并在农业生产技术的助力下，实现农业整体的产业升级，不断增强农业发展的内生动力。

人工智能的发展和应用也改造了服务业等第三产业的经营模式和方向。一方面，凭借较高的智能性和情境适应性，人形机器人有望应用于人们生产生活的多个场景，替代人类劳动，给社会带来明显的增益。对于中国而言，其应用将能缓解老龄化社会的劳动力短缺和服务成本激增等问题。我国目前失能和部分失能老年人超过4000万人，国内80岁以上的老人有一半需要长期家庭护理服务①，人工智能对护理服务的替代在降低服务成本的同时，可“解放”大批原本需要护理老人的青壮年劳动力进入社会工作。另一方面，人工智能与其他先进技术相结合，有可能改变服务交付方式、优化资源配置、提高工作效率，从而重塑服务场景。AI试衣、远程智慧诊疗、智能客服等应用让不同服务能7×24跨地域运行，消费者和服务提供者不需要身处同一地理空间。人工智能也可以帮助服务企业更有效地分配资源，比如通过更精准的预测分析来优化库存管理和物流安排，使企业在成本较

① 发展护理保险 扩大服务供给（健康焦点）［EB/OL］. 人民网，2019-11-22.

低的地区设立配送服务中心，而不必局限于高成本的商业中心地带。我们可以设想，当未来 AI agent、人形机器人、数字人、智能汽车等工具落地后，AI agent 作为工作助理，机器人和数字人能协助人远程工作，智能汽车作为移动办公空间，这将显著提高人在工作中并行处理、远程处理任务的工作效率，使远程工作更有可行性，减少了经济活动的地理集聚。

第四节　人工智能与经济增长研究的拓展方向

人工智能对经济增长的影响，体现在加深自动化、增加任务互补性、提高生产率等多个方面。当前人工智能的发展，正处在生成式人工智能（AIGC）向通用人工智能（AGI）的转换时期，随着这一过程的加速，人工智能对经济增长的影响将会越来越深入。

第一，人工智能能够迅速彻底改变经济的各个方面，大幅提高生产力。但是当前尚无研究能够完全排除人工智能技术存在“奇点”的可能性，即在未来某个时刻，人工智能的能力将出现质的飞跃，超越人类的理解和控制能力。当人工智能达到奇点时，它可能会以难以预测的方式迅速发展，对经济、社会、人类生活等各个方面产生深远的影响。元任务框架为探讨奇点的产生与影响提供了一定的理论视角，但是面对通用型人工智能的到来，如何从理论和实证层面证实或预测奇点的存在和到来，值得我们关注。

第二，人工智能可以通过提高一系列任务的生产力和降低成本，对宏观经济产生较为温和但仍显著的影响。一些预测集中在这类改进上，这种影响主要体现在对现有任务的优化和改进上，通过自动化或任务互补性等方式，使得生产过程更加高效，成本降低，从而推动经济增长。但实际效果可能受到多种因素的制约，如技术应用的范围、行业的适应性以及成本节约在不同任务中的分布等，如果根据中国现状和国际环境的变化提供更为准确的经济预测值得我们关注。

第三，人工智能可能会通过一系列“不良”影响而产生宏观经济效应。比如，深度伪造、虚假信息的产生以及操纵等行为。在社交媒体等领域中，人工智能可能会被恶意利用来制造虚假信息或进行操纵，尽管这可能会在短期内带来某些经济活动的增加，比如数字广告收入的增长，但从长远来看，这会对社会信任、市场秩序以及消费者福利等方面造成严重的负面影响，进而对宏观经济产生潜在的危害。此外，随着人工智能的发展，已流通的高质量数据终将被用尽，必须将更多的数据进行流通和聚合，才能满足人工智能不断增长的数据需求。如何确定数据的权属并解决数据流通问题，是解决数据碎片化、实现规模效应的关键所在。上述这些问题不仅涉及经济层面，还涉及社会和伦理等多个方面，需要我们进行全面综合的考虑，并采取相应的应对措施。

本章小结

人工智能作为一种通用目的技术，在宏观经济增长中起到非常重要的作用。人工智能对经济增长影响的代表性理论框架有两类：技能偏向型（skill-biased）技术进步和任务偏向型（task-biased）技术进步。技能偏向型技术进步没有考虑创造新型工作的可能性，可能会低估机器智能对经济的影响。而任务偏向型技术进步将工作任务作为主要分析单位，该分析框架更加强调技术进步通过改变不同要素的任务内容进而产生的任务替代效应和新工作创造效应。任务模型探讨了不同复杂程度任务与自动化间的关系。大语言模型的出现，标志着人工智能的能力已经开始具备通用化的特征，即人工智能不需要预编程，就可以跨任务、跨场景地使用，可以基于“元任务”框架来理解这一任务替代机制。

人工智能主要通过研发、融合、增长三个步骤来影响宏观经济。人工智能对社会生产率的影响，主要体现在以下几点：首先，人工智能可以实现进一步自动化；其次，人工智能可以产生新的任务互补性，提高劳动在其执行任务中的生产率；最后，基于元任务框架下人工智能对增长的影响最终会受到限制，整体经济的增速会越来越取决于那些无法由人工智能完成的元任务增速。从产业视角来看，人工智能对产业层面增长的影响主要可以分为人工智能产业化和产业人工智能化两个层面。

关键概念

人工智能　技能偏向型技术进步　任务偏向型技术进步　元任务框架　任务互补性　人工智能产业化　产业人工智能化

阅读文献

[1] 陈楠. 人工智能对经济增长的影响 [M]. 北京：中国社会科学出版社，2023.

[2] 中金研究院，中金公司研究部. AI 经济学 [M]. 北京：中信出版集团，2024.

[3] Acemoglu, Daron, Aghion, et al. The Environment and Directed Technical Change [J]. American Economic Review, 2012, 102 (1): 131 - 166.

[4] Acemoglu, Daron. Technical Change, Inequality, and the Labor Market [J]. Journal of Economic Literature, 2002, 40 (1): 7 - 72.

[5] Acemoglu, Daron. Why Do New Technologies Complement Skills? Directed Technical Change and Wage Inequality [J]. The Quarterly Journal of Economics, 1998, 113 (4): 1055 - 1089.

思考题

1. 比较人工智能经济增长模型理论框架中的技能偏向型技术进步和任务偏向型技术进步。

2. 如何基于元任务框架理解人工智能对经济增长影响的任务替代机制。

3. 人工智能对社会生产率的影响体现在哪些方面。

4. 从产业层面的经济增长视角，比较产业人工智能化和人工智能产业化。

第十四章

人工智能时代的生产力与生产关系

本章通过探讨人工智能时代的生产力重构，揭示人工智能技术在推动经济社会发展中的重要作用及其带来的深刻变革。首先，分析了人工智能如何通过数据、算力和算法重塑生产力三要素，强调其对劳动者能力和劳动工具智能化的提升。其次，阐述了人工智能时代生产资料所有制形态的变化，特别是数据资产的权利重构，以及就业结构极化与新职业的崛起。最后，探讨了人工智能对生产关系的影响，包括产品分配与交换关系的智能化转型，以及新型生产关系对先进生产力的容纳与抗争，特别是对人工智能算法对齐（AI alignment）的需求与约束。

第一节　人工智能时代的生产力构成

人工智能作为当前先进的科学技术，其广泛应用对社会发展的方方面面具有举足轻重的影响，这些影响首要和突出地表现在人工智能对生产力三要素，即劳动者、劳动工具和劳动对象的重塑作用。人工智能对生产力三要素的重塑效应是全方位的和极其深刻的，对劳动者而言，人工智能能够提高劳动者的劳动能力，丰富其社会生活实践；对劳动工具而言，人工智能能够促进劳动工具的智能化，使劳动工具获得更为广阔的发挥空间；对劳动对象而言，人工智能拓宽了劳动对象的广度和深度。

一、人工智能时代的劳动者

在智能化发展的过程中，劳动力要素所占份额受两个方面的影响：一方面是被替换的工作岗位；另一方面是由于自动化生成新的与劳动力进行互补的岗位。两种影响共同作用，从而使劳动力与资本两种要素可以均衡发展（Acemoglu & Restrepo，2017）。人工智能通过增强劳动者的主体性、能动性、创造性和实践性等，显著提高了劳动者的劳动能力，又通过改变劳动者的劳动方式、生活方式、交往方式和思维方式等，极大地丰富了劳动者的生活实践。

（一）人工智能增强了劳动者的自主性

在人工智能快速发展的今天，人工智能已经与工业生产、交通运输、家居生活、网络信息、文化教育等多个方面相融合，形成了丰富多彩的智能产品，如工业机器人、自动驾驶汽车、智能家电、语音助理等。这些智能产品很大程度上将人们从繁杂的工作中解放了出来，为整个社会节约了巨量的人力、物力成本，并改变了人们的生产和生活方式。由于广泛地使用了人工智能，社会生产效率得到了极大的提升，劳动者拥有了更多的自由时间，可以更加自主地追求个性化的自我价值的实现，这是生产力进步造成的人类文明进步的重要表征。

（二）人工智能增强了劳动者的能动性

人工智能的运用必将推动社会生产力的发展，极大地解放人力，对人类的社会实践产生积极的影响，同时也会扩大人的认知能力，激发人的主观能动性。人在客观世界中将成为越来越有主动作为能力的主体。一方面，在生产和生活的各个方面，人工智能可以替代社会实践中原有的重复性的分工，促进社会分工朝着更为合理化的方向发展，使人们摆脱繁杂的社会工作。另一方面，随着人工智能的发展，人类也会根据人工智能的特点，来反思自己，激发内在的主观能动性，让自己变得更加完善，这反映出了人工智能对人类的主观能动性产生了积极的作用。

（三）人工智能激发了劳动者的创造性

在智能化时代，人工智能的发展使劳动工具更加智能化，使工人的工作领域不断拓宽，新产品不断涌现，也丰富了劳动对象的探索方式。劳动者通过对人工智能技术的运用，获得了更多创新的可能。人工智能对人类主体哲学发展起到推动作用，激发主体的创造力和创造性，进而推动了人类主体的新变化与大发展。在社会化生产趋势日益深入的今天，科学技术的发展更加先进，学科之间的联系不断深化，跨学科合作和创新已成为不可避免的趋势。资源共享机制的建立和信息技术的使用，使创新劳动力合作更加深入和广泛。人工智能的产生与发展，既是人类创新的成果，也是人类继续创新的动力和助力。随着人工智能的发展，人们发现了科技的巨大潜力，进一步激发了想象力和创造性。

二、人工智能时代的劳动资料

人工智能技术的快速发展正在重塑传统经济学的劳动资料概念。在工业革命时期，劳动资料是指在生产过程中被劳动者使用的物品和工具；人工智能不仅重新定义了生产工具的功能和形态，还通过赋能各种智能设备和软件，使得劳动资料的种类和形式变得更加丰富和多样化。数据、算法、算力以及智能系统本身成为新型劳动资料的核心要素，推动社会生产力进入新的发展阶段。

（一）数据成为核心生产资料

在人工智能时代，数据已超越传统生产要素（如劳动力、资本、土地），成为最具战略意义的核心生产资料。其独特性在于：数据具有非排他性（可被无限主体同时使用）、边际成本趋零性（复制传播成本极低）以及自我增值性（通过算法加工可产生更高阶价值）。人工智能系统的运行逻辑本质上是对数据的“炼金术”——从原始数据的采集、清洗到特征提取、模式识别，最终通过深度学习模型将数据转化为预测、决策或创造能力。例如，特斯拉自动驾驶系统依赖数百万公里的道路场景数据迭代升级，ChatGPT 的语言生成能力则建立在 45TB 的文本训练库之上。数据不仅是驱动算法优化的“燃料”，更是直接参与价值创造的数字化原料，其规模、质量与流动性直接决定人工智能系统的经济产出效率。

（二）算法与算力的结合重构了生产过程

传统劳动资料主要通过机械化的方式替代人类的体力劳动，极大地提高了生产效率，推动了工业革命的发展。然而，随着科技的不断进步，人工智能的出现标志着生产力的又一次飞跃。人工智能通过复杂的算法模型和超强的算力，正在逐步渗透到脑力劳动领域，其影响力和变革性丝毫不亚于工业革命对体力劳动的改变。人工智能系统的核心在于算法和算力。算法是人工智能的“大脑”，它通过复杂的数学模型和逻辑规则，能够对海量数据进行分析、学习和预测。而算力则是算法得以实现的基础，强大的计算能力使得人工智能能够在短时间内处理海量信息，从而实现高效决策。这种结合使得人工智能不仅能够执行重复性任务，还能完成复杂决策、创意设计等高阶工作。这种从体力劳动到脑力劳动的渗透，标志着生产力的又一次重大变革。传统生产模式中，脑力劳动往往需要大量的人力投入，且效率受限于人类的认知能力和经验积累。而人工智能的出现打破了这一限制，它能够以极高的效率处理复杂问题，推动生产效率的指数级提升。

（三）智能工具是人工智能时代劳动资料的一个重要组成部分

传统的工具大多以物理操作为主，而智能工具则能够通过算法和自动化应用，极大地增强工作效率和精确度。智能硬件是人工智能技术在硬件领域的直接体现。随着自动化生产线和无人驾驶技术的不断进步，许多行业的劳动资料已不再依赖传统的人力或机械设备，而是转向高度智能化的设备。这些智能硬件不仅具备自主完成任务的能力，还能在实时数据和人工智能算法的支持下进行自我优化，逐步实现任务的高度自动化。此外，云计算平台的成熟，进一步推动了人工智能时代劳动资料的转型。云计算为个人和企业提供了一个无缝连接的大规模计算和存储平台，使得他们不再需要投资昂贵的硬件设施，而是能够通过云端资源进行数据存储、计算和应用部署。这一变化极大地降低了技术应用的门槛，并为人工智能技术的快速发展提供了基础设施支持。云计算平台作为人工智能应用和研究的重要支撑，已成为各行各业实现智能化转型的关键工具。它不仅能够存储和处理海量数据，还为人工智能算法的训练和应用提供了强大的算力支持，使得智能系统的部署和应用更加高效。

人工智能时代的劳动资料革命，既是技术跃迁的产物，也是生产关系变革的催化剂。唯有在技术、制度与伦理层面协同进化，才能实现从“机器替代人”到“人机共生”的可持续发展。这一过程不仅关乎经济效率，更将深刻影响人类社会的未来图景。

三、人工智能时代的劳动对象

（一）数据资源：劳动对象的核心要素化

在人工智能时代，数据已成为最基础的劳动对象。不同于传统经济中土地、矿产等物理资源，数据资源具有非排他性、可复制性和指数级增值特性。传统经济中的劳动对象正经历从物理实体向数字智能的范式迁移。在农业与工业时代，土地、机械等物质实体构成劳动作用的核心对象；而人工智能驱动的经济系统中，数据流、算法模型和数字孪生体成为新型劳动对象。这种转变不仅改变了生产资料形态，更重构了价值创造逻辑：特斯拉工厂通过每辆车的300个传感器实时采集数据，使驾驶行为数据成为比钢铁更重要的生产原料；波士顿动力机器人通过7.8PB（1PB＝1024TB）的动作训练数据迭代算法，让机器行为本身成为可加工的劳动对象。数据要素呈现出前所未有的经济特性。作为基础性劳动对象，数据在保留传统生产要素规模效应的同时，衍生出自我增值（推荐算法优化产生新数据）、跨界融合（医疗数据训练金融风控模型）、实时演化（自动驾驶数据的时效价值衰减曲线）等新特征。这导致劳动对象所有权与控制权分离：谷歌训练BERT模型[①]使用的数据中，87%来自用户无意间贡献的网络行为，形成“数据产生于用户、加工于企业、应用于社会”的复杂产权结构。

（二）数字化生产资料：虚拟化劳动对象的崛起

人工智能驱动的数字孪生技术将物理实体映射为可计算的数字模型，使劳动对象突破物理空间限制。制造业中的虚拟样机、城市治理中的数字孪生城市、医疗领域的虚拟器官模型，都成为新型劳动对象的具体表现。云计算平台将算力资源池化，区块链技术实现数字资产的权属确认，这些技术支撑下的虚拟化生产资料具有即时重组、跨境流通和智能调度的特征。微软Azure、亚马逊AWS等云平台提供的机器学习即服务（MLaaS），本质上就是将算法工具包转化为可租赁的数字生产资料。

---

① 谷歌2018年推出的自然语言处理（NLP）预训练模型，通过双向Transformer结构理解上下文语义。

（三）智能工具系统：人机协同的新型作用对象

传统生产工具正在进化为具有自主决策能力的智能体，成为人类劳动的新作用对象。工业机器人从执行固定指令升级为可动态调整工艺参数的协作机器人，客服 AI 从关键词匹配演进为具备上下文理解能力的对话系统。劳动者需要掌握的不仅是对工具的物理操作，更包括对算法模型参数调节、训练数据质量评估、人机交互界面设计等新型劳动技能。OpenAI 的 GPT 系列模型作为语言生成工具，其使用方式已从简单的问答交互扩展到复杂的创作协同。

（四）虚实融合空间：劳动对象的场域延伸

元宇宙、增强现实等技术创造的混合现实空间，正在形成新型劳动场域。数字设计师在虚拟空间中创作“非同质化代币”艺术品（non-fungible token，NFT），远程工程师通过虚拟现实（virtual reality，VR）眼镜指导设备维修，这些实践表明劳动对象已从实体空间扩展到虚实交织的混合维度。游戏引擎构建的虚拟测试环境成为自动驾驶算法的训练场，生物医药公司使用量子计算模拟分子运动，这些案例显示劳动对象的物理边界正在消融。劳动过程从“改造客观世界”向“构建并优化数字世界”延伸，形成了“物理—数字”双螺旋的作用模式。

（五）跨领域融合对象：技术聚合产生新靶点

生物智能芯片、神经形态计算器件等融合性技术创新，催生出前所未有的劳动对象类别。基因编辑技术与 AI 预测模型的结合，使合成生物学领域的 DNA 序列设计成为可编程的生产资料；脑机接口设备与深度学习算法的配合，将神经电信号转化为可分析处理的数字信息流。这些跨学科交叉产生的劳动对象，要求劳动者具备复合型知识结构，并能驾驭生物、信息、材料等多领域的技术协同。

人工智能时代的劳动对象呈现出数据化、虚拟化、智能化和融合化的特征，其价值创造逻辑从物质转换转向信息增值。这种转变不仅改变了生产要素的构成方式，更引发了劳动价值论、产权制度和经济组织形态的深层变革。随着量子计算、神经形态芯片等技术的突破，劳动对象将加速向微观量子尺度与宏观复杂系统两极扩展，推动形成“物理世界—数字空间—智能网络”三位一体的新型生产范式。

四、人工智能时代的生产力属性

（一）智能属性：生产力的核心驱动力

在人工智能时代，生产力的首要属性是智能。传统生产力依赖于人力、物力和资本的投入，而人工智能时代的生产力则以智能为核心驱动力。智能生产力通过算法和算力的结合，实现了从体力劳动到脑力劳动的全面替代。它不仅能够高效地完成重复性任务，还能在复杂决策、创意设计和预测分析等高阶领域发挥重要作用。例如，在制造业中，智能机器人可以根据生产需求自主调整工作流程；在金融领域，智能算法能够实时分析市场动态并作出精准决策。智能属性的出现，使得生产力的提升不再依赖于简单的劳动力增加，而是通过技术的智能化升级实现质的飞跃，推动生产效率的指数级增长。

（二）绿色属性：可持续发展的必然要求

人工智能时代的生产力不仅注重效率提升，还强调绿色属性。随着全球对环境保护和可持续发展的关注增加，绿色生产力成为人工智能时代的重要特征。一方面，人工智能技术能够优化能源管理，通过智能算法实现能源的高效分配和利用，减少能源浪费。例如，智能家居系统可以根据用户的使用习惯自动调节能源消耗，智能电网能够优化电力分配，提高能源利用效率。另一方面，人工智能在环保领域的应用也日益广泛，如智能监测系统可以实时监测环境污染，智能农业系统能够优化灌溉和施肥，减少对环境的负面影响。绿色属性的融入，使得人工智能时代的生产力不仅追求经济利益，更注重生态效益，推动经济与环境的协调发展。

（三）网络属性：互联互通的生产力生态

人工智能时代的生产力还具有显著的网络属性。网络化不仅是技术发展的趋势，更是生产力提升的重要支撑。在人工智能的支持下，生产过程不再局限于单一的工厂或企业，而是通过互联网实现全球范围内的互联互通。例如，智能制造系统可以通过工业互联网实现设备之间的实时通信和协同工作，供应链管理系统能够通过网络平台实现全球采购和物流的优化配置。网络属性使得生产力突破了地理和时间的限制，形成了一个全球化的生产网络。这种网络化的生产力生态不仅提高了资源的配置效率，还促进了知识和技术的快速传播，推动了全球经济的融合与发展。

（四）国际属性：全球竞争与合作的新格局

人工智能时代的生产力还具有鲜明的国际属性。在全球化背景下，生产力的发展不再局限于单一国家或地区，而是呈现出国际化的竞争与合作格局。一方面，人工智能技术的快速发展使得各国在生产力提升上展开激烈竞争。国家之间通过技术创新、人才培养和政策支持等方式，争夺人工智能领域的制高点。另一方面，国际属性也意味着合作的机遇。各国可以通过技术共享、标准制定和跨国项目合作等方式，共同推动人工智能技术的发展。例如，国际组织和跨国企业正在积极推动人工智能伦理和安全标准的制定，以确保技术的健康、可持续发展。国际属性的出现，使得人工智能时代的生产力不仅是一个国家内部的经济问题，更是全球合作与竞争的重要领域。

人工智能时代的生产力具有智能、绿色、网络和国际四大属性。这些属性相互交织，共同推动了生产力的全面提升。智能属性是核心驱动力，绿色属性是可持续发展的必然要求，网络属性构建了互联互通的生产力生态，而国际属性则塑造了全球竞争与合作的新格局。这些属性不仅改变了生产方式，也重塑了经济发展的模式，为人类社会带来了前所未有的机遇与挑战。

第二节　人工智能时代的生产关系变革

在人工智能的时代背景下，生产关系的变革不仅是技术进步的结果，更是社会、经济结构深刻变化的体现。人工智能作为一项革命性技术，正在重新塑造生产资料的所有制结构、劳动关系以及产品的分配与交换机制。本节将从生产关系的角度出发，探讨人工智能时代下，生产资料所有制表现形式的变化、生产过程中劳动关系的重构以及产品分配与交换关系的重塑。

一、生产资料的所有制表现形式变化：数据资产的权利重构

（一）数据成为核心的生产资料

2019 年 10 月，党的十九届四中全会通过的《中共中央关于坚持和完善中国特色社会主义制度　推进国家治理体系和治理能力现代化若干重大问题的决定》，将数据确立为五大生产要素（其余为：土地、资本、劳动力以及技术）之一。从生产要素的发展历程看，生产要素的内容不断丰富。农业经济时代，“劳动是财富之父，土地是财富之母”（配第，1978），劳动和土地是关键生产要素。工业经济时代，资本具有打破劳动、土地等自然资源有限性约束的特征，成为关键生产要素；人工智能时代，随

着智能制造、智慧物流、智慧城市建设、数字平台经济等应用场景的泛在化，数字经济与实体经济深度融合，使得数据已经取代传统的土地、劳动力和资本，成为最核心的生产要素。数据作为一种新型生产资料，与传统的土地、劳动力和资本相比，具有非竞争性、非排他性、跨界边际成本低以及网络协同效应等独特属性（吴志刚，2021），这使得数据成为推动经济增长的核心生产资料。根据国家工业信息安全发展研究中心的测算，2021 年数据要素对 GDP 增长的贡献率和贡献度分别为 14.7% 和 0.83 个百分点（《中国数据要素市场发展报告》）。数据资产的市场估值已经成为企业估值的重要组成部分。随着数据资产化和数据交易市场的不断发展，数据资产的经济价值逐渐被市场认可。例如，上海数据交易所单月交易额已超 1 亿元，2023 年全年交易额已超 11 亿元[①]。

（二）数据资产所有权、使用权与治理权之间的矛盾关系

“数据资产”这一概念最早由美国学者理查德·彼得斯于 1974 年提出（Peterson，1974）。王桦宇和连宸弘（2020）、王竞达等（2021）认为数据资产是特定主体合法拥有或控制的数据资源，这些资源能够持续发挥作用，并能为该主体带来直接或间接的经济利益。汤洁茵（2022）则指出，数据资产具备经济价值、使用价值以及交换价值，并能够产生经济收益。在人工智能时代，数据资源数量快速增加，数据资产各利益相关方的关系日趋复杂。随着人工智能技术的迅猛发展，个人数据所有权、企业数据使用权以及公共数据治理权之间的矛盾日益凸显。这种矛盾实际上反映了数据作为新时代的生产资料，在权属界定、价值分配以及公共利益平衡方面所涉及的复杂博弈过程。

个人数据所有权指的是用户生成的数据，其核心在于用户对其生成数据的控制权与收益权，但在现实中，用户往往难以充分

---

① 资料来源：上海数据交易所网站。

行使这些权利。互联网平台通过技术手段采集用户数据，并基于大数据分析和机器学习等技术进行深度挖掘，进而获取商业价值。在这一过程中，用户的个人数据被平台所掌控，其所有权在某种程度上被削弱；企业数据使用权指的是平台通过技术手段采集的数据，其体现了平台对数据的采集、分析和利用能力。随着人工智能技术的不断发展，平台对数据的处理效率和分析精度不断提高，从而能够更好地挖掘数据的商业价值，但是这也引发了数据隐私、数据安全和数据伦理等方面的问题；公共数据治理权则涉及政府对数据的监管和使用。政府作为公共数据的最大持有者和管理者，在数据治理中发挥着举足轻重的作用。在人工智能时代，政府面临着数据共享、数据开放和数据安全等方面的监管与保护。如何在保护个人隐私和企业商业秘密的前提下，实现数据的共享和开放，促进数据的创新应用，成为政府数据治理的重要课题。

在人工智能蓬勃发展的当下，数据采集边界问题凸显了个人隐私权与企业数据需求之间的深层矛盾。一方面，企业为了训练AI模型需要海量数据支持；另一方面，个人对自身数据的控制权在这一过程中不断被削弱。这一矛盾在美国人脸识别公司Clearview AI案例中表现得尤为突出，该公司在未经用户许可的情况下，从社交媒体平台抓取了多达200亿张用户照片和相关数据，引发多国法律诉讼[①]。类似的争议也出现在智能设备领域，例如，智能音箱为优化语音识别功能，默认对用户对话进行监听，其中亚马逊承认会将Alexa用户的语音记录和文本数据无限期保存。[②] 在健康数据方面，Fitbit用户的心率数据被出售给保险公司用于保费差异化定价，引发了公众对个人健康数据滥用的担忧。这些行为导致的经济后果十分严重，根据IBM发布的《2021年

① 英国认定人脸识别公司Clearview AI侵犯隐私：罚款750万英镑，删除英国居民信息［EB/OL］. 网易科技，2022-05-24.

② 亚马逊再曝隐私担忧：Alexa会无限期保存个人数据　用户手动也删不掉［EB/OL］. 前瞻网，2019-07-08.

数据泄露成本报告》，企业数据泄露的平均成本为 424 万美元，高达 83%都涉及个人敏感信息的滥用，造成的直接经济损失超过 6 万亿美元。这凸显出在人工智能时代，如何平衡企业数据发展需求与个人数据保护已成为一个亟须解决的社会议题。

人工智能技术在数据价值分配问题中扮演着重要角色。企业利用人工智能算法对海量数据进行分析和挖掘，从而实现数据资产的高效利用和商业价值的最大化。然而，这种技术的应用加剧了企业与用户之间的利益失衡。例如，人工智能驱动的推荐系统和广告定位技术使得企业能够更精准地向用户推送广告，从而获取更高的广告收入。然而，用户作为数据的原始贡献者，却未能通过人工智能技术获得相应的合理补偿。在社交平台的经济模型中，人工智能不仅帮助 Meta（原名 Facebook）公司从每位用户身上获得高额的年均广告收入，还通过分析用户行为数据来优化内容推送和广告展示，进一步提升平台的盈利能力。据推算，Meta 公司从每位用户身上获得的年均广告收入达到 40. 15 美元，但用户无法从自己创造的数据所产生的广告收益中获得任何分成①。这不仅反映了数据价值分配的不平等，也揭示了人工智能在加剧这种不平等中的作用。因此，为了建立更公平合理的利益分配机制，需要在人工智能技术的应用中加入对用户权益的保护措施。这可能包括重新设计数据价值分配模型，确保用户能够直接从自己贡献的数据中获得合理的经济回报，以及制定相应的法律法规来规范人工智能在数据处理和价值创造中的角色。

在数字化时代，人工智能技术的快速发展和广泛应用，使得数据安全风险问题更加复杂和严峻。政府要求企业必须承担数据安全义务，如实施信息安全等级保护 2. 0 等措施，但企业往往为了降低运营成本而仅采用最低合规标准。2022 年国内企业在数据安全方面的投入仅占 IT 预算的 4. 2%（《2022 年数据安全行业

① 资料来源：Meta《2024 年第一季度财报》，第一季度广告业务营业收入为 356. 35 亿美元，日活跃用户人数的平均值为 32. 4 亿人次。

调研报告》），远远低于美国 20.4% 的平均水平。这种投入不足导致的安全隐患在关键基础设施领域表现得尤为突出，如美国 Colonial Pipeline 公司因未能及时更新数据防护系统，遭受勒索攻击而导致美国东海岸地区燃油供应中断。在公共数据泄露事件中，2024 年上半年全网监测并分析验证有效的数据泄露事件 16011 起，较 2023 年下半年增长 59.58%[①]。人工智能技术在提高效率和便利性的同时，也带来新的数据安全挑战。

人工智能的应用不仅改变了数据的产生、存储和处理方式，还对现有的法律、伦理和社会规范提出了挑战。个人用户在享受智能服务的同时，也面临着隐私泄露和数据滥用的风险。企业为了追求更高的经济效益，可能会过度收集和利用用户数据，这在一定程度上侵犯了个人的数据所有权。同时，政府和公共机构在推动数据开放和共享的过程中，需要平衡不同利益相关方的需求，确保数据的合理利用和保护公共利益。因此，政府部门需要在保障个人隐私、促进企业发展和维护公共利益之间找到一个平衡点。如何平衡个人数据所有权、企业数据使用权和公共数据治理权之间的关系，构建合理的数据资产权利格局，成为人工智能时代亟待解决的关键问题。这需要政府、企业和个人共同努力，通过制度和技术创新，实现数据资产的合理配置和高效利用。

（三）数据资产新型所有制形态的萌芽

在人工智能时代，数据资产的所有制形态正在突破传统的“公有—私有”二元框架，衍生出多种创新模式。这些新型所有制形态试图平衡数据资产的所有权、使用权与治理权之间的矛盾关系，形成更具适应性的生产关系。以下重点关注数据信托、去中心化自治组织（decentralized autonomous organization，DAO）以及混合所有制这三种新型所有制形态。

① 资料来源：《2024 年上半年数据泄露风险态势报告》。

1. 数据信托是一种创新的数据治理模式，旨在解决数据权益分配问题

通过设立第三方机构，实现数据所有权、使用权和收益权的分离，由信托机构作为中立方依据预设规则分配数据访问权限和收益。人工智能技术在其中扮演着关键角色，确保数据使用可追溯性和保护隐私。零知识证明技术允许在不泄露原始数据的前提下进行数据处理和分析，如微众银行的 FATE 框架在医疗领域的应用。人工智能不仅提高了数据治理效率，还增强了数据使用的安全性。美国的医疗数据信托和新加坡智慧国计划都利用人工智能技术防止数据滥用和商业垄断，确保数据合理使用。人工智能的应用降低了交易成本，解决了隐私问题，使得个人数据授权和管理更加精细化。爱沙尼亚的公民数据账户利用人工智能技术，允许个人对数据进行更细致的控制，促进数据有序流动和价值创造。人工智能正成为数据信托模式中不可或缺的一部分，推动数据治理向更高效、安全和公平的方向发展。

2. 去中心化自治组织（DAO）是一种基于区块链技术和智能合约的组织形式

DAO 通过在区块链上运行的智能合约，构成了一种数字组织，其决策和治理过程完全自动化，无须中心化的管理层或传统的层级结构。人工智能技术正与 DAO 相结合，为数据资产管理带来革新性的治理方案。基于区块链技术，结合智能合约和代币经济，数据资产的分布式确权与治理得以实现。通过人工智能算法优化的智能合约，参与者贡献数据后能够获得相应的治理权，而决策过程则由代码自动执行，确保了透明度和效率。DAO 采用非同质化代币（non-fungible token，NFT）确权技术，基于区块链的多中心化音乐共享平台 Audius 利用人工智能分析用户收听数据，并将这些数据转化为治理代币，使创作者能够直接参与版税决策。这种模式不仅确保了数据权益的公平分配，还提供了一个灵活的数据资产治理方案，借助人工智能的辅助，进一步提升了效率和准确性。

3. 混合所有制则是通过政府、企业和个人共同持有数据资产，实现多方共赢

核心在于平衡各方利益，采用“政府主导 + 市场化运营”和“个人账户 + 企业托管”模式。政府作为数据资产的管理者，负责制定相关政策和监管机制，确保数据的安全与合规使用。企业则利用自身的技术优势和市场经验，对数据进行有效的开发和应用，推动数字经济的发展。个人作为数据的生产者，通过个人账户参与数据的治理和收益分配，获得应有的数据权益。这种混合所有制模式不仅促进了数据的共享和利用，还通过合理的利益分配机制，激发了各方的积极性和创造力，推动了数据资产的有效治理和价值最大化。

二、生产过程中的劳动关系重构：就业结构和新职业

（一）就业结构极化现象

人工智能技术的广泛应用正在重塑全球劳动力市场，其核心特征表现为就业结构的“极化”。就业极化现象描述的是劳动力市场中高技能和低技能工作者的就业机会增加，而中等技能工作者的就业机会相对减少，导致就业分布呈现出“两头增长、中间下降”的“U”形趋势（Acemoglu & Autor，2011）。自 20 世纪 90 年代起，众多研究发现欧美等发达国家的就业市场开始展现出这种极化趋势，程度各异（Goos et al.，2009；Goos et al.，2014；Eeckhout et al.，2021）。在中国，也有部分学者指出劳动力市场中存在一定程度的就业极化现象（吕世斌和张世伟，2015；孙早和侯玉琳，2019）。这一现象的本质是技术替代效应与创造效应交织作用的结果，人工智能通过自动化替代中等技能岗位，同时推动高技能与低技能岗位的双向扩张，形成劳动力市场的“空心化”趋势。

根据技能偏向技术变革理论，技术进步，特别是人工智能的

发展，会对劳动市场造成不同技能劳动的需求差异。在人工智能技术对就业市场的重塑过程中，一个显著的“撕裂效应”正在形成。人工智能在规则明确且重复性高的工作领域展现出了明显的替代能力。这种替代效应不仅表现为岗位的消失，更体现在工作内容的“降维”，例如，在德国汽车工厂，焊接工被要求转型为机器人协作员，但其决策权被限制在设备故障处理等低价值环节。

在挤压中等技能岗位的同时，人工智能推动就业市场向两极延伸。在高技能层面，以算法工程师和 AI 伦理顾问为代表的新兴职业需求呈现爆发式增长。然而，这些高薪岗位设置了极高的准入门槛，不仅要求从业者精通 Python 编程和 TensorFlow 框架等专业技术，还需要持续更新知识体系以适应技术的快速迭代。与此同时，在就业市场的另一端，那些尚未被 AI 完全替代的体力服务岗位也在持续扩张。更值得关注的是，这类低技能岗位普遍存在“高流动、低保障”的特征。这种就业市场的两极分化不仅加剧了收入差距，也凸显出社会保障体系对于低技能劳动者的保障不足。

在学界针对人工智能对就业影响的分析中，早期研究主要聚焦于人工智能渗透程度较高的欧美发达国家。阿西莫格鲁（2020）提出，人工智能主要通过负面的替代效应以及正面的生产力效应和创造效应作用于劳动力市场。魏下海等（2020）研究表明，人工智能技术显著推动了从事非传统任务的移民就业增长，与此同时，那些从事传统任务的低技能工人更易受到人工智能技术的替代。何小钢等（2023）研究发现，鉴于人工智能技术与各类工作任务之间的替代弹性存在差异，人工智能技术的应用将促使非传统任务领域的就业人数增加，而传统任务领域的就业人数则会相应减少，从而产生就业极化现象。此外，这种极化效应在那些对人工智能技术依赖程度较高的企业中表现得尤为显著。可以发现，已有研究已经关注到人工智能技术对就业结构产生的极化影响，特别是在技术渗透初期，高技能劳动力需求上升与低技能劳动力需求下降并存的现象。

（二）新职业崛起

人工智能技术的商业应用不仅重塑了传统职业结构，而且催生了全新的职业生态系统。这一变革的实质是技术革命所引发的劳动力需求结构的调整，其核心逻辑在于人工智能技术创造了三类新型生产任务：算法的开发与优化、人机协同的管理以及数据价值链的运营。这些任务所催生的新职业展现出技术的高度依赖性、技能的复合化以及就业形态的灵活性三大特征，重塑了劳动力市场的供需格局，从而形成了新的职业类别。

1. 算法训练领域职业

算法训练师这一新兴职业正逐渐兴起，他们主要承担为机器学习模型提供高质量的标注数据和反馈优化的任务。以中国河南郏县的“AI 数据工厂”为例，该工厂招聘了上万名标注员，专门负责处理自动驾驶的图像数据。在 AI 伦理监管方面，AI 伦理审计员的重要性日益凸显，例如，微软专门设立了专职团队负责审查 AI 产品的伦理合规性，这些审计员需要对 AI 产品进行全方位的评估，确保其通过各项指标的严格审查，以有效控制模型偏见和潜在风险。此外，数字孪生工程师作为连接虚拟与现实的桥梁，也展现出巨大的价值。这些新兴职业的出现不仅拓展了就业市场的边界，也为传统产业的数字化转型提供了重要支撑。

2. 人机协作型职业

该职业正在重新定义传统工作岗位的内涵与要求。在医疗领域，手术机器人操作员展现出独特的职业特征。以人工智能手术机器人达·芬奇的系统操作员为例，这一岗位要求从业者必须同时具备专业的医学资质和精准的机械操控技能，尽管其人力成本较传统外科医生大幅降低，但却能实现更精准的手术操作。此外，AI 客服训练师则代表了服务业中的人机协作新模式，他们需要基于大量的用户对话数据来优化情感分析模型，这要求从业者不仅要精通自然语言处理（natural language processing，NLP）

技术，还需要深入理解消费者心理。这些新型职业的出现，既体现了AI时代对复合型人才的迫切需求，也展示了人机协作将成为未来工作场景的主流模式。

3. 数据价值链的相关职业

随着数据经济的蓬勃发展，围绕数据价值链形成了一系列新兴职业。在数据安全领域，隐私计算工程师发挥着关键作用，他们通过运用联邦学习、零知识证明等先进技术，实现了数据“可用不可见”的创新应用模式。在数字资产管理领域，数字资产合规官这一职业应运而生，他们主要负责NFT、加密货币等新型数字资产的合规管理工作。以Coinbase企业为例，公司专门设立了专职团队，以应对来自全球不同司法辖区的复杂监管要求。此外，元宇宙的兴起催生了元宇宙场景设计师这一高端职业，他们不仅需要掌握三维建模、虚拟现实（virtual reality，VR）和增强现实（augmented reality，AR）等前沿技术，还需具备出色的创意设计和用户体验设计能力，为虚拟世界创造逼真且引人入胜的场景。这些新兴职业的出现，不仅反映了人工智能时代对专业人才的新需求，也预示着人工智能正在重塑传统的职业体系。

三、产品分配与交换关系的重塑

在人工智能时代，产品分配与交换关系的重塑是技术驱动下供需匹配机制、资源分配逻辑和交易模式的全方位重构。这一过程通过数据、算法和算力的深度融合，打破了传统经济中“生产—分配—交换”的线性链条，形成以实时响应、精准匹配和动态优化为核心的新型经济生态。以下从产品分配方式、交换关系以及生产者与消费者关系三个维度展开分析。

（一）产品分配方式的智能化与精准化

人工智能的广泛应用显著提升了生产和分配的效率，促使产品的分配方式从传统的大规模、标准化供应向个性化、智能化匹配转变。在人工智能时代，数据与算法的深度应用正在从底层重构传统的生产分配体系。企业可以基于大数据和算法推荐精准预测消费者需求，实现供需动态匹配，减少库存浪费，提高资源配置效率。在供需匹配方面，人工智能通过深入分析用户行为数据（包括点击、停留时间、购买转化率等），实现了对需求端的精准预测。在供给端，以西门子数字孪生工厂为代表的智能制造系统能够实时调整生产计划，大幅提高了库存周转率。在分配规则方面，人工智能带来了更加灵活的动态调整机制。

（二）关于交换关系的数字化与去中介化现象

随着人工智能技术的广泛渗透，交易方式的数字化与去中介化趋势越发显著，对传统市场交易结构产生了深刻影响。一方面，智能合约与区块链技术的融合显著减少了交易过程中的中介环节，从而提升了交易效率并降低了相关成本；另一方面，以人工智能为驱动的 C2C、B2C 平台的兴起，使得消费者与生产者能够直接进行匹配，进而实现了更为便捷和高效的交易过程。在交换媒介的演变过程中，数字化趋势越发凸显。用户行为数据已转化为一种新型的隐性交易媒介，例如，Meta 公司通过将用户注意力转化为定向广告来实现商业变现。同时，基于区块链技术的智能合约也在重塑交易模式，以太坊的去中心化金融协议实现了去中介化交易，允许用户无须中介即可进行加密货币交易。人工智能驱动的共享经济平台通过智能匹配用户数据，提高了交易成功率并同时减少了信任成本。此外，人工智能技术的发展可能催生“数据即资产”的新型交易模式。在智能产品日益普及的背景下，用户数据已成为新的交易要素，个人通过授权数据使用权可获得相应的经济回报，从而构建起以数据驱动的价值交换体系。

（三）生产者与消费者关系的重塑，生产消费一体化

在人工智能时代，传统的生产者与消费者二元对立模式将被

打破，逐步演变为生产消费一体化的趋势。在这一过程中，消费者将不再仅仅是被动接受的终端，而是成为参与价值创造的核心。例如，借助人工智能驱动的制造技术（包括个性化 3D 打印、自动化生产线等），消费者能够直接介入生产流程，形成生产消费一体化的模式。人工智能技术正在从根本上模糊生产与消费的传统界限，它能够实时捕捉并分析消费者的行为数据，如点击、浏览和评价等，并将这些数据转化为生产端的调整指令。典型的例子包括亚马逊根据用户的搜索和购买数据来定制其供应链，以及 Netflix 公司通过分析用户的观看习惯来优化内容生产。在这些模式下，消费者的日常行为实际上转变成了“生产指令”，直接参与生产决策。同时，在人机协同共创的生态模式中，人类负责提出需求和创意方向，而人工智能则负责生成具体方案。例如，在服装设计领域，人工智能主要承担重复性的基础任务（如智能客服），而人类则专注于决策制定和情感交互等高阶任务。这种协作模式正在重新定义价值创造的方式和边界。生产与消费边界的消融，不仅提升了生产效率，也使得价值创造过程更加民主化和个性化，预示着经济活动正朝着更加融合和灵活的方向发展。

专栏 14 -1　小米智能工厂二期——全流程数智化的“灯塔工厂”

一、生产力变革：从自动化到智能化

（一）全自动化产线

小米智能工厂二期采用覆盖贴片、板测、组装、整机测试、成品包装全工艺段的第二代手机高自动化率智能产线，智能手机主板贴装焊接直通率达 99.8%，月均产能突破 9 亿颗器件，生产效率较传统工厂提升 50%。基于“平台 + 模块”理念研发的智能装备，可快速重构产线，提升柔性生产能力，日均产量可达 3 万台智能手机。

（二）智能物流与调度

工厂通过高柔性物流体系实现少人化运营：硬件层面采用AGV 灵活组合适应不同物流需求，打通软件层面与自研工业数智平台，实现自动叫料、任务分配和库存预警，形成“仓储—装备”点对点智能拉动式生产。

（三）5G 工业大数据驱动

依托覆盖全厂的 5G/F5G 网络，实现物流 AGV 调度和智能装备的毫秒级通信。通过工业数智平台实时采集生产数据，结合数据挖掘技术优化质量、成本和交付指标，提升整体管理效率。

（四）全场景数智化管理

通过自主研发的多套 SaaS 化智能应用，构建了覆盖“订单下发→成品交付”全流程的数字化管理体系，实现了生产运营的全局协同与透明化。该系统以小米工业数智平台（Hyper IMP）为核心，整合高级排产排程（APS）、工艺管理（PMS）、装备管理（TPM）、制造执行与质量管理（MES/QMS）以及仓储物流管理（WMS）五大关键模块。系统依托 5G/F5G 网络实现毫秒级数据传输，并通过统一数据平台贯通 APS、PMS、MES 等子系统，形成“订单—计划—生产—质量—物流”全链路闭环管理。管理人员可远程监控设备状态并实时调整参数，异常问题自动触发工单分配至工程师，实现“数据驱动决策”的智能运营模式。

二、生产关系调整：从“人控”到“数控”

（一）劳动力结构转型

车间仅需 24 名工程师值守，传统流水线工人需求锐减 90%。工程师角色从操作者转向算法调优与异常处理专家，技能要求向复合型技术能力倾斜。

（二）管理权重新分配

通过 IAMS 智能运营管理系统，异常问题自动触发工单并分配至工程师，决策权从管理层下沉至算法系统，实现“数据驱动决策”模式。

（三）供应链协同重构

5G+F5G 网络实现供应商数据实时互通，物料调度从“计划驱动”转向“需求拉动”，库存周转率提升 40%，形成“订单—生产—交付”的敏捷响应体系。

资料来源：智能制造标杆企业系列报道丨小米智能工厂二期：锻造高度数智化的“智造工厂”[EB/OL]. 北京经济和信息化局，2024-01-26.

第三节　人工智能时代生产力与生产关系的相互作用

人工智能时代，生产力性质的变化直接或间接地影响了生产关系演变，通过就业结构转型和社会分工细化对生产关系带来重大变革。与此同时，新型生产关系同样对生产力变革提出新要求，表现出对先进生产力的容纳与抗争，以及对算法对齐的需求与约束。

一、生产资料的性质变化影响生产关系

生产资料的性质变化，不仅推动了生产力水平的提高，也对生产关系带来了深刻的影响。数据成为新的生产要素，算力和算法也成为生产效率和价值创造的决定性因素，对所有权关系、劳动分工和劳动者角色带来重大改变，并使得分配关系和市场权利结构发生重塑。

（一）生产资料的性质变化带来了所有权关系的转变

由于数据的来源和使用都与普通产品不同，数据权利的边界

和相互关系需要在数据提供者、数据控制处理者等多方参与者之间进行协商和划分，这使数据产权界定复杂，导致了数据的权属模糊（田杰棠和刘露瑶，2020）。在产权不明时，使用权赋予了部分企业事实上的所有权，使得企业不再是通过占有资本来影响经济活动，而是借助算法和算力等技术手段，在数据等生产资料的使用过程中对利益相关者施加控制（闫坤和刘诚，2024）。此外，由于开源技术降低了创新门槛，打破了技术壁垒，也进而弱化了传统生产资料私有制的独占性。

（二）生产资料性质变化使得劳动分工与劳动者角色发生改变，进而对分配关系产生影响

在过去，劳动力参与生产的形式主要是体力劳动或者简单的技术操作，而机器则用于协助或替代人类完成某些体力劳动。人工智能时代需要更高层次的技术劳动力参与生产，劳动力的角色逐渐转变为创意劳动和管理劳动，进而使得劳动力市场结构发生改变。从分配关系来看，由于生产资料性质的转变为不同行业、不同群体带来的受益范围和程度不同，导致收入分配结构发生了深刻改变，并对国民收入分配格局产生了巨大而深刻的影响（洪永淼和史九领，2024）。市场对具备数据分析和处理能力的劳动力的需求增加，而简单、重复性劳动则面临被机器替代的风险，导致了不同群体和行业间的收入不平等扩大。

（三）生产资料性质变化带来了市场权利结构的重塑

由于数据在获取上具有规模效应，并且能够强化企业的支配力量，数据集中将是行业发展的必然趋势，数据垄断及基于数据的垄断现象日益凸显（程华等，2023）。从产业链角度来看，掌握大量数据和先进算法的企业能够主导产业链，甚至影响全球经济的生产关系格局。然而，在企业掌握市场核心竞争力，并创造更高经济效益的同时，也可能带来技术壁垒和数字鸿沟的加剧，以及利用市场势力损害公平竞争的负面影响。

二、就业结构转型促进生产关系演变

人工智能技术的深入应用，不仅改变了传统生产流程，还通过推动就业结构的深刻转型来促进生产关系发生演变。

人工智能技术给不同职业技能水平的岗位带来的不同影响，使得就业结构出现两极化现象。由于新技术的进步主要影响那些遵循固定、重复过程的常规任务，这些任务由中层技能劳动力来执行，导致中端技能岗位萎缩，而高技能和低技能岗位就业份额则相对上升（Goos et al.，2014）。低技能或简单任务被新技术替代的可能性较小，而且这些工作更可能会被外包到劳动力成本较低的国家。从事复杂劳动、要求创造性和决策性的高技能工作岗位难以被新技术替代，人工智能技术的发展也催生出许多新兴职业，使得高技能岗位需求激增，加剧了劳动力市场分化和技能极化。

与此同时，人工智能技术使得企业内部的分工和权利结构发生改变。在生产过程中，劳动与资本的关系，以及二者在生产过程中的协作模式发生了变化。具体而言，新的生产关系可能表现为技术资本和人力资本的紧密协作，掌握核心技术的群体话语权显著提升。企业内部的技术团队能够直接主导产品研发方向和企业成本控制，导致传统管理层的决策权被算法模型与数据削弱。生产组织从科层制转向“技术赋权”模式，使得高技能劳动者承担企业的管理职责。例如，投资分析师基于数据分析报告能够影响企业的战略投资，算法工程师能够通过调整推荐系统参数来影响数亿用户的行为。

此外，人工智能技术还创造出了新的就业形态。例如，数字平台能够实现广泛且即时的信息采集、传输与匹配，使得按照需求来组织劳动的大规模“众包”[①] 成为可能（谢富胜等，2019）；

---

① 一个公司或机构把过去由员工执行的工作任务，以自由自愿的形式外包给非特定的（而且通常是大型的）大众网络的做法。

许多生产、服务的过程被分解或分包，引发了生产活动的去公司化、去组织化趋势（闫坤和刘诚，2024）。与此同时，这样的生产关系转变也引发了广泛担忧。灵活的劳务雇佣形式使劳动者脱离固定雇佣关系，这可能会削弱员工的社会保障和劳动权利。企业运用人工智能作出的管理决策，可能会使低技能劳动者陷入“算法支配”的困境，导致劳动者的议价能力降低。例如，外卖骑手和网约车司机的工作路线、工作时长往往基于算法决定，甚至接单决策和收益也由算法设定。此外，零工工作缺乏组织结构，工作者拥有较高的自主性并且通常没有明确的职业头衔，导致零工工作者面临发展积极工作身份的挑战（Van Fossen et al.，2024）。

三、社会分工细化加深人机协作

在人工智能时代，人类与机器的关系不再是在简单重复工作上的替代，而是更加强调人类和人工智能在细化的工作环节中各自发挥优势，形成互补关系。人类与人工智能的深度融合，不仅推动了生产效率和质量的提升，也使得工作内容更加多样化、更富创造性，并推动了新的职业和岗位的诞生。

由于许多中等技能工作的任务无法被轻易拆分，需要工人和机器的协调配合，让机器进行重复性常规工作，工人则在人际互动、灵活性、适应性和解决问题方面发挥自身的比较优势（Autor，2015）。人工智能通过辅助、支持或优化人的工作，使得工作内容得以深度细化，而人类则专注于那些需要创造力、伦理判断和复杂决策的环节。例如，在制造业的生产流程中，机器可以根据算法精确地完成组装工作，而工人则负责质量检查和最终调整，通过调度软件来进行调控；在医疗领域，人工智能可以协助医生进行医学影像的识别，以及在手术过程中进行精准切割，而医生则基于临床经验作出诊断或手术的决策；此外，人工智能还可以提出创作的初步方案，为创作者提供灵感来源，设计师再根据这些素材进行进一步的创意优化。

在许多企业的经营管理过程中，也不再完全依赖于人工经验，而是需要结合智能系统的数据分析结果来作出判断。企业对用户偏好和行为的挖掘更精确、更深入，用户对生产活动的影响越来越突出，使得供需两端的衔接不断加强（戚聿东和肖旭，2020）。企业的管理层通过对数据的实时分析，可以对市场变化作出更加迅速和精确的反应，以实现市场需求预测、生产流程优化、供应链管理效率提高等管理目标。

四、新型生产关系对先进生产力的容纳与抗争

新型生产关系能够适应先进生产力。社会在新技术突破既有生产关系模式时，会通过调整产权结构、优化分工体系、市场激励机制等方式来适应新生产力。从资源配置优化的角度来看，新型生产关系往往通过资本、技术、劳动力等要素的重新组合，使先进生产力的潜能得到释放。例如，数字经济时代，平台经济和共享经济的兴起，使数据、算法等新型生产要素得到更有效的利用，并进一步实现人力资本和物质资本的高效利用。从劳动关系的调整来看，先进生产力通常伴随着新的分工方式，雇佣形式也从传统的长期雇佣向灵活就业转变，生产资料的数字化与虚拟化使得远程协作和去中心化生产等模式成为现实。

然而，新型生产关系也会对先进生产力产生抵触和抗争。不同于对一般算法的统计模型结果的不信任而产生的算法厌恶，由于驱动人工智能的机器学习算法展现出经验学习、思维模拟、类人智能反应等能力，使得人们感受到身为人类的身份受到算法威胁，从而产生了算法厌恶，即对嵌入式算法以及算法赋能的虚拟和实体机器人提供的建议和服务展示出的负面情绪、消极态度和回避倾向（罗映宇等，2023）。算法控制加剧可能会导致劳动异化与人本价值的撕裂。例如，零工工作者对平台算法提供的工作规划和绩效不满，工人对人工智能监工系统引发隐私问题产生抗

议，大量就业岗位的流失可能引发社会的不满等。此外，新型生产关系还可能会引发资本垄断与技术民主化的冲突，使得既得利益集团阻碍先进生产力，旧有生产关系中的主导者往往会利用法律、政策和资本优势阻止新生产力的成长。

五、新型生产关系对算法对齐的需求与约束

"对齐"是指让模型准确理解和响应人类诉求，并与安全性以及人类伦理等标准相结合，从而使其转变为可与人类互动并供人类使用的产品（陈龙等，2024）。算法的设计和决策机制对社会各个层面都产生了深远的影响，因此新型生产关系在符合社会伦理和公平性、提升透明性与可解释性以及合法合规性等方面对算法提出了对齐需求。然而，现实中技术、文化和监管等方面面临的现实困境，也对算法对齐带来了一定约束。

（一）新型生产关系对算法对齐的需求

1. 新型生产关系需要确保算法决策符合社会伦理与公平原则

算法的决策会直接影响到企业的运营和个人的生活，新型生产关系要求算法的决策不仅要考虑经济效益，还要在提升效率的同时，确保其决策符合社会的伦理要求，避免采用歧视性算法。例如，用于招聘的人工智能算法应该避免因性别、种族等产生的偏见，导致社会不平等现象加剧的情况；信贷采用的算法也要避免过度依赖收入和信用评分，导致忽视贫困群体的基本需求，从而进一步拉大贫富差距的现象。

2. 新型生产关系要求提升算法的透明性和可解释性以实现算法与合规性对齐

由于算法衍生出的新问题更加复杂和隐蔽，因此，企业、员工和政府等相关的各方有必要了解算法是如何作出决策的，决策过程背后的逻辑是否能够公开透明，以及算法的决策逻辑是否符

合社会的公平标准。在现实中，平台企业可能通过算法进行合谋、价格歧视、平台“二选一”、大数据“杀熟”等反竞争行为，损害市场竞争和消费者权益，妨碍创新和可持续发展（孙晋，2021）；在利用算法进行企业管理、人机协作生产等过程中，可能存在隐私问题、损害劳动者的社会保障和劳动权利等问题。然而，由算法带来的反竞争和损害劳动者、消费者权益的行为，具有隐蔽性强、识别难度大，且更加频繁的特征，这可能会导致公众对算法的不信任和社会的不安。因此，新型生产关系要求通过适当的披露机制来提高算法的透明度和可解释性，从而实现算法与合规性的对齐。

（二）新型生产关系对算法对齐的约束

1．在技术方面的限制，对算法对齐带来了约束

由于算法的复杂性和不确定性，使得算法在技术上的对齐变得困难。虽然人工智能技术迅速发展，现有算法往往依赖于大量数据训练，但在某些情况下，算法的决策可能无法做到完美对齐。例如，表面上是算法自动化决策的结果，在运行过程中却因算法技术自身因素和平台价值偏好引发系列算法失当问题（肖红军和商慧辰，2022）。

2．技术逻辑与多元价值观难以完全等价，引发了算法对齐的社会约束

公平、正义等抽象价值难以转化为损失函数，且不同社会、文化和政治体系对伦理、道德和公平的定义各不相同，使得算法应用往往面临不同地区的价值观冲突。例如，一些地区注重个体隐私保护，而另一些地区可能更重视数据集体使用。如何在多元价值观之间找到平衡，使得算法既满足技术需求，又符合各地的伦理和法律要求，是新型生产关系中的一大挑战。

3．立法的滞后和困难也为算法对齐带来约束

由于算法外部监管面临监管机构数量和人员有限、算法的科技专业性较强，且监管机构的知识更新难以跟上科技的发展等困难，导致政府对算法的外部监管在监管能力和监管手段方面存在局限性，使得完全依赖政府外部监管效果不佳（丁晓东，2022）。此外，在监管过程中还可能会由于法律在立法中的认知差异，进而带来立法体系解释困境（张龑，2021）。因此，立法还面临地区间政策协调的挑战，对算法的规制不能仅局限于单一行政辖区监管，而是需要逐步向跨地区协调规范体系发展，这也为算法对齐带来约束。

本章小结

本章讨论了人工智能时代生产力的重构，强调了人工智能在重塑劳动者、劳动工具和劳动对象方面的深刻影响。人工智能不仅通过数据、算力和算法提高了生产效率，还推动了劳动者自主性、能动性、创造性和实践性的提升。特别是在数据成为核心生产资料的背景下，人工智能技术正在改变劳动工具和生产过程的性质，从而推动社会向智能化、绿色化、网络化和国际化方向发展。

在人工智能技术的深刻影响下，生产关系的变革呈现出三大核心方向：生产资料所有制形态的重构、劳动关系的两极分化与新兴职业崛起，以及分配与交换关系的智能化转型。这一系列变革标志着经济系统向实时响应、精准匹配与民主化参与演进，同时也对隐私保护、利益分配和社会公平提出严峻挑战。

生产力性质的变化直接或间接地影响了生产关系的演变，通过就业结构转型和社会分工细化对生产关系带来重大变革。人工智能时代的就业结构表现出两极化现象，企业内部的分工和权利结构也发生了改变；人类与机器的关系不再是在简单重复工作上的替代，而是更加强调人类和人工智能在细化的工作环节中各自发挥优势，使得工作内容更加多样化、更富创造性，带来了新职业和岗位的诞生。与此同时，新型生产关系也对生产力的变革提出了新的要求，表现出对先进生产力的容纳与抗争，以及对算法对齐的需求与约束。

关键概念

生产力 劳动者 劳动对象 劳动资料 数据 算力 算法 数据资产数据信托 去中心化自治组织 混合所有制 就业结构极化 算法对齐

阅读文献

[1] 罗映宇，朱国玮，钱无忌，等．人工智能时代的算法厌恶：研究框架与未来展望［J］．管理世界，2023，39（10）：205-233.

[2] Hunt E. B. Artificial Intelligence [M]. Manhattan：Academic Press，2014.

[3] Russell S. J.，Norvig P. Artificial Intelligence：A modern Approach [M]. New York：Pearson Press，2016.

思考题

1. 数据作为核心生产资料，在人工智能系统中扮演了怎样的角色？

2. 新型生产关系对算法对齐的需求和约束有哪些？

3. 人工智能时代的生产力在全球竞争中的优势体现在哪些方面？

4. 人工智能技术的广泛应用如何重构企业的生产关系？

第十五章

国际经济关系中的人工智能因素：贸易、投资与合作

从开放经济视角来看，人工智能在当今国际经贸发展过程中也发挥着非常重要的作用。本章分别从国际贸易、国际投资、国际合作三个方面，系统探讨人工智能对当前国际经贸关系的影响。人工智能对国际贸易的影响主要集中在货物与服务、数字产品、跨境电商以及贸易壁垒等领域，对国际投资的影响主要体现在对国际直接投资、国际间接投资以及跨国公司运营等方面，对全球经贸合作的影响主要表现为推动国际组织与各国在共同关注的生态、环境、区域贸易协定以及应对经贸冲突与经济危机等开展的交流与互动。

第一节　人工智能与国际贸易

由于划分标准的不同，国际贸易所包含的内容也有差异，比如按商品移动方向可分为进口贸易、出口贸易以及过境贸易，按照参与国别主体的数量可分为双边贸易、多边贸易等。本节为了深入探讨人工智能对国际贸易的影响，主要根据贸易标的物形态

的不同，分别从货物贸易、服务贸易、数字产品贸易三个方面阐述人工智能所发挥的积极作用，然后再进一步说明与国际贸易有关且当前关注度比较高的跨境电商、贸易壁垒在人工智能发展过程中形成的新特征。

一、人工智能与货物贸易

对传统货物贸易而言，人工智能技术的普遍推广和应用对其产生了诸多影响。

第一，改善产品质量并提升贸易品国际竞争力。一方面，基于深度学习、神经网络等算法，利用机器视觉、物品追踪等相关技术，人工智能能够实时监控贸易品生产全过程，并根据产品外观如色差、划痕等存在微小缺陷，判断贸易品可能存在的潜在缺陷和质量问题，与人工检查相比，人工智能技术能够更加快速、准确地识别产品质量问题，减少人工质检过程存在的误检漏检等问题。另一方面，利用大数据分析、算法建模等方法，人工智能能够进一步结合国际产品认证标准优化生产流程，包括优化原材料供应、强化生产工艺标准、完善生产环境标准等，不仅确保整个生产流程对标国际认证标准，更能保障出口产品质量的稳定性。另外，随着自然语言处理模型与互联网通信技术的紧密结合，人工智能还能够根据海外市场客户反馈以及市场评价，及时对出口商品性能、潜在缺陷等方面进行优化调整，从而更好地满足目标市场客户群体的需要，最终为增加贸易品国际竞争力创造条件。

第二，促进贸易产品结构升级。首先，人工智能技术提升了定制化与个性化贸易品的比重。由于人工智能技术能够帮助出口厂商根据海外市场客户需求变化，及时调整产品设计与生产流程。尤其是在传统日用消费品、服装等贸易行业，人工智能不仅帮助厂商迅速根据海外消费者需求变化，调整性能、尺寸等要素，而且可以利用线上平台手工“DIY”个性化的产品，最后由出口厂商负责生产与运输，从而增强贸易品的定制化与个性化特征。其次，人工智能技术提高了智能化贸易品的比重。尤其是在传统居家产品行业，如冰箱、空调、电视等居家电器，人工智能技术的应用极大地提高了这些设备的智能化，而且在大型语言模型的加持下，保证了全球不同母语客户群体均能够远程控制或者语音控制对居家设备的使用状况，使得智能化的居家产品成为当前货物贸易的重要组成部分。再次，人工智能技术在宏观上提升了高科技产品贸易比重。相对于传统大宗商品贸易而言，智能化、个性化的贸易产品普遍具有较高的附加值，而且部分应用人工智能技术的自动化设备、电子产品及设备等贸易额也在快速增加。以中国为例，2024 年仅手机出口额就达到了 9559.50 亿元，超同期整个农产品（包括肉、蔬菜、酒、烟草等）出口额 7329.75 亿元近 30%[①]；2023 年中国工业机器人出口量再创新高，达到 11.83 万台，国际机器人联合会（International Federation of Robotics，IFR）表明，2024 年全球机器人市场规模将达到 660 亿美元[②]，正是高技术附加值产品贸易额的扩大，为贸易结构升级奠定了坚实基础。最后，人工智能技术有效推动了绿色与可持续贸易品的发展。随着人工智能技术在环境监控、能源管理等方面的应用，有效提高了能源利用效率，不仅降低了出口商品生产过程对传统能源的依赖，也提高了部分行业对太阳能、风能等绿色能源的消费，有力推动了各国贸易行业的清洁生产，为环境友好型贸易品规模扩大创造了有利条件（余壮雄和林嘉雯，2024）。

第三，促进货物贸易方式发生转变。首先，人工智能的引入促进了全球贸易平台向智能化、虚拟化方向发展，像 eBay、亚马逊、京东等跨境电商平台，通过人工智能技术向在线客户系统展

---

① 2024 年 12 月出口主要商品量值表（人民币值）[EB/OL]. 中华人民共和国海关总署，2025-01-18.

② 朱玥颖. 全球工业机器人市场规模扩大 [N]. 人民日报，2024-07-09 (17).

示了产品数据、价格以及物流等相关信息，而且打破了地域、文化以及语言的限制，有效拓展了消费者线上消费的选择空间。其次，传统货物贸易平台借助人工智能支付与跨境结算系统，能够有效评估交易主体信用风险，识别交易行为的IP地址并加密交易行为，进一步降低合同风险、强化贸易方式的安全性。最后，人工智能的应用也转变了传统贸易支付方式，基于区块链、云计算等数字技术，不仅有效提高了传统货币之间汇率结算，更重要的是促进了数字货币等新型支付方式的产生，有效简化了国际贸易各主体之间的交易流程，进而显著提升了传统货物贸易的交易效率。

第四，促进货物贸易规模扩大。目前人工智能主要通过生产效率提升、优化供应链管理等机制在扩大全球货物贸易规模过程中发挥重要作用。一方面，人工智能能够通过自动化、智能制造等技术，极大程度上不仅减少人工投入、提高员工生产效率，还能够更好地控制生产流程与产品质量，使贸易品更高效地满足国际市场的需要；另一方面，人工智能技术在物流与供应链管理领域的广泛使用，有效缩短了货物交易成本，像亚马逊、沃尔玛等大型跨国公司，人工智能的使用可以针对季节、天气以及市场预期等因素的变化，及时调整货物配送路线和方案，从而更好地节约运输与仓储成本，有效推动了全球货物贸易的增长。此外，人工智能的普遍使用也可以为出口厂商及时应对贸易壁垒提供了有利条件，因为人工智能在生产过程的广泛使用，可以有效提高发展中国家出口质量，从而突破发达国家设置的技术与质量壁垒，有效扩大贸易品市场空间，同时基于数字追踪技术，人工智能系统能够对国际市场以及进口国检验检疫、清关等信息动态做到及时掌握、预警，并在识别问题之后提供可供借鉴的针对性方案，为出口厂商迅速应对各类贸易壁垒、稳定市场规模提供了有力保障。

二、人工智能与服务贸易

按照联合国经济与社会事务部（UNDESA）发布的《2010年国际服务贸易统计手册（中文版）》对服务贸易的界定，与货物贸易不同，服务贸易是指从一个（世界贸易组织）成员境内向任一其他成员境内或者消费者提供服务，或者是由一个（世界贸易组织）成员的服务供应商通过在任一其他成员境内的商业或某一成员自然人存在的方式提供服务，包括知识产权、金融服务、旅游、教育、文化、运输、通信、健康、咨询等多种类型的服务，鉴于服务贸易的标的物往往是无形的，且消费过程通常伴随着生产过程，因此，人工智能发展对服务贸易的影响，除了有助于扩大服务贸易规模、提升服务贸易效率等作用之外，还具有不同于货物贸易的一些特有特征。

首先，有助于降低非关税壁垒对服务贸易的制约。由于国际服务贸易通常面临的挑战就是诸如语言、文化、法律、禁忌等形成的非关税壁垒，而人工智能技术的广泛使用能够显著降低这些壁垒因素，为服务贸易顺利开展提供有力支撑。一方面，人工智能所包含的强大的自然语言处理技术，能够大幅改善不同成员国贸易主体之间的文化适应能力，特别是在线实时翻译、语言识别等技术的更新升级，一定程度上实现了不同母语主体之间的无缝交流。另一方面，人工智能强调的数据分析与处理能力，能够为服务提供商分析目标国家和地区的法律法规、风俗禁忌等，并提供合法、合规建议，帮助服务提供主体降低因法律、文化等因素差异产生的非关税壁垒。

其次，推动服务贸易交付方式向智能化转变。与前述货物贸易相似，除人工智能也能够在结算效率、支付手段等方面为服务贸易提供便利之外，不同的是人工智能的应用打破了时间和空间的限制，使得服务贸易标的物的支付方式向着智能化方向快速发展。比如，当前快速发展的远程医疗、远程教育等平台，在广泛使用人工智能技术之后，不仅突破了时空的限制，更重要的是打破了语言壁垒，能够更加智能化地提供跨国服务，极大地简化了服务贸易支付流程和成本。

再次，促进服务贸易标的物向着个性化与多样化发展。由于服务贸易标的物的无形特征，使得该领域标的物的支付往往需要根据消费者或需求方的偏好、目标等进行调整，而人工智能技术的应用能够通过大数据分析与追踪等算法，帮助服务供给方为不同客户量身定制服务内容，从而满足全球消费者的个性化与多样化需求。比如，当前非常流行的 TikTok、小红书等流媒体平台，利用大数据分析、客户行为预测等模型，人工智能能够更加精准地推送相关个性化服务，包括学习、娱乐、直播、旅游、住宿等多种服务，极大地丰富了全球不同角落客户的个性化与多样化需求。

最后，促进服务贸易向更高层次的全球化发展。人工智能使得服务提供商能够更加高效地进入全球市场并扩展其服务范围，推动了全球服务贸易向更高层次发展。一方面，人工智能技术的推广和使用，为全球中小型服务提供商提供了技术支持和平台，不仅有效降低了跨境服务贸易参与主体的门槛，也极大地拓展了相应主体在全球的地域分布，使更多不同服务提供个体分享服务贸易全球化发展成果。另一方面，人工智能技术不仅能够有效衔接跨境企业、公司以及个人，通过全球范围内整合资源，不仅实现了全球范围内的协作，更重要的是通过大数据、实时追踪以及评价反馈系统，对协作各方以及服务需求方的特征、服务贸易质量进行监控和评估，从而不断提升服务贸易主体之间的合作与信任程度，提高服务质量和客户满意度，为服务贸易的长期稳定发展奠定基础。总体来看，随着人工智能技术的不断进步，其将不断提升服务贸易相关产业的全球竞争力，持续推动服务贸易创新发展，最终将服务贸易推向更高层次的全球化。

三、人工智能与数字贸易

随着互联网技术的不断革新，为全球数字贸易快速发展创造了条件。与此同时，数字贸易规模的扩大，在整个国际贸易乃至全球经济发展过程中也将发挥着举足轻重的作用。按照世界贸易组织（WTO）、经济合作与发展组织（OECD）、世界货币基金组织以及联合国（UN）于2023年联合发布的《数字贸易测度手册（第二版）》[①] 的定义，数字贸易指通过数字技术手段完成订购与支付的国际贸易，其中利用数字技术完成的订购贸易主要涉及通过互联网平台进行的跨境商品、服务和信息交易，而涉及数字支付的贸易活动主要包括通过计算机网络完成远程支付的国际贸易，基本涵盖了传统的跨境服务贸易活动。但与传统货物和服务贸易不同，数字贸易涉及更多与数据流动、平台交易和数字技术应用相关的内容。因此，人工智能的发展对数字贸易的影响，除了呈现促进数字贸易规模扩大、结构升级等在传统货物与服务贸易领域相类似的作用之外，还呈现出一些新特征。

第一，实现数字贸易标的物的智能定价。人工智能强大的数据抓取与分析能力，为互联网平台交易各方提供了丰富的客户特征，包含选择偏好、竞争对手定价、市场历史价格趋势等均能按照互联网客户需求，不仅提供详细的数据决策支持，而且能够根据全球市场需求趋势和区域特征，优化数字产品定价，进而保障数字产品交易各方能够选择相对合理的价格达成相应交易。以亚马逊、苹果商店等购物平台为例，其利用AI算法对产品定价进行动态调整，依据市场需求、竞争价格、库存情况等因素，确保在全球范围内的价格优化。

第二，提高数字产品在国际贸易过程中的市场渗透率。基于强大的大数据模型和机器学习技术，人工智能系统通过精准的市

---

① 资料来源：OECD. Handbook on Measuring Digital Trade。

场预测、个性化的推荐等功能，能够帮助贸易主体在全球范围内拓展市场业务，不仅提高了互联网交易平台的运营效率，也大幅节约了交易主体之间的交易费用，既巩固了现有数字平台上的供给与需求双方的关系，又能够吸引更多交易主体参与网络交易，为提升相应数字产品市场渗透率提供了有利条件。例如，全球知名的流媒体平台 YouTube、TikTok、小红书等，就能够利用人工智能系统，根据全球用户的语言、偏好等，及时推送相关数字产品、服务等，能够有效将市场信息扩展到不同的国家和地区，有效提高了平台用户与创作者在全球市场上的渗透程度。

第三，增强了数字贸易的效率与安全性。利用人工智能技术，不仅能够自动化处理客户订单与需求，还能够通过 AI 客服，实时处理交易过程中可能存在的各类风险问题，这就极大地减少了全球不同市场主体之间因时间、地域文化等差异的约束，降低了跨境交易中的摩擦与冲突，有效提高了数字贸易的交易效率。同时，利用人工智能的身份验证、支付加密等技术手段，特别是智能支付网关、加密货币和区块链技术的更新和完善，不仅实现了不同货币之间的实时兑换，还有效保障了交易双方信息的安全，使得全球数字贸易的安全性得到大幅提升。像支付宝、PayPal 等支付平台，基于当前流行的信息加密技术，利用人脸识别、支付审核等手段，有效减少了跨境支付过程中存在的各类风险，既提高了数字贸易各方主体之间的数字支付效率，也有效保障了交易过程的安全性。

第四，为数字产品知识产权的保护提供有力保障。由于数字产品的特征约束，使得数字产品的持有者或者所有权人很容易受到盗版侵权的伤害，而人工智能技术的推广和使用，尤其是数据追踪、大数据分析等技术手段，可以更加高效地监控全球互联网平台上非法或者未经授权的内容传播，从而更好地为数字产品的知识产权保护提供有效工具。例如，苹果音乐、酷狗音乐以及前面提到的 TikTok、小红书等流媒体平台，在向全球客户提供丰富的音乐、娱乐、直播等数字产品服务时，其能够基于人工智能强大的算力，更加高效地识别未经授权或非法的内容在平台上传播，从而打击了盗版违法等问题，有效保护了全球数字产品所有者以及创作者团队的合法权益，提高了数字知识产权的保护效率。

四、人工智能与贸易壁垒

贸易壁垒按照表现形式可分为两种：一是关税壁垒；二是非关税壁垒。前者主要包含进口关税、出口关税、反倾销税、反补贴税等，后者主要包括技术性贸易壁垒、知识产权壁垒、绿色环保壁垒、植物卫生壁垒以及社会责任壁垒等。为了说明人工智能对当前贸易壁垒的影响，下面将从关税壁垒、非关税壁垒两个方面分别进行阐述。

（一）人工智能对关税壁垒的影响

第一，人工智能系统可以提升关税的征收效率。利用大数据、信息跟踪等技术手段，人工智能能够帮助海关部门对大量进、出口货物相关数据进行分类识别，尤其是自动化处理、实时监控系统的应用，能够有效提高商品关税的分类核算，有效避免了人工处理的弊端，既减少了关税管理过程存在的潜在摩擦，也降低了报关、通关的时间。另外，通过大数据和模式识别，人工智能还可帮助海关部门识别价格低报、虚假申报等逃税手段，从而提高关税征收的透明度和准确性，降低逃税、走私等行为发生的可能性，最终提高进出口环节关税征收效率。

第二，人工智能系统可以增强关税配额管理的灵活性。一般情况下，关税配额的设计和管理，需要对配额对象的进出口数量做到精准把握，同时也需要设计合理的征税税率，从而对国内同行业市场起到较好的保护作用。而人工智能系统的应用，能够通过大数据分析、实时跟踪商品进出口情况，让海关部门精准了解配额消耗情况，并依据商品进出口动态变化趋势，及时调整配额政策并设计关税税率，从而通过提高关税配额管理的灵活性，为本国同行业产品竞争创造有利条件。

第三，人工智能系统可以实现关税政策调整的动态优化。关税政策的调整往往受国内外市场供求变化、双边或多边产业政策走向等因素制约，基于强大的算力，通过机器学习与神经网络等预测模型，人工智能可以更好地整理贸易市场进出口信息，分析国际市场或行业最新动态，为商务部门提供关税调整建议，而且通过对不同关税政策效果进行预测和评估，最终为东道国贸易产业和市场稳定发展筛选出最优的关税动态调整方案。

第四，人工智能系统帮助提升倾销、补贴识别能力并设计关税反制方案。贸易出口国通过补贴、倾销等方式，给公平、开放的国际贸易市场带来了严峻挑战，不仅影响了国际贸易秩序，也给东道国产业发展产生了一定的负面影响。利用人工智能系统，可以帮助各国海关及商务部门及时掌握商品价格、成本、供应链等数据信息，为判定贸易行为或标的物是否存在不公平的补贴或倾销行为提供依据。与此同时，利用人工智能风险评估与模拟系统，能够帮助东道国进一步设计合理的反倾销、反补贴方案，以便及时维护国际市场秩序与本国厂商和消费者的福利。

（二）人工智能对非关税壁垒的影响

第一，减少技术性贸易壁垒出口约束。由于技术性贸易壁垒通常与各国不同的技术标准、产品认证等因素有关，而人工智能既可以分析和匹配国际技术标准，帮助企业在设计和生产阶段确保产品符合目标市场的标准要求，又能够帮助企业预测和应对跨国市场的技术性要求，减少合规过程中的时间和成本，从而减少不符合标准的产品进入市场的风险。比如，通过自动化质量检测、图像识别和大数据分析，人工智能系统能够实时分析生产过程中的每一项技术规范，并根据出口合规性分析结果，及时调整产品设计、包装、说明书等，以确保产品符合国外市场的质量标准。

第二，有效规避东道国卫生检疫等壁垒。人工智能结合物联网（IoT）技术，可以实时监控食品安全和植物健康状况，包括对产品进行高效、快速的检测，如通过传感器监测运输过程中的温度、湿度等数据，确保食品或动植物产品在跨国运输过程中符合卫生和植物保护要求。另外，人工智能通过大数据分析，自动识别和处理合规性问题，特别是根据目标国家的《实施卫生与植物卫生措施协定》（以下简称“SPS 协定”）要求，自动检查和分析进口商品的检疫证明和检验报告，确保产品能够顺利进入目标市场，最终减少因东道国卫生、检疫、安全等因素形成的贸易壁垒对出口形成的制约。

第三，帮助东道国优化进口配额管理。配额限制作为非关税壁垒的重要表现形式之一，是东道国保护国内相关产业免受外来竞争的重要手段。一方面，人工智能系统通过分析进出口数据、市场需求等信息，实时监控各类商品的进出口数量，当某类商品接近配额限制时，系统可以发出预警，帮助海关加强对进口商品的管控，提示相关企业及时调整计划或采购策略，确保配额分配的有效性和透明性。另一方面，通过人工智能与区块链技术的有机结合，配额管理系统可以变得更加透明和公开，不但减少了不正当的配额分配行为，还能够根据市场动态趋势，通过大数据预测各类配额商品的需求变化，帮助政府根据实际需求实时动态调整配额限制。

第四，提升出口补贴与支持政策效率。各国政府对国内产业的补贴或支持政策是出口国企业参与国际竞争的重要手段之一，但作为东道国则可以利用人工智能系统对贸易流动、大宗商品价格和供应链数据的分析，对比进口商品价格与市场价格之间的差异，帮助监管机构识别倾销或补贴行为，并及时采取措施应对。而作为出口国，人工智能系统可以帮助政府更加精确地分析各个行业的补贴需求，优化补贴资源的分配，通过实时监控补贴对象的资金流向，确保资金使用的合法性和合理性，从而避免某些行业或企业过度依赖补贴，最终减少对国际市场的不公平影响。

第五，强化反倾销与反补贴措施。人工智能可以通过对市场价格和生产成本的大数据分析，对商品进口价格与国内生产成本进行比对，检测是否存在倾销行为，并及时报告相关信息帮助政府识别倾销行为，确保市场竞争的公平性。同样，人工智能系统能够自动跟踪不公平贸易行为，并通过大数据分析识别反补贴措施的违规情况，帮助政府筛选最优反制策略，从而维护东道国贸易品市场环境。

总体来看，人工智能不仅优化了非关税贸易政策的管理流程，提高了政策透明度和执行效率，还有助于降低非关税壁垒的负面影响，为全球贸易创造了更加公平、透明和高效的环境。

第二节　人工智能与国际投资

通常情况下国际投资按照投资性质和流动方式等因素划分为国际直接投资与国际间接投资。国际直接投资主要以外商直接投资（foreign direct investment，FDI）为主，其特点是风险高，且投资者对企业决策、经营等活动具有一定的控制权。而国际间接投资主要以外商证券投资（foreign portfolio investment，FPI）为主，即投资者主要通过资本市场向东道国公司购买股票、债券等资产，一般不参与企业的经营管理决策，风险相对较小，且以短期收益为主要目标。人工智能的飞速发展，也给国际投资产生了深远影响，本节将在探讨人工智能对国际直接投资、国际间接投资基础上，进一步阐述人工智能给国际资本流动以及跨国公司资本运营带来的新变化。

一、人工智能与国际直接投资

人工智能对国际直接投资的影响是多方面的，尤其是在投资决策、风险管理、运营效率、市场准入等领域，为跨国企业和国际投资者提供了更多智能化的工具，帮助其优化投资策略，提高投资效率，并减少国际直接投资中的一些潜在风险，具体来讲主要表现在以下几个方面。

第一，优化国际直接投资决策过程。人工智能可以通过大数据分析、机器学习和预测算法等方式，帮助企业和投资者在复杂的全球市场中作出更准确的投资决策。一方面，人工智能能够快速处理和分析来自全球不同市场的海量数据，包括经济数据、行业趋势、政治环境、社会舆论等信息，从而帮助海外投资者了解目标市场的潜力、风险以及回报预期。另一方面，人工智能基于历史数据和市场主体行为，特别是通过金融市场的波动情况、地缘政治变化、自然灾害等因素来预测未来的投资风险，从而帮助企业作出更明智的投资决策，降低风险暴露。

第二，提高国际直接投资运营效率。人工智能可以大幅提高企业在海外的资本运营效率，尤其是在生产、供应链管理、客户服务和营销等领域。例如，人工智能系统可以借助机器学习优化生产线的维护周期，或者通过机器人自动化生产，减少人工成本，显著提高工厂的生产力和运营效率。另外，通过大数据预测分析，人工智能能够帮助投资者预测原材料需求、市场需求、库存管理等，并在跨境运营中及时调整供应链，从而降低库存成本和物流延迟。

第三，增强国际直接投资合规性并降低风险。国际直接投资往往涉及不同国家的法律、政策和规定，人工智能可以通过大数据分析、自然语言处理等技术，自动化地跟踪和解读各国的法规政策变化，确保投资者投资行为符合法规要求，而且当投资行为不满足不同国际市场的合规性时，人工智能系统也能够为投资者及时调整投资策略，避免违反当地法律规定，有效降低法律风险。不仅如此，人工智能通过收集政治、经济、社会等多方面市场信息，对东道国市场的政治稳定性进行预测，同样可以帮助投资者规避政治风险（如政权更替、政策变动等），选择更加稳健的市场环境进行跨国投资。

第四，提升外商投资主体本地化水平。人工智能能够帮助跨国投资者更好地适应东道国市场和文化，提高其在投资市场的本地化能力。比如，人工智能能够帮助外商投资者突破语言和文化的障碍，特别是利用自然语言处理技术，投资者可以将产品信息、营销材料等迅速翻译成目标市场的语言，并根据当地文化调整营销策略实现更高效的本地化运营。

第五，拓展新兴市场投资渠道。人工智能不仅能帮助国际投资者在成熟市场中进行决策优化，还能让投资者发现新兴市场中潜在的投资机会。一方面，通过社交媒体数据、用户行为数据和在线消费数据，人工智能能够分析出新兴市场的需求趋势，帮助国际投资者在新兴市场中提前布局，优化投资领域与合作对象。另一方面，人工智能技术本身作为一种推动新兴市场创新的工具，在医疗、教育、金融科技等领域，能够为跨国投资者提供产品和服务的创新空间，使得投资者投资结果更好地满足当地东道国市场的特殊需求，从而在这些新兴市场中实现突破，尤其是在拉丁美洲和非洲市场，全球科技公司均通过人工智能分析互联网渗透率、消费趋势等数据，发现这些地区对智能手机、云计算服务等需求的增长潜力，从而加大了对这些市场的投资。

总之，人工智能通过优化投资决策、提高资本运营效率、加强投资风险管理等方面的支持，显著影响了国际直接投资。它不仅帮助投资者在复杂的国际市场环境中降低风险、提高投资回报率，还推动了企业在新兴市场的快速布局和本地化战略实施。随着人工智能技术的不断进步，未来人工智能在国际直接投资中的应用将更加深化，进一步推动全球资本流动向更加高效和智能化方向迈进。

二、人工智能与国际间接投资

与国际直接投资相似，人工智能对国际间接投资的影响也是多方面的，具体表现在以下几个方面。

第一，提高跨境证券投资效率与收益。由于国际间接投资通常通过购买外国公司股票、债券等证券形式进行，AI 技术能够极大提高这一过程的效率和准确性。一方面，由于 AI 能够通过实时数据分析，迅速捕捉国际证券市场的变化，包括宏观经济走势、地缘政治变动以及市场情绪的波动，尤其是借助深度学习和自然语言处理（NLP）技术，AI 能够对全球新闻、社交媒体、政府公告等信息进行实时分析，及时识别可能影响证券价格的因素，从而帮助投资者快速作出决策。另一方面，与传统的证券投资方式不同，AI 可以自动化执行资产配置和组合优化，最大化投资回报并减少潜在风险，并通过量化模型在全球范围内动态调整资产配置，优化跨境证券投资组合，以实现跨境证券投资风险最小化。

第二，增强投资者对国际证券的预测与定价能力。国际间接投资不仅仅依赖宏观经济判断，还需要对特定证券的估值与定价作出准确的判断，而人工智能能够帮助跨境投资者大幅提高市场预测的准确性。因为 AI 能够通过高效的数据分析，构建更复杂的资产定价模型，从而帮助投资者评估不同证券的内在价值。例如，AI 能对债券、股票等证券的利率、股息、资本支出等进行建模，推测其未来的定价波动，这种预测能力对于全球证券市场尤其重要，特别是跨境投资中的不确定性较高。此外，AI 的自然语言处理技术可被用来进行情绪分析，包括分析全球新闻、社交媒体评论，识别市场情绪变化，进而预测市场波动，帮助投资者进行风险预警。

第三，简化跨境投资的税务与合规性管理。国际间接投资往往涉及多个国家，且每个国家的税务、法律和合规要求有所不同，人工智能通过自动化和智能化，既可以分析不同国家的税务政策、法规变化，帮助投资者作出跨境证券投资的税务优化决策，又可以根据投资目标市场的法律和金融监管要求，自动检查证券投资是否满足合规标准，并提供相应的建议，这样极大地简化了投资者的管理流程。

第四，降低投资目标市场的信息不对称。国际间接投资中，尤其是对新兴市场的投资，投资者常面临信息不对称的情况，AI能够从多种渠道（如公司年报、行业研究报告、公共政策文件、财经新闻等）获取信息，并进行综合分析，从而为投资者提供全方位的市场视图，以弥补投资者对新兴市场和较小企业了解不足的局限，降低由于信息不对称导致的投资风险。不仅如此，AI强大的多维度数据识别能力，能够分析不同行业的产业链动态，帮助投资者发现那些可能被传统分析工具忽视的市场机会和潜在风险。

第五，提高跨境投资的流动性与市场接入。国际证券投资中的流动性和市场接入是两个关键因素。AI技术使得高频交易成为可能，投资者可以通过算法自动化执行大量小额交易，迅速实现证券买卖操作，增强了国际间接投资的流动性。与此同时，AI技术能够根据市场深度、价格波动等因素，智能化地执行跨境证券交易，确保投资者能以最佳价格买入或卖出证券，这使得投资者能够在全球范围内接触到更多的市场并迅速获取收益，极大地提高了跨境投资的市场接入能力。

综合来看，人工智能通过数据分析、自动化交易、情绪分析、合规管理等多方面的技术支持，显著提升了国际间接投资的效率、准确性和灵活性，还为跨境投资的税务合规、风险管理等提供了智能化的解决方案。随着AI技术的不断发展，预计其在国际间接投资中的作用将进一步深化，为全球投资者提供更加智能、高效和精准的投资分析与决策工具。

三、人工智能与跨国公司资本运营

人工智能的推广与应用，正在对跨国公司的资本运营与合作产生深远的影响。以下是基于跨国公司资本运营与合作的特点，分析人工智能对其产生的重要影响。

第一，提升跨国公司全球资本配置与投资决策效率。跨国公司通常面临多元化的投资项目和复杂的市场环境，需要根据全球经济、行业趋势、区域发展等多重因素进行资本配置决策。AI通过分析海量数据、识别市场变化和优化投资决策模型，对不同市场的经济数据、财务报表、宏观政策等进行多维度识别，帮助跨国公司在资本运营中作出更加明智和高效的选择。与传统依赖专家判断的方式不同，AI通过量化分析帮助跨国公司精确识别优质资产，降低投资决策的风险。另外，在全球化的资本运营环境中，跨国公司往往需要管理和调配来自不同国家和地区的资本，AI可以根据各国的宏观经济环境、税务政策、货币政策等动态变化，优化资本流动的路径，使跨国公司海外资本的使用效率最大化。

第二，优化跨国公司并购与资本重组决策。跨国公司经常通过并购、合资等形式实现资本运营和全球化布局，而人工智能首先能够通过自动化的信息提取、文本挖掘和模式识别，帮助跨国公司高效筛选潜在的并购目标，尤其是通过分析行业趋势、公司财务健康状况、市场份额、潜在的协同效应等，识别出最具战略价值的并购对象。AI可以通过大数据处理和机器学习算法，分析并购目标的历史数据、行业动态以及地缘政治风险等因素，帮助跨国公司作出更为精准的尽职调查和风险评估。最后，通过构建智能模型，AI能够识别并购交易中可能隐藏的财务风险、法律风险和市场风险，最终为跨国公司并购等行为提供决策依据。

第三，优化跨国资本合作与合资战略。跨国公司通常通过与合资企业的资本合作，实现扩大市场份额、分享技术资源、提高市场渗透率等目标，借助AI技术能够快速分析潜在合作伙伴的财务健康状况、市场竞争力、文化契合度等多维度因素，帮助跨国公司在全球范围内挖掘出合适的合作伙伴，而且AI在帮助跨国公司分析合作伙伴时，也能够通过机器学习模型，分析合作企业历史数据、行业趋势、市场需求等，预测未来的合作潜力，从而为合资企业或战略合作协议的达成提供数据支持。

第四，强化跨国资本风险管理与避险策略。跨国公司在进行资本运营与合作时，需要面临来自汇率波动、市场动荡、政策变化等方面的风险，AI 通过高效的数据处理、风险预警、实时监控等功能，及时发出风险预警，帮助跨国公司实时监控和应对这些风险。此外，AI 能够基于历史数据和算法模型，快速分析汇率、商品价格、股市波动等影响因素，制订出更加科学的风险应对方案，最终帮助跨国公司作出相应的对冲决策。

总之，人工智能通过智能化的投资决策、风险管理、并购重组、跨国合作等方面，显著提升了跨国公司资本运营的效率与精确度。随着 AI 技术的进一步发展，跨国公司在全球资本市场的运营将更加高效、透明，并且能够应对更加复杂多变的全球经济环境。

第三节　人工智能与国际合作

人工智能正迅速改变着世界，它不仅影响着贸易、投资等跨国经济活动，也深刻地重塑着国际合作的格局。本节将探讨人工智能如何促进全球协作，并分析其带来的机遇与挑战。

一、人工智能助力应对全球性挑战

面对气候变化、公共卫生危机和粮食安全等全球性挑战，人工智能提供了强大的工具和方法，有效推动了国际社会共同应对的可能性。

第一，全球共同应对气候变化。气候变化作为 21 世纪人类面临的最严峻挑战之一，需要全球各国共同应对。人工智能技术为气候变化的监测、预测和应对提供了强大工具。首先，通过分析海量的气象数据，人工智能不仅可以建立精确的气候模型，预测极端天气事件及气候变化趋势，还能够促进各国之间气候数据的共享与合作研究，最终帮助世界各国制定更加有效的应对策略。其次，人工智能可以助力建设全球环境监测网络。由于全球气候监测需要精确的数据采集和分析，而AI驱动的卫星图像分析系统不仅能够自动监测，还能够实时抓取全球森林覆盖率、冰川融化和海平面上升等关键指标信息。比如，联合国环境规划署（United Nations Environment Programme，UNEP）建立的全球环境监测系统（Global Environment Monitoring Service，GEMS）集成了来自189个国家的传感器数据，通过AI分析为《巴黎协定》提供科学依据，推动了各国在气候目标上的协作与承诺。最后，人工智能优化了全球能源与碳排放控制，尤其是AI技术在可再生能源领域的应用，有效促进了国际的能源技术合作。比如，中国智能化制造系统助力晶体硅光伏电池转换效率提升了25%，多项技术已通过“一带一路”倡议与多个发展中国家共享。① 美国的谷歌旗下DeepMind开发的数据中心能源优化系统，已将冷却能耗降低40%，② 并向全球数据中心开放该技术等，这些技术共享加速了全球绿色能源转型。

第二，守护全球公共卫生安全。人工智能在疫情监测、疾病诊断、药物研发和医疗资源分配等方面发挥着重要作用。首先，AI算法可以分析全球健康数据，预测疫情暴发并及时发出预警。比如，AI系统能够通过分析社交媒体数据、医院就诊记录和流行病学数据，及早发现疫情隐患，而世界卫生组织（WHO）与各国卫生部门合作建立的全球AI疫情监测网络，也实现了疫情信息的实时共享与分析。其次，AI辅助药物研发，加速疫苗和特效药的开发进程，以新冠COVID-19疫苗为例，美国的Moderna公司利用AI系统用42天就完成了mRNA疫苗的设计③。这

---

① 中国的能源转型［EB/OL］. 中华人民共和国中央人民政府，2024-08-29.

② 谷歌利用AI管控数据中心冷却系统以降低能耗［EB/OL］. 腾讯云，2018-09-26.

③ Moderna首席数据官自述：AI被这样用于mRNA疫苗研发［EB/OL］. 腾讯网，2022-08-29.

一过程中，各国研究机构共享病毒基因组数据和 AI 模型，促进了前所未有的国际科研合作。COVAX 机制更是通过 AI 优化全球疫苗分配，确保发展中国家获得公平的疫苗份额。最后，AI 还可以优化医疗资源的跨国分配，确保资源的公平有效利用，尤其是 AI 驱动的远程医疗系统打破了地域限制，使医疗专家能够跨国提供诊疗服务。例如，中国的 AI 医学影像诊断系统已在多个共建“一带一路”国家部署，帮助当地医院提高了诊断准确率[①]；美国的 Mayo Clinic 开发的 AI 远程监测系统，已在全球 20 多个国家的医疗机构使用，实现了医疗资源的国际共享。

第三，保障粮食安全与农业合作。人工智能技术可以帮助世界各国提高农业生产效率，解决粮食安全问题。一方面，AI 可以分析土壤、天气和作物数据，优化种植方案，提高产量，特别是通过 AI 驱动的精准农业技术，能够系统分析作物生长状况、土壤质量和天气条件，并优化灌溉、施肥和农药使用。比如，以色列的农业 AI 系统已在全球多个国家部署，帮助节约水资源高达 90%、节能达 50%，同时提高农作物产量 30%。[②] 而中国、美国、欧洲等农业大国与地区也纷纷建立了全球农业数据共享平台，通过人工智能数据分析为各国农民提供精准建议。另一方面，AI 还可以促进跨境农业合作，帮助各国共享农业技术与数据，共同应对粮食危机，尤其是面对气候变化对农业的影响，联合国粮农组织（Food and Agriculture Organization of the United Nations，FAO）与多国科研机构，呼吁合作开发 AI 系统分析气候变化趋势，使 AI 成为助推农业粮食体系转型和农村发展的工具。[③]

---

① 陈洪磊. 多向发力，为 AI 医疗影像发展赋能［EB/OL］. 央广网，2025 - 01 - 25.

② 以色列的农业奇迹：科技引领沙漠绿洲的崛起［EB/OL］. 中国农业机械化信息网，2024 - 09 - 24.

③ 世界粮食论坛：人工智能和数字工具在增强农业粮食体系气候韧性方面发挥关键作用［EB/OL］. 联合国粮农组织（中文网），2023 - 10 - 19.

二、人工智能促进国际经济与技术合作

人工智能不仅推动了全球气候、粮食等问题的解决，也促进了国际经济和技术的合作与开发。

第一，优化多边贸易与供应链管理。首先，AI 可以预测市场需求，优化运输线路，提高物流效率，降低成本，例如，马士基（Maersk）与 IBM 合作开发的基于人工智能的区块链贸易平台 TradeLens 已覆盖全球 300 多个组织机构，包括航运公司 10 余家，涵盖 600 多个港口和码头的数据，有效提高了企业供应链运营效率[①]。亚马逊通过融合全球物流（AGL）与入仓分销网络（AWD），使其国际仓储费、处理费、运输费减少了 15% ~25%[②]。其次，人工智能还可以简化海关和边境管理程序，促进国际贸易的便利化。例如，世界海关组织（World Customs Organization，WCO）推动的全球智能海关计划已在 78 个国家实施，采用人工智能风险分析系统自动识别高风险货物，并加速低风险货物通关；新加坡与中国合作开发的“单一窗口”智能海关系统，有望将货物申报由 1 天缩短到 0.5 个小时，船舶申报由 2 天缩短到 2 小时，该系统已在多个共建“一带一路”国家部署，对区域贸易便利化、自由化起到了重要推动作用[③]。最后，通过识别国际贸易中的异常模式和风险因素，人工智能可以进行贸易风险管理，像欧盟开发的人工智能贸易风险分析系统，国际货币基金组织（IMF）开发的人工智能经济预警系统，均能够预测全球贸易波动和金融风险，帮助各国及时调整贸易政策，避免贸易冲突升级。

---

① 马士基与 IBM 打造的区块链物流数字方案 TradeLens 贸易透镜在华投入运营［EB/OL］. 搜狐网，2021－05－10.

② Hawkinsight. 亚马逊跨境物流“加速”：能否重获中国卖家青睐？［EB/OL］. 腾讯网，2024－05－29.

③ 于涛. 以制度创新为核心促进海南贸易和投资自由化便利化［EB/OL］. 中国南海研究院，2019－02－23.

第二，推动技术共享与标准制定。人工智能的快速发展迫切需要国际的技术合作和标准化。首先，各国需要共享人工智能技术和研究成果，共同推动人工智能技术的进步。欧盟的“地平线欧洲”计划投入超过200亿欧元用于人工智能研发，并向非欧盟国家开放合作项目①。现实中，中、美两国尽管存在技术竞争，但在《中美科技合作协定》框架涉及的近百项附加协议和合作项目下，两国科研人员仍积极在众多领域如人工智能医疗、气候建模等基础研究领域开展了丰富的研究，其中中美大亚湾反应堆中微子实验合作项目取得的重大成果，成功入选《科学》杂志2012年度十大科学突破②，这种国际科研合作加速了人工智能技术的创新与进步。其次，需要制定统一的人工智能技术标准，这样可以减少技术壁垒，促进技术的无障碍应用，具体来看，既需要各国科研机构合作开展人工智能基础研究，又要求国际标准化组织及时制定人工智能技术标准等。事实上，为解决人工智能系统互操作性问题，2023年10月19日，国际标准化组织（ISO）和国际电工委员会（IEC）成立了人工智能标准联合技术委员会，已有42个国家参与制定人工智能相关国际标准。2023年，首批人工智能数据格式、系统安全和伦理标准获得通过，为全球人工智能产业合作奠定了基础。这种标准化工作减少了技术壁垒，促进了全球人工智能技术与应用的流通。

三、人工智能推动文化与教育的全球化

人工智能技术打破了语言和地域的限制，促进了国际上文化交流和教育合作，主要表现在以下两个方面。

第一，促进语言翻译与多边文化交流。一方面，人工智能的

① 关晋勇，等．推动创新发展：政策资金加码 抢占发展先机［EB/OL］．央视网，2018－12－30.

② 章思远．让中美科技合作真正造福两国、惠及世界［N］．人民日报，2024－12－19（17）.

自然语言处理技术可以实现实时翻译，打破语言障碍，促进不同文化之间的交流和理解，特别是神经网络翻译技术使机器翻译质量取得突破性进展，像谷歌翻译 App，现已支持 108 种语言互译，而在 10 余年前的 2013 年，每日处理超过 10 亿次翻译请求①。联合国在会议中采用的人工智能同声传译系统支持六种官方语言的实时翻译，大幅提高了国际会议效率。这些技术进步极大地促进了不同语言群体间的交流与合作。另一方面，人工智能还可以帮助人们接触更多国际文化内容，促进文化融合，比如，人工智能推荐算法正在重塑国际文化交流模式，像视频平台 Netflix 的人工智能推荐系统能够基于用户偏好推荐不同国家和文化背景的内容，已将韩国、西班牙等国的文化产品成功推向全球市场。与此同时，联合国教科文组织（UNESCO）的人工智能文化多样性平台汇集各国传统艺术与现代创作，通过人工智能算法将相关文化内容推荐给全球用户，促进了世界文化多样性的保护与交流。

第二，深化国际教育合作。人工智能为国际教育合作提供了新的可能性。首先，人工智能支持跨国在线教育，为学生提供个性化的学习体验。人工智能驱动的在线教育平台使优质教育资源突破地域限制，如 Coursera 等平台通过人工智能个性化学习系统，为全球来自 100 个国家/地区超过 1.24 亿名学员提供来自世界顶尖大学的课程②。其次，人工智能还可以促进教育资源的共享，缩小教育差距。联合国儿童基金会（UNICEF）和国际电信联盟（ITU）共同发起的全球学校联网倡议（GIGA），利用人工智能系统分析各地区教育需求，优先为教育资源匮乏地区提供数字设备和网络连接，该项目已在非洲、亚洲等 30 多个国家和地区推广，近 6000 所学校的 230 万名学生接入互联网，取得了获取信息和学习的机会③。英国文化协会（British Council）开发的

---

① 谷歌翻译每天翻 10 亿次 相当全球一年人工翻译量［EB/OL］. 腾讯科技，2013－05－20.

② 资料来源：Coursera 官网。

③ 资料来源：联合国官网。

人工智能英语教学助手已在全球118多个国家部署，特别关注偏远地区的英语教育需求①。最后，人工智能推动了高等教育和科研领域的国际合作，像国际科学理事会（ISC）建立的人工智能科研协作平台，允许全球研究人员共享数据和模型，已促成超过500项跨国研究合作，有效推动了全球教育与科研事业的发展。

四、人工智能治理的国际协作

虽然人工智能技术发展为全球经贸发展注入了新的动力，但也带来了伦理、安全等方面的挑战，需要国际社会共同努力，建立有效的治理框架。

第一，需要构建人工智能道德与伦理框架。国际社会需要共同探讨人工智能伦理问题，制定人工智能道德规范和行为准则，确保人工智能技术的可持续发展。2021年，联合国通过了《人工智能伦理问题建议书》，确立了安全、包容、人权保障等核心原则，已有193个国家签署支持②。二十国集团（G20）于2023年呼吁建立“负责任地使用人工智能”伙伴关系，致力于人工智能技术的普惠共享和风险防控。经济合作与发展组织（OECD）制定的《人工智能原则》已被40多个国家采纳，成为国家人工智能战略的重要参考③。

第二，需要加强安全与隐私保护。各国及科研人员需要合作研究人工智能在数据隐私和网络安全方面的风险，制定相应的安全措施，保护个人隐私和数据安全。针对人工智能潜在风险，较早的非政府组织是2000年成立的国际隐私专业人员协会（IAPP），旨在改进全球隐私、AI治理和数字责任；与此相类似，云安全联盟（CSA）、国际信息系统审计和控制协会（ISACA）

---

① Edmett A., Ichaporia N., Crompton H., Crichton R. Artificial Intelligence and English Language Teaching: Preparing for the Future [R]. British Council, 2023.

② 资料来源：联合国官网。

③ 资料来源：标准信息服务网。

以及开放式Web应用程序安全项目（OWASP）等非政府组织，也分别从不同维度强化人工智能信息安全和隐私保护等工作。而作为比较有影响力的政府组织，如由美国发起并成立的人工智能安全研究所国际网络（INASI）、由联合国成员国组成的国际电信联盟第17研究组（ITU－T SG17）等，则积极通过跨国合作与谈判等方式，推动人工智能信息安全与隐私治理相关文件的制定与实施，从而为各成员国加强人工智能信息安全提供可供借鉴的制度规范。

第三，需要防范技术失控的风险。国际社会需要建立人工智能风险预警机制，共同防范人工智能技术滥用和失控的风险。面对人工智能引发的伦理和法律挑战，各国正在加强法律协调。联合国教科文组织（UNESCO）通过的《人工智能伦理问题建议书》为各国提供了人工智能伦理指导。东南亚国家联盟（ASEAN）已建立区域人工智能伦理协调机制，统一成员国人工智能应用伦理标准。国际人工智能法律协会（IAAIL）促进各国人工智能立法经验交流，推动人工智能法律框架的国际协调，已组织超过50次跨国立法研讨，影响了多国人工智能相关法律的制定。

五、人工智能促进国际合作的挑战与机遇

人工智能技术将继续深化国际合作，但也面临多重挑战。展望全球经济人工智能未来发展趋势，各国应在以下方面加强协作。

第一，缩小全球人工智能发展鸿沟。人工智能技术发展的不平衡可能加剧全球发展不平等。国际社会应建立更有效的技术援助机制，支持发展中国家人工智能能力建设。发达国家应增加对发展中国家的人工智能技术转移和培训支持；国际组织应设立专项资金，帮助不发达国家建立基础人工智能设施；建立全球人工智能人才流动机制，促进知识和经验的国际传播。只有确保人工

智能技术的普惠性，才能充分发挥其促进国际合作的潜力。

第二，加强数据治理与共享。数据是人工智能发展的基础，但数据隐私、安全和主权问题日益凸显。各国应在保护隐私和安全的前提下，促进数据的跨境流动与共享。建立国际数据治理框架，平衡数据流动与安全需求；设计数据信托机制，允许在保护隐私的同时共享敏感数据；发展联邦学习等隐私保护人工智能技术，实现“数据不动、模型动”的国际合作新模式，最终打造良好的数据治理模式，为人工智能国际合作奠定坚实基础。

第三，构建负责任的人工智能创新生态。随着人工智能技术加速发展，确保其安全以及负责任地使用变得更加重要。国际社会应加强人工智能研发的伦理监督，防范潜在风险。建立全球人工智能安全监测网络，及时识别和应对新兴风险；完善人工智能伦理审查机制，确保技术发展符合人类共同价值；强化人工智能研发过程的透明度和问责制，防止技术滥用。只有构建负责任的人工智能创新生态，才能确保人工智能技术持续造福全人类。

第四，深化多边人工智能治理。面对人工智能带来的全球性挑战，单边行动难以有效应对。各国应加强多边协调，共同构建人工智能治理体系。完善联合国框架下的人工智能治理机制，增强其协调能力；加强区域性人工智能合作组织的作用，促进治理经验交流；鼓励多利益相关方参与，确保治理过程的包容性，以期构建有效的多边治理体系，为人工智能国际合作与多边治理提供制度保障。

本章小结

本章为了探讨人工智能在国际经济关系中的影响，分别聚焦于国际贸易、投资以及合作三个领域，指出人工智能在提升贸易效率、优化投资决策和促进跨国合作等方面，为全球经济发展发挥着重要推动作用。

在国际贸易方面，人工智能对货物贸易、服务贸易、数字产品贸易等领域均有显著影响。它不仅提升了产品质量与国际竞争力，通过深度学习和图像识别技术优化生产过程，还推动了贸易结构升级，特别是在智能化、定制化产品贸易中，AI 通过提高生产效率和优化供应链管理，促进了全球货物贸易规模的扩大。此外，AI 在跨境电商和打破传统贸易壁垒方面也发挥了积极作用，提升了贸易平台的智能化和虚拟化，增强了跨境支付系统的安全性。

在国际投资领域，人工智能显著改善了国际直接投资（FDI）与间接投资（FPI）的决策过程。AI 通过大数据分析和机器学习优化了投资决策，增强了投资者对市场风险的预测能力，提升了跨国公司在全球市场的资本运营效率。同时，人工智能在合规性管理和投资风险控制方面也提供了智能化解决方案，推动了跨国公司在新兴市场的布局和本地化战略。

在国际合作层面，人工智能不仅协助全球各国应对气候变化、公共卫生危机等挑战，还促进了国际经济与技术的合作。AI 的应用在全球气候监测、疫苗分配和粮食安全等领域发挥了重要作用。通过智能化的供应链管理和贸易风险分析，AI 推动了全球技术标准的制定。此外，AI 还促进了跨国教育和文化的交流，打破了语言和地域的限制，推动了国际教育和文化合作。

关键概念

人工智能　货物贸易　服务贸易　数字贸易　贸易壁垒　关税壁垒　非关税壁垒　国际投资　外商直接投资　国际证券投资　跨国公司　技术伦理　文化管理　国际合作　贸易协定

阅读文献

[1] 联合国经济与社会事务部（UNDESA）. 2010 年国际服务贸易统计手册（中文版），2010.

[2] 世界贸易组织（WTO）等. 数字贸易测度手册（第二版），2023.
[3] 世界贸易组织（WTO）等. Digital Trade for Development，2023.

思考题

1. 人工智能如何提升货物贸易的国际竞争力？

2. 人工智能对服务贸易的影响有哪些特征，尤其是在打破非关税壁垒方面？

3. 人工智能在促进全球数字贸易发展中的作用有哪些特点？

4. 人工智能对国际投资中的风险管理与决策过程有哪些影响？

5. 在国际合作方面，人工智能如何应对全球性挑战，如气候变化和公共卫生危机？

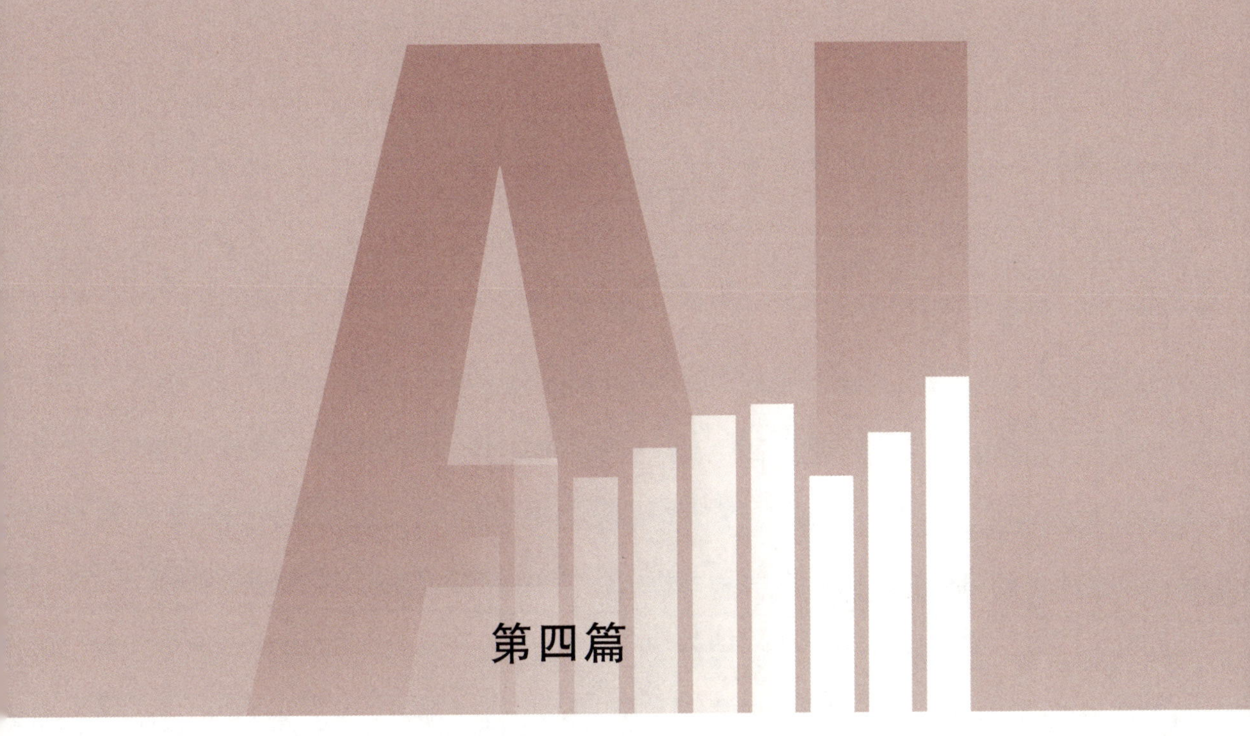

人工智能经济的治理

第十六章

人工智能的风险及其防范

人工智能作为一种强大的数字信息技术，为经济生产方式变革和社会发展带来了前所未有的便利和发展机遇。然而，人工智能是一把“双刃剑”，随着人工智能技术的广泛应用和渗透，其能够给经济社会发展和人们的生产生活带来巨大的价值，但也蕴含着一系列潜在的风险和挑战。本章首先介绍人工智能风险的内涵和特征，并阐述人工智能风险产生的原因，在此基础上提出防范人工智能风险的路径。

第一节　人工智能风险的内涵和特征

一、人工智能风险的内涵

人工智能是计算机科学的一个分支，是研究、开发用于模拟、延伸和扩展人的智能的理论、方法、技术及应用系统的一门新的科学技术，其本质是通过算法、算力和数据去解决完全信息和结构化环境下的确定性问题。人工智能风险是指应用人工智能技术对人类社会经济结构、社会生产关系、道德价值观念及治理体系等方面可能存在的负面影响。

二、人工智能风险的特征

（一）人工智能风险的复杂性

一方面，人工智能的开发和应用既涉及技术领域的模型风险，又涉及应用领域的数据安全风险，还涉及管理领域的法律风险以及文化领域的价值伦理风险等，因此人工智能风险具有复杂性。另一方面，人工智能在技术开发到推广应用的过程中涉及的链条复杂、参与主体数量多，并且各个链条之间存在多元的网络联系，各个主体之间存在相互关联的责任关系，这使得人工智能风险传播呈现网络特征，其溯源追责的难度和成本加大，人工智能的风险相对复杂多变。

（二）人工智能风险的共生性

人工智能风险的共生性是指不同类型人工智能的风险之间存在相互依赖、相互影响的特征。人工智能风险并不是单纯的技术风险，而是涉及复杂的伦理、价值与法律判断，其影响涉及产业、经济、政治、社会等多个层面。例如，当人工智能系统被用于深度伪造和信息操控时，一方面会因此引发数据滥用或算法模型安全风险，另一方面也可能由于自主性过强而产生系统失控风险，在此基础上，进一步可能引发网络攻击或者被操控行为，影响个体主权并对国家安全构成威胁。

（三）人工智能风险的不确定性

由于人工智能系统的内部算法复杂，环节链条多，因此在人工智能运行过程中会出现风险的环节、时间、程度均存在不可预测性，在任何时间和地点都有可能发生。并且，由于人工智能具有自主学习能力，在算法模型下会产生错误或者不符合常理的决策，这种自主学习能力和决策机制使得它可能会在不受人类控制下选择自己的目标和行动，以追求自身利益最大化的目标而忽视人类的需求和价值追求。如人工智能金融交易系统可能会以追求利润最大化为目标进行高风险交易，而不考虑其给金融市场和人类带来的不利影响。

（四）人工智能风险的系统性

人工智能风险的系统性是指当人工智能运行的某一环节出现潜在风险时，会通过人工智能系统的数字化、网络化、智能化传播路径而导致较大范围的系统性衍生风险。由于人工智能系统是一种新兴的复杂技术，人工智能在应用时会涉及模型设计、算力算法、数据存储、软硬件开发、服务提供和用户操作等许多环节及多个主体，这些环节和主体之间相互关联相互影响，在自主学习和决策的机制下，当某一环节出现风险而未检测到时，可能通过数据系统的学习效应而传导至下一环节，进而引发较大范围的风险。

（五）人工智能风险的动态性

人工智能风险的动态性是指人工智能所产生的风险会随着系统运行、技术调整、环境变动等因素的改变而动态变化。人工智能的风险既涉及数据隐私、算法模型、基础设施等技术方面，同时又涉及使用安全、外部攻击、伦理道德及法律责任等系统衍生风险。人工智能在不同的使用场景和应用范围的风险不同，在初级人工智能应用场景下以数据隐私、算法模型等技术风险为主，当深入到高级人工智能应用场景时，社会、经济、法律等风险类型会增加，人工智能风险具有显著的动态变化特征。

三、人工智能风险的类型

（一）外部制度方面——法律法规风险

人工智能的外部制度风险是指由于有关人工智能的制度体系

不健全，如法律法规不完善所产生的风险。具体包括：个人隐私侵权风险、知识产权侵权风险、技术垄断风险、侵权责任界定风险、诱发网络犯罪风险等。其中，个人隐私侵权风险是指人工智能系统在训练运行过程中会自动采集、读取、处理个人信息，如在使用过程中不加甄别地使用、盲目引用未经核实的信息，可能会造成个人隐私权被侵害。知识产权侵权风险是指人工智能系统在训练过程中会大量使用公开但受知识产权保护的信息或作品，若使用者引用或者对信息加工处理不当，则可能构成知识产权侵权。技术垄断风险是指人工智能经营主体通过对数据、算法、算力等技术的垄断而产生市场势力、支配地位和准入壁垒，对行业的开放创新和有效竞争产生不利影响。侵权责任界定风险是指人工智能的法律侵权行为难以界定，由于人工智能通常不被赋予法律主体资格，因此当人工智能造成违法行为时本身不承担责任，而是需要对开发者、生产者或者消费者进行法律追责。诱发网络犯罪风险是指人工智能系统可以通过抓取海量数据并通过深度学习算法生成检索内容，这种特性能够极大程度降低犯罪成本，基于此，人工智能技术可能被犯罪分子利用而从事违法犯罪活动，如通过人工智能生成虚假信息或链接进行感情类、财产类诈骗。

（二）系统内生方面——数据安全风险

人工智能的系统内生风险是指在人工智能系统运行过程中，由于系统漏洞、操作不当、保密措施不健全等而产生的风险。具体包括：系统失控风险、数据泄露风险、算力算法模型风险、网络安全风险等。其中，系统失控风险是指人工智能系统在自主学习和运行能力方面超出人类可控范围。与传统的信息技术系统不同，人工智能系统具有显著的复杂性，其具备自主学习能力和决策能力。随着深度机器学习和强化学习等技术发展，人工智能系统可以通过自主学习、自动反馈和自我适应来改进自己的性能。这使得人工智能系统的决策和行为变得复杂和难以预测，当人工智能系统的决策能力超过人类时，就很难控制和干预系统运行，导致人工智能系统失控，同时，人工智能系统可能接收到错误或者有偏差数据而产生错误学习，进而作出不正确决策而产生失控。数据泄露风险是指在大数据背景下，人工智能系统通过跟踪用户的行为、兴趣和偏好可以收集到大量的个人信息和数据，这些信息在人工智能数据挖掘和分析过程中可以揭示用户的潜在需求和行为模式，但这也在一定程度上引发了隐私泄露的风险。算力算法模型风险是指人工智能大模型在研发和运行中产生的可解释性差、鲁棒性弱、被窃取篡改、输出不可靠内容、对抗攻击能力差等问题。网络安全风险是指人工智能网络系统在应用中存在缺陷或后门，在使用中会被网络攻击利用，造成信息内容泄露、系统崩溃等影响。

（三）技术应用方面——科技伦理风险

人工智能的技术应用风险是指在人工智能技术应用过程中，经济主体与技术客体之间关系的系统性重构所产生的矛盾和风险，具体包括算法歧视风险、数字鸿沟风险、主体异化风险、道德伦理风险等。其中，算法歧视风险是指算法作为人工智能的核心技术，其在人工智能应用过程中会通过数据收集、挖掘、预测对用户的个人信息进行分析并生成自动化决策和个性化服务。但是依据机器学习算法的自动化决策会受到程序员、用户数据及社会偏见等因素的影响而对不同群体、不同个人产生系统性、可重复性的差别对待，进而导致自动化决策无法保证公平、道德。数字鸿沟风险是指在数字智能技术应用中，不同地区、行业、人群之间因基础设施条件、技术掌握程度、应用创新能力等方面的差异而造成的数智化信息差异及产生贫富差距的风险。主体异化风险是指人工智能的广泛应用使得传统的以人为中心的社会关系遭受颠覆性冲击，人类与他人互动的能力被削弱且关系变得愈加浅薄，取而代之的是人与机器在情感和精神上的高度依赖。人工智能系统的道德伦理风险包括成瘾性依恋、过度信任倾向等问题。成瘾性依恋是指当用户与人工智能进行人机交互时其可以精准地满足用户需求，并提供更多的情绪价值和更少的人际关系摩擦，这种讨好式应用互动将会削弱人们与真实自然人的交往欲望而产生“数字依恋障碍”。过度信任倾向风险是指人工智能应用的拟人化设计使得其表现为有自主意识和情感的主体，这导致用户对人工智能的能力和行为产生根本性的误解，出现在需要深度同理心和真实情感交流时过度信任人工智能而使自己心智能力下降。

（四）经济社会方面——管理治理风险

人工智能的经济社会风险是指人工智能技术冲击对经济社会管理治理领域所产生的风险，具体包括就业冲突风险、经济运行稳定性风险、社会关系分化风险、价值观冲突风险等。其中，就业冲突风险是指人工智能的突出特点是不但能够替代人的简单劳动，而且可以代替人去思考和决策，因此在人工智能冲击下不可避免地导致传统基础岗位加速消亡，劳动者被挤出市场而产生人力和技术竞争就业岗位的冲突。经济运行稳定性风险是指随着人工智能加速在各领域的渗透，其在技术应用层面的微观影响将会扩散到经济社会整体运行的宏观层面。例如，人工智能的普及将会造成低技能劳动者失业或者收入下降，而高技能劳动者可以凭借对 AI 技术的熟练运用和创新能力获得较多就业机会和高收入，这种劳动力市场的分化将固化社会阶层并扩大收入差距，进而加剧社会不稳定性和矛盾冲突。社会关系分化风险是指在人工智能技术的应用导致传统的“人—人”主导的社会关系逐渐向“人—机”主导的社会关系演化。人工智能系统通过模拟人类的认知、情感反应和社会行为能够创造出吸引人的用户体验，并显著提高人机交互的效率，进而构建更加自然真实的人机关系的互动模式，并且随着人工智能在思考、表达和决策方面与人类特征的不断接近，它们往往很容易与用户建立起深厚的情感联系。价值观冲突风险是指在人工智能技术的广泛应用和渗透下，社会各界对技术引发经济社会变革的价值观念产生矛盾。如部分群体能够适应技术创新对经济社会产生的影响，并且主动参与支持这种变化，而其他群体则因无法适应技术变革导致的就业机会、生活方式变化而抵制技术创新。

第二节　人工智能风险形成的影响因素

一、人工智能风险形成的制度因素

自 2015 年以来，我国在数字经济和人工智能领域的发展规划和相关政策等顶层设计不断出台，2017 年国务院印发《新一代人工智能发展规划的通知》，2019 年国家新一代人工智能治理专业委员会发布《新一代人工智能治理原则——发展负责任的人工智能》，2023 年国家互联网信息办公室公布《生成式人工智能服务管理暂行办法》，系列文件的出台表明国家层面对我国人工智能发展进行了战略性部署，以人工智能带动数字强国建设已经成为实现中国式现代化的重要方向。但是，法律层面、地方政府层面、企业层面、技术层面仍缺乏相应的制度支撑。法律层面缺乏针对数字基础设施建设、数据要素确权和人工智能风险治理的完善的制度规范；地方政府虽然不断强调促进人工智能产业发展，但在实际落实中缺乏采取有效的针对性政策为初创企业培育、技术研发支持和配套设施建设提供服务；企业层面缺乏对人工智能核心基础技术研发的激励和对数字产业形态组织管理的保障；技术层面缺乏相关的质量标准、数据标准、技术标准、安全标准等规范化标准体系防范人工智能风险。此外，由于人工智能对经济社会也会产生冲击，如引发失业和金融风险等，相应的社会保障体系尚不健全。现有关于人工智能领域的制度体系不完善制约了我国人工智能应用的潜力和范围，导致人工智能发展方向和发展质量的不确定性。

二、人工智能风险形成的技术因素

目前，我国人工智能规模体量大、应用范围广，但仍然受制于核心技术、关键产品和重大装备等方面的瓶颈。人工智能风险形成的技术因素表现在：第一，人工智能核心技术的自主创新能力不足。在全球范围内，美国、德国、日本仍占据新一代信息技术领域的核心地位，在基础共性技术研究、产品设计、智能制造和网络应用等领域均处于领先水平。而我国在工业互联网、云计算、大数据、人工智能等领域的自主创新能力仍然不足。第二，人工智能技术研发与应用结构不平衡。任何一项技术的应用都要与技术研发相结合才能加快技术创新速度，如果在人工智能领域取得基础理论的突破，将有利于我国在国际竞争中占据有利地位，目前我国在大数据平台、智能化感知、计算机视觉、自动驾驶等技术应用领域中处于国际领先地位，但相比于德国、美国等在物联网、工业互联网等领域的基础理论研究仍相对滞后，算法模型构建、系统软件开发、知识产权保护等方面技术体系尚未建立，技术标准缺失，核心技术产业瓶颈较大。第三，人工智能的风险监测技术尚不成熟。风险监测技术是人工智能风险有效治理的核心，但现阶段关于人工智能的风险监测技术创新滞后于应用技术创新。在监测中需要大量的数据收集、机器学习及智能决策，目前人工智能在面对海量异构数据时难以做到精准高效预处理，加之算法模型的弱鲁棒性、不可解释性和学习偏差也会导致系统出现决策失误，监测效率相对较低。

三、人工智能风险形成的文化观念因素

人工智能作为技术领域的创新工具，其应用和渗透不但会对经济社会运行方式产生影响，同时也会对现有的文化观念产生冲击，目前有关人工智能风险的思想观念尚不成熟，具体表现在：

第一，有关人工智能与人类社会发展之间的关系理解存在较大的群体差异。数字鸿沟的存在导致不同群体应用人工智能技术的程度存在较大差距，不同技术发展差距也使得人们对人工智能对经济社会影响的理解不同。人工智能发展水平较高的地区在制度规范、治理体系等方面也相对完善，其针对人工智能风险防范的思想观念也相对成熟和灵活，而人工智能发展水平较低的地区则制度体系不完善，风险应对观念滞后。第二，对人工智能产生的新型风险认知不足。由于人工智能是一项新兴的、正处于快速发展中的技术，人们对于其产生的风险尚未有全面、明确的认识，与传统技术大多产生客观性风险不同，人工智能所产生的风险会涉及主观的道德伦理、社会关系等方面。例如，有关人工智能带来的数据安全和隐私泄露风险相对较易引起人们的重视，但是涉及更深层次的成瘾性依恋、过度信任倾向等风险问题仍尚未获得较多关注，有关人工智能所产生的伦理道德风险认识还处于初级阶段。第三，全民应对人工智能风险的人文环境尚未形成。目前关于人工智能的应用仍处于初级探索阶段，大部分群体仅涉及较浅显的人工智能应用，深度的人工智能研发应用集中于较小的群体范围，全社会范围内的人工智能文化交流和风险治理的生态环境尚未形成。

四、人工智能风险形成的社会治理因素

人工智能风险形成的社会治理因素包括：第一，治理体系建设滞后于技术发展。目前我国的人工治理尚处于初期探索阶段，相较于传统的其他科技风险，人工智能的广泛覆盖性、高度复杂性和灵活可变性造成其治理难度增加。在人工智能发展日新月异的背景下，人工智能治理体系建设始终滞后于技术的开发与应用，面对人工智能新技术的不断开发，人工智能的应用场景更加复杂多变，涉及的用户、机构、企业、数据主体、研发主体、模型设计者等更加多元化，各类责任主体难以清晰界定，风险不确

定性增加，传统的监管体系和治理模式无法适应灵活多变的风险问题。第二，风险治理的能力不足。由于人工智能风险正处于发展中，具有较强的变动性和不确定性，精准监测、识别和治理人工智能风险需要大量的人力、物力和财力支持，但目前人工智能治理领域的人力资源储备明显不足，人工智能治理能力受限。如具有较强创新能力的高水平人工智能人才都集中于技术研发、产品创新等领域，风险治理方面的人才相对较少，风险治理水平提升滞后于技术开发应用。第三，缺乏有效的监管工具与治理措施。人工智能是多项高技术集合形成的复杂系统，并且具有自主学习和决策能力，其高复杂程度和低可解释性导致对其的监管难度增加，需要现代化的监管工具和治理手段。但是，一方面，现有技术创新集中在技术应用研发领域而忽视监管工具的创新；另一方面，风险监管会增加企业成本，因此企业强化监管的动力不足。同时，行业监管也缺乏统一标准和有效的奖惩措施，致使许多主体对于人工智能监管都采取规避策略。

第三节　人工智能风险防范的路径

一、人工智能风险防范的制度完善

制度规范体系是防范人工智能风险的基本保障，完善人工智能风险防范制度的具体路径包括：第一，建立健全法律制度体系。对人工智能的发展趋势和应用前景应进行综合研判和分析，发挥举国体制的优势，加快建立“制度 + 法律 + 数据 + 监管 + 平台”的一体化顶层治理框架，依法出台人工智能发展与治理的法律法规、政策规章和标准体系，引导经济主体将人工智能技术安全、公平、有效地引入产业创新活动。在设计规范体系时，应采取基于风险的规制模式，针对不同的风险类型、风险程度和风险影响制定差异化的规制政策，合理确定可接受范围，保持风险规制体系的开放性、动态性和合理性。第二，加强伦理道德规范建设。人工智能的道德伦理和规范治理是风险管理的核心环节，在道德规范建设中要结合本国国情，立足于社会主义核心价值观，对人工智能技术的开发和应用必须尊重社会公德、维护公平正义，体现人民福祉。在法律约束的同时，利用伦理道德规范加强人工智能风险的监督和治理，提高公众对人工智能技术的认知、应用和防范风险能力。第三，完善社会保障和就业体系。由于在人工智能发展的过程中，不可避免地会对经济社会稳定产生一定的冲击，例如，在人工智能替代人力资本推动产业转型的进程中，部分劳动者面临结构性失业。基于此，政府应提前布局、完善社会保障体系，一方面，政府应积极关注就业市场的变化，加强劳动者的职业再培训和技能升级，帮助中低技能者适应人工智能驱动的产业转型，使其更好地融入数字人工智能时代；另一方面，应建立劳动权益保障制度，明确发展人工智能的目的是增进全社会福利，而不是控制人类社会，及时缓解劳动者的心理压力。此外，要发展灵活的失业保险体系和收入补助计划，为劳动者提供风险应对支持。

二、人工智能风险防范的技术优化

人工智能作为高精尖技术是经济体创新能力和核心竞争力的重要体现，对人工智能的风险防范既要在制度层面形成完善的保护屏障，同时也要在技术层面建立有效的支撑体系。防范人工智能风险的技术优化路径包括：第一，加强核心技术攻关和自主创新。通过对人工智能关键核心领域的战略研判和前瞻部署，强化AI大模型、高端智能芯片、深度学习框架、核心算力算法等人工智能核心技术的研究与突破，确保在人工智能涉及的算法、框架、芯片及配套软件平台等基础技术方面形成自主创新生态，实现核心技术自主可控，统筹发展安全和风险防范。第二，建立安全可靠的数据基础设施。数据、算法、算力是人工智能的核心要素和基本支撑。在人工智能发展中要统筹数据开放与数据确权，打造安全可靠的人工智能技术底座，结合数据特性和作用对训练数据进行差异化分类管理和实施保护措施，不断提高数据安全管理效率，通过数据安全增强技术体系的稳健性和抗干扰能力，通过高质量数据的训练和共享提升模型的透明度、可靠性和可解释性，加强数据的智能化监测技术研发管控和治理工具创新。第三，建立风险监测预警系统。风险监测预警是规避人工智能系统风险的有效途径。构建关键核心领域技术安全风险评价指标体系和预警模型，并利用大数据、云计算、AI 大模型等先进前沿技术处理分析海量数据，识别人工智能潜在风险并发出预警信号，及时诊断存在的风险及威胁程度，结合预警信息优化人工智能产品和服务的质量和安全可靠性，通过科学预警实现从被动应对风险向主动防范风险转变。

三、人工智能风险防范的观念革新

由于人工智能技术应用和风险防范涉及不同社会主体对信息安全保护、社会公平正义、经济社会发展趋势等方面的理解，人工智能风险防范要加强科技产业、政府机构、公众等社会各界的观念创新和通力合作。防范人工智能风险的观念革新路径包括：第一，政府和相关机构要着力构建技术普惠的人工智能生态，通过大力支持人工智能基础设施建设、技术共享平台和通用技术资源库，降低人工智能工具和平台的使用门槛，确保各行各业的中小企业主体、个体劳动者、边缘地区也能便捷地获得人工智能技术支持。第二，社会公众要积极参与人工智能的应用和普及，主动适应技术变革浪潮对经济社会的影响。时刻跟随科技革命和产业变革的步伐，不断更新自身的知识储备和职业技能，积极学习新知识、新方法和新工具，通过提高自身技能水平适应社会变化，并且积极关注人工智能对经济社会的多方面影响，不断调整思维和心态，主动应对技术—经济结构变化，面对人工智能风险时要主动判断和灵活决策，以便在新技术冲击中抢占先机、规避风险。第三，全社会要形成解放思想的人文环境。技术变革是伴随人类历史演进的不可抵抗的潮流，只有通过解放思想、主动应对才能更好地利用先进技术服务人类社会。在人工智能技术应用时代，全社会应该建立宽松开放的技术流通环境，在社交与情感交流中积极分享人工智能的应用技能与风险防范，将人工智能广泛普及渗透到人际沟通、情感共鸣与团队协作中，通过思想观念的深度交流实现全民积极参与技术变革、主动应对技术风险的人文环境。

四、人工智能风险防范的评估管理

人工智能风险的防范离不开事前的评估管理，科学合理的评估能够及时发现人工智能的潜在问题，有效防范人工智能风险。优化人工智能风险防范评估管理的路径包括：第一，建立完善的人工智能风险评估标准，人工智能风险评估不仅要考虑人工智能应用的各个阶段，还要包括人工智能技术研发、产业领域、社会群体、生态系统等维度，要对法律风险、数据安全、隐私保护、道德伦理等各类人工智能风险的影响范围和危害程度等进行综合考虑。人工智能风险评估的标准要基于安全性、可靠性、可控性、公平性和前瞻性，针对可能存在的问题开展全方位的风险评估，并且要根据人工智能风险的实时变化作出弹性调整与动态优化。第二，要发挥不同机构在风险评估中的主体作用。例如，政府应负责法律法规和伦理准则的制定为风险评估提供指导性原则；人工智能相关企业应对自有技术进行常态化内部治理并配合第三方检测；第三方评估机构应科学监测、公平监督、公开反馈，科研院所则应提供前瞻性评估监测技术的研发。第三，要形成多方协同合作的机制。由于人工智能风险的监测评估和管理是一项长期的系统性工程，在技术快速迭代更新的背景下，需要所有机构进行及时有效的风险应对，在风险评估中也需要建立多方开放协作的机制，通过各个主体的交流与沟通提高风险评估的有效性，并通过技术发展与风险监测的平衡提高评估的科学性，在多方协作的基础上建立包括关键内容、关键流程、关键组件的共识性评估体系，保障人工智能风险的可监督、可追溯和可控制。

专栏 16 -1 生成式人工智能的风险与治理——以 ChatGPT 为例

以 ChatGPT 为代表的生成式人工智能在创造社会福利的同时，也带来了诸多风险。生成式人工智能的运行机理主要分为三个阶段，也就是机器学习和人工标记的准备阶段、运用算法对数据进行处理以求出处理后结果的运算阶段、数据运算产出成品向社会输出并产生影响的生成阶段。

当前，生成式人工智能最突出的风险就是在准备阶段的数据合规风险、运算阶段的算法偏见风险以及生成阶段的知识产权风险。生成式人工智能的数据合规风险主要体现在三个方面：数据来源合规风险、数据使用合规风险、数据的准确性风险。算法偏见主要表现在两方面：其一，由于接收到的数据需要人工标注，因此在理解过程中存在着一定的误差。其二，对数据进行加工，当 ChatGPT 对数据进行加工得出结论后，由于原始结果与大众期望不一致，需要对之进行修正，但这一过程同样会产生一定程度的算法偏见。生成阶段的知识产权风险是指在生成阶段对知识产权领域所构成的挑战。由生成式人工智能所创造的作品能否被赋权，仍然存在争论，并且具体的赋权认定标准研究还处于空白状态。因此，知识产权风险成为生成式人工智能无法规避的第三大风险。

针对上述生成式人工智能三个方面的风险，建议采取以下三种应对策略来化解风险：第一，强化生成式人工智能企业的数据合规建设。其一，确立数据合规原则。其原则主要有四点，分别是合法合规原则、告知同意原则、正当目的原则、最小必要原则。其二，建立数据合规的多元技术机制。首先是宏观层面的行业标准要统一；其次是中观层面的内外审查体系要完善；其三，完善数据合规相关法律。第二，技管结合矫正生成式人工智能的算法偏见。这主要包含两个措施。其一，针对生成式人工智能机器学习过程中所出现的先天性算法偏见，应当调整相关算法模型的学习路径，遵守相关规范和技术标准，在生成式人工智能投入市场前应当进行实质审查。其二，针对生成式人工智能的自我学习而得出的后天性算法偏见，应当通过建立敏捷化、自动化、全流程的监管体系来消除偏见。其三，落实全流程敏捷的监管机制。对生成式人工智能产出结论的全过程进行监管，切实降低由于算法偏见导致错误结论的概率，有效推进可信算法体系的构建。第三，采用有限保护模式，以防范生成式人工智能作品在知识产权方面的风险。应该根据 ChatGPT 的技术运行模式、参与程度、创新程度等进行综合评判，对其产品的知识产权采用有所区分的有限保护模式。等到未来生成式人工智能发展到一定阶段，深入了解其运行机制时，再确定具体的知识产权保护模式。

资料来源：生成式人工智能的风险与治理——以 ChatGPT 为例．中国社会科学网，2024－05－16.

本章小结

人工智能作为一种强大的数字信息技术，能够给经济社会发展和人们的生产生活带来巨大的价值，但也蕴含着一系列潜在的风险和挑战。人工智能风险是指人工智能技术应用对人类社会经济结构、社会生产关系、道德价值观念及治理体系等方面可能存在的负面影响。人工智能风险具有复杂性、共生性、不确定性、系统性和动态性。按照人工智能风险的成因可将人工智能风险分为法律法规风险、数据安全风险、科技伦理风险、管理治理风险。其中，法律法规风险包括个人隐私侵权、知识产权侵权、技术垄断、侵权责任界定、诱发网络犯罪等，数据安全风险包括系统失控风险、数据泄露风险、算力算法模型风险、网络安全风险等，科技伦理风险包括算法歧视风险、数字鸿沟风险、主体异化风险、道德困境风险等，管理治理风险包括就业冲突风险、经济运行稳定性风险、社会关系分化风险、价值观冲突风险等。人工智能风险形成的影响因素有制度因素、技术因素、文化观念因素和社会治理因素等。防范人工智能风险，一是要建立完整的制度框架；二是要优化风险防范技术体系；三是要加强社会各界的观念革新；四是要强化风险防范的评估管理。

关键概念

人工智能　风险防范　数据泄露风险　系统失控风险　主体异化风险　风险评估　治理体系　评估管理

阅读文献

［1］程淑琴，倪东辉．失控还是掌控：人工智能的社会风险及其治理［M］．北京：中共中央党校出版社，2024.

［2］清华大学战略与安全研究中心．人工智能与治理［M］．北京：中国社会科学出版社，2022.

［3］孙保学．人工智能算法伦理及其风险［J］．哲学动态，2019(10).

［4］杨明刚．人工智能时代的风险治理［M］．深圳：海天出版社，2022.

［5］岳平，苗越．社会治理：人工智能时代算法偏见的问题与规制［J］．上海大学学报（社会科学版），2021（6）.

［6］张成岗．人工智能时代：技术发展、风险挑战与秩序重构［J］．南京社会科学，2018（5）.

思考题

1. 人工智能风险有哪些类型？
2. 人工智能风险形成的影响因素有哪些？
3. 人工智能风险的防范路径是什么？

第十七章

人工智能时代的智能治理

作为新一轮科技革命和产业变革的重要驱动力量，人工智能在通用领域的“智能涌现”，不仅推动社会生产、生活方式的深刻变革，也为国家和社会智能治理带来全新的发展机遇。在此背景下本章对人工智能时代智能治理的概念、特征、功能和目标进行阐述的基础上，结合智能治理的相关理论构建智能治理的理论框架，并以智能治理在政府、城市与社会治理场景中的典型应用为案例，进一步分析人工智能时代智能治理的机遇与挑战。

第一节　人工智能时代智能治理概述

一、智能治理的概念

人工智能迎来了蓬勃发展的黄金时期。人工智能技术涉及机器学习、自然语言处理、人机交互、计算机视觉等多个领域，还广泛应用于经济社会和国家治理等多样化治理场景。因此，这次工业革命以智能化、自动化为核心，融合了物联网、大数据、云计算等先进技术，正在深刻改变着人类社会的生产方式、生活方式和思维方式。

在人工智能引发社会各行业、各领域强烈反应的现实背景下，公共管理的复杂性进一步加剧，人工智能对政府治理现代化的影响也成为关注焦点。2023 年中共中央、国务院印发《数字中国建设整体布局规划》，提出了以数字化驱动生产生活和治理方式变革，到 2025 年要实现政务数字化智能水平明显提升的目标。2024 年党的二十届三中全会的《中共中央关于进一步全面深化改革　推进中国式现代化的决定》明确指出，“完善推动新一代信息技术、人工智能……等战略性产业发展政策和治理体系”，标志着人工智能技术的发展进一步推动国家治理体系和治理能力现代化，智能技术与治理实践的深度融合与相互促进，使得“智能治理”成为中国式现代化发展的时代命题。

中国式智能治理是中国特色社会主义治理体系与人工智能技术深度融合的产物，体现了中国在数字化转型中的制度优势和文化特色，其核心理念体现出以人民为中心的智能向善，并蕴含着三个层面的含义：一是智能技术与治理场景的深度融合，强调技术服务于人的根本目标，解决人民急难愁盼的社会问题；二是智能治理重视伦理约束与技术发展的平衡，通过法律法规等构建“技术向善”的框架，禁止算法歧视、大数据“杀熟”等行为，确保技术的安全性和可控性；三是普惠性与公平性优先，重视缩小数字鸿沟，确保人工智能技术的普惠性，特别是弱势群体的权益。基于此，我国要以“政府主导—技术协同—社会参与”的方式，通过赋能、赋权和赋智，构建多元主体协同共治的治理模式。具体实现路径包括：以智能化转型为驱动，通过拓展治理领域、升级治理工具、强化问题应对三个维度全面赋能政府治理能力；以技术普及为抓手，提升社会主体参与能力，并通过优化协同机制赋权社会；依托数据分析和智能算法解析多源数据，通过主体智慧图谱构建与决策模型优化，形成可迭代升级的协同决策体系。总之，中国式智能治理以技术赋能为基础，以人本主义为核心，通过赋能、赋权与赋智的三重机制，推动治理体系和治理能力的现代化。它不仅是中国式现代化的重要实践，也为全球人工智能治理提供了中国方案和智慧。

二、智能治理的特征

智能治理通过推动人工智能技术与组织架构、管理机制的有机结合，促进了人工智能时代传统社会治理向智能治理的转变，并呈现出四个新的特征，主要包括技术驱动性、动态调整性、主体多元性及产出个性化。

（一）技术驱动性

技术驱动性强调了人工智能技术是智能治理的核心驱动力，主要通过数据分析、智能感知、机器学习等手段，以计算机视觉、自然语言的处理、人机交互等智能技术群，对海量复杂数据进行快速处理与深度分析，挖掘数据背后的规律和趋势，不仅改变了公共治理的工具和手段，而且提高了治理决策的效率和精确度，对公共治理的理念、模式、结构等方面产生了深远影响。因此，人工智能技术在公共治理领域的创新性应用，不再是外在于社会与治理的独立因素，而是深度介入治理过程，并对治理过程施加重要影响（陈水生，2019）。由此可见，“依技术治理社会”是智能治理的本质，既借助了人工智能技术的力量，又推动了公共治理的现代化和智能化发展。

（二）动态调整性

动态调整性强调了智能治理是根据内外部环境的变化以及治理过程中的反馈信息，及时对治理技术进行优化调整的系统过程。简言之，智能治理是“对智能技术的治理”（颜佳华等，2019）。随着现代社会的迅速发展，各类新问题、新挑战不断涌现，智能治理借助其技术优势，实时对社会经济运行状态、公共服务需求变化、突发事件发展态势等进行监测，并通过机器学习和深度学习模型进行快速响应和决策。在此过程中，技术与社会相互塑造、共同演进。一方面，社会接受和适应技术，同时也对技术进行审视、评估和引导；另一方面，技术发展到一定程度时，也需要积极引导和塑造其发展方向，确保技术使用合理、安全和可控，使其更好地服务于社会经济发展，增进人类福祉。

（三）主体多元性

人工智能等数字技术的涌现，使得智能治理打破了传统治理模式中单一主体主导的局面，在参数、算法、脚本等协助下，政府不再是唯一的治理主体，而是与企业、社会组织、公民等多元主体共同参与、协同合作。多元治理主体在智能治理生态系统中拥有不同的技术能力和生态地位，进而拥有不同的权威、资源与利益。具体而言，政府借助人工智能等技术能更好地履行政府在治理体系中的主导责任，并通过市场与社会政策工具将社会组织、市场等主体纳入治理实践中，精准地提供智能治理中所需的产品和服务。公民、社交媒体则通过数字化平台进行监督与意见反馈，提升智能治理效果。因此，智能治理通过数字技术消除了多元主体参与过程中所存在的跨界、跨部门乃至跨地区协作的障碍，既有利于政府主导作用的发挥，也激发了其他主体参与的积极性，进而成为智能治理实现共建、共治、共享的重要前提。

（四）产出个性化

智能治理能够借助人工智能与大数据分析等技术，挖掘并匹配不同公民多样化、差异化的需求与情境，进而最大程度地满足公民独特的公共服务需求与合理利益诉求。传统社会治理在信息收集与分析处理方面的能力有限，往往以社会局部公民的公共服务需求信息作为社会治理的样本信息，使得公共服务缺乏普遍适应性与针对性。与传统社会治理模式相比，人工智能时代下的智能治理则更注重每个公民个体的独特需求，强调从人本身的需求出发，对公民的需求偏好信息进行多维度、多层次的细分，并依托智能治理技术实现公共服务的有效供给。可见，智能治理是以人为本的治理，即以人民个性化需求为服务导向，并始终坚守人工智能服务于人民的核心宗旨。

三、智能治理的功能

（一）决策功能

随着人工智能时代的到来，智能治理的决策功能展现出前所未有的高效性与精准性。智能治理通过运用智能决策模型，依据决策者预设的目标、价值取向以及约束条件对行动方案进行全面评估与优化筛选，从而为决策者提供全面、准确的数据信息支持。人工智能的应用大大减少了治理决策所需消耗的人力、物力与时间成本，使得决策者在面对复杂多变的社会问题时，能够迅速把握问题的本质，制订出更加科学合理的解决方案。可以预见的是，人工智能将推动人类进入智能化社会，智能化决策也将被广泛应用于人类生活的各个方面（孔祥维等，2021）。

（二）执行功能

智能治理通过人工智能等技术的嵌入，使得政府层级间、各部门间数据壁垒逐步瓦解。通过统一的数据标准体系，政府、市场、社会组织之间建立起完善的数据交易市场平台，实现数据的更新与共享，从而形成部门互通、上下联动机制。同时，综合考量市场需求、政策配套、技术支持、金融支撑、资源禀赋等方面因素，动态化、精准化地在整体层面促进资源的合理配置，实现治理组织内部跨地区、跨系统、跨层级的统筹协同，构建更具包容性、交互性、协同性的协同执行治理体系。该体系能够显著地提升政策执行的效率与精准性，缩短执行周期。

（三）监督功能

智能治理通过人工智能技术，可以实现对大量数据的实时检测和动态评估，提高监督效率，一旦发现异常或潜在风险，系统会立即触发预警信号，相关部门可以迅速响应并采取有效措施加以处置，从而将风险和损失降低到最低限度。此外，人工智能技术能够深入挖掘问题线索，通过构建智能预警模型，对关键指标和业务流程进行实时检测，一旦发现异常或潜在问题，系统会自动生成相应的监督报告和建议，帮助监督机构进行管理和决策。同时，这些技术的应用使得监督工作更加智能化和自动化，可以优化监督流程，减少人为错误和疏漏，提高整体工作效率。

（四）预测功能

智能治理通过人工智能等技术，基于人类行为的海量量化数据和电子踪迹，在一定程度上掌握、分析个体及整体的行为偏好，并在特定情境中对公共问题进行精准研判与预测（艾伯特－拉斯洛·巴拉巴西，2012）。这说明了其预测功能是通过前瞻性的策略和方法，提升治理及决策的科学性，维护了社会的稳定与和谐，为应对现代社会复杂多变的风险提供了全新视角与有力工具，从而使治理方式从被动反应变为主动预防，改变了传统公共治理模式。

四、智能治理的目标

（一）提升治理服务效能，构建以人为本的智能社会

习近平总书记强调："坚持以人为本、智能向善，在联合国框架内加强人工智能规则治理。"[①] 这意味着提升治理服务效能，构建以人为本的智能社会，让人民群众共享人工智能发展成果，不断提升人民群众获得感、幸福感、安全感，引导人工智能向善而行，是发展人工智能的根本目标。具体而言，智能治理利用智

① 全球人工智能治理倡议［EB/OL］. 中国网信网，2023－10－18.

能技术的快速响应和数据分析能力，可以优化治理流程，缩短决策周期，实现治理的精准化和高效化。无论在城市管理、公共服务，还是在政策制定与执行，智能技术都提供了强大的支持手段，使得治理工作更加科学、透明和有效。在此过程中，治理服务效能的提升有助于以人为本的智能社会构建，它能够真正服务于人的全面发展，提升人民生活质量。因此，智能社会应当是一个充满人文关怀、尊重个人隐私、保障数据安全的社会。智能治理的目标是将提升治理服务效能与构建以人为本的智能社会紧密融合，形成一个既高效又人性化的治理体系。

（二）促进技术创新，提升国际竞争力

“深化大数据、人工智能等研发应用，开展‘人工智能+’行动，打造具有国际竞争力的数字产业集群”,[①] 这一战略部署充分说明了人工智能已成为新一轮科技革命和产业变革的核心驱动力。我国正积极把握人工智能时代的发展机遇，将人工智能技术创新纳入国家发展战略，促进技术创新与产业创新的紧密结合，充分激发新质生产力的发展潜能（刘典，2024）。同时，人工智能治理也为技术创新构建了良好的生态环境。在智能治理的框架下，一方面政府、企业、科研机构等多方主体共同参与，形成了协同创新的良好氛围。这种氛围不仅有利于新技术的研发和应用，还促进了技术成果的转化和商业化，进一步激发了新质生产力的发展潜能。另一方面智能治理也促进了不同技术领域之间的交叉融合与创新应用。通过将人工智能技术与信息、生物、材料技术等多领域的资源进行整合，有效打破了技术壁垒，催生了新的技术创新业态和应用场景。基于此，智能治理通过深化大数据、人工智能等技术的研发应用，推动了技术创新与产业创新的紧密结合，打造了具有国际竞争力的数字产业集群，从而提升了

① 李强．政府工作报告——二〇二四年三月五日在第十四届全国人民代表大会第二次会议上［N］．人民日报，2024－03－13（1）．

国家的国际竞争力。

（三）构建智能治理安全体系，确保人工智能安全性

党的二十届三中全会强调“要加强人工智能发展的潜在风险研判和防范，维护人民利益和国家安全，确保人工智能安全、可靠、可控”。智能治理安全体系的构建，旨在有效防范和化解人工智能应用过程中可能出现的各种风险，以确保人工智能的安全性。这一体系不仅关注模型算法安全、数据安全和系统安全等内生安全风险，还涵盖了网络域、现实域、认知域、伦理域等应用安全风险。① 因此，通过提出相应的技术应对和综合防治措施，以及人工智能安全开发应用指引，智能治理安全体系为人工智能技术的研发和应用提供了全面的安全保障。同时，智能治理安全体系还强调风险管理的理念，通过紧密结合人工智能技术特性，分析风险来源和表现形式，以确保人工智能始终处于人类控制之下，并不断提高其可解释性和可预测性。此外，还需建立各种风险评估和管控方案，以应对人工智能可能带来的潜在威胁。

（四）化解环境压力，深化可持续发展理念

人工智能技术高度依赖于大规模数据与算力支持，其发展对资源的需求呈指数级增长，造成巨大的环境压力。如 ChatGPT 等大型语言模型的发展，在训练过程中算力消耗较大，会产生大量的二氧化碳，根据国际能源署的数据，数据中心的温室气体排放量已经约占到全球温室气体排放量的 1% 左右。随着 AI 大模型和对云计算需求的增长，这一数字预计还会上升。AI 大模型，正成为碳排放的一个重要来源。② 为了应对这一问题，智

---

① 《人工智能安全治理框架》1.0 版［EB/OL］. 全国网络安全标准化技术委员会，2024－09－09.

② AI 大模型背后，竟是惊人的碳排放［EB/OL］. 江门市政务服务和数据管理局，2023－03－14.

能治理要以化解环境压力，实现可持续发展为重要目标。一方面，通过优化算法和模型架构，降低算力需求，提高计算效率；另一方面，加强数据中心和云计算平台的能效管理，采用液冷等高效散热技术，降低能耗和碳排放，并推动绿色能源的使用，如太阳能、风能等可再生能源，来减少数据中心的碳排放。此外，政府和企业也应加强合作，制定相关政策和标准，引导人工智能产业向绿色低碳方向发展。通过政策激励和市场机制，推动技术创新和产业升级，实现人工智能技术与环境保护的协调发展。

第二节　人工智能时代智能治理的理论基础

本节系统梳理了技术治理理论、数字治理理论、整体性治理理论与善治理论，对这些理论的产生背景、核心观点以及在智能治理中的理论价值和指导意义进行详细阐述，并为智能治理理论框架的构建奠定基础。

一、技术治理理论

（一）技术治理理论溯源与核心观点

技术治理也称为“技治主义”（theory of technical governance），其思想最早可以追溯到英国哲学家弗朗西斯·培根（Francis Bacon）。1627 年，培根在著作《新大西岛》中通过描述“所罗门之宫”这一由科学家构成的统治机构[①]，最早提出了技术治国的思想。他强调通过科学原理和技术方法来治理社会，

① 弗·培根．新大西岛［M］．何新，译．北京：商务印书馆，1959：13－17.

并由接受现代化自然科学技术教育的专家来掌握政治权力，这为技术治理思想的发展奠定了基础。此后，随着时代的演进，技术治理思想得到了广泛传播，逐渐成为西方学界关注的焦点，罗斯托（Rostow）、加尔布雷斯（Galbraith）、丹尼尔·贝尔（Daniel Bell）等西方学者在技术治理领域提出了各自的观点和理论，推动了技术治理思想的深入发展和广泛应用。这些学者的研究不仅丰富了技术治理的理论体系，也为其在实践中的应用提供了重要的指导和借鉴。21 世纪以来，随着人工智能、大数据、云计算等技术的快速发展和应用，技术治理的热潮再次兴起，并成为政府治理数字化、智能化转型过程中不可或缺的工具。这一趋势反映了技术在现代社会治理中的重要性和影响力，也为我们提供了新的思考和探索空间。

技术治理理论基本遵循“科学管理”和“专家政治”两大基本原则。“科学管理”原则强调用科学的技术知识和管理方法来对社会进行治理。这一原则最早在企业管理中得到应用，后来被引入公共管理领域，并逐渐演变成社会治理的重要工具。通过科学管理，政府及社会治理机构能够更有效地利用资源，优化决策过程，提高治理效率。

（二）技术治理理论在智能治理中的理论价值和指导意义

技术治理理论为智能治理提供了理论支撑。在人工智能时代，智能治理模式变革所展现出对新兴智能技术的极力推崇和依赖，正是技术治理理论在实践中的具体体现。技术治理理论强调通过先进技术的运用来实现治理效能的提升和满足公众服务需求，这与智能治理中利用人工智能技术推动政府科学决策、高效治理、公众参与和及时响应外界环境变化的实践相契合。例如，人工智能技术凭借其数据共享、智能算法、自动交互等特性，在政府治理中发挥了关键作用，提高了治理效率和响应速度，这正是技术治理理论所追求的目标之一。

技术治理理论为智能治理提供了方法论指导。在推进智能治理目标实现的过程中，技术治理理论强调用“技术主义”的方式来应对治理难题。这并不意味着盲目追求技术的先进性，而是要在技术的运用中注重其与社会、伦理、法律等方面的协调与平衡。如王欢明等学者指出的，可以通过“科技向善”来应对传统政府治理体系的挑战，通过将人工智能技术嵌入政府内部各部门之间的合作、政府与市场的合作以及政府与社会之间的合作，促进政府在作出公共服务决策过程中的智能化（王欢明等，2024）。这种“科技向善”的理念正是技术治理理论在智能治理中的具体实践，它强调了技术在治理中的积极作用，同时也提醒我们要关注技术的伦理和社会影响。

二、数字治理理论

（一）数字治理理论溯源与核心观点

数字治理理论发轫于新公共管理运动的衰微与数字时代的兴起，最早由美国学者曼纽尔·卡斯特（Manuel Castell）在其1996年出版的《网络社会的崛起》一书中提出，他认为数字治理是信息化时代政府治理的新模式，信息技术的兴起和发展为政府治理活动创建了更广阔的平台。[①] 随后，英国学者帕却克·邓利维（Patrick Dunleavy，2006）对数字治理理论进行了更具代表性的阐述。他指出，随着数字时代的到来，信息技术已成为公共部门关键的治理工具。智能技术的广泛应用，不仅有效打破了公私部门间以及私人部门间的信息隔阂，更促进了信息流通与共享，为治理工作带来了前所未有的便利与效率。可见，数字治理理论的核心观点是强调信息技术对公共管理的影响以及通过实施

① 曼纽尔·卡斯特．网络社会的崛起［M］．夏铸九，王志弘，译．北京：社会科学文献出版社，2001：320－325.

信息技术来提高公共部门的效率和公民参与度。具体来说，一方面要突出信息技术的影响，数字治理理论强调信息技术和信息系统对公共管理的影响，认为信息技术的兴起和发展为政府治理活动创建了更广阔的平台；另一方面以提高效率和公民参与度为目标，逐步通过还权于社会、还权于民，推动形成多元共治的善治过程。

数字治理理论主张在政府管理和社会治理中引入以人工智能、大数据、云计算等为代表的现代信息技术，并利用现代信息技术优化政府组织架构和工作流程，包含电子服务交付等多个方面的内容，旨在将集中化的管理型政府变成网络化的服务型政府（Patrick Dunleavy，2006）。在数字治理理论的指导下，数字化变革不仅涉及政府部门内的组织变革和文化变革，还包括外部公众和社会活动者的行为改变，推动社会治理更加数字化、精细化、自动化和智能化。

（二）数字治理理论在智能治理中的理论价值和指导意义

人工智能驱动的智能治理，从本质上来看是一种数字治理的实践形态。对人工智能时代的智能治理体系进行研究时，借鉴和吸收数字治理理论具有重要的理论价值和意义。一是数字治理理论为构建智能治理体系指明了方向。数字治理理论强调信息技术与信息系统在社会治理中的应用，智能治理研究需密切关注人工智能技术对智能治理的影响，把握新时代的特点，并厘清智能治理的技术逻辑。这有助于确保智能治理体系的正确发展路径。二是数字治理理论要求构建多元共治的治理格局。通过数字技术赋权，公私部门共同构建协同化的共治关系，数字治理形成了一种自上而下和自下而上并行的双向网络式互动。在人工智能时代，智能治理应注重构建以政府为主导、多元主体共同参与的治理组织结构，推动治理向社会化、民主化的方向发展。三是数字治理理论不仅强调治理方式的数字化变革，还关注治理理念的数字化转变。中国的治理实践中，诸如“不见面审批”“最多跑一次”“城市大脑”等实践，都体现了数字治理理论提升服务效能、满足公众需求的主张。人工智能时代的智能治理也应以此为出发点，不断朝着建设数字社会、智能社会的目标迈进。

三、整体性治理理论

（一）整体性治理理论溯源与核心观点

整体性治理理论起源于20世纪90年代的西方国家，是在传统官僚制与新公共管理理论弊端逐渐显现的背景下产生的，这两种理论在实践中产生了政府服务的裂解化和管理的碎片化问题。同时，信息技术的迅速发展也为整体性治理理论的提出提供了技术支持。在此背景下，英国学者佩里·希克斯（Perry Hicks）以英国政府的改革经验为基础，于1997年出版的著作《整体政府》中最早地系统提出了整体性治理的理论框架。[①] 这一理论以公民需求为治理的出发点和落脚点，意味着政府部门需要打破传统治理中的组织壁垒，将公民视为服务的中心，通过整合政府和非营利部门，为公民提供有效便捷的公共服务；以信息技术为治理手段，通过信息技术的运用，可以更加精准地收集和分析数据，提高治理决策的科学性和准确性；注重政府内部机构和部门之间的协作与整合，以实现政策目标、提供高效的公共服务（陈丽君和童雪明，2021）。

整体性治理理论强调充分利用信息技术作为治理手段。信息技术的运用使得数据收集和分析更加精准，提高治理决策的科学性和准确性。同时，信息技术也促进了不同部门之间的互联互通，提高了治理效率。

---

① Perri，Diana L.，Kimberly S.，et al. Toward Holistic Governance：A New Reform Agenda［M］. New York：Basingstoke，2002.

（二）整体性治理理论在智能治理中的理论价值和指导意义

整体性治理理论在智能治理中展现出重要的理论价值和指导意义。它强调治理目标的共同性，即智能治理旨在提升治理服务效能，构建以人为本的智能社会，并充分发挥其在政治、经济、社会领域的积极作用。同时，该理论倡导治理主体的多元性，主张建立包括企业、社会组织及社会公众在内的多元协同主体结构。在治理手段上，智能治理本身就是一种技术与治理的整合过程，需要利用包括人工智能技术等在内的先进的信息技术，并不断加强技术创新与应用，以保障治理安全及提升治理的有效性。此外，从治理过程来看，整体性治理理论在智能治理中强调治理过程的互动性。智能治理要打破技术和治理之间的隔阂，通过资源、信息和流程的整合与优化，推动不同治理主体间的联动合作与互动协调。这种互动性有助于增进不同行动者和组织机构之间的信任，从而促使他们联合起来解决治理难题，实现共同治理目标。

四、善治理论

（一）善治理论溯源与核心观点

善治理论起源于20世纪80年代末，核心观点是使公共利益最大化的社会管理过程，强调政府与公民对公共生活的合作管理。善治（good governance）的概念最初于1989年由世界银行提出，当时主要指的是有效率的管理（汪庆华等，2016）。随着经济全球化的深入发展，工业社会时代的官僚制与新经济时代的矛盾日益凸显，政府管理面临着新的要求与挑战。在此背景下，善治理论作为一种政府治理和组织管理理念，逐渐在西方社会得到广泛关注。学者俞可平在《治理与善治》一书中，将善治理论引入中国，并进行了系统的阐述和定义。善治还强调了治理主体和治理方式的多元化，认为治理不仅仅局限于政府，还包括企业、社会组织、公民个人等多种主体，以及民主治理、多中心治理、合作式治理等多种治理模式。这些多元化的治理主体和治理方式有助于提升治理的效率和效果，更好地满足公众的需求和期望。

（二）善治理论在智能治理中的理论价值和指导意义

善治理论为人工智能时代下的智能治理提供了有益的理论指导与借鉴，二者之间的内在逻辑关系主要体现在三个方面。一是遵循公共利益最大化原则。善治理论强调通过合法、透明、负责任等行为来实现治理目标，解决公共问题并实现共同利益。在智能治理过程中，同样需要围绕善治目标，平衡各方利益，回应公众需求。这意味着人工智能技术的运用应当最大限度地提升社会治理效能，进而提升社会福祉。二是增强治理过程的透明性。在人工智能时代下，智能治理的运行和决策机制往往较为复杂，可能存在“黑箱”问题。善治理论要求治理过程具有透明性，即实现政府信息和社会内部信息的公开性和可获取性。因此，这就需要提高智能治理系统的透明性和可解释性，确保公众了解人工智能技术的研发和应用情况。这不仅便于公众对智能治理系统进行监督和管理，防止出现歧视性、不公平的治理结果，还能增强公众对智能治理的信任和支持。三是合理合法运用智能治理技术，确保“技术向善”。善治理论要求治理行为具有合法性，遵循既定的法律法规和制度框架。在智能治理过程中，更加需要敏捷回应、开放包容、韧性容错的“技术善治”导向。这意味着需要建立健全相关的法律法规和监管制度，明确人工智能技术研发、应用、数据管理等各个环节的法律责任和规范要求。通过法律手段确保人工智能的发展在合法的轨道上进行，保障公民的合法权益不受侵犯。同时，智能治理技术的应用也应当符合伦理道德标准，避免输出违背人类伦理道德的结果，如歧视性决策、侵犯隐私等。

第三节　人工智能时代智能治理的机遇与挑战

在人工智能时代的背景下，智能治理体系的完善、治理手段的升级、治理理念的革新、治理结构的优化具有强大的驱动力，极大地加速了治理现代化进程。人工智能技术高效精准的特点，为智能治理开辟了广阔的空间。然而，我们也应清醒地认识到，人工智能技术是一把“双刃剑”，在带来诸多积极影响的同时，也伴随着一系列不容忽视的治理风险和挑战。因此，在积极拥抱人工智能的同时，需要对这些机遇和挑战进行深入的梳理和科学概括。这不仅有助于我们更全面地认识人工智能技术的双重属性，更能为推动人工智能与智能治理的深度融合提供有力的理论支撑和实践指导。

一、人工智能时代智能治理的机遇

（一）治理体系的完善

在人工智能、互联网、大数据等技术蓬勃发展的智能化时代，各国纷纷借助新一代人工智能技术来推动和改善本国治理，旨在实现治理的深度数字化和智能化。随着人工智能治理实践的深入，其价值逐渐上升至国家战略层面，加速了不同国家治理体系的完善，进而推动了智能治理的发展。具体而言，人工智能自上而下地重塑了政府不同层级、不同部门的内部结构和业务流程，系统变革了政府行政体系、回应体系、数据开放体系以及公共服务体系，有效整合了来自不同治理主体的多元数据资源，减轻了治理主体在算法、算力、数据整合方面的负担，并高效应用于智能治理的各领域。同时，人工智能治理相关法律法规的适应性变革也推动了治理体系的不断完善。体现在国家层面，我国形成了以《新一代人工智能发展规划》为核心，辅以《生成式人工智能服务管理暂行办法》等政策文件和部门规范为支撑的人工智能规范体系，并不断充实、完善与更新。在地方层面，深圳和上海分别颁布了《深圳经济特区人工智能产业促进条例》和《上海市促进人工智能产业发展条例》，作为我国人工智能领域的首部地方性法规和首部省级地方性法规，为智能治理提供了法律支撑。此外，更多地区通过政策文件的形式推动人工智能治理的合理健康开展，进一步健全了智能治理体系的制度保障。

（二）治理手段的升级

在人工智能时代，作为渗透面广、带动性强、影响深刻的新兴技术体系，人工智能技术的不断发展为智能治理带来了前所未有的机遇。新一代人工智能技术，以生成式人工智能（AIGC）为核心，相较于认知式和感知式人工智能，展现出更为强大的数据分析能力、信息整合能力和语言处理能力，其技术原理涵盖机器学习、深度学习、自然语言处理、计算机视觉等多个领域，这些技术的综合应用使得人工智能能够模拟、延伸和扩展人类的智能。当新一代人工智能嵌入社会治理、经济治理、政府治理等场景中时，它带来了创新性的变革。在社会治理方面，通过大数据和智能算法对民生数据库进行智能化分析、预测和研判，能够及时发现并精准识别民生需求，从而构建起智能医疗、智能教育、智能养老、智能社区等服务平台，有效优化了社会公共服务（陈双泉等，2024）。在经济治理方面，新一代人工智能在学习相关领域知识的基础上进行智能化创作，优化了产业生产的创意与效率，催生出新技术、新产业、新业态、新模式，并通过技术扩散和产业关联效应，加速了人工智能与实体经济的深度融合，推动了产业智能化和经济结构的转型升级。在政府治理方面，基于强交互、大数据、高算力，新一代人工智能打造了智能治理范式，提升了政民互动体验，优化了数字政务服务体系，支撑了公共决策科学性和精准性，进而持续提升了国家现代化治理能力。

（三）治理理念的革新

人工智能技术的迅猛发展为智能治理注入了新的活力，不仅提供了先进的治理工具和手段，还深刻影响着政府、城市、社会等治理文化层面的变革。这一变革要求治理理念必须与时俱进，以适应智能化治理场景下的复杂实践需求。治理理念的革新与治理实践活动的变化相辅相成，随着智能技术与治理主体互嵌程度的加深，治理工具和治理思维也在逐步发生转变（张鑫等，2023）。在智能治理中，“以人为本”成为核心价值，强调在“人际交互”的二元场景下，妥善协调人与人工智能的关系，确保技术发展服务于人民，促进社会成员共享治理智能化发展成果。同时，“协同治理”成为智能治理的方法路径。掌握新技术的私营企业、提供实际需求反馈的公民、具备广泛社会联系和专业服务能力的社会组织等多元主体在共同价值目标基础上，通过合作治理凝聚力量，应对公共事务。此外，“人工智能＋”逐渐成为主导思维模式，其不仅带来了概念和技术手段上的更新，更实现了思维模式上的彻底变革，构建起了超越政府或市场的复合式治理模式，带来了社会运行规律和运行方式的重要改变（贾开，2019）。

（四）治理结构的优化

人工智能技术的进步带来了治理层级的精简和治理结构的多元化两个方面的转变。一方面，传统治理结构常因层级过多，导致信息在上传下达过程中遭遇延迟、失真等问题。而智能治理对数据高效交互的要求，将在一定程度上改善科层结构的治理短板、条块关系失调、治理碎片化等内在缺陷。借助智能技术，政府部门、企业内部等各部门能够直接将信息高效直达高层决策系统，同时确保决策终端精准推送至每位成员，有效减少了层级隔阂，提升了信息传递的时效性与准确性，从而推动了治理层级的精简。另一方面，政府作为主要治理主体，通过扩容技术部门提升自身的技术水平，为治理需求和监管需求提供支撑（郁建兴，2023）。与此同时，企业、科研机构、社会组织乃至公民等多元主体，凭借各自的利益诉求和信息技术优势，积极参与智能治理，加速了智能治理结构的优化和调整。特别在政企合作层面，大型技术公司如腾讯、阿里巴巴等，凭借其先进的技术能力和优势，深度介入社会治理的事务中，推动着公共服务在形式和内容上发生颠覆性革命，合作领域覆盖数字经济、智慧城市建设、数字政府建设等多个方面，有力促进了智能治理结构的完善和发展。

二、人工智能时代智能治理的挑战

（一）数据治理技术挑战

人工智能时代的智能治理面临着数据治理技术方面的多重挑战。首先，人工智能治理以海量信息为数据源，数据的质量和代表性至关重要。然而，原始数据的偏差可能导致算法偏见，进而对个人权益、公共利益乃至社会秩序造成无法弥补的损失。正如全球首例自动驾驶致人死亡案件所揭示的，算法缺陷导致了悲剧的发生。[①] 其次，在算法与公民的深度交互过程中，数据偏差、算法程序设计的偏见以及人类行为自我选择偏差等因素，都可能引发算法歧视（陈玲等，2024），具体表现为种族歧视、性别歧视、价格消费歧视、年龄歧视等多种形式，这不仅损害了人工智

---

① NTSB. Collision Between Vehicle Controlled by Developmental Automated Driving System and Pedestrian [R/OL]. (2018 - 03 - 18) [2024 - 09 - 20]. https://www.ntsb.gov/investigations/accidentreports/reports/har1903.pdf.

能治理的客观性与公平性，还可能加剧群体极化风险。最后，在人工智能技术的研发与应用过程中，数据的收集、使用、存储与传输均面临被攻击的风险。技术自身问题或管控不力可能导致数据窃取、泄露、偷渡以及样本偏差等一系列数据安全风险，进一步增加智能治理的复杂性。

（二）经济与社会治理能力挑战

人工智能时代智能治理向经济与社会治理能力提出了新的挑战。首先，人工智能技术的应用给就业结构与劳动力市场带来了显著冲击。基于技能、任务和资本投资变化的 ALM 分析框架，生成式人工智能将显著改变对不同技能水平劳动力的需求，导致就业结构重塑（David Autor et al.，2003）。随着技术的快速发展和劳动力成本的提高，一些重复性、规律性强的传统工作岗位将面临被自动化和智能化机器系统替代的风险，大量劳动者也因此遭遇失业风险，对劳动力就业市场形成颠覆性的冲击。其次，人工智能技术高度依赖于数据，可能导致技术垄断与不公平竞争的市场机制。拥有大量数据和先进核心技术的企业可能占据市场优势地位，形成技术垄断，限制新进入者或中小企业开发有竞争力的人工智能产品，扰乱正常经济秩序。最后，人工智能技术的应用推广对资源利用与可持续发展形成负担。大规模的数据处理和算力支持需要投入庞大的能源，造成巨大的能源消耗与环境压力。例如，Open AI 的 GPT－3 模型训练过程就耗费了约 19 万千瓦时的电量，如果按照每千瓦时产生 0.785 公斤二氧化碳计算，对 GPT－3 的训练产生的二氧化碳就达到了 149.2 吨。[①] 随着智能治理对人工智能技术需求的增加，如何优化算法设计、提升能源使用效率并推动可再生能源的广泛应用，成为亟待解决的重要议题。

① 控制碳排放，数字经济能有何作为［EB/OL］．经济观察网，2022－10－14.

（三）社会意识形态安全挑战

随着人工智能技术在智能治理领域的广泛应用，其固有的数据偏见可能被进一步放大，对社会意识形态安全构成潜在威胁。首先，人工智能的运行机制可能加剧信息“茧房”效应。人工智能作为一个极具数智能力的数字交互媒介，能够通过深度挖掘用户数据形成用户画像，并据此推送个性化内容。其虽然提升了信息获取效率，但也限制了人们接触多元化观点的机会，导致群体间的认知沟壑不断加深，冲击主流意识形态所倡导的包容、和谐观念。其次，人工智能算法的进步和学习能力的提高，可能使其发展出自己的伦理道德框架，进而打造出虚拟意见领袖，通过精准操控网络舆论，引导部分网民成为其不法声音的帮凶，极大地冲击社会意识形态安全，为数字民粹主义的传播提供新的活动空间。最后，人工智能广泛应用并嵌入政府治理，可能引发公众信任危机。一方面存在意识形态越位、政治谣言扩散、虚假信息泛滥、数据泄露等风险。另一方面用户为获取使用权限不得不让渡个人隐私和数据，若这些数据信息未经授权便用于训练人工智能模型，将引发严重的伦理争议和法律问题（陈永伟，2023），进而导致公众信任崩塌，难以凝聚社会向心力。

第四节　人工智能时代智能治理的典型应用

随着人工智能技术的快速发展及其在各种应用场景中的加速落地，人工智能为人类社会生产生活所带来的“溢出”效应和“带动”效应逐渐显现，其潜在的技术影响也日益外显。本节将聚焦人工智能时代智能治理的典型应用案例，从政府智能治理、城市智能治理和社会智能治理三个方面展开系统梳理（见图 17－1）。

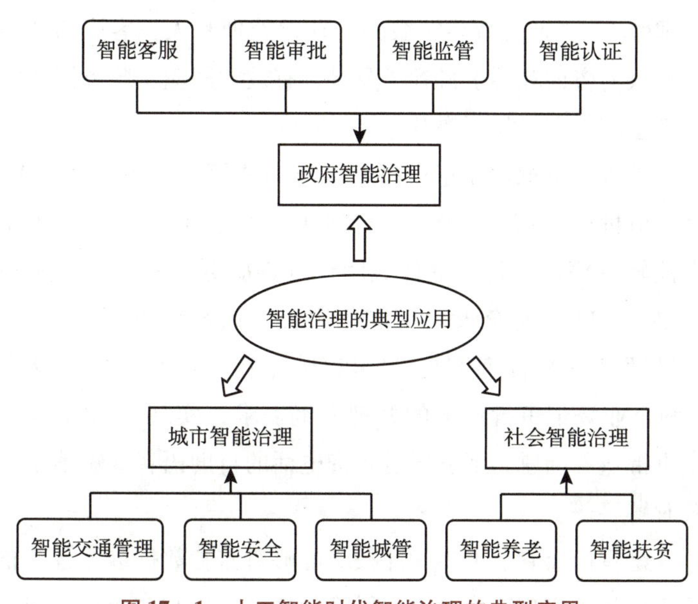

图 17－1　人工智能时代智能治理的典型应用

一、政府智能治理

当前，人工智能技术的蓬勃发展为政务服务注入了新的活力。作为一项颠覆性技术，人工智能已逐渐嵌入政府治理的多个环节和领域，显著地提高了传统政务服务的效率，改善了其效益。在中国地方政府层出不穷的创新实践中，涌现出众多智能政务的典型应用和案例。

一是智能客服。智能客服作为一种创新的政务服务手段，具备回答公众提问、指导填写表格、引导办事流程等多种功能。它能够提供全天候、多渠道的服务，极大地提升了政务服务的便捷性和效率。例如，上海市为了及时回应公众的咨询和诉求，跨部门、跨层级整合客服路线，建立起统一的客服热线。其中，"12345"市民服务热线被拓展为统一总客服，并探索了在线人工客服与智能客服相融合的方式，从而提高了"一网通办"问题的处理效率。[①] 通过智能客服的自动化处理和人工客服的精准介入，公众的咨询和诉求得到了及时、有效的回应，政务服务的质量和满意度得到了显著提升。

二是智能审批。北京市昌平区市场监管局通过引入“AI 智能登记审批咨询服务系统”，打造出“智能平台 + 人工在线 + 后台流转 + 绩效评价”立体式闭环咨询服务模式，为企业和群众提供 7 × 24 小时全天候智能化服务。该系统正式上线以来，已累计解答各类咨询问题 23.42 万余个，涵盖了线上线下共 244 种企业登记审批业务的办理咨询需求，实现了 90% 以上的登记审批业务问题，能够通过咨询电话的自助语音或短信服务获得及时解答。[②]

三是智能监管。人工智能技术能够对监管数据进行智能整合与分析，从而实现对安全隐患风险的精准预警与监控。例如，内蒙古鄂尔多斯市于 2024 年建成了“暖城食安”监管平台，平台开发了 AI 人工智能分析抓拍、线上监督巡查、简易案件掌上办理等应用功能，通过人工智能分析技术巡查，共发现问题 62470 件，已整改 58534 件，整改率为 93.7%，实现了监管方式向智能化、精准化转型。[③]

四是智能认证。云南省安宁市将 AI 人脸识别技术、大数据分析与智慧政务相结合，实现了“业务刷脸办，数据一屏览”的智慧服务。到政务服务中心办事的群众仅需完成首次人证核验，之后无须携带身份证件就可以进行人脸签到、自动取号等业务，大大提高了办事效率。[④]

---

① 上海“一网通办”继续升级，部分事项探索无人干预自动办理［EB/OL］. 澎湃新闻，2020 - 02 - 25.

② 7 × 24 小时“不打烊”！昌平区市场监管局 AI 智能登记审批咨询服务系统上线［EB/OL］. 北京市场监管，2022 - 03 - 28.

③ 内蒙古鄂尔多斯智能监管“舌尖安全”［EB/OL］. 环球网，2024 - 12 - 31.

④ 安宁政务服务进入“智慧化”时代［EB/OL］. 云南网，2021 - 06 - 14.

专栏 17 -1　“人工智能 +政务服务”助推行政效能提升

随着数字政府建设的不断推进，企业与公民个人对于政府提供政务服务的要求也在不断增加。在达到“能办”之后，“好办”的需求也随之而来。在这样的背景下，“互联网 +政务服务”已经无法完全实现“好办”的目标。对此，政府需要在政务服务领域广泛运用人工智能等技术，满足数字治理时代下政府效能建设日益增长的数字化、网络化以及智能化的要求。

对于服务提供方而言，“人工智能 +政务服务”能够让行政主体的工作更加科学高效。例如，在“人工智能 +政务服务”之下，一些具有模式化和重复性的政务文件、工作方案、工作汇报与总结等政务文书可以借助人工智能更快地生成。这不仅可以解放大多数行政人员，还可以提升行政机关整体文书的生成效率。此外，“人工智能 +政务服务”还在辅助知识检索与收集、辅助智能决策以及“服务找人”等多个方面存在优势。

对于服务接受方而言，“人工智能 +政务服务”能够让政务服务提质增效。政府政务服务重点工作之一是政民互动，但现实中却经常出现互动不畅的现象。人工智能能够克服人类行政人员容易出现的受自身情绪影响、疲劳以及专业知识储备不足等问题，以“理性”角色面对办事民众与企业。此外，“人工智能 +政务服务”还能够通过算法对行政事项审批中的内容、形式、要点等要素进行自动化审核，并通过人机对话的形式推动政务运作的“不见面、网上办、零跑腿”。例如，全国多家政务服务中心已经开始进行从“人工阅卷”到“智能审批”的转变，进而实现相关事项 24 小时办理。更为重要的是，基于大数据、大算力、强算法的人工智能还具有人类所不可比拟的知识储备与知识更新能力，当下的大模型技术已经可以在最新训练文本的基础上实现自身的升级，这样便可以时刻满足办事者个性化与精准化的需求。

资料来源：节选于张鹏，梅杰．“人工智能 +政务服务”助推行政效能提升［EB/OL］．中国社会科学网，2024 -04 -11.

二、城市智能治理

智能城市的技术基础是人工智能，其核心在于利用这一技术提升城市治理能力，实现更加精细、精准的管理和服务，让公民有更多的获得感、幸福感和安全感。从当前各地城市智能治理的实践来看，其应用场景有以下几个方面。

一是智能交通管理。智能交通因其巨大的社会效益和经济效益，对城市的发展产生了深远影响。近年来，全球范围内，特别是美国、日本和西欧等国家，均对其研究和应用给予了高度重视和大量投入。例如，以美国洛杉矶交通局为例，该机构采用了基于人工智能的交通流量预测系统。该系统通过收集道路传感器、摄像头等数据源的信息，并运用机器学习算法对这些数据进行分析和处理，能够精确预测未来数小时内的交通流量变化情况。基于这些预测结果，交通管理部门能够提前采取相应的交通疏导措施，如调整信号灯时长、发布交通预警信息等，从而有效缓解了城市的交通拥堵状况。[①] 我国的智能交通发展始于20世纪90年代，经过30多年的发展，已经建立了由高校、科研院所、企业群体共同组成的智能交通创新体系。在此期间，我国还建设了一系列具有国际影响力的示范工程，如北京智能化交通管理系统、交通运行智能监测系统，以及上海虹桥综合交通枢纽中心等（吴滨等，2020）。这些示范工程不仅展示了中国在智能交通领域的创新能力，也显著提升了城市的治理水平。

二是智能安全。智能安全是一个涵盖城市公共安全、食品安全以及重大自然灾害应对等广泛领域的大安全概念。在城市治安领域，人工智能正发挥着越来越重要的作用。以江苏省昆山市为例，昆山公安致力于构建“专业＋机制＋大数据”的新型警务

---

① PSR Research：Deep – learning traffic flow predictions ［EB/OL］. https：//transfersmagazine. org/2022/04/20/psr – research – deep – learning – traffic/，2022.

运行模式，并在打击治理电信网络诈骗的实战中引入了“AI 警察”。“AI 警察”系统能够自动抓取并分析警情、笔录等关键信息。同时，在细化标准的基础上，链接通信、金融、网络等重点行业领域的相关数据，形成详尽的分析报告。这些报告为警方提供了对犯罪团伙的组织架构、犯罪嫌疑人身份及作案手法的深度刻画，从而实现了对犯罪行为的精准追踪与打击。自“AI 警察”引入以来，已协助昆山公安成功抓获各层级涉诈犯罪嫌疑人近百名，追赃挽损 3000 余万元，① 显著地提升了城市治安管理水平。

三是智能城管。新一代人工智能技术的发展，为城市治理形态的智能化建设提供了坚实基础。以四川德阳的“AI 城管”为例，2023 年 5 月由城市管理行政执法局创新性地融合 AI 技术，成功打造了城市管理 AI 中台。该中台利用 AI 智能识别和监控系统，能够精准识别并立案处理占道经营、暴露垃圾、道路破损、无照经营游商等城市治理问题。同时，它还能对火灾、积水等紧急情况进行智能监控预警，确保了城市治理的精确性、快速性和高效性。自系统上线以来，已成功发现并识别 25427 件城市治理问题，其中 4752 起经过人工审核后被立案处置。②

三、社会智能治理

当前，世界正处于百年未有之大变局的加速演进阶段，新一代人工智能技术的革新与进步为社会治理现代化提供了技术支持和重要载体。在这一背景下，坚持以价值理性为引导，推动社会治理向技术治理体系转型，已成为社会治理不可回避的热点问题。

---

① 追赃挽损 3000 余万元！昆山引入“AI 警察”打击治理电信网络诈骗［EB/OL］. 网易，2024－10－24.

② 四川德阳“AI 城管”上岗 24 小时不眨眼，让城市管理更高效［EB/OL］. 中国网，2024－12－18.

一是智能养老。在人口老龄化趋势日益严峻的背景下，人工智能技术已成为积极应对这一挑战、促进养老服务高质量发展的重要赋能手段。日本 NEC 公司研发的生活辅助机器人，通过集成人机交互、语音识别、人体姿态评估、计算机视觉、多传感器融合等多重技术，不仅实现了与老人的互动交流，有效弥补了他们的情感缺失，还能协助肢体不便的老人进行日常肢体运动，如蹲起、站立和坐卧等，提高了其生活自理能力。同时，该机器人能实时监测老年人的身心健康情况，如心律变动、心跳频率、体温等，并将数据及时有效地反馈给家人或照护者，为老年人提供了实时服务和紧急救助。[①] 当前，人工智能技术在医疗护理、生活照料、情感陪护、娱乐休闲、安防监控等养老服务领域得到广泛应用，为老年人提供了更具个性化、便捷化的养老服务。未来深度挖掘人工智能应用潜力和技术价值，加速其与智能养老领域的深度融合，探索以科技创新为支撑、集医养康护乐于一体的智能养老服务新模式（Bingxin Ma et al.，2023），将是迎合社会智能发展、满足老年人多元化需求的必然要求。

二是智能扶贫。与传统扶贫方式相比，人工智能在规模性、多样性、时效性以及数据黏度维度上更具后发优势，能够对贫困人口实施多维度、个性化、可持续的精准扶贫（黄匡时，2020）。以贵州“扶贫云”平台为例，该平台通过全面收集贫困人口的基本信息、家庭收入、致贫原因及帮扶措施等扶贫数据，运用人工智能的大数据分析和机器学习技术，实现了对贫困人口的精准识别，从而大幅提升了扶贫工作开展的效率与精准度。[②] 此外，人工智能在产业扶贫领域同样展现出巨大潜力。黑龙江绥化市采用“农业大数据 + 产业互联网 + 人工智能”的建设思路，构建

---

① 退休后用机器人养老，能有多便利？［EB/OL］. 上海科技馆，2024 - 09 - 14.

② 贵州扶贫云“三个创新”让精准扶贫更精准［N］. 贵州日报，2020 - 07 - 08.

起了“农业托管智慧链服务平台”，利用人工智能和大数据分析等技术，实现了对气象监测站数据、孢子与虫情影像、土壤墒情数据等进行深度分析和预警，有效提高了农业生产效率和管理水平，[①] 为产业扶贫注入了新的活力。

人工智能时代社会治理适逢转场，人工智能技术与社会治理的双向嵌入，为推动社会治理现代化注入了新的动力。这一转型不仅有助于提升治理效率和精准性，还促进了治理创新和公众参与度的提升。

本章小结

人工智能正在催动着一场深刻的技术变革和治理革命，同时为推进国家和社会治理现代化、智能化提供了关键助力。我国为抢抓人工智能发展的重大战略机遇，高度重视人工智能的发展，而中国式智能治理是中国特色社会主义治理体系与人工智能技术深度融合的产物，它以技术赋能为基础，以人本主义为核心，通过赋能、赋权与赋智的三重机制，推动了治理体系和治理能力的现代化。本章基于智能治理概念界定的基础上，分析其特征、功能和目标，并梳理和归纳了技术治理理论、数字治理理论、整体性治理理论和善治理论，对这些理论的产生背景、核心观点以及在智能治理中的理论价值和指导意义进行详细阐述，为智能治理理论框架的构建奠定基础。

在人工智能时代背景下，人工智能技术以其高效、精准的特点为智能治理开辟了广阔空间，但同时也是一把“双刃剑”，它在赋能治理能力提升的同时，也带来了不容忽视的风险与挑战。因此，深入梳理人工智能技术带来的机遇与挑战，不仅有助于全面认识其双重属性，更能为人工智能与智能治理的深度融合提供

① 黑龙江绥化数据一片云 打通农业托管智慧链［EB/OL］. 中华人民共和国农业农村部网站，2024－09－24.

理论支撑与实践指导。基于此，本章聚焦政府智能治理、城市智能治理和社会智能治理三大领域，通过分析典型应用案例，展现人工智能技术为政务服务、城市治理和社会服务注入的新活力，从而揭示智能治理的实践路径与发展方向。

关键概念

人工智能时代　人工智能　智能治理　技术驱动　以人为本治理理论　政府智能治理　城市智能治理　社会智能治理

阅读文献

[1] 何哲．人工智能时代的治理转型：挑战、变革与未来［M］．北京：知识产权出版社，2021.

[2] 孟天广．智能治理导论：人工智能驱动的治理现代化［M］．北京：清华大学出版社，2023.

[3] 周辉，徐玖玖，朱悦，等．人工智能治理：场景、原则与规则［M］．北京：中国社会科学出版社，2021.

[4] Cathy O'Neil. Weapons of Math Destruction：How Big Data Increases Inequality and Threatens Democracy. Crown Publishing Group，2016.

[5] Dubber，Markus D.，Frank Pasquale，and Sunit Das，editors. Governing AI：Global Perspectives［M］. Oxford University Press，2020.

思考题

1. 人工智能时代的智能治理相较于传统治理方式有哪些显著的区别和优势？

2. 分析智能治理的相关理论在实际应用过程中的可行性与

局限性。

3. 提出至少三种有效应对智能治理现实挑战的策略。

4. 结合智能治理的典型应用案例，分析人工智能技术给政府、城市和社会智能治理带来的影响。

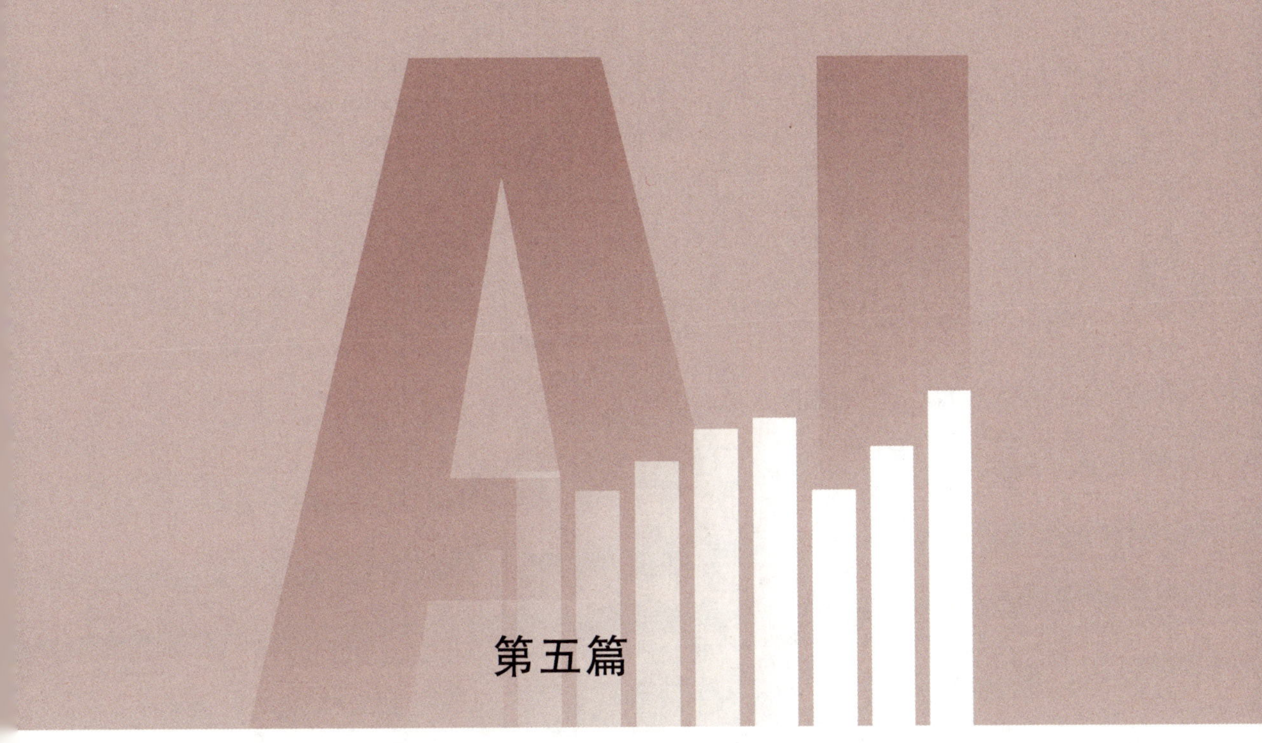

第五篇

人工智能经济学的未来

第十八章

人工智能的发展战略与政策

随着全球科技竞争的日益激烈，人工智能已成为各国争相布局的关键领域。不同国家根据自身的发展需求和优势，制定了各具特色的人工智能发展战略与政策，世界各国都在积极探索适合本国的人工智能发展的路径。这些战略与政策不仅旨在提升本国在人工智能领域的竞争力，更为我国人工智能的发展提供了有益的参考和借鉴。

第一节　世界各国的人工智能发展战略

战略的概念，起初在中西方文化中，均来源于战争与军事，意指筹划并指导战争全局的智慧与策略。它源自战争指挥者及组织者为赢取战争胜利，在筹备与执行阶段所采用的谋略。历经漫长的社会演变与生产实践，这一概念逐渐跨越军事领域，被广泛应用于诸多行业。从广义上讲，战略被视为一种融合了科学与艺术的范畴，它关乎国家如何调动全部资源和力量以实现既定目标，这一界定超越了特定领域，具有普遍适用性。当战略思维延伸至人工智能领域时，可将其定义为国家为达成人工智能发展目标，综合运用各种力量与资源的科学与艺术。分析人工智能战略时，通常聚焦于战略的具体措施、面临的挑战及限制因素等方面。本章聚焦于人工智能领域，通过审视全球主要国家的人工智能战略，揭示其政策支撑体系，旨在为我国人工智能战略的制定与政策保障提供有益的参考与启示。

一、美国的人工智能发展战略

美国作为全球经济与科技领域的领军国家，在当前的人工智能战略设计中占据领先地位，美国政府自21世纪00年代末期以来便逐渐认识到其在经济、社会、国家安全等方面的战略重要性。不同的政府领导层根据时代需求和技术背景，逐步制定出不同的人工智能发展战略和政策（见表18－1）。早在奥巴马政府时期，美国便开始了对人工智能的战略布局（丁立江，2022），在奥巴马、特朗普和拜登三位总统的领导下，美国的人工智能战略和政策发展经历了不同的阶段，重点和方向各有差异。

表18－1　　美国人工智能相关战略文件列示

战略名称	发布时间	发布机构
《为人工智能的未来做好准备》	2016年5月	美国总统行政办公室 美国国家科技委员会
《国家人工智能研究和发展战略计划》	2016年10月	白宫科技政策办公室、国家科学基金会等
《2018美国人工智能安全委员会法》	2018年3月	美国国会
《美国人工智能倡议》	2019年2月	美国国家科技政策办公室
《“美国人工智能计划”：首份年度报告》	2020年2月	美国国家科技政策办公室
《国家人工智能研发战略计划》	2023年5月	美国白宫
《关于安全、稳定和可信的人工智能行政令》	2023年10月	美国白宫
《人工智能行动计划》	2023年11月	联邦教育与研发部

首先，在奥巴马任期内，虽然没有将人工智能作为国家战略的核心，但通过一系列基础性政策，为美国在人工智能领域的发展奠定了基础，特别是在研究投入、跨部门合作和教育培养方面。奥巴马政府时期的人工智能战略目标，首先体现在对技术基础的高度重视。奥巴马政府深刻意识到，人工智能的未来发展不仅仅依赖于单一领域的技术突破，而是需要全方位的支持。因此，政府强调要加强对人工智能基础研究的投入，大力支持科研机构的创新，鼓励跨学科的合作，并推动学术界、政府和企业之间的资源共享。为此，2016 年奥巴马政府发布了《国家人工智能研究和发展战略计划》（*National Artificial Intelligence Research and Development Strategic Plan*）。这份文件明确提出了增加联邦政府对人工智能研究的投资，加强数据共享与基础设施建设，特别是在机器学习、智能系统和自然语言处理等领域，推动技术的长远发展。该文件中明确提到，人工智能的发展需要依赖于多方合作，政府、学术界和工业界必须共同努力，特别是通过创建跨学科的合作平台和资助机制，推动人工智能技术的发展与应用。

其次，在特朗普第一个任期内，人工智能战略目标的重点转向了技术应用的加速推进和市场导向的创新激励。特朗普政府认为，美国在全球人工智能竞争中具有显著优势，人工智能技术不仅是经济增长的重要驱动力，还是国家安全和国际竞争力的核心。因此，政府把人工智能技术的发展视为提升美国在全球科技竞争中地位的关键手段。为了保持领先地位，特朗普政府的首要目标是加速人工智能的产业化应用，通过技术进步推动经济的转型升级。特朗普政府的战略目标还包括减少对科技行业的政府干预，特别是人工智能领域的监管。特朗普政府强调，过多的监管不仅会束缚企业的创新活力，还可能导致美国在全球科技竞争中失去先机。因此，政府鼓励企业自由发展，减少行政审批和技术监管，认为这将有助于人工智能技术在商业领域的迅速普及。这一战略在 2019 年发布的《美国人工智能发展倡议》（*American AI*

Initiative，又称《维持美国在人工智能领域的领导地位》）中有了明确展现。该倡议认为国家竞争力的核心在于人工智能，并提出了五个主要优先发展领域：增加联邦政府在人工智能研发中的投入、优化人工智能人才培养体系、推动数据和计算资源的开放、确保人工智能的安全性和伦理性，以及促进国际合作。特别是该倡议提出，政府将通过减少行政壁垒、简化审批程序来加快人工智能技术的产业化，支持私营部门的技术创新。2021 年 1 月，《2020 财年国防授权法案》正式采纳了前述规划，将其转化为法律条文，此举标志着美国政府已全面完成了在人工智能领域内的战略规划与政策架构的搭建。

最后，拜登政府执政后，人工智能战略的核心目标发生了重要变化，特别是在社会影响、伦理治理和全球合作方面。拜登政府承认，尽管人工智能在推动经济增长和提升国家竞争力方面具有巨大的潜力，然而技术的迅猛进步同时也引发了一系列社会层面的难题，尤其是在隐私保护、算法偏见、劳动力市场影响等领域。为了确保技术进步能够与社会责任同步，拜登政府提出了一系列关于人工智能伦理的战略目标。拜登政府的战略目标之一是确保人工智能技术的发展能够满足公平、透明、非歧视的原则。人工智能技术的应用可能导致种族、性别或社会经济地位上的偏见，尤其是在公共服务领域（如法律、金融、招聘等）。因此，拜登政府致力于推动更加透明和可解释的算法，使人工智能决策过程公开透明，避免技术滥用。2023 年 10 月 30 日，拜登签署《关于安全、稳定和可信的人工智能行政令》，以确保美国在把握人工智能的前景和管理风险方面处于领先地位。该行政令指示采取全面行动，管理人工智能的安全和安保风险，保护美国人的隐私，促进公平和民权，为消费者和工人挺身而出，促进创新和竞争，增强美国在全球范围内的主导影响力等，要求最强大的人工智能系统的开发人员向美国政府报告重要信息，包括安全和安保测试的结果。

二、德国的人工智能发展战略

在全球加速步入数字化时代的背景下，自 2018 年起，德国重新将人工智能的发展提升至战略高度，致力于加速其进程，旨在跻身全球人工智能技术前沿国家之列。为此，德国在产业扶持、科研革新、人才培育、军事自动化以及安全伦理监管等多个维度上增加了投资力度，构建了一个涵盖国际合作的三层次人工智能发展体系。

2018 年被视为德国的人工智能政策元年，陆续发布了一系列与人工智能发展密切相关的政策文件[①]（见表 18－2）。2018 年 7 月，德国公布了《联邦政府人工智能战略要点》，同年 11 月，联邦内阁正式通过了《联邦政府人工智能战略》[②]，并规划在 2025 年之前，于联邦层面拨款 30 亿欧元以推进该战略的实施，打响“人工智能德国制造”（AI Made in Germany）品牌，12 月，数字化峰会上全面推出德国人工智能战略布局。2020 年德国更新上述战略，并将 2025 年前的联邦政府投入扩大到 50 亿欧元[③]。这份战略计划的核心目标是通过政府主导的多方合作，使德国在人工智能领域占据全球竞争的领先地位。该战略首先强调要通过加大对 AI 研发的投资，尤其是在 AI 基础研究、数据平台建设和计算基础设施方面，推动 AI 技术的迅猛发展。

表 18－2　　　　德国人工智能相关战略文件列示

战略名称	发布时间	发布机构
《联邦政府人工智能战略要点》	2018 年 7 月	联邦政府

① 肖晓芸，徐四季．德国人工智能政策文本量化研究［J］．科技管理研究，2023，43（17）：188－197.

② The Federal Government. “Artificial Intelligence Strategy,” November 2018.

③ The Federal Government. “Artificial Intelligence Strategy of the German Federal Government,” December 2020.

续表

战略名称	发布时间	发布机构
《联邦政府人工智能战略》	2018 年 11 月	联邦政府
《工业 4.0 安全方面的人工智能（AI）》	2019 年 2 月	联邦经济与能源部
《工业 4.0 中的人工智能：定位、应用实例和行动建议》	2020 年 5 月	联邦经济与能源部
《德意志联邦共和国联邦政府关于〈人工智能—欧洲的卓越与信任〉白皮书的意见》	2020 年 6 月	联邦政府
《联邦政府人工智能战略（2020 年更新）》	2020 年 12 月	联邦政府
《人工智能行动计划》	2023 年 11 月	联邦教育与研发部

2023 年 11 月 7 日，德国联邦教育与研发部（BMBF）推出了《人工智能行动计划》（Aktionsplan Künstliche Intelligenz），旨在推动德国在国家和欧洲层面加速人工智能的发展进程①。该计划指出德国自 2018 年以来在联邦层面制定了人工智能战略，并因此大幅扩大了对人工智能的投资。从 2017 年至今，BMBF 的人工智能年度预算增加了 20 多倍。作为 50 项长期行动计划的一环，BMBF 当前正资助人工智能领域的研究、开发及应用工作，这些工作聚焦于科研探索、技能培育、基础设施建设以及应用成果的转化。基于此，计划将额外引入至少 20 项新的行动举措。在当前立法年度内，联邦教研部（BMBF）在人工智能领域的投资预计会超过 16 亿欧元②。

在此基础上，BMBF 正在通过人工智能行动计划将 BMBF 的承诺提升到一个新的水平。明确的目标是为德国人工智能生态系统，特别是其与教育、科学研究以及商业的结合注入新的动力。

①② BMBF. Aktionsplan，Künstliche Intelligenz ［EB/OL］.（2023 - 11 - 07）. https：//www. bmbf. de/bmbf/de/forschung/digitale - wirtschaft - und - gesellschaft/kuenstliche - intelligenz/ki - aktionsplan. html.

BMBF 在《人工智能行动计划》中设定了三个总体目标：第一，德国在人工智能领域卓越的研究和专业知识基础必须转化为可见且可衡量的经济成就，并为社会带来具体、显著的效益。在此过程中，德国必须明确“德国制造（或欧洲制造）”人工智能的独特卖点是什么，以及如何才能将人工智能与德国现有的优势进行最佳整合。第二，德国需要将当前关于人工智能风险和必要法律框架的讨论建立在科学和经验的基础上，这也适用于人工智能系统的风险分类。第三，针对性、协调一致地将德国人工智能活动、优势和利益纳入欧洲范围，从而将合作质量提高到另一个水平。

三、英国的人工智能发展战略

作为工业革命的发源地，英国在科技创新方面一直保持着领先地位，而面对人工智能这一新兴技术的浪潮，英国政府更是将其视为推动国家经济增长、提升国际竞争力的重要抓手。英国政府通过加大对人工智能领域的战略和政策规划力度，旨在通过强化硬实力来巩固其在全球人工智能领域的领先地位（关皓元和高杰，2021）。

英国政府高度重视人工智能领域的发展，一方面，加大对人工智能领域的投资力度，旨在强化英国在该领域的硬实力；另一方面，其积极寻求在全球人工智能发展体系中占据领导地位。2022 年 9 月，英国正式颁布了《国家人工智能战略》，该战略着眼于确保人工智能生态系统的持久性投资与前瞻性规划，旨在进一步巩固英国在全球人工智能版图中的领军地位。2023 年 3 月，英国政府推出了《支持创新的人工智能监管方式》，强调在确保安全与隐私不受影响的前提下，加速人工智能技术的创新发展。到了 2024 年 2 月末，英国政府宣布将投入 1.1 亿英镑，以加速人工智能技术在公共部门的部署与应用，从而提升医疗、教育、司法等多个部门的工作效率。同年 4 月，英国政府又宣布投资

173 万英镑，专门用于支持人工智能技术在节能减排、实现净零排放目标方面的应用①。

此外，为进一步保障英国在人工智能方面的战略布局，其制定了全面而细致的策略，主要包括《产业战略白皮书》《人工智能行业协议》《人工智能审计框架操作手册》等，旨在推动人工智能产业的健康发展并确保其符合社会伦理和法律框架，这些政策不仅涵盖了技术研发、应用推广、监管创新等多个方面，还强调了国际合作和全球视野的重要性（见表 18－3）。

表 18－3　英国人工智能相关战略文件列示

年份	战略名称	主要内容
2017	《产业战略白皮书》	建设成为全球人工智能领域的核心枢纽
2018	《人工智能行业协议》	通过为人工智能生态系统提供接近 10 亿英镑的资金支持等措施，吸引并促进更多的私人资本投入
2020	《人工智能审计框架操作手册》	为合规负责人和技术专家提供一种评估人工智能应用合规性的方法
2021	《人工智能路线图》	进一步明确了英国人工智能发展战略和重点
2021	《国家人工智能战略规划》	描绘了英国政府各部门为巩固英国人工智能领导地位所采取的系列行动蓝图，为英国在未来 10 年内于人工智能领域的发展指明了方向
2022	《人工智能战略》	通过三大支柱支持 AI 产业发展：满足 AI 生态系统的长期投资需求、推动 AI 惠及所有行业和经济地区、推动 AI 行业有效政府治理
2023	《人工智能创新监管路径》	确保英国在科技创新领域的领先地位
2024	《数字发展战略 2024－2030》	优先发展数字公共基础设施和人工智能，并提出了实现数字化转型、数字包容、数字责任和数字可持续性的四项关联性目标

① 薛菁华，徐慧婷. 世界主要发达国家推动人工智能产业发展对策研究［J］. 竞争情报，2024，20（2）：53－60.

四、韩国的人工智能发展战略

全球各国政府及企业均对人工智能给予了极高的重视，而韩国政府和企业同样将人工智能视为第四次工业革命的关键发展路径，对此表现出了极大的关注与热情。韩国很早就开始积极筹备，以应对人工智能的蓬勃发展，2016 年可称为韩国的“人工智能元年”（殷勇，2020），相关战略政策逐渐出台（见表 18－4）。

表 18－4　　韩国人工智能相关战略文件列示

战略名称	发布时间	发布机构
《智能信息社会：应对第四次工业革命的中长期总体规划》	2016 年 12 月	科学和信息通信技术部
《实现 I－Korea 4.0 的人工智能研发战略》	2018 年 5 月	第四次工业革命委员会
《人工智能国家战略》	2019 年 12 月	科学信息通信技术部
《国家人工智能战略政策方向》	2024 年 9 月	国家人工智能委员会

2016 年 8 月，在韩国第 2 届科学技术战略会议上，韩国政府宣布将正式主导发展人工智能，计划在三年后达到能够理解人类语言和影像的水平，到 2022 年能够帮助人类作出决策，到 2026 年能够进行复杂的思考，将人工智能专门企业增加至 1000 个，培养专门人员 3600 名。

2016 年 12 月，韩国科学、信息通信技术和未来计划部（现为科学和信息通信技术部）提出了《智能信息社会：应对第四次工业革命的中长期总体规划》。该政策文件详细说明了人工智能研发的战略方向，同时探讨了伴随人工智能广泛应用而来的伦理、法律及社会影响问题，为接下来 30 年的合作提供了一个框架。此规划体现了韩国政府对人工智能发展的核心思路，而这些理念随后由韩国第四次工业革命委员会（PCFIR）进行了更为详尽的阐释。

2017 年 2 月，在新产业监管改革部长级会议期间，由未来创造科学部、文化体育观光部、金融委员会等多个相关部门携手制定的《人工智能、虚拟现实、网络金融科技规制改革》得以发布。该方案聚焦于人工智能领域，指出了核心法律制度调整的方向。在全球范围内，关于人工智能安全性、事故责任主体、技术开发伦理等议题的讨论正日益热烈。韩国方面，正积极就这些相关的法律问题展开讨论，广泛收集各界意见，旨在基于这些反馈明确核心法律制度的调整路径（张翼燕、王玲和宋微，2018）。

2018 年 5 月，韩国第四次工业革命委员会推出《实现 I－Korea 4.0 的人工智能研发战略》。根据该战略，韩国设定了一个目标：即在 2022 年之前，借助企业、研究机构及学术界携手推动的技术革新，将韩国塑造成在全球人工智能领域占据领先地位的国家。为实现这一目标，韩国随后推出了一项总额为 2.2 万亿韩元的投资计划，并提出三个战略目标和两个投入方向。更具体而言，三个战略目标包括：（1）迈进世界人工智能四大强国；（2）确保培养 5000 多名高端人才；（3）构建人工智能数据 1.6 亿件。两个投入方向包括：（1）集中投入公共领域与风险技术、新一代技术；（2）支持打造在民间有竞争力的初期市场。

2019 年 12 月，韩国科学信息通信技术部携手多个相关部门，共同推出了《人工智能国家战略》。此文件正式宣告了人工智能在韩国被提升至国家战略的关键位置，并详细描绘了韩国在人工智能领域的追求目标、整体战略框架以及具体的实施步骤（武琼，2021），提出了一个宏伟的愿景，即由信息技术强国转型为人工智能强国，并设定了至 2030 年需达成的三大核心目标：一是使韩国的国家数字竞争力跃升至全球第三位；二是通过人工智能创造高达 455 万亿韩元（折合人民币约 2.7 万亿元）的智能经济收益；三是将国民生活质量提升至世界排名第十位。为实现这一愿景，韩国的人工智能国家战略细分为三大主要领域：一是构建一个在全球领先的人工智能生态系统；二是确保韩国在人工智能应用方面占据领先地位；三是推动实现以人类福祉为中心的人工智能技术发展。这些领域下又进一步细化为九大战略方向和一百个具体的执行项目（李贺南和陈奕彤，2020）。

2024 年 9 月，韩国成立国家人工智能委员会并召开了首届国家人工智能委员会会议，多部门联合发布《国家人工智能战略政策方向》，提出了韩国新的人工智能创新战略蓝图。《国家人工智能战略政策方向》推出了官民合作下的四大人工智能旗舰项目，以及人工智能生态系统发展的四大政策方向，明确了韩国在全球人工智能竞争中的战略方向。会上强调，韩国的目标是成为全球人工智能三大强国，并呼吁通过国家与民间的协作，共同推动国家未来 30 年的人工智能转型与发展。

五、新加坡的人工智能发展战略

鉴于土地资源的稀缺性和人口的局限性，新加坡政府采取了一项积极的对外经济发展策略，持续依赖于技术创新来发掘新兴的经济增长动力。2006 年，新加坡启动了“智能城市 2015”倡议，旨在通过强化信息产业和提升信息技术在关键领域的运用，转型为一个信息技术引领的智能型都市。到 2014 年，该倡议进一步演进为“智慧国 2025”，这是一个为期 10 年的愿景，意在将新加坡全面塑造为一个智慧国家，此蓝图在全球范围内尚属首例。自 2017 年起，制定人工智能的战略规划成为国家发展的重要议程（见表 18－5）。

表 18－5　　新加坡人工智能相关战略文件列示

战略名称	发布时间	发布机构
《“国家人工智能核心”计划》	2017 年 5 月	新加坡国家研究基金会
《国家人工智能战略》	2019 年 11 月	智慧国家数字政府办公室
《国家人工智能战略 2.0》	2023 年 12 月	智慧国家数字政府办公室
《新一代人工智能示范治理框架》	2024 年 5 月	新加坡通信与信息部

受全球人工智能发展趋势的驱动，新加坡确立了“智慧国”这一国家发展目标。2017 年 5 月，新加坡国家研究基金会推出了“AI. Singapore”计划，该计划旨在汇聚政府、科研机构及产业界的优势资源，促进人工智能的快速发展与应用，从而提升新加坡在 AI 领域的全球竞争力。其主要目标体现在三个方面：首先，利用人工智能技术应对社会与产业面临的挑战，比如交通拥堵和人口老龄化问题，期望通过 AI 技术解决新加坡社会及产业面临的技术难题；其次，通过投资人工智能的发展，紧跟全球科技创新的步伐，提升本土的技术研发实力；最后，推动企业在 AI 领域的创新与应用，借助 AI 技术提升生产效率、创造新产品，并提高 AI 技术的商业化程度。

2019 年 11 月，新加坡正式揭晓了其首个国家级的人工智能发展蓝图——《国家人工智能战略》（National AI Strategy）（以下简称“2019 年版战略”）①，这标志着新加坡政府在人工智能领域的正式参与，其着重于将人工智能技术融入关键产业与公共服务体系，以期提升运作效率与民众生活质量。该战略广泛覆盖了健康医疗、教育体系、交通运输以及安全保障等多个维度，展现了新加坡政府对人工智能在社会各层面应用的深远规划与前瞻视角。

2023 年 12 月，新加坡发布了《国家人工智能战略 2.0》（National AI Strategy 2.0）（以下简称“2023 年版战略”）②，作为对 2019 年版战略的更新与升级，2023 年版战略旨在未来 3 ~ 5 年内进一步推动新加坡的经济增长与社会发展潜力。2023 年版战略聚焦于两大核心目标：一是将人工智能技术应用于全球性的关键领域，如民众健康与气候变化，以应对当代社会的需求与挑战；二是确保新加坡民众与企业具备充分的能力与资源，自信地

---

① National AI Strategy［EB/OL］. https：//www. smartnation. gov. sg/files/publications/national – ai – strategy. pdf.

② National AI Strategy 2. 0［EB/OL］. https：//file. go. gov. sg/nais2023. pdf.

采纳人工智能，从而在人工智能快速发展的未来中迅速适应并发挥优势。《国家人工智能战略 2.0》设计了“推动引擎”、“人力资源与社群”以及“基础架构与生态环境”三大支柱体系，这些体系由 10 个关键驱动因素支撑，并通过 15 项具体行动计划来实现其功能。具体而言，这 10 个驱动因素涵盖了行业、政府机构、科研组织、人才发展、技能提升、社群建设、计算能力、数据资源、可信环境以及意见领袖与行动倡导者。

2024 年 5 月 30 日，新加坡推出了一项具有前瞻性的《新一代人工智能示范治理框架》，旨在为快速发展的技术提供有效监管指导，同时实现创新与安全之间的平衡，为人工智能系统的开发和部署营造一个值得信赖的生态系统。该框架重点围绕九个领域展开，包括问责制、数据、可信的开发和部署、事件报告、测试和保证、安全性、内容出处、安全与一致性，以及人工智能的公益性。

六、沙特阿拉伯的人工智能发展战略

沙特阿拉伯，这个以盛产石油而闻名的国家，近年来在人工智能领域的发展上展现了其推动经济多元化的决心，将数据和人工智能领域的发展视为其国家战略的关键支柱。尽管沙特阿拉伯在人工智能领域的探索仍处于初级阶段，但其展现出的积极态势与明确规划，为这一领域的迅速崛起奠定了坚实基础。沙特阿拉伯的人工智能发展战略与其“2030 愿景”紧密相连。该愿景旨在通过多元化经济结构，实现经济的可持续发展，减少对石油的过度依赖。人工智能作为当今科技发展的重要基石，被视为实现这一目标的关键手段。

2019 年沙特阿拉伯数据与人工智能管理局（SDAIA）成立，这一里程碑事件标志着沙特阿拉伯在人工智能领域的战略规划迈入了一个崭新阶段，该管理局下设有多个专业分支机构，包括国家信息中心（NIC）、国家人工智能核心机构（NCAI）及国家数据管理办公室（NDMO）。同年，在大阪举办的二十国集团峰会上，沙特阿拉伯王储穆罕默德·本·萨勒曼发表了演讲，其中明确阐述了他对人工智能的战略构想。他坚信，通过充分利用人工智能等前沿技术，可以发挥优势、规避劣势，为全球带来显著的正面影响。

2020 年，沙特阿拉伯发布了《国家数据与人工智能战略》，为国家的科技创新注入了强劲动力。沙特阿拉伯数据与人工智能管理局正携手国际商业机器公司（IBM）等业界巨头，运用人工智能技术，在碳循环经济、石化及工业领域探索创新解决方案，同时致力于新未来城（NEOM）的建设，以加速推进沙特阿拉伯的可持续发展议程及“2030 愿景”目标的实现。此外，该管理局还在医疗、金融、交通等多个领域积极推动人工智能技术的广泛应用。为了支撑人工智能行业的蓬勃发展，国家数据与人工智能战略（NSDAI）还实施了一系列具体举措，包括国家工业发展与物流计划（NIDLP）、“超越计划”及数据中心战略计划等，为人工智能领域的进步奠定了坚实基础（罗怀伟，2024）。

2022 年，沙特阿拉伯提出了《利雅得人工智能行动呼吁宣言》的重大倡议，郑重承诺将人工智能技术应用于人道主义领域，旨在为发展中国家谋取福祉。同年举办的“LEAP”科技展吸引了来自 50 多个国家和地区超过 900 家科技企业参展，彰显了科技领域的广泛交流与合作。与此同时，沙特阿拉伯数据与人工智能管理局（SDAIA）与国家转型计划（NTP）携手举办了沙特阿拉伯数据论坛，该论坛致力于提升政府部门的透明度，并推动国家转型战略目标的实现。为了加强人工智能技术的规范化使用，中东地区包括沙特阿拉伯、科威特、阿联酋、巴林及塞浦路斯在内的多个国家，相继发布了人工智能道德准则与框架，这些准则与框架着重强调了保护隐私权、数据安全以及尊重人权和基本自由的重要性，为人工智能技术的健康发展提供了明确的指导方针。

2023 年 3 月 17 日，由沙特阿拉伯数据与人工智能管理局

（SDAIA）与国家数据管理办公室（NDMO）共同监督实施的沙特阿拉伯首部《个人资料保护法》正式施行，该法全面覆盖了数据隐私监管及公民数据处理规范，为人工智能技术的广泛应用构建了坚实的法律保障（佘纲正和房宇馨，2024）。与此同时，沙特阿拉伯正积极开展国际合作，携手全球伙伴共同推动人工智能技术的革新与进步。在此过程中，中国企业，诸如华为、阿里巴巴、中国移动及商汤科技等，在沙特阿拉伯的人工智能领域作出了显著的贡献。这些企业不断拓展在沙特阿拉伯的数字业务版图，对完善人工智能基础设施建设起到了积极作用。特别是华为云的利雅得节点顺利上线，为沙特阿拉伯带来了全方位、全栈式的云服务解决方案，有效满足了各行各业对于云计算资源的需求（见表18－6）。

表18－6　　沙特阿拉伯人工智能相关战略文件列示

战略名称	发布时间	发布机构
《沙特阿拉伯2030愿景》	2016年4月	沙特阿拉伯王国政府
《NEOM智慧城市计划》	2017年10月	沙特阿拉伯政府、NEOM公司
《国家人工智能战略》	2020年10月	沙特阿拉伯数据与人工智能管理局
《沙特阿拉伯－中国AI合作备忘录》	2024年9月	沙特阿拉伯数据与人工智能管理局、华为公司

第二节　我国的人工智能发展战略和政策保障

在全球人工智能浪潮的推动下，我国作为世界第二大经济体和科技大国，对人工智能的发展尤为重视。为了在新一轮科技革命和产业变革中赢得先机，我国制定了一系列旨在促进人工智能发展的战略和政策。这些战略和政策不仅体现了国家对人工智能领域的全面规划和部署，也彰显了我国在推动技术创新和产业升级方面的决心和行动力。

一、我国人工智能的发展战略

《新一代人工智能发展规划》作为我国人工智能领域发展的纲领性文件，为人工智能技术的创新与应用指明了方向。该规划立足于国家发展战略全局，深刻把握全球科技革命和产业变革趋势，以前瞻性的视野和战略性的思维，描绘了我国人工智能发展的宏伟蓝图。本节重点围绕该规划，对我国人工智能发展战略展开阐述。

（一）指导思想

为了深入实践党的十八大及十八届三中、四中、五中、六中全会的精神内涵，必须系统性地学习并贯彻习近平总书记系列重要讲话精神，及其提出的新时代国家治理的新理念、新思维和新战略。遵循“五位一体”总体布局与“四个全面”战略部署，积极响应党中央、国务院的各项方针与政策，全力推进创新驱动发展战略的深入实施。人工智能战略的重心在于推动人工智能与经济、社会、国防等领域的深度融合，其中，增强新一代人工智能的科技创新力是主攻的核心方向。

在此基础上，需致力于发展智能经济，打造智能社会，并确保国家安全。为此，构建一个知识、技术、产业相互促进，以及人才、制度、文化相互支撑的生态系统至关重要。同时，必须具备前瞻性，有效应对潜在的风险与挑战，推动以人类可持续发展为核心的智能化进程。这一系列行动旨在全面提升社会的生产力、综合国力及国际竞争力，从而为加快建设创新型国家和世界科技强国、实现“两个一百年”奋斗目标和中华民族伟大复兴的中国梦提供强有力的支持与保障。

（二）发展原则

在指导思想的带领下，我国人工智能的发展原则包括科技引领、系统布局、市场主导和开源开放四个方面。

第一，科技引领。精确把握全球人工智能的演进趋势，并注重在前沿关键技术领域的前瞻布局与持续稳定的支持尤为重要。其目的在于在理论架构、方法论体系、工具开发以及系统构造等方面取得革命性和颠覆性的重大突破，这将极大提升人工智能领域的原创动力，加速构建先发优势，驱动高端技术的引领性发展。

第二，系统布局。针对基础研究、技术研发、产业拓展及应用实践的不同特点，需构建一套系统化且具有针对性的发展战略。在此过程中，应充分发挥社会主义制度集中力量办大事的独特优势，协调项目、基地与人才的优化配置。确保已启动的重大项目与新任务的无缝衔接，既要满足当前迫切需求，又要着眼长远战略规划。同时，需协同推进创新能力建设、体制机制改革及政策环境优化，形成强大的综合效应。

第三，市场主导。遵循市场主导原则，应依据市场规律，坚持应用导向。企业应成为技术路径选择及行业标准制定的核心力量，加速人工智能科技成果的商业化转化，以构建竞争优势。明确界定政府与市场的角色定位，确保政府在规划指导、政策扶持、安全监管、市场监督、环境优化及伦理法规建设等方面发挥引领作用。

第四，开源开放。倡导开源共享理念，鼓励产学研用各方创新主体积极参与、共创共享。遵循经济建设与国防建设融合发展规律，促进军民科技成果的双向转化与资源共享，构建全要素、多领域、高效益的军民深度融合发展新格局。此外，还应积极参与全球人工智能的研发与治理，优化全球创新资源配置，共同推动人工智能领域的繁荣发展。

（三）战略目标

人工智能战略目标分为三步走计划。

第一步，到2020年，人工智能技术及其应用提升至全球领先行列，成为驱动经济新增长点的关键引擎，并通过广泛的人工智能技术运用开辟民生福祉的新路径。在此期间，将力求在新一代人工智能理论与技术上取得显著进展，特别是在大数据智能、跨媒体智能、群体智能、混合增强智能以及自主智能系统等核心领域，实现基础理论与关键技术的重大突破。同时，人工智能的模型开发方法、核心元器件、尖端技术设备及基础软件平台等方面也将迎来标志性的创新成果。在产业层面，旨在将人工智能的国际竞争力提升至顶尖水平，初步搭建起一套全面的人工智能技术标准体系、服务架构及产业生态链，精心培育一批在全球范围内具有引领地位的人工智能领军企业，推动人工智能核心产业规模迈过1500亿元大关，并进一步带动相关产业链规模超越1万亿元，实现产业结构的进一步优化与升级。

第二步，在2025年前实现人工智能领域的理论飞跃、技术卓越与产业升级。我国的人工智能基础理论预计将取得重大突破，部分关键技术及应用将跃居世界前沿。人工智能将成为驱动我国产业升级与经济转型的核心引擎，智能社会的构建也将迈出坚实步伐。在此期间，新一代人工智能的理论与技术框架将初步构建，自主学习能力将实现突破性进展，并在多个领域引领研究潮流。此外，人工智能将在智能制造、智能医疗、智慧城市等多个领域广泛应用，推动相关产业跃升至全球价值链的高端环节。预计到2025年，人工智能核心产业的市场规模将达到4000亿元以上，同时，其辐射带动的相关产业规模预计将超过5万亿元。同时，人工智能领域的法律法规、伦理准则及政策框架将初步成形，为行业的健康发展奠定坚实基础。

第三步，到2030年我国人工智能将全面达到世界领先水平，成为全球人工智能创新的领军者。届时，智能经济与智能社会将显著成形，为我国成为创新型国家与经济强国提供坚实支撑。在类脑智能、自主智能等前沿领域，我国将取得重大突破，形成成熟完善的新一代人工智能理论与技术体系，并在国际舞台上占据主导地位，引领人工智能科技的发展方向。在产业层面，人工智能的应用将深度融入生产生活与社会治理，形成包含核心技术、关键系统、支撑平台与智能应用的完整产业链与高端产业集群。预计至2030年，人工智能核心产业规模将超过1万亿元，并带动超过10万亿元的相关产业规模。同时，一批全球领先的人工智能科技创新与人才培养基地将拔地而起，法律法规、伦理准则与政策体系将更加完善，为人工智能的持续健康发展提供坚实保障。

二、未来我国发展人工智能战略应制定的保障政策

在明确了人工智能发展的指导思想、奠定了坚实的发展原则，并设定了宏伟的战略目标之后，面临着将这些理念和愿景转化为实际行动和具体成果的紧迫任务。为此，制定一系列针对性的政策保障措施显得尤为重要。这些措施不仅旨在促进人工智能技术的创新与突破，还将确保人工智能在经济、社会、国防等领域的深度融合与健康发展。

（一）完善促进人工智能发展的法律法规

为了推动人工智能的持续健康发展，必须深入探索与之相关的法律、伦理和社会议题，并构建一个稳固的法律与伦理框架来保障其前行。一方面，需要着手解决人工智能应用中涉及的民事和刑事责任归属、个人隐私保护、知识产权保护以及信息安全利用等法律挑战，建立起一套完善的追溯和问责机制，并明确人工智能的法律地位和相应的权利与责任。例如，在自动驾驶、服务机器人等已经较为成熟的领域，应加速制定安全管理法规，为这些新技术的广泛应用提供坚实的法律支撑。另一方面，对于人工智能的行为科学与伦理问题，也需要进行深入的探讨和研究，构

建一个包含多个层次的伦理判断体系和人机协作的伦理框架。为此，需要制定针对人工智能研发设计人员的道德准则和行为规范，加强对人工智能潜在风险和收益的评估，并设计出针对复杂场景下突发事件的应对方案。在全球范围内，应积极参与人工智能的全球治理，共同应对机器人异化、安全监管等国际共同面临的挑战。通过加强法律法规和国际规则的合作，共同克服全球性难题，推动人工智能在全球范围内的健康发展。

（二）制定人工智能技术标准和行业规范

我国需着力加强人工智能标准框架体系的建设，坚持安全、实用性、互操作性及可追溯性等基本原则，逐步构建全面覆盖基础通用性、互联互通性、行业具体应用、网络安全以及隐私防护等方面的人工智能技术标准体系。我们应激励国内的人工智能企业主动参与到国际标准的制定中，甚至争取领导地位，通过技术标准的国际化，拓宽我国人工智能产品与服务的全球市场渠道。同时，要加大对人工智能领域知识产权的保护力度，促进技术创新、专利保护与标准化之间的良性互动，为人工智能创新成果向知识产权的有效转化提供助力。为实现这一目标，可考虑设立人工智能公共专利共享平台，以此加快新技术的传播与应用，推动人工智能技术在更广泛的范围内得到普及与深入发展。

（三）建立人工智能安全监管和评估体系

我们的首要任务是深入挖掘人工智能对国家安全可能带来的深远影响，不断完善一个综合性的安全防护体系，该体系需涵盖人力资源、技术能力、物资储备以及管理机制等多个层面，并建立一个高效的人工智能安全监测与预警系统。鉴于人工智能技术的快速发展，必须加强预测分析、跟踪研究，以问题为导向，精确把握技术与产业的未来走向。在此过程中，提升风险意识至关重要，应重视风险评估与防控工作，通过前瞻性的预防措施与约束性引导策略，确保人工智能的发展在安全可控的轨道上运行。

短期内，需密切关注其对就业结构的冲击；长远而言，则需深入思考其对社会伦理的潜在影响。

其次，为了构建公开透明的人工智能监管框架，应实施一种结合设计问责与应用监督的双重监管模式，确保对人工智能算法设计、产品开发、成果应用等各个环节实施全流程监管。同时，应鼓励人工智能行业与企业加强自律，严格内部管理，对任何数据滥用、隐私侵犯、伦理违背等行为采取严厉措施。在网络安全领域，加大人工智能网络安全技术的研发投入，提升产品与系统的整体防护能力。

最后，为了全面评估人工智能的研发与应用效果，应建立一个动态的评价机制，针对人工智能设计、产品及系统的复杂性、风险性、不确定性、可解释性以及潜在经济影响等核心问题，开发一套系统性的测试方法与评价指标。例如，可以搭建一个跨领域的人工智能测试平台，推动人工智能安全认证体系的建立，对产品与系统的关键性能进行全面评估，以确保其在实际应用中的安全性和可靠性。

（四）出台人工智能劳动力培训制度

我国需深刻认识到人工智能对就业结构产生的深远影响，并积极应对由此引发的新职业、新岗位技能需求的转变。为此，构建一个符合智能经济与社会发展趋势的终身学习与就业培训体系显得尤为重要。应积极倡导并支持高校、职业院校以及社会培训机构参与人工智能技能培训，从而大幅提升劳动者的专业技能，以匹配人工智能时代所需的高技能、高质量就业岗位。同时，鼓励企业与相关机构为其员工提供人工智能技能培训机会，促进员工技能的持续升级与适应。对于从事简单重复性工作且面临失业风险的劳动者，应加大再就业培训与指导的力度，帮助他们顺利过渡到新岗位，实现职业转换。通过这些措施，可以有效为智能时代的就业市场注入新的活力，促进人力资源的优化配置，进而推动社会的和谐稳定发展。

本章小结

人工智能作为21世纪的核心科技力量，正深刻改变着全球的经济格局、社会结构和国家竞争力。本章通过对世界各国在人工智能领域的发展战略与政策的梳理，揭示了不同国家在这一前沿科技领域的布局思路、发展重点和政策导向。

美国人工智能产业的发展战略经历了从基础布局到全面深化的过程，德国则提出了“人工智能德国制造”品牌。英国则将人工智能视为推动国家经济增长和提升国际竞争力的重要抓手。韩国则将人工智能上升到国家战略层面的高度，提出了“从IT强国向人工智能强国发展”的愿景。新加坡则以“智慧国”为发展目标，推出了“国家人工智能核心”计划和《国家人工智能战略2.0》等政策文件。沙特阿拉伯则通过成立沙特阿拉伯数据与人工智能管理局推出《国家数据和人工智能战略》等措施。

我国正积极推进人工智能领域的战略规划与政策保障体系建设。确立了人工智能发展的核心理念，即以党的指导思想和习近平总书记的重要讲话为引领，遵循“五位一体”总体布局和“四个全面”战略布局，深入实施创新驱动发展战略，推动人工智能与经济、社会、国防等领域的深度融合。在发展策略层面，针对战略远景规划，我国设定了至2020年、至2025年、至2030年的目标。为实现这些战略目标，推出了一系列政策保障举措，包括应该完善促进人工智能发展的法律法规，进一步制定了人工智能技术标准与行业规范，建立人工智能安全监管和评估体系，以及出台人工智能劳动力培训制度等。

关键概念

人工智能政策　经济增长点　基础理论和核心技术　人工智能战略　人工智能伦理　经济转型

阅读文献

[1] 方滨兴，顾钊铨，崔翔，等．人工智能安全［M］．北京：电子工业出版社，2020.

[2] 葛自发，孙立远，胡英．全球网络空间安全战略与政策研究［M］．北京：人民邮电出版社，2021.

[3] 胡雯．人工智能时代的全球人才流动与治理模式创新［M］．上海：上海社会科学院出版社，2020.

[4] 刘宗敏，敖文刚，张会焱，等．人工智能产业领域发展态势研究［M］．北京：电子工业出版社，2021.

[5] Gheorghe G.，Pascal L. Advances in Artificial Intelligence，Big Data and Algorithms［M］. IOS Press，2023－11－30.

[6] Lilhore K. U.，Sharma K. Y.，Simaiya S.，et al. Revolutionizing AI with Brain－Inspired Technology：Neuromorphic Computing［M］. IGI Global，2024－11－29. DOI：10.4018/979－8－3693－6303－4.

思考题

1. 人工智能技术的快速发展对社会经济有哪些积极影响？

2. 你认为我国在人工智能领域实现与世界其他先进国家水平同步的关键挑战是什么？

3. 你认为其他国家人工智能发展战略对我国人工智能发展的借鉴意义有哪些？

4. 人工智能技术的发展对全球治理体系提出了哪些新的挑战和机遇？

5. 我国在人工智能领域的政策支持和法规建设还存在哪些不足，如何改进？

6. 人工智能时代如何确保技术的公正性和透明度，避免贫富差距进一步扩大？

第十九章

人工智能经济学的研究前沿

人工智能经济学作为一个快速发展的交叉学科，涉及人工智能技术、经济学理论及法律法规。人工智能经济学作为一个快速兴起的交叉学科，目前正处在不断地变化和发展之中，其研究前沿涵盖了多个方面，包括技术与方法创新、劳动力市场影响、政策与法规制定，以及行业应用等。

第一节　理论与方法创新的研究前沿

作为人工智能系统的“大脑”，“算法”可以定义为“运用数据和指令构造程式的方法”，即要选取和使用什么样的指令与信息来构造元计算。人工智能经济学在技术与方法创新研究中，涉及到算法经济学、大数据与机器学习以及相关经济学研究的范式等方面。

一、经济学在人工智能中角色的研究前沿

随着人工智能技术的迅速发展及其在经济领域的应用场景的扩大，在构建和有效应用人工智能系统的过程中，经济学发

挥着不可或缺的作用。最新研究认为经济学以其独特的理论体系、分析方法和决策框架，为人工智能的发展注入了理性和效率的元素。

（一）提供理论框架

经济学的理论框架，如微观经济学中的供求理论、成本—收益分析，宏观经济学中的经济增长理论、产业结构理论等。这些理论框架可以为人工智能系统的构建提供宏观和微观层面的指导。以供求理论为例，在构建一个用于商品价格预测的人工智能系统时，供求关系是一个核心的考量因素。经济学家可以基于供求理论，确定影响商品供给和需求的各种因素，如生产技术、生产成本、消费者收入水平、替代品和互补品的价格等。然后，将这些因素转化为可以被机器学习算法处理的数据特征，从而构建一个更加科学、合理的价格预测模型。

（二）识别关键变量指导 AI 系统设计

在人工智能系统的设计中，确定输入变量和参数是关键。如果变量过多会导致增加算法的复杂性和计算成本，同时也可能引入噪声和干扰，降低模型的准确性。如果变量过少则可能导致模型忽略重要的影响因素，使其无法准确反映现实情况。经济学家通过经济理论和实证研究，可以识别出哪些变量和参数是关键的。如在分析企业的生产决策时，根据生产函数理论，经济学家知道资本、劳动力、技术水平等是影响企业产出的关键变量。在设计一个用于企业生产效率优化的人工智能系统时，就可以将这些关键变量作为输入，从而提高系统的有效性。

（三）评估 AI 对生产力的影响

人工智能技术对生产力的影响既有可能通过自动化提高生产效率，也有可能通过改变产业结构和就业结构对生产力产生间接影响。经济学家可以从宏观和微观两个层面来评估这种影响。在宏观层面，经济学家可以利用经济增长模型，分析人工智能技术对全要素生产率的影响。将人工智能技术视为一种特殊的技术进步因素，可以研究其对经济增长和生产力提升的长期影响。在微观层面，经济学家可以研究人工智能技术对企业生产函数的影响。通过分析企业在采用人工智能技术前后的成本曲线、生产规模、产品质量等方面的变化，来评估人工智能技术对企业生产力的具体影响。

（四）为 AI 系统的决策优化提供素材

在人工智能系统进行决策时，如在资源分配、投资决策等方面，可以借鉴成本—收益分析的方法。通过对不同决策方案的成本和收益进行量化评估，选择最优的决策方案。人工智能系统在进行宏观经济预测和决策时，可以利用这些数据进行模型训练和优化。微观方面可以为企业层面的人工智能决策系统提供支持，用于训练一个销售预测模型，从而帮助企业更好地制定生产和销售计划。例如，在市场需求预测方面，经济学家可以根据消费者行为理论，将影响需求的因素分解为价格、收入、消费者偏好等多个变量。机器学习算法擅长处理大量的数据并发现数据中的模式，而经济学家所提供的这种分解后的问题结构，使得机器学习能够更有针对性地对这些数据进行分析，从而提高预测和决策的准确性。

二、算法经济学的研究前沿

“算法”（algorithm）一词确实源于拉丁词“algoritmi”，是 9 世纪波斯数学家花拉子米（al – Khwārizmī）名字的拉丁语译音。在 19 世纪现代算法概念出现之前，“算法”被用来指代十进制法则。19 世纪随着计算机科学技术的发展，算法成为计算机领域的专业术语，是算法与机械协同发展的时代。直到 20 世纪 30 年代，才出现了与电子技术（即非完全基于机械的计算机）相关的算法，即算法就是执行计算或解决特定问题时要遵循的一组规则，它包含求解所需的一系列步骤。艾伦·图灵是首批深入研究并正式描述计算过程的杰出科学家。随着 20 世纪 50 年代计算机科技的崛起，“算法”这一术语在现代背景下的应用也逐渐增多。特别是伴随着互联网的崭露头角，大型企业聚焦于业务的优化和流程的自动化，计算机和算法开始逐渐被广大公司采纳，助力企业的优化、市场扩展和提高运营效率，实现了从企业经济到算法经济的演变。算法经济学（algorithmic economics）是一门结合了计算机科学和经济学原理的新兴交叉学科，专注于研究如何通过算法来优化经济决策和市场机制设计。这一领域的前沿研究涵盖了多个重要主题，包括市场设计与机制优化、算法公平性与监管、数据驱动的经济模型等。

（一）市场设计与机制优化

市场设计与机制优化是算法经济学的核心研究领域之一，它致力于通过设计更高效的市场机制来改进资源配置。这类研究通常涉及拍卖设计、匹配市场和定价策略等具体问题。例如，在拍卖设计中，通过引入复杂的竞价算法，试图开发出能够最大化社会福利或卖方收益的拍卖机制，同时保证这些机制的透明性和抗操纵性。其能有效防止恶意竞标行为，从而提高整个拍卖市场的效率和可信度。

（二）算法公平性与监管

算法公平性关注的是如何确保算法决策过程中不带有偏见，尤其是在涉及敏感属性（如性别等）的情况下。这一领域的研究旨在开发能够检测和纠正算法偏差的方法，以保障所有市场参与者的权益。例如，在早期信贷审批流程中，信用评分算法往往无意中放大了对某些社会群体的偏见，导致不公平的借贷条件。通过引入公平性约束，采用新一代公平性算法来消除对特定人群的歧视，确保贷款决策更加公正合理，从而提升整体金融市场的包容性。

（三）数据驱动的经济模型

大数据技术在经济学中的应用已经催生了一系列新的研究方向——数据驱动的经济模型，即利用大规模数据分析和机器学习技术，构建更为精确的经济预测和决策模型。这类研究通常涉及对消费者行为、宏观经济指标等方面的深度分析，以期发现新的经济规律和优化决策过程，揭示传统方法难以捕捉的经济现象，大大增强了经济模型的预测能力和实用性。例如，通过分析社交媒体上的用户行为数据，预测消费趋势和市场反应，帮助企业作出更明智的产品推广决策。

三、大数据与机器学习研究前沿

大数据与机器学习是人工智能的一个重要子领域，机器学习由一系列算法组成，是计算机系统利用算法和统计模型通过经验（数据）自动改进和适应的技术，允许系统从数据中学习模式和特征，进行假设、重新评估数据，并根据新发现的条件重新配置原始算法，以完成任务而无需人工干预。大数据为机器学习提供了丰富的训练材料，数据的质量和数量对模型的性能有很大影响。大数据建设驱动了机器学习的研究进展。

（一）大数据建设现状

大数据是指海量、高速、多样化的数据，各个国家和地区积极组建各类数据中心。美国在云计算、人工智能和大数据等方面的应用远远领先其他国家。据 Cloudscene 2023 年 9 月数据显示（见图 19 - 1），美国建立的数据中心数量有 5300 多家，远远高于其他国家。同时，美国还积极建设以美国为主导的跨境数据交互体系。2018 年，美国《澄清境外数据合法使用法案》生效，该法案授权美国可单方面要求访问存储在美国境外的数据，并且在联邦官员同意并遵循若干其他限制下，授予其他国家访问存储在美国的数据。此外，美国还积极和全球各国建立数据跨境流通机制，以建立美国为主导的全球跨境隐私规则体系。2022 年，美国与澳大利亚、加拿大、日本、韩国、墨西哥、菲律宾、新加坡和中国台湾地区一起，成立了全球跨境隐私规则体系。2023 年，美国相继与英国宣布共建“数据桥”、与欧盟一同发布《欧美数据隐私框架》、与印度发表《美印联合声明》。

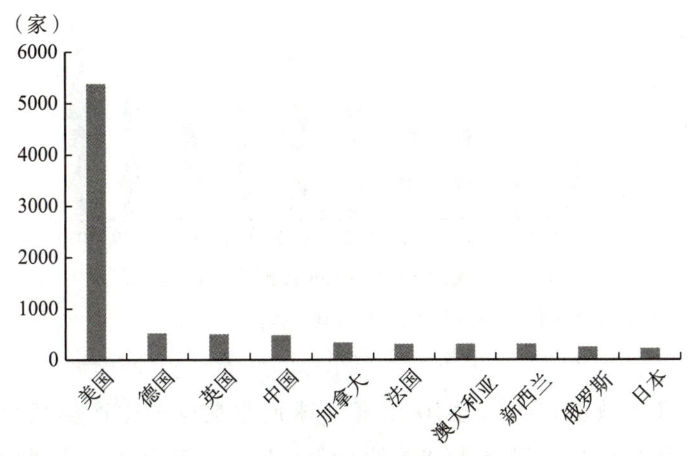

图 19－1　主要国家数据中心数量

资料来源：Cloudscene。

我国于 2019 年在党的十九届四中全会上首次将数据列为生产要素，在国家的有效布局下，经过 10 多年的建设取得了显著成效，主要表现在三个方面：一是公共数据开发利用制度不断完善。中共中央办公厅、国务院办公厅发布了《关于加快公共数据资源开发利用的意见》，国家数据局发布了《公共数据资源授权运营实施规范（试行）》（公开征求意见稿），截至 2024 年 10 月 18 日，新发布公共数据授权运营相关政策共 41 项。二是数据企业布局不断完善。2023 年底，全国数据企业有 193172 家，企业类型丰富，包括应用企业、数据资源企业、数据服务企业、数据技术企业、基础设施企业和安全企业等。三是数据产业规模不断增加。2023年数据产业规模达2万亿元，2020～2023年年均增长率为25%，预计2024～2030年年均增长率继续保持20%以上，2030年数据产业规模将达到7.5万亿元（见图19－2）。

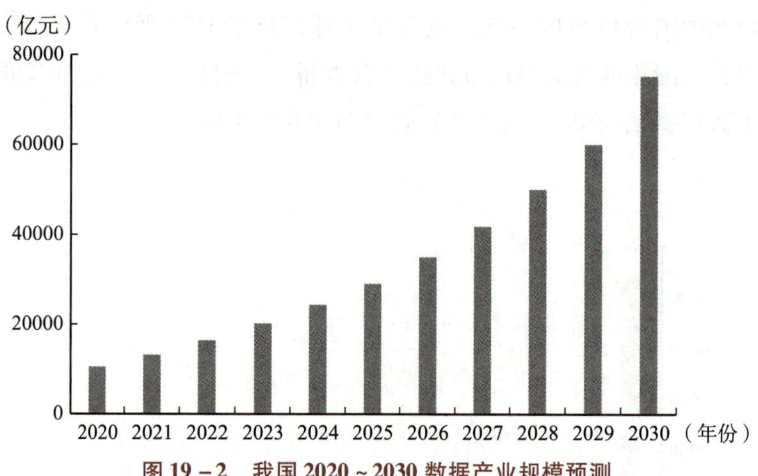

图19－2　我国2020～2030数据产业规模预测

资料来源：中国信息通信研究院2024年研究报告。

在大数据方面，近10年来全球企业数据的生产虽然呈现几何倍数增长，但全球68%的企业数据未得到利用，主要原因是数据流通不畅。因此，目前的议题集中在三个方面：一是探索增加数据脱敏、安全和信任保障等方面的能力；二是建设身份认证平台的同时，规范统一的数据标识目录，易于对数据进行高效的接入和查询定位；三是探索数据价值评估方法及交易计费标准。

（二）机器学习的研究前沿

大数据与机器学习的结合是人工智能的一个重要领域，大数据与机器学习技术的研究取得了突破。如卷积神经网络（CNN）和循环神经网络（RNN），已经在图像和语音识别等领域达到前所未有的精度。目前重点的研究方向集中在三个方面。

第一，深度学习技术。机器学习模型目前研究的关注点集中在深度学习模型，如神经网络模型和深度学习网络。深度学习通过模拟人脑神经网络的多层次结构，实现了对复杂模式的有效识别，能够自动从数据中学习规律和模式，捕捉到传统方法难以发现的非线性关系和复杂动态，这对于预测经济趋势、分析市场行为等方面具有重要意义。

第二，推荐系统方法。推荐系统的目的是根据用户的行为和偏好提供个性化建议。最新研究的关注点是探索混合推荐方法，结合协同过滤和基于内容的推荐，以提高推荐的准确性和多样性。协同过滤是通过找到具有相似行为的用户群体来推荐产品或内容。基于内容的推荐是使用项目本身的属性来推荐与用户过去喜欢的项目类似的新项目。探索协同过滤与基于内容的推荐两者结合的混合推荐方法是目前推荐系统关注的重点。

第三，模型的可解释性和公平性。复杂的机器学习模型常被视为“黑箱”，缺乏透明度，这限制了其在某些领域的应用。提高模型的可解释性和确保其决策的公平性也是当前研究的重要方向。

四、人工智能时代经济学研究范式的变化

在人工智能时代，经济学研究范式正在经历着显著的变化。这些变化体现在多个层面，人工智能经济学对这一问题的研究主要集中在以下三个核心方面。

（一）从理性经济人到人工智能经济主体

新古典经济学的一个基本假设是理性经济人，传统的经济模型研究往往假设个体行为是同质的和理性的。即经济主体有一个目标函数，会利用一切可以利用的信息与资源，使自身利益最大化，这是一种理性行为。

在人工智能时代，人工智能能够辅助甚至替代经济主体决

策（人工智能经济主体），允许模拟异质性个体的行为及其相互作用，将大幅提升经济主体的理性程度。建模方法则通过引入感知和记忆模块等新型智能体模型，能够更准确地反映现实世界的复杂性。人类智能与人工智能因此各有所长，相辅相成，如果能够实现“人机结合”，将使人类具有更强的创造力和智能水平。例如，清华大学的研究团队提出的 EconAgent 模型，通过模拟个体的多样化决策过程，展示了在特定政策干预下的市场反应。在模拟房产税政策的效果时，EconAgent 模型揭示了不同收入群体的差异化响应，为政策制定提供了更细致的参考依据。

（二）从孤立经济人到社会经济人

除了理性假设外，由于缺乏经济社会网络数据，定量测度经济行为和社会关系之间的关系非常困难，新古典经济学还假设经济人是孤立的，不考虑社会关系对经济人经济行为的影响。如今，随着互联网和人工智能等数字技术的快速发展，各种社会网络数据的可获得性大大增强，这使关于经济行为和社会关系之间互动关系的深入研究成为可能，而且使经济学研究不再局限于经济领域本身，而是可以进行跨学科研究，从而推动交叉学科的快速发展。

（三）采用微观经济数据预研宏观经济态势

宏观经济学研究整个国民经济的运行规律，通常研究宏观经济变量之间的数量关系与逻辑关系，并据此解释宏观经济现象与预测宏观经济走向。但是，统计部门的宏观经济数据发布通常存在时滞，因此不能及时获得宏观经济变化的数据，无法对当下的宏观经济形势作出及时、准确的判断。在拥有海量微观动态大数据条件下，如何通过大量微观大数据研究宏观经济总量的动态特征，是未来经济学一个重要发展方向。

第二节　应用领域的研究前沿

人工智能在经济学领域的应用确实为理解经济现象、优化决策过程以及提升经济效益提供了强大的支持。人工智能则能够处理海量的数据，并通过复杂的算法挖掘出其中的关联性和趋势。人工智能通过智能算法和预测模型，可以精确地预测市场需求和供应情况，从而指导企业合理安排生产计划、调整库存水平和优化供应链。通过应用人工智能技术，企业可以开发出更加智能、高效的产品和服务，满足消费者日益增长的需求。这些应用领域的前沿研究体现在以下方面。

一、人工智能与经济效率的研究

人工智能在经济效率提升方面的研究集中在三个方面：一是自动化和智能化生产。在制造业中，不断探索智能工厂，即人工智能通过物联网（IoT）、5G、云计算等技术，将生产过程、使用过程和售后服务连接成为一个统一的系统。探索通过实时数据分析，利用人工智能优化生产流程，实现提高产品质量，推动供应链的智能化，提高生产效率和竞争力。二是提升决策质量和效率。探索如何通过生成式人工智能工具，从大量重要文件及会议记录中提取管理层对未来经济形势的预期，为宏观经济和微观经济决策提供支持。三是创新产品和服务。人工智能的应用催生了新产品和新服务，开辟了全新的市场领域。例如，智能客服、物流分拣机器人和智能制造机器人等，不仅提高了生产效率，还创造了新的消费需求和收入来源。探索通过算法优化和大规模高质量数据的学习，优化生产流程、提高产品质量和创新能力也是目前正在聚焦的任务。

二、人工智能的规模经济

与经济学的规模经济效应相类似，人工智能进步也有类似的规模定律，也就是随着大模型规模的增加，其性能会出现系统性的改进。规模定律描述的是技术可行性，规模经济效应关乎的是经济可行性，两者相互联系。人工智能大模型的应用不仅是技术问题，即使数据规模增加的边际产出递减，如果其应用产生的收益大于投入成本，经济可行性仍然成立，在人工智能应用和产业发展上规模经济效益是关键因素。经济学的规模效应包括内部规模经济和外部规模经济两个方面。人工智能的内部规模经济效应体现在单个企业凭借大模型而享受运营规模增加后带来的效率提升。这种非线性效应带来大模型研发在资源投入上有一定的门槛要求，叠加应用层面的范围经济效应，头部大型科技公司更有能力实现内部规模经济。人工智能的外部规模经济效应可以体现在：一是在大模型的推动下，越来越多的资本投向大模型新算法架构的研发、数据库和算力基础设施的建设，有助于降低算法、数据、算力的平均成本。二是外部规模经济体现在大模型开发者与使用者之间互动和相互赋能上。三是随着人工智能技术从科技行业扩散到其他行业，相关企业可将自身业务与人工智能相融合，形成产业链和生态系统，实现产业内和产业间分工协作。

三、人工智能与就业市场的研究

人工智能和自动化技术在很大程度上替代了低技能和重复性工作，这种替代效应导致许多低技能工人的失业或收入下降。相反，人工智能技术提高了高技能工人的生产率，使他们能够处理更复杂和高附加值的任务。从自动化导致的低技能工作替代，到高技能工作的增强和技能溢价，再到资本收益集中和技术垄断，每一个方面都在不同程度上加剧了收入不平等。因此，为了应对这些挑战，使整个社会在享受人工智能技术带来的便利和效益的同时，逐步减少其负面效应，人工智能经济学聚焦研究的方向是：研究人工智能如何创造新的就业岗位，以及这些岗位对劳动力市场的影响，包括就业结构、就业质量以及收入分配等方面的影响；研究应对这些变化的综合施策，包括教育培训、促进技术公平、完善的收入分配机制等。

四、人工智能与金融的研究

人工智能在金融领域的应用尤为显著。金融机构采用人工智能技术通过面部识别、指纹验证等生物特征认证方法，提高了金融交易的安全性。金融机构采用机器学习算法，通过对大规模用户行为数据的分析，能够提供关于汇率、投资机会和市场趋势的洞察。金融机构采用人工智能系统能够快速处理和分析大量的财务数据，自动生成详细的报告。人工智能在金融领域的应用将对金融市场产生重要影响，进一步探索人工智能如何改变金融市场的运作方式，以及这些变化对金融稳定性的影响，是人工智能经济学目前重要的研究主题。

第三节　制度与政策层面的研究前沿

建立和完善人工智能的制度是应对人工智能安全风险的必然选择，是破除制度约束、释放经济增长新动能的“先手棋”，是推进国家治理体系和治理能力现代化的重要路径。随着智能化时代的快速发展，结合生成式人工智能开展政策科学研究，对于提升政策科学研究的质量具有重要意义。制度与政策层面的研究是人工智能经济学研究的重要问题，这一领域的研究前沿体现在如下方面。

一、数据开放与数据隐私保护

人工智能在经济学研究中需要使用大量的数据，包括个人的经济数据、金融交易数据等，人工智能在数据处理过程中可能出现数据泄露和滥用，增加了数据隐私和安全问题的风险。在数据共享方面，使用隐私计算的成本仍然过高，而且既懂技术又懂法律的这种复合型安全人才不足，导致数据企业对数据共享的能力和意愿不足。缺乏统一的数据标准，导致了数据难以在企业间实现互联互通，限制了数据价值的释放。未来政策制度促进数据互通方面聚焦的议题为：第一，基于数据特征和市场动态的定价模型，探索不同产品、不同市场环境数据的价值，完善数据定价机制。第二，加快立法进程，填补数据产权法律法规的空白，设立专门的数据产权监管机构或明确现有监管机构的职责。第三，探索降低隐私计算等安全技术的成本，同时探索既懂隐私计算技术又懂法律和管理的复合型安全人才培养战略，加强复合型人才培养。

二、制度建设

人工智能时代，制度与政策层面研究前沿涵盖了法规构建、伦理与风险管理，以及技术与政策的互动。在欧盟、美国和英国，人工智能解释性政策的制定已经引起了广泛关注。欧盟通过《人工智能法案》建立了风险分类的监管框架，强调高风险人工智能系统的透明度和可解释性。美国采取行业自律和自愿承诺的方式，让企业在政府的监督下自我管理人工智能风险。英国综合了欧盟的风险管理和美国的灵活性，尝试在保障伦理和促进创新之间找到平衡点。

在人工智能的法律治理方面，目前我国虽然初步形成法律框架，但存在立法层级较低、体系衔接不足等问题。目前的研究方向为：一是提高立法层级。通过国家级的立法提升法律的权威性和普遍适用性，确保各地域有一致的基本法规遵循。二是强化法律体系的衔接。通过横向和纵向的法律协调，形成统一的法律体系，减少法律冲突和空白地带，提升法律的整体效能。人工智能伦理与风险管理是政策制定中的另一个重要议题。针对人工智能系统的合规性、安全性和伦理问题突出，探索构建人工智能监督框架制度尤为必要。该框架制度需制定明确的标准和规范，确保人工智能的输出结果与人类价值观相符。同时，建立定期对人工智能系统进行算法审计的制度，确保所有人工智能系统在开发和使用过程中遵循既定的原则，才能确保人工智能模型的能力和行为与人类意图保持一致。三是设计对人工智能开发者和从业者的伦理培训制度。

三、跨学科融合与跨学科人才培养

人工智能技术的崛起，对人才需求提出了新的要求。人工智能时代需要的人才必须是具备跨学科知识和能力的复合型人才，需要掌握计算机科学、数学、统计学、心理学、伦理学、法学等多个学科的知识，具备创新思维和解决问题的能力。为了适应人工智能时代的人才需求，目前的教育改革需要从以下几个方面探索：

（1）课程设置。打破传统学科壁垒，加强跨学科课程的设置，促进不同学科之间的交叉融合，让学生在学习过程中接触到不同领域的知识，培养跨学科思维。

（2）教学方法。引入多元化的教学方法和手段，以激发学生的学习兴趣和主动性。同时，培养学生的创新思维和解决问题的能力，让他们在面对复杂问题时能够运用所学知识进行综合分析和解决。

（3）教师队伍。加强教师队伍建设，探索提高教师的跨学科素养和教育教学能力的途径，让教师了解不同学科的知识和教学方法，提高跨学科教学的水平。

人工智能时代的教育改革是一个复杂而长期的过程，需要政府、学校、社会等多方面的共同努力。通过加强跨学科课程的设置、引入多元化的教学方法和手段、加强教师队伍建设等措施，可以培养出更多具备跨学科知识和能力的复合型人才，为人工智能时代的发展提供有力的人才保障。同时，我们也需要不断探索和创新教育模式和方法，以适应未来社会的发展变化。

本章小结

人工智能经济学作为一个快速发展的交叉学科，涉及到人工智能技术、经济学理论及法律法规。目前，人工智能经济学理论与方法创新的研究方向集中在算法和研究范式的变化方面。算法经济学是一个高度跨学科的领域，深度融合了计算机科学、经济学、数学等多个学科的知识，专注于研究如何通过算法来优化经济决策，其研究的重要主题包括市场设计、算法公平性、数据驱动的经济模型等方面。大数据与机器学习是人工智能的一个重要子领域，是计算机系统利用算法和统计模型通过经验（数据）自动改进和适应的技术，目前重点的研究方向集中于深度学习技术、推荐系统方法以及模型的可解释性和公平性等方面。人工智能时代，经济学研究范式的变化主要表现为：研究的基本假设，由理性经济人假设变化为人工智能体辅助甚至替代的人工智能经济主体，由孤立经济人到社会经济人；探索采用大量微观大数据研究宏观经济。目前人工智能技术应用的研究聚焦为：如何通过算法优化提升行业效率，探索人工智能如何影响劳动力市场及收入分配格局，研究算法如何改变金融市场的运作方式，以及这些变化对金融稳定性的影响。人工智能时代，制度与政策层面的研究聚焦在数据开放与隐私保护、政策框架的设计及政策法规的制定，以及跨学科融合及人才培养等方面。

关键概念

算法经济学　大数据与机器学习　数据开放　数据隐私保护　深度学习技术　推荐系统技术　规模经济定律　模型的可解释性和公平性

阅读文献

[1] 阿贾伊·阿格拉瓦尔，乔舒亚·甘斯，阿维·戈德法布. 人工智能经济学 [M]. 王义中，曾涛，译. 北京：中国财政经济出版社，2021.
[2] 洪永淼，汪寿阳. ChatGPT 与大模型将对经济学研究范式产生什么影响？[J]. 计量经济学报，2024 (1).
[3] 李斌. 算法经济理论：经济学的认知革命及其大综合 [M]. 北京：经济管理出版社，经济日报出版社，2019.
[4] 刘志毅. 智能经济：用数字经济学思维理解世界 [M]. 北京：电子工业出版社，2019.
[5] 中金研究院. 人工智能规模新经济 [J]. 新金融，2024 (9).

思考题

1. 人工智能经济学在理论与方法领域的研究前沿。
2. 人工智能经济学在应用领域的研究前沿。
3. 人工智能经济学在制度与政策层面的研究前沿。

第二十章

结束语：人工智能赋能经济发展趋势下的人工智能经济学

在世界范围内，人工智能经济呈现出技术持续创新突破，如AI智能体发展、小模型兴起、生成式搜索变革等；企业加速AI转型，从零散应用迈向战略整合；产业融合不断深化，重塑各行业格局等趋势，在人工智能经济迅猛发展的同时，人工智能经济学的研究也开始成为新的热点。从中国视角看，在人工智能技术及其应用不断深入的情况下，构建人工智能经济学自主知识体系具有重要意义，在理论创新、应用场景拓展、政策协同等方面也成为经济学界关注的重点，有望为全球该领域发展贡献中国智慧与中国方案。本章作为结束语，通过对这些趋势的研究，从而把握人工智能经济学未来研究的重点问题。

第一节　世界范围内人工智能赋能经济发展的趋势

作为新一轮科技革命和产业变革的重要驱动力量，人工智能具备典型的通用技术特征，作为一种“工具”在几乎所有经济活动中都发挥了作用，正在深刻改变人们的生产生活方式，成为赋能经济发展的新引擎。在世界范围内人工智能赋能经济发展表现出了如下趋势。

一、人工智能技术创新引领经济变革

（一）AI 智能体开启自主决策新时代

2025 年堪称 AI 智能体的元年，其发展正推动人类决策和操作模式发生根本性转变。传统上，AI 多作为辅助工具存在，而如今 AI 智能体已逐步突破这一限制，从单纯的“增强知识”迈向“增强执行”阶段。以微软智能体为例，它能够解析商业邮件，不再仅仅是提供信息检索或简单建议，而是能够依据邮件内容自主作出决策并执行相关操作。OpenAI 的 o1/o3 模型同样表现出色，能够完成复杂订单，这一系列实践表明 AI 智能体已具备自主决策与任务执行能力，成为真正意义上的智能助手。OpenAI 发布的 ChatGPT Tasks 更是 AI 智能体发展进程中的重要里程碑，标志着该技术正式进入实质性应用阶段。

随着 AI 智能体的发展，其对 SaaS（软件即服务，software as a service）行业的影响也日益凸显。传统 SaaS 应用主要以固定的软件功能为用户提供服务，而 AI 智能体的出现有望打破这一模式。它能够根据用户的具体需求和使用场景，自动调整服务策略，为客户提供更高效、个性化的解决方案。预计未来，企业将逐渐从现有的 SaaS 模式向基于 AI 智能体的智能化解决方案转型，这将重塑整个 SaaS 行业的竞争格局。

Gartner 公司预测，到 2028 年，AI 智能体将实现至少 15% 的日常决策自动化。这一数据充分显示了 AI 智能体在提升企业生产力与运营效率方面的巨大潜力。然而，随着其自主性和自动化能力的不断增强，数据安全、透明性和伦理等 AI 治理问题也接踵而至。AI 智能体在执行任务过程中可能会接触到大量敏感数据，如何确保数据不被泄露、滥用，成为亟待解决的问题。同时，由于其决策过程往往较为复杂，难以被人类完全理解，如何保证决策的透明性，以及如何避免因伦理问题导致的负面社会影响，都是需要深入研究的课题。只有在技术创新的同时，妥善解决这些治理问题，AI 智能体才能真正成为推动商业与社会进步的核心力量。

（二）小模型崛起彰显高效精准优势

在人工智能技术发展历程中，大语言模型曾备受瞩目，其强大的语言处理能力和广泛的知识涵盖面为众多应用提供了支持。然而，近年来小模型凭借自身独特的优势，逐渐在人工智能领域崭露头角。与大语言模型相比，小模型具有高效和精准的显著特点。科技巨头如 OpenAI 和谷歌相继推出小模型产品，这些小模型在性能上并不逊色于大模型，却能够以更低的计算成本和能耗实现高效部署。

小模型的高效性体现在其对计算资源的需求较低。在当前全球倡导节能减排的大背景下，这一优势尤为突出。企业和研究机构在应用人工智能技术时，不再需要投入巨额资金用于搭建昂贵的计算基础设施，降低了技术应用门槛。同时，小模型在处理特定任务时，能够展现出更高的精准度。例如，在处理重复性高的特定任务时，小模型可以针对该任务的特点进行优化，避免了大模型因通用性而带来的计算冗余，从而更加快速、准确地完成任务。

小模型的应用场景极为广泛，尤其在本地化场景中具有独特优势。不同地区的用户可能存在特定的语言习惯、文化背景和业务需求，大模型难以全面兼顾这些差异。而小模型可以根据本地化需求进行定制开发，更好地满足当地用户的实际需求。例如，在一些小型企业的生产流程优化、特定区域的智能客服等场景中，小模型能够以较低的成本实现高效的智能化服务，为 AI 在这些领域的广泛应用创造更多的可能性，引领 AI 技术向更高效、更环保且更具针对性的方向发展。

（三）生成式搜索颠覆传统信息获取模式

随着人工智能技术的不断发展，生成式搜索正逐渐成为信息检索领域的新变革力量。传统的信息检索主要基于关键字匹配，用户输入关键字后，搜索引擎在庞大的数据库中查找相关信息，并以列表形式呈现给用户。这种方式虽然能够在一定程度上满足用户需求，但存在信息筛选过程烦琐、答案不够精准等问题。而生成式搜索则以生成答案为核心，彻底改变了这一模式。

当用户提出问题时，生成式搜索利用人工智能算法，对海量信息进行深度理解和分析，然后以自然语言的形式生成完整、准确的答案。这一变革显著提升了信息获取的效率。用户无需再从大量搜索结果中自行筛选有用信息，节省了大量时间和精力。例如，在学术研究领域，学者们在查找特定主题的资料时，生成式搜索能够快速整合相关文献，提炼关键观点，为研究工作提供有力支持。

然而，生成式搜索的兴起也带来了一系列挑战。在内容生产生态方面，原创内容的版权保护问题变得更加复杂。由于生成式搜索可能会整合多篇原创内容生成答案，如何准确界定版权归属成为难题。同时，AI 生成内容的可信性也备受质疑。虽然生成式搜索算法旨在提供准确信息，但由于信息源的多样性和算法的局限性，生成的内容可能存在错误或误导性。此外，用户对自动生成答案的过度依赖也可能导致其自主思考和信息筛选能力下降。展望 2025 年，生成式搜索将推动搜索引擎行业不断进行技术创新，以提高内容的准确性和可靠性。同时，行业和社会也将积极探索有关内容可信性、版权管理和伦理规范的新要求，寻求平衡发展的解决方案，确保生成式搜索技术能够健康、可持续发展。

二、企业加速 AI 转型

（一）从零散应用到系统化战略整合

在人工智能技术发展的初期，许多企业对 AI 的应用往往处于零散状态。企业可能在某个部门或某个业务环节尝试引入 AI 技术，如利用 AI 进行客户数据分析、优化生产流程中的某个环节等。然而，这种零散的应用模式存在诸多弊端。由于缺乏系统性的支持，企业难以实现知识的有效沉淀与共享。不同部门之间的 AI 应用可能相互独立，无法形成协同效应，导致企业内部信息孤岛现象严重。同时，分散的使用模式容易带来数据安全与合规风险。各部门自行管理 AI 应用中的数据，缺乏统一的数据安全标准和管理机制，增加了数据泄露的可能性。此外，这种模式缺乏战略层面的整合，难以推动商业模式的创新与组织结构的深层次变革。

随着人工智能技术的不断成熟和应用场景的不断拓展，企业逐渐意识到 AI 转型的重要性，并开始从零散应用走向系统化与战略化的深度转型。2025 年，所有企业都将面临 AI 转型的压力与机遇。“AI in All”（现有业务 + AI）模式逐渐成为企业 AI 转型的初始选择。在这种模式下，AI 逐步融入企业的产品、服务和业务流程中，实现从局部到整体的整合。例如，在产品研发环节，利用 AI 进行市场需求预测、产品设计优化；在服务环节，通过 AI 智能客服提升客户服务质量和响应速度；在业务流程方面，借助 AI 实现供应链管理的智能化，优化库存管理和物流配送。这种模式的核心在于深度结合现有业务，通过降本增效、优化流程和增强互动体验来提升企业的运营效率与效果。它强调从点到面的推进，即从试验性应用逐步扩展到全面部署，风险相对较低，具有较强的可落地性。在这一模式中，AI 主要被视为工具和辅助手段，用于赋能员工和现有业务，而非彻底重塑业务模式。

“All in AI”（AI + 创新业务）则代表了 AI 转型的更高阶段。该模式将 AI 从战术层面提升至战略层面，企业通过从研发到客户体验的全流程重塑，打造“AI 原生”企业。在这种模式下，企业以 AI 技术为核心驱动力，构建全新的业务模式和商业模式。例如，一些新兴的人工智能企业，从成立之初就将 AI 技术深度融入企业的各个环节，利用 AI 进行产品创新、市场开拓和客户关系管理，实现了业务的快速增长和创新发展。企业在规划 AI 转型战略时，需要结合自身实际情况，从两个关键维度进行分析：AI 所能带来的潜在价值以及 AI 实施落地的可行性。沃顿商学院的最新研究表明，AI 工具在特定场景下可以显著提升工作效率，最高可达 40%，这充分展现了 AI 在提高生产力方面的巨大潜力。随着技术获取成本的快速下降和 AI 专业知识的广泛普及，曾经高昂的进入门槛逐步降低，AI 会逐渐成为企业的标配，使得 AI 技术的竞争优势更难仅凭工具层面维持。因此，AI 转型的核心不应局限于降本增效，而在于将 AI 深度整合到企业的业务战略中。只有通过战略性的整合，企业才能释放 AI 的真正潜力，形成可持续的差异化竞争优势。

（二）AI 转型成为企业成功转型的关键因素

在 AI 时代，企业的成功转型并非一蹴而就，不仅依赖于大量的技术投入，更需要系统化的战略规划和卓越的执行能力。能够迅速抓住技术机遇的企业通常具备三大核心特质：对新技术的敏锐洞察力、前瞻性的战略布局能力以及对用户需求的极致追求。

对新技术的敏锐洞察力使企业能够在众多新兴技术中准确识别出具有潜力的技术趋势，提前布局。例如，当人工智能技术刚刚兴起时，一些具有敏锐洞察力的企业就意识到其对行业发展的巨大影响，开始积极投入研发和应用探索，为企业未来的发展奠定了基础。这种洞察力不仅体现在对技术本身的理解上，还包括对技术与市场、行业融合可能性的预判。

前瞻性的战略布局能力是企业实现 AI 转型的关键。企业需要将 AI 技术与自身的业务目标、市场定位和发展战略紧密结合，制定出切实可行的 AI 转型战略。这包括明确 AI 在企业各个业务环节中的应用场景和目标，合理配置资源，建立相应的组织架构和人才体系等。例如，一些企业通过设立专门的 AI 研发部门，与高校、科研机构合作，提升技术研发能力；同时，调整业务流程，将 AI 技术融入产品设计、生产、销售等各个环节，实现全流程的智能化升级。

对用户需求的极致追求是企业在 AI 转型过程中保持竞争力的重要保障。随着人工智能技术的广泛应用，市场上的产品和服务同质化现象逐渐加剧。在这种情况下，企业只有深入了解用户需求，利用 AI 技术为用户提供个性化、定制化的产品和服务，才能在激烈的市场竞争中脱颖而出。例如，通过 AI 技术对用户行为数据进行分析，企业可以精准把握用户需求，为用户推荐符合其兴趣和需求的产品和服务，提升用户体验感和满意度。

相比之下，许多企业存在组织架构传统化和资源管理滞后的短板，这严重阻碍了 AI 应用的发展。传统的组织架构往往层级较多，信息传递不畅，决策效率低下，无法适应人工智能时代快速变化的市场环境和技术发展需求。在资源管理方面，一些企业对 AI 技术的投入缺乏系统性规划，资金、人力等资源分散，无法形成有效的合力，导致 AI 应用无法突破瓶颈，难以实现预期效果。

成功的 AI 转型需要聚焦于以下三个关键因素：战略价值、人才构建和可持续学习型组织。首先，明确战略定位是转型的核心。企业需将 AI 技术深度融入核心业务目标，不仅关注降本增效，更要将其作为推动增长和创造价值的战略杠杆。例如，通过 AI 技术创新产品和服务，开拓新的市场领域，提升企业的核心竞争力。其次，人才构建是实现 AI 转型的基础。企业需要拥有一支既懂 AI 技术又熟悉业务的复合型人才队伍。这包括吸引外部优秀的 AI 人才，同时加强内部员工的 AI 培训，提升员工的数字化素养和技能。最后，打造可持续学习型组织是企业适应 AI 技术快速发展的关键。在人工智能时代，技术更新换代迅速，企业需要建立一种持续学习的文化和机制，鼓励员工不断学习新知识、新技能，及时掌握最新的 AI 技术发展动态，以保持企业的创新能力和竞争力。

三、“产业+AI”的产业融合深化发展

（一）“产业+AI”模式重塑行业格局

在当前的经济发展格局中，“产业+AI”模式正成为推动各行业变革与发展的重要力量。不同行业由于自身特点和发展阶段的差异，在与AI融合的过程中呈现出不同的表现。这种差异不仅反映了行业发展的不同步，更深层次地体现了企业在信息化与数字化能力、技术与业务融合深度、应用场景复杂性以及资源投入力度等方面的差距。

以制造业为例，随着智能制造的兴起，AI技术在制造业中的应用越来越广泛。一些先进的制造企业利用AI技术实现了生产过程的智能化控制，通过对生产线上各种数据的实时采集和分析，能够及时发现生产过程中的问题，并进行自动调整和优化，提高了生产效率和产品质量。同时，AI在产品设计、供应链管理等环节也发挥着重要作用。通过AI辅助设计，可以快速生成多种设计方案，并进行模拟分析，优化产品设计；在供应链管理中，利用AI技术可以实现对供应商的智能评估和选择，优化库存管理，提高供应链的灵活性和响应速度。然而，仍有部分制造企业由于信息化基础薄弱，在引入AI技术时面临诸多困难，如数据采集不完整、系统兼容性差等，导致AI应用效果不佳。

在医疗行业，AI技术同样展现出巨大的应用潜力。AI可以用于疾病诊断、医学影像分析、药物研发等多个方面。例如，通过AI算法对医学影像进行分析，能够快速、准确地检测出疾病迹象，辅助医生作出更精准的诊断。在药物研发过程中，利用AI技术可以模拟药物分子的作用机制，加速药物研发进程，降低研发成本。但医疗行业由于其特殊性，对数据安全和隐私保护要求极高，同时医疗数据的标注和解读也需要专业的医学知识，这使得AI在医疗行业的应用面临一定的挑战，部分医疗机构在

应用 AI 技术时较为谨慎。

金融行业也是 AI 技术应用较为广泛的领域之一。AI 在风险评估、智能投顾、客户服务等方面发挥着重要作用。通过对大量金融数据的分析，AI 可以更准确地评估客户的信用风险，为金融机构的信贷决策提供支持。智能投顾则利用 AI 算法为客户提供个性化的投资建议，提高投资效率。在客户服务方面，AI 智能客服能够快速响应客户咨询，解决客户问题，提升客户满意度。然而，金融行业的监管严格，对 AI 技术的合规性要求较高，一些金融机构在应用 AI 技术时需要花费大量精力确保符合监管要求。

总体而言，“产业 + AI”模式正在重塑各行业的竞争格局。那些能够充分利用 AI 技术提升自身核心竞争力的企业将在市场竞争中占据优势地位。而对于各行业来说，如何根据自身特点有效整合 AI 技术，以解决融合过程中面临的问题，是实现产业升级和可持续发展的关键。

（二）全球科技竞争聚焦 AI 基础设施与主权 AI

随着人工智能技术在全球范围内的快速发展，其重要性日益凸显，成为各国科技竞争的焦点领域。在这一背景下，全球科技巨头纷纷持续加码 AI 基础设施的建设。例如，微软在 2025 年初宣布投资 800 亿美元用于 AI 基础设施，这一巨额投资彰显了微软对 AI 技术未来发展的坚定信心和战略布局。微软通过建设大规模的数据中心、研发先进的计算芯片以及优化 AI 算法框架等举措，旨在提升自身在 AI 领域的技术实力和服务能力，为其在全球 AI 市场的竞争奠定坚实基础。同时，中国也在积极推动百亿级人民币规模的智算中心项目。智算中心作为 AI 基础设施的重要组成部分，能够为人工智能研发和应用提供强大的计算能力支持。中国通过建设智算中心，不仅能够满足国内科研机构、企业等对 AI 计算资源的需求，还能够促进 AI 技术在各行业的广泛应用，推动产业升级和经济发展。

主权 AI 的概念也逐渐兴起，其聚焦于技术自主性、数据安全以及技术治理等层面。在当今全球化的背景下，各国越发意识到确保关键技术不依赖于外部的重要性。拥有自主可控的 AI 技术体系，能够使国家在面对外部技术封锁或竞争时保持战略主动。例如，在一些关键领域，如国防、金融、能源等，国家需要确保 AI 技术的安全性和可靠性，避免因技术依赖而带来的潜在风险。数据安全也是主权 AI 关注的重点。随着 AI 技术的广泛应用，数据成为重要的生产要素。大量的个人数据、企业数据和国家关键数据在 AI 系统中流转和处理，如何保障这些数据的安全，防止数据泄露、滥用和恶意攻击，成为各国面临的重要课题。通过建立完善的数据安全法律法规和技术防护体系，国家能够有效保护本国的数据主权。此外，技术治理也是主权 AI 的重要内容。AI 技术的发展带来了一系列伦理、法律和社会问题，如算法偏见、隐私侵犯、就业结构调整等。国家需要通过制定相关政策和规范，引导 AI 技术的健康、可持续发展，确保其应用符合社会伦理和法律要求。

展望未来，随着 AI 技术的持续进步和应用场景的不断扩展，AI 基础设施和主权 AI 的持续投入将重新塑造全球科技竞争的格局，各国在 AI 领域的竞争将不仅体现在技术创新上，这些新的趋势为人工智能经济学的研究提供了机遇、挑战和相应的研究素材。

第二节　中国人工智能经济学未来研究的重点

构建经济学自主知识体系是中国经济学面临的时代问题，随着人工智能技术创新的不断突破及其应用场景的不断扩大，我国经济学界开始从宏观、中观、微观和治理不同层面深入研究人工智能的经济学问题，从经济学自主知识体系视角来看，中国经济学界对人工智能经济学研究重点包括以下方面。

一、人工智能时代经济学理论创新的本土化探索成为研究的基础

在全球人工智能经济学蓬勃发展的大背景下，构建具有中国特色的人工智能经济学自主知识体系具有极其重要的意义。这不仅是中国在该领域实现理论创新、提升国际话语权的关键，更是推动中国经济高质量发展、应对复杂多变的全球经济形势的必然要求。

中国人工智能经济学的理论创新正积极从中国独特的经济发展模式中汲取养分。中国拥有庞大且多元化的市场，这一特点为人工智能技术的应用提供了丰富的土壤。例如，在电商领域，中国的电商平台凭借庞大的用户基础和多样化的消费需求，通过人工智能技术实现了精准营销、智能推荐等功能，极大地提升了用户体验和运营效率。这种基于大规模市场的应用实践，为人工智能经济学理论的创新提供了丰富的素材。经济学界的研究可以深入分析这些实践案例，总结其中的规律和特点，从而构建出符合中国市场实际情况的理论模型，如基于大规模市场的人工智能应用扩散模型、市场规模与人工智能创新的互动关系理论等。

在理论创新的本土化方面，首先，需要研究人工智能时代的价值理论，人工智能技术革新改变了组织的决策模式、个体的工作方式，并创新了组织与个体间的关系，从根本上改变着组织与个体的价值共创逻辑。从经济学自主知识体系视角来看，需要研究人工智能时代的价值理论，包括人工智能时代的劳动关系、价值创造和价值分配等基础理论问题。

其次，需要研究人工智能驱动制造业转型升级的理论框架。中国独特的产业结构也是理论创新的重要源泉。中国在制造业、互联网产业等领域具有显著优势，且产业数字化转型进程不断加速。在制造业中，人工智能技术与传统制造业深度融合，推动了

智能制造的发展。通过对这一过程的深入研究，可以构建出关于人工智能驱动制造业转型升级的理论框架，包括人工智能在优化生产流程、提升产品质量、降低生产成本等方面的作用机制，以及产业结构调整与人工智能应用的协同发展理论。

最后，需要研究人工智能赋能经济高质量发展的政策。目前政府出台了一系列鼓励人工智能发展的政策，如加大对人工智能研发的资金投入、建立人工智能产业园区、制定相关标准规范等。这些政策措施为人工智能经济学理论创新提供了政策支撑。人工智能经济学需要基于政策实践，深入研究政策对人工智能产业发展的影响路径、政策效果评估方法等，从而丰富人工智能经济学的政策理论体系。

在构建中国经济学自主知识体系的过程中，中国应积极借鉴国际先进理论与研究方法，但并非简单照搬，而是结合中国实际进行本土化创新。例如，在机器学习算法的应用研究中，充分考虑中国数据的特点和产业需求，对算法进行优化和改进，使其更适用于中国的经济场景。同时，加强跨学科研究，融合经济学、计算机科学、统计学、社会学等多学科知识，为理论创新提供更广阔的视角和更坚实的基础。通过这种方式，逐步形成具有中国特色、中国风格、中国气派的人工智能经济学自主知识体系，为全球人工智能经济学的发展贡献中国智慧。

二、人工智能应用场景特色拓展的研究成为关注的热点

人工智能特别是生成式人工智能的迅速发展及其应用场景特色的拓展，已成为驱动经济和社会创新的强大引擎。人工智能大模型的新成果、新应用集中亮相，带来了更多的期待与思考，人工智能应用场景特色拓展的研究成为热点。

（一）对制造业智能化升级深度推进的研究

制造业作为中国经济的重要支柱产业，其智能化升级对于

提升国家整体竞争力具有关键作用。在当前人工智能技术飞速发展的时代背景下，中国制造业正积极借助人工智能技术实现从传统制造向智能制造的转型，这一过程中呈现出诸多具有中国特色的应用场景拓展趋势，成为人工智能经济学研究关注的热点。

生产流程优化的研究表明，中国制造业企业充分利用人工智能技术对生产过程中的数据进行实时采集和分析。通过建立智能生产模型，能够精准预测设备故障、优化生产参数、合理安排生产计划，从而提高生产效率、降低生产成本。例如，一些大型汽车制造企业引入人工智能视觉检测系统，对汽车零部件的生产质量进行实时监测，能够快速准确地检测出产品缺陷，及时调整生产工艺，大大提高了产品质量和生产效率。这种基于大数据和人工智能算法的生产流程优化模式，不仅适用于大型企业，也逐渐在中小企业中得到推广应用，推动了整个制造业生产效率的提升，生产流程优化的研究受到了我国经济学界的关注。

供应链管理智能化的研究表明，供应链管理智能化也是中国制造业智能化升级的重要方向。中国拥有庞大而复杂的供应链体系，涉及众多的供应商、生产商和销售商。利用人工智能技术，可以实现对供应链各环节的实时监控和智能调度。通过对市场需求、库存水平、物流运输等数据的分析，企业能够更加精准地预测市场需求，优化库存管理，合理安排物流配送，提高供应链的灵活性和响应速度。例如，一些电商企业与物流企业合作，利用人工智能算法优化物流配送路线，根据实时交通状况和订单分布情况，动态调整配送方案，实现了高效、精准的物流配送服务，供应链管理智能化的研究成为新的关注点。

产品创新与个性化定制是中国制造业智能化升级的又一显著趋势。随着消费者需求的日益多样化和个性化，制造业企业开始利用人工智能技术进行产品创新设计和个性化定制服务。通过对消费者行为数据和市场趋势的分析，企业能够快速捕捉到消费者的需求变化，开发出更符合市场需求的新产品。同时，借助 3D

打印、柔性制造等先进技术，结合人工智能个性化定制系统，企业能够为消费者提供定制化的产品和服务。例如，一些服装制造企业利用人工智能技术实现了服装的个性化定制生产，消费者可以通过在线平台选择自己喜欢的款式、颜色、尺寸等，企业根据消费者的需求进行个性化生产，满足了消费者对个性化服装的需求，提升了企业的市场竞争力，在产品创新与个性化定制方面，经济学界发表了大量的研究成果。

（二）智慧城市建设中对 AI 全面赋能的研究

随着城市化进程的加速，智慧城市建设已成为中国提升城市治理水平、改善居民生活质量的重要战略举措。人工智能技术在智慧城市建设中发挥着全面赋能的作用，涵盖了城市交通、能源管理、公共安全、环境保护等多个领域，展现出丰富多样且具有中国特色的应用场景，智慧城市建设中的 AI 全面赋能的研究重点如下。

在城市交通管理方面，人工智能技术通过对交通流量数据的实时监测和分析，实现了智能交通信号灯的优化控制。通过建立交通流量预测模型，能够根据不同时段、不同路段的交通流量情况，动态调整信号灯的时长，有效缓解交通拥堵状况。同时，智能交通系统还可以为驾驶员提供实时的交通路况信息和最优行驶路线规划，提高出行效率。例如，在一些大城市，通过安装智能交通传感器和摄像头，收集交通流量、车速、车辆位置等数据，利用人工智能算法进行分析处理，实现了交通信号灯的智能调控，使道路通行能力得到显著提升。

能源管理是智慧城市建设的重要内容之一。中国在能源管理领域积极应用人工智能技术，实现了能源的高效利用和可持续发展。通过对能源消耗数据的实时监测和分析，利用人工智能算法预测能源需求，优化能源分配方案。例如，在一些大型公共建筑中，安装了智能能源管理系统，通过对建筑内的照明、空调、电梯等设备的能耗数据进行分析，根据实际需求自动调整设备运行状态，实现了能源的节约和高效利用。同时，在能源生产领域，利用人工智能技术优化能源生产过程，提高能源生产效率，降低能源生产成本。

公共安全是智慧城市建设的重中之重。人工智能技术在公共安全领域的应用，为城市的安全稳定提供了有力保障。通过视频监控系统和人工智能图像识别技术，能够实时监测城市中的异常行为和安全隐患，如人员聚集、火灾、交通事故等，并及时发出预警信息。例如，在一些城市的公共场所安装了智能安防摄像头，利用人工智能图像识别技术对人员行为进行分析，能够快速识别出可疑人员和危险行为，及时通知相关部门进行处理，有效提高了城市的公共安全水平。

环境保护也是智慧城市建设的重要目标之一。中国在环境保护领域积极应用人工智能技术，实现了对环境质量的实时监测和智能预警。通过对空气质量、水质、土壤质量等环境数据的实时采集和分析，利用人工智能算法预测环境变化趋势，及时发现环境污染问题，并采取相应的治理措施。例如，在一些城市建立了环境监测大数据平台，通过对环境监测数据的分析，利用人工智能算法预测空气质量变化趋势，提前发布空气污染预警信息，为市民的健康出行提供参考，同时也为政府部门制定环境保护政策提供科学依据。

三、人工智能政策协同与保障体系成为研究的重点问题

随着人工智能新模式的依次登场，人工智能治理呈现出较强的政策依赖性，构建政策协同与保障体系将成为研究的重点问题。

（一）多层次政策协同推动 AI 经济发展的研究

中国政府高度重视人工智能产业的发展，将其视为推动经济转型升级、提升国家竞争力的重要战略方向。人工智能经济

学将重点研究构建多层次、全方位的政策协同体系，从宏观政策引导到微观政策支持，为人工智能产业的发展提供了坚实的政策保障。

在国家层面加强宏观政策的研究，目前国家出台了一系列宏观政策，明确了人工智能产业的发展目标和战略方向。例如，《新一代人工智能发展规划》为中国人工智能产业的发展制定了详细的路线图，提出了到2030年使中国人工智能理论、技术与应用总体达到世界领先水平，成为世界主要人工智能创新中心的宏伟目标。从国家战略层面，人工智能经济学需要加强宏观政策的顶层设计研究，引导资源的合理配置和产业的有序发展。

在产业政策方面加强研究，需要研究政府如何通过制定产业扶持政策、税收优惠政策、金融支持政策等，鼓励企业加大对人工智能技术研发和应用的投入。例如，对从事人工智能研发的企业给予税收减免和财政补贴，引导金融机构为人工智能企业提供信贷支持和风险投资，降低企业的研发成本和融资难度，促进人工智能企业的快速发展。同时，人工智能经济学还需要加强对人工智能产业园区的建设和管理，通过集聚产业资源、完善基础设施、提供配套服务等措施，打造人工智能产业发展的良好生态环境。

在技术创新政策方面加强研究，需要研究政府如何加大对人工智能基础研究和关键核心技术攻关的支持力度。研究如何通过设立国家重点研发计划、自然科学基金等科研项目，鼓励高校、科研机构和企业开展人工智能领域的基础研究和应用研究。同时，加强知识产权保护的研究，需要研究如何鼓励企业和科研人员进行技术创新，提高人工智能技术的自主创新能力。例如，对人工智能领域的专利申请给予优先审查和保护，加强对侵权行为的打击力度，营造了良好的技术创新环境。

在人才政策方面加强研究，需要研究政府如何高度重视人工智能人才的培养和引进。研究如何通过加强高校人工智能专业建设、开展职业技能培训、实施人才引进计划等措施，培养和吸引了一批高素质的人工智能专业人才。例如，在高校设立人工智能学院和专业，加强课程体系建设和师资队伍培养，为人工智能产业培养了大量的专业人才。同时，通过实施人才引进计划，吸引海外高端人才回国创业和工作，为人工智能产业的发展提供了人才支撑。

（二）数据安全与伦理治理体系建设的研究

随着人工智能技术在各个领域的广泛应用，数据安全和伦理问题日益凸显。为了保障人工智能产业的健康发展，人工智能经济学需要研究如何推进数据安全与伦理治理体系建设，制定相关法律法规和政策标准，加强监管力度，确保人工智能技术的应用符合社会伦理和法律规范。

在数据安全方面，人工智能经济学需要研究数据安全的责任主体和保护范围，规范了数据的收集、存储、使用、传输等环节的行为。这些法律法规要求企业在使用数据时必须遵循合法、正当、必要的原则，加强数据安全保护措施，防止数据泄露、滥用和篡改。同时，需要研究政府如何加强对数据安全的监管力度，如何建立数据安全监测和预警机制，对违法违规行为进行严厉打击。

在伦理治理方面，人工智能经济学需要研究如何积极推动人工智能伦理准则的制定和实施。研究人工智能技术研发和应用应遵循的伦理原则，如公平、公正、透明、可解释、保护隐私等。在这些伦理准则的研究中重点研究人工智能系统的设计和开发如何充分考虑人类的价值观和利益，避免出现歧视、偏见、侵犯隐私等伦理问题。同时，加强对人工智能伦理问题的研究，提高公众对人工智能伦理问题的认识和关注。例如，通过举办学术研讨会、开展科普宣传等活动，普及人工智能伦理知识，引导公众正确看待和使用人工智能技术。

本章小结

在科技浪潮的推动下，人工智能经济学已成为经济学领域中极具活力与变革性的新兴分支。通过对人工智能经济学多方面的深入剖析，本研究呈现出一幅全面且具有前瞻性的发展图景。展望未来，人工智能经济学将呈现出鲜明的发展趋势，在理论层面，人工智能经济学在汲取传统经济学理论精华的基础上，不断创新发展。国内外学者围绕人工智能与经济增长、就业、产业结构等方面开展了丰富研究，为理解人工智能的经济影响提供了多元视角。在应用层面，人工智能应用场景的扩大和拓展成为人工智能经济学研究的新趋势和新重点，人工智能与物联网融合打造的智能工厂，生产过程的全自动化与智能化，传统产业在人工智能的赋能下实现转型升级，人工智能经济发展面临的诸多挑战，人工智能的政策协同与治理，这些都将成为人工智能经济学研究的新趋势。

关键概念

自主知识体系　AI 智能体　生成式搜索　主权 AI　小模型

阅读文献

[1] 阿贾伊·阿格拉瓦尔，乔舒亚·甘斯，阿维·戈德法布. 人工智能经济学［M］. 王义中，曾涛，译. 北京：中国财政经济出版社，2021.

[2] 中金研究院，中金公司研究部. AI 经济学［M］. 北京：中信出版集团，2024.

[3] 张亚勤. 智能涌现：AI 时代的思考与探索［M］. 北京：中信出版集团，2025.

思考题

1. 简述世界范围内人工智能经济的发展趋势。

2. 从自主知识体系视角看中国人工智能经济学有哪些发展趋势。

参 考 文 献

[1] 艾伯特－拉斯洛·巴拉巴西. 爆发：大数据时代预见未来的新思维［M］. 马慧，译. 北京：中国人民大学出版社，2012.

[2] 蔡跃洲，陈楠. 新技术革命下人工智能与高质量增长、高质量就业［J］. 数量经济技术经济研究，2019，36（5）：3－22.

[3] 蔡运坤，周京奎，袁旺平. 数据要素共享与城市创业活力——来自公共数据开放的经验证据［J］. 数量经济技术经济研究，2024，41（8）：5－25.

[4] 曹鑫，欧阳桃花，黄江明. 智能互联产品重塑企业边界研究：小米案例［J］. 管理世界，2022，38（4）：125－142.

[5] 陈斌开，徐翔. 人工智能与社会公平：国际经验、影响机制与公共政策［J］. 国际经济评论，2024（3）：70－88，5.

[6] 陈德球，胡晴. 数字经济时代下的公司治理研究：范式创新与实践前沿［J］. 管理世界，2022，38（6）：213－240.

[7] 陈丽君，童雪明. 科层制、整体性治理与地方政府治理模式变革［J］. 政治学研究，2021（1）：90－103，157－158.

[8] 陈玲，孙君. 算法可接受公平：全球算法治理的一个共识机制［J］. 电子政务，2024（8）：2－12.

[9] 陈龙，刘刚，戚聿东，等. 人工智能技术革命：演进、影响和应对［J］. 国际经济评论，2024（3）：9－51.

[10] 陈双泉，韩璞庚. 人工智能技术嵌入社会治理：创新、

风险与防范 [J]. 学习与探索, 2024 (7): 142-149.

[11] 陈水生. 技术驱动与治理变革: 人工智能对城市治理的挑战及政府的回应策略 [J]. 探索, 2019 (6): 34-43.

[12] 陈思函, 解学芳. AIGC 驱动下的数字文化消费: 困境透视与纾解路径 [J]. 新疆社会科学, 2024 (4): 142-152.

[13] 陈文胜. 乡村振兴战略目标下农业供给侧结构性改革研究 [J]. 江西社会科学, 2019, 39 (12): 208-215.

[14] 陈晓红, 曹廖滢, 陈姣龙, 等. 我国算力发展的需求、电力能耗及绿色低碳转型对策 [J]. 中国科学院院刊, 2024, 39 (3): 528-539.

[15] 陈晓红, 张静辉, 汪阳洁, 等. 数字赋能、技术创新与空气污染治理——来自专利文本挖掘的证据 [J]. 经济研究, 2024, 59 (12): 21-39.

[16] 陈永伟. 超越 ChatGPT: 生成式 AI 的机遇、风险与挑战 [J]. 山东大学学报 (哲学社会科学版), 2023 (3): 127-143.

[17] 陈雨露. 工业革命、金融革命与系统性风险治理 [J]. 金融研究, 2021 (1): 1-12.

[18] 程华, 武玙璠, 李三希. 数据交易与数据垄断: 基于个性化定价视角 [J]. 世界经济, 2023, 46 (3): 154-178.

[19] 丁立江. 人工智能时代下的战略布局图景——基于各国 (区域) 战略布局的比较分析 [J]. 科技智囊, 2022 (2): 5-13.

[20] 丁晓东. 基于信任的自动化决策: 算法解释权的原理反思与制度重构 [J]. 中国法学, 2022 (1): 99-118.

[21] 关皓元, 高杰. 新时期中欧人工智能发展战略与政策环境的比较研究 [J]. 管理现代化, 2021, 41 (3): 57-62.

[22] 韩民春, 韩青江, 夏蕾. 工业机器人应用对制造业就业的影响——基于中国地级市数据的实证研究 [J]. 改革, 2020 (3): 22-39.

[23] 何青，琚望静，庄朋涛．如何缓解企业投融资期限错配？基于数字化转型视角 [J]. 数量经济技术经济研究，2024，41 (5)：113－133.

[24] 何小钢，郭晓斌，刘叩明．机器人使用与职业伤害——理论机制与中国证据 [J]. 人口与经济，2024 (2)：89－103.

[25] 何小钢，刘叩明．机器人、工作任务与就业极化效应——来自中国工业企业的证据 [J]. 数量经济技术经济研究，2023，40 (4)：52－71.

[26] 何小钢，朱国悦，冯大威．工业机器人应用与劳动收入份额——来自中国工业企业的证据 [J]. 中国工业经济，2023 (4)：98－116.

[27] 贺伟，汪林，吴小玥．人工智能技术对人力资源管理研究的影响述评 [J]. 中国科学基金，2024，38 (5)：831－840.

[28] 洪永淼，史九领．人工智能的政治经济学分析 [J]. 学术月刊，2024 (1)：43－59.

[29] 洪永淼，史九领．数据要素与数据经济学 [J]. 经济理论与经济管理，2024，44 (8)：1－16.

[30] 黄季焜，苏岚岚，王悦．数字技术促进农业农村发展：机遇、挑战和推进思路 [J]. 中国农村经济，2024 (1)：21－40.

[31] 黄匡时．人工智能时代人口研究的前瞻性思考 [J]. 人口研究，2020，44 (3)：118－128.

[32] 黄琦，等．人工智能“火爆”背景下的金融安全“冷”思考 [J]. 金融发展研究，2023 (11)：77－81.

[33] 贾开．从“互联网＋”到“智能＋”变革：意义、内涵与治理创新 [J]. 电子政务，2019 (5)：57－64.

[34] 解学梅，郭潇涵．人工智能深度学习平台如何实现开源式创新 [J]. 中国工业经济，2024 (8)：174－192.

[35] 孔祥维，唐鑫泽，王子明．人工智能决策可解释性的研究综述 [J]. 系统工程理论与实践，2021，41 (2)：524－536.

[36] 李海舰，赵丽．数据价值理论研究 [J]．财贸经济，2023，44 (6)：5-20.

[37] 李贺南，陈奕彤，宋微．2020年韩国人工智能国家战略 [J]．全球科技经济瞭望，2020，35 (4)：21-26.

[38] 李韬，冯贺霞．平台经济下垄断、竞争与创新研究 [J]．经济学家，2023 (7)：87-96.

[39] 李燕萍，李乐，胡翔．数字化人力资源管理：整合框架与研究展望 [J]．科技进步与对策，2021，38 (23)：151-160.

[40] 历军．中国超算产业发展现状分析 [J]．中国科学院院刊，2019，34 (6)：617-624.

[41] 廖高可，李庭辉．人工智能在金融领域的应用研究进展 [J]．经济学动态，2023 (3)：141-158.

[42] 林毅夫．新结构经济学：反思经济发展与政策的理论框架 [M]．北京：北京大学出版社，2012.

[43] 刘成良，贡亮，苑进，等．农业机器人关键技术研究现状与发展趋势 [J]．农业机械学报，2022，53 (7)：1-22+55.

[44] 刘典．人工智能驱动新质生产力发展：国际竞争下的中国选择 [J]．学术论坛，2024，47 (5)：11-20.

[45] 刘国晖，张如庆，陈清萍．有偏技术进步抑制中国劳动就业了吗？[J]．经济问题，2016 (9)：41-47.

[46] 刘善仕，裴嘉良，葛淳棉，等．在线劳动平台算法管理：理论探索与研究展望 [J]．管理世界，2022，38 (2)：225-239，14-16.

[47] 刘仕贤，李佳薇．数据竞争行为的类型解构与规制路径研究 [J]．特区实践与理论，2024 (4)：106-111.

[48] 刘志雄，生成式人工智能赋能普惠金融：现实基础、关键风险挑战与应对策略 [J]．学术前沿，2024 (6)：86-93.

[49] 隆云滔，林靖玲，刘海波，等．数字公共产品开放协作治理机制研究：基于国际经验分析的视角 [J]．中国软科学，2025 (1)：65-76.

[50] 吕世斌，张世伟．中国劳动力“极化”现象及原因的经验研究［J］．经济学（季刊），2015，14（2）：757－778.

[51] 吕越，谷玮，包群．人工智能与中国企业参与全球价值链分工［J］．中国工业经济，2020（5）：80－98.

[52] 吕越，谷玮，尉亚宁，等．人工智能与全球价值链网络深化［J］．数量经济技术经济研究，2023，40（1）：128－151.

[53] 罗必良．新质生产力：颠覆性创新与基要性变革——兼论农业高质量发展的本质规定和努力方向［J］．中国农村经济，2024（8）：2－26.

[54] 罗怀伟．沙特抢抓人工智能发展机遇［N］．经济日报，2024－01－30（4）.

[55] 罗映宇，朱国玮，钱无忌，等．人工智能时代的算法厌恶：研究框架与未来展望［J］．管理世界，2023，39（10）：205－233.

[56] 马克思，恩格斯．马克思恩格斯全集：第23卷［M］．北京：人民出版社，1972：394.

[57] 毛日昇．工业机器人应用与就业再配置［J］．管理世界，2024，40（9）：98－122.

[58] 彭剑锋．新一代人工智能对组织与人力资源管理的影响与挑战［J］．中国人力资源开发，2023，40（7）：8－14.

[59] 彭远怀，胡军．政府数据开放与资本区际流动：企业异地投资视角［J］．数量经济技术经济研究，2024，41（10）：89－110.

[60] 戚聿东，杜博．数字经济、高质量发展与推进中国式现代化［J］．山东大学学报（哲学社会科学版），2024（1）：108－124.

[61] 戚聿东，肖旭．数字经济时代的企业管理变革［J］．管理世界，2020，36（6）：135－152.

[62] 乔晓楠，郗艳萍．人工智能与现代化经济体系建设

[J]. 经济纵横, 2018 (6): 81-91.

[63] 权小锋, 李闯. 智能制造与成本粘性——来自中国智能制造示范项目的准自然实验 [J]. 经济研究, 2022, 57 (4): 68-84.

[64] 任保平, 豆渊博. 数据、算力和算法结合反映新质生产力的数字化发展水准 [J]. 浙江工商大学学报, 2024 (3): 91-100.

[65] 任保平. 以新质生产力赋能中国式现代化的重点与任务 [J]. 经济问题, 2024 (5): 1-6.

[66] 汝刚, 刘慧, 沈桂龙. 用人工智能改造中国农业: 理论阐释与制度创新 [J]. 经济学家, 2020 (4): 110-118.

[67] 佘纲正, 房宇馨. 中东地区人工智能发展态势与挑战 [J]. 西亚非洲, 2024 (3): 79-102, 173-174.

[68] 沈坤荣, 林剑威. 数据垄断问题研究进展 [J]. 经济学动态, 2024 (3): 129-144.

[69] 沈坤荣, 乔刚, 林剑威. 智能制造政策与中国企业高质量发展 [J]. 数量经济技术经济研究, 2024, 41 (2): 5-25.

[70] 宋华, 韩梦玮, 沈凌云. 人工智能在供应链韧性塑造中的作用——基于迈创全球售后供应链管理实践的案例研究 [J]. 中国工业经济, 2024 (5): 174-192.

[71] 苏敏, 夏杰长. 数字经济中竞争性垄断与算法合谋的治理困境 [J]. 财经问题研究, 2022 (11): 185-200.

[72] 孙晋. 数字平台的反垄断监管 [J]. 中国社会科学, 2021 (5): 101-127.

[73] 孙早, 侯玉琳. 工业智能化如何重塑劳动力就业结构 [J]. 中国工业经济, 2019 (5): 61-79.

[74] 谭静, 欧阳彬. 人机工作竞争: 生成式 AI 对劳动者工作的冲击及其出路 [J]. 学术交流, 2024 (9): 157-170.

[75] 汤洁茵. 数据资产的财产属性与课税规则之建构: 争议与解决 [J]. 税务研究, 2022 (11): 29-35.

[76] 陶锋，王欣然，徐扬，等．数字化转型、产业链供应链韧性与企业生产率 [J]．中国工业经济，2023 (5)：118 - 136.

[77] 田杰棠，刘露瑶．交易模式、权利界定与数据要素市场培育 [J]．改革，2020 (7)：17 - 26.

[78] 汪庆华，郭钢，贾亚娟．俞可平与中国知识分子的善治话语 [J]．公共管理学报，2016，13 (1)：1 - 10.

[79] 王镝，章扬．企业数字化转型、策略性绿色创新与企业环境表现 [J]．经济研究，2024，59 (10)：113 - 131.

[80] 王桦宇，连宸弘．税务数据资产的概念、定位及其法律完善 [J]．税务研究，2020 (12)：53 - 60.

[81] 王欢明，刘毅．多重治理领域嵌入：人工智能技术何以善治？[J]．行政论坛，2024，31 (2)：124 - 134.

[82] 王竞达，刘东，付家成．数据资产的课税难点与解决路径探讨 [J]．税务研究，2021 (11)：68 - 73.

[83] 王坤．人工智能技术在金融机构风险管理方面的应用前景 [J]．全国流通经济，2024 (23)：161 - 164.

[84] 王力．人工智能技术在金融领域的应用前景 [J]．银行家，2023 (5)：4 - 5.

[85] 王林辉，钱圆圆，宋冬林，等．机器人应用的岗位转换效应及就业敏感性群体特征——来自微观个体层面的经验证据 [J]．经济研究，2023，58 (7)：69 - 85.

[86] 王琦，李晓宇．人工智能对北京市就业的影响及应对 [J]．中国劳动关系学院学报，2019，33 (3)：15 - 19.

[87] 王晓岭，于惊涛，武春友．国际资源效率研究进展与演化趋势述评 [J]．管理学报，2013，10 (10)：1553 - 1560.

[88] 王筱筱，卢国军，崔小勇．自动化是否扩大了企业内部收入差距——来自制造业非国有上市公司的证据 [J]．经济科学，2023 (4)：85 - 103.

[89] 王银春．人工智能的道德判断及其伦理建议 [J]．南

京师大学报（社会科学版），2018（4）：29－36.

［90］王永贵，汪淋淋，李霞．从数字化搜寻到数字化生态的迭代转型研究——基于施耐德电气数字化转型的案例分析［J］．管理世界，2023，39（8）：91－114.

［91］威廉·配第．赋税论［M］．陈冬野，译．北京：商务印书馆，1978：66.

［92］魏下海，张沛康，杜宇洪．机器人如何重塑城市劳动力市场：移民工作任务的视角［J］．经济学动态，2020（10）：92－109.

［93］吴滨，韦结余．颠覆性技术创新的政策需求分析——以智能交通为例［J］．技术经济，2020，39（6）：185－192.

［94］吴汉东．人工智能时代的制度安排与法律规制［J］．法律科学（西北政法大学学报），2017，35（5）：128－136.

［95］吴志刚．重构数据生产关系培育数据要素市场［J］．数字经济，2021（Z1）：20－27.

［96］武琼．韩国人工智能战略的实施路径及发展前景研究［J］．情报杂志，2021，40（4）：67－73，49.

［97］习明明，李婷．数字行为经济学研究进展［J］．经济学动态，2024（1）：129－144.

［98］夏杰长，李勇坚．服务业数字化研究［M］．北京：中国社会科学出版社，2024：107－114.

［99］肖红军，商慧辰．平台算法监管的逻辑起点与思路创新［J］．改革，2022（8）：38－56.

［100］谢富胜，吴越，王生升．平台经济全球化的政治经济学分析［J］．中国社会科学，2019（12）：62－81.

［101］闫坤，刘诚．以深化改革推动形成与数字经济时代相适应的生产关系［J］．经济研究，2024，59（8）：4－18.

［102］颜佳华，王张华．数字治理、数据治理、智能治理与智慧治理概念及其关系辨析［J］．湘潭大学学报（哲学社会科学版），2019，43（5）：25－30，88.

[103] 杨虎涛，胡乐明．不确定性、信息生产与数字经济发展［J］．中国工业经济，2023（4）：24－41.

[104] 杨思莹，李政，李嘉辰．工业智能化转型的环境效应及其机制研究［J］．南开经济研究，2023（11）：186－209.

[105] 叶美兰，刘备，朱卫未．数据力赋能新质生产力发展：演进逻辑、理论机制与实现路径［J］．江海学刊，2025（1）：5－13.

[106] 殷继国．人工智能时代算法垄断行为的反垄断法规制［J］．比较法研究，2022（5）：185－200.

[107] 殷勇．中日韩——人工智能合作现状与优势分析［J］．东北亚经济研究，2020，4（4）：89－96.

[108] 尹振涛，陈媛先，徐建军．平台经济的典型特征、垄断分析与反垄断监管［J］．南开管理评论，2022（3）：213－224.

[109] 于江，梁绥，刘巍．人工智能在反洗钱领域应用［J］．中国金融，2024（15）：63－64.

[110] 余传鹏，黎展锋，林春培，等．数字创新网络嵌入对制造企业新产品开发绩效的影响研究［J］．管理世界，2024，40（5）：154－176.

[111] 郁建兴，刘宇轩，吴超．人工智能大模型的变革与治理［J］．中国行政管理，2023，39（4）：6－13.

[112] 袁曾．人工智能有限法律人格审视［J］．东方法学，2017（5）：50－57.

[113] 张建民，顾春节，杨红英．人工智能技术与人力资源管理实践：影响逻辑与模式演变［J］．中国人力资源开发，2022，39（1）：17－34.

[114] 张俊，钟春平．偏向型技术进步理论：研究进展及争议［J］．经济评论，2014（5）：148－160.

[115] 张敏，赵宜萱．机器学习在人力资源管理领域中的应用研究［J］．中国人力资源开发，2022，39（1）：71－83.

［116］张鹏飞．人工智能与就业研究新进展［J］．经济学家，2018（8）：27－33.

［117］张涛．生成式人工智能训练数据集的法律风险与包容审慎规制［J］．比较法研究，2024（4）：86－103.

［118］张鑫，张露馨．智能治理的生成逻辑、实践阐释及效能提升［J］．河海大学学报（哲学社会科学版），2023，25（6）：36－45.

［119］张龑．网络空间安全立法的双重基础［J］．中国社会科学，2021（10）：83－104.

［120］张翼燕，王玲，宋微．第四次工业革命的融合趋势及日韩应对措施［J］．全球科技经济瞭望，2018，33（1）：58－62.

［121］赵曙明，张敏，赵宜萱．人力资源管理百年：演变与发展［J］．外国经济与管理，2019，41（12）：50－73.

［122］赵瑜．人工智能时代新闻伦理研究重点及其趋向［J］．浙江大学学报（人文社会科学版），2019，49（2）：100－114.

［123］郑江淮，冉征．智能制造技术创新的产业结构与经济增长效应——基于两部门模型的实证分析［J］．中国人民大学学报，2021，35（6）：86－101.

［124］周翔，叶文平，李新春．数智化知识编排与组织动态能力演化——基于小米科技的案例研究［J］．管理世界，2023，39（1）：138－157.

［125］Acemoglu，Daron，Aghion，et al. The environment and directed technical change［J］. American Economic Review，2012，102（1）：131－166.

［126］Acemoglu，Daron，Autor，et al. Handbook of Labor Economics［M］. Elsevier，2011：1043－1171.

［127］Acemoglu，Daron，Restrepo，et al. Automation and New Tasks：How Technology Displaces and Reinstates Labor［J］. Journal of Economic Perspectives，2019，33（2）：3－30.

[128] Acemoglu, Daron, Restrepo, et al. Robots and Jobs: Evidence from US labor markets [J]. Journal of Political Economy, 2020, 128 (6): 2188 -2244.

[129] Acemoglu, Daron, Restrepo, et al. The Economics of Artificial Intelligence: an Agenda [M]. University of Chicago Press, 2018: 197 -236.

[130] Acemoglu, Daron, Restrepo, et al. The Race Between Man and Machine: Implications of Technology for Growth, Factor Shares, and Employment [J]. American Economic Review, 2018, 108 (6): 1488 -1542.

[131] Acemoglu, Daron. Technical Cange, Inequality, and the Labor Market [J]. Journal of Economic Literature, 2002, 40 (1): 7 -72.

[132] Acemoglu, Daron. The Simple Macroeconomics of AI [R]. National Bureau of Economic Research, 2024.

[133] Acemoglu, Daron. Why Do New Technologies Complement Skills? Directed Technical Change and Wage Inequality [J]. The Quarterly Journal of Economics, 1998, 113 (4): 1055 -1089.

[134] Acemoglu D., Autor D. Skills, Tasks and Technologies: Implications for Employment and Earnings [J]. Handbook of Labor Economics, 2011 (4): 1043 -1171.

[135] Acemoglu D., Restrepo P. Artificial Intelligence, Automation, and Work [M]. In The Economics of Artificial Intelligence: An Agenda, University of Chicago Press, 2018, 197 -236.

[136] Acemoglu D., Restrepo P. Robots and Jobs: Evidence from US Labor Markets [J]. Journal of Political Economy, 2020, 128 (6): 2188 -2244.

[137] Acemoglu D., Restrepo P. Robots and Jobs: Evidence from US Labor Markets [J]. National Bureau of Economic Research Working Paper, 2017, 23285.

[138] Aghion P., B. F. Jones C., I. Jones. Artificial Intelligence and Economic Growth. [M]. 2017 https://doi.org/10.7208/9780226613475-011.

[139] Agrawal, Ajay, Joshua S. Gans, Avi Goldfarb. Prediction Machines: The Simple Economics of Artificial Intelligence [M]. Boston: Harvard Business Review Press, 2018.

[140] Agrawal A., McHale J., Oettl A. Artificial Intelligence, Scientific Discovery, and Commercial Innovation [J]. Working Paper, 2019.

[141] Amabile T. Creativity in Context [M]. Boulder, Colo., Westview press, 1996.

[142] Ameen N., Tarhini A., Reppel A, et al. Customer Experiences in the Age of Artificial Intelligence [J]. Computers in Human Behavior, 2021, 114: 106548.

[143] Amershi S., Cakmak M., Knox, et al. Power to the People: The Role of Humans in Interactive Machine Learning [J]. AI Magazine, 2014, 35 (4): 105-120.

[144] Autor D., Levy F., Murnane R. J. The Skill Content of Recent Technological Change: An Empirical Exploration [J]. Quarterly Journal of Economics, 2003, 118 (4): 1279-1333.

[145] Autor D. H. Why are there Still so Many Jobs? The History and Future of Workplace [J]. Journal of Economic Perspectives, 2015, 29 (3): 3-30.

[146] Babina T., Fedyk A., He A. L., et al. Artificial intelligence, firm growth, and product innovation [J]. Journal of Financial Economics, 2024, 151, 103745.

[147] Baumol, William J., Sue Anne Batey Blackman, Edward N. Wolff. Unbalanced Growth Revisited: Asymptotic Stagnancy and New Evidence [J]. The American Economic Review, 1985: 806-817.

[148] Baumol, William J. Paradox of the Services: Exploding Costs, Persistent Demand [R]. The Growth of Service Industries: The Paradox of Exploding Costs and Persistent Demand , 2001: 3 – 28.

[149] Bloom N. , Van Reenen J. Technology and the Future of Work [J]. NBER Working Paper, 2018, 24747.

[150] Bryan K. A. , Williams H. L. Innovation: Market Failures and Public Policies [J]. In Handbook of Industrial Organization, 2021 (5): 281 – 388.

[151] Burns T. , Stalker G. M. The Management of Innovation [M]. Tavistock Publications, 1961.

[152] Calvano E. , Polo M. Market Power, Competition and Innovation in Digital Markets: A Survey [J]. Information Economics and Policy, 2021, 54 (Special Issue), 100853.

[153] Chandler A. D. Strategy and Structure: Chapters in the History of the American Industrial Enterprise [M]. MIT Press, 1962.

[154] Chen H. , Chiang R. H. L. , Storey V. C. Business Intelligence and Analytics: From Big Data to Big Impact [J]. MIS Quarterly, 2012, 36 (4): 1165 – 1188.

[155] Chui M. , Manyika J. , Miremadi M. Three Horizons of An AI – Powered Future [J]. McKinsey Quarterly, 2016 (1): 1 – 10.

[156] Dougherty D. Interpretive Barriers to Successful Product Innovation in Large Firms [J]. Organization Science, 1992, 3 (2): 179 – 202.

[157] Duarte, Margarida, Diego Restuccia. The Role of the Structural Transformation in Aggregate Productivity [J]. The Quarterly Journal of Economics , 2010, 125 (1): 129 – 173.

[158] Du S. , Xie C. Paradoxes of Artificial Intelligence in Consumer Markets: Ethical Challenges and Opportunities [J]. Jour-

nal of Business Research, 2021 (129): 961 -974.

[159] Eeckhout J. , Hedtrich C. , Pinheiro R. IT and Urban Polarization [J]. CEPR Discussion Paper, 2021, 16540.

[160] Fernάndez-Macías, Enrique, Bisello, et al. A comprehensive taxonomy of tasks for assessing the impact of new technologies on work [J]. Social Indicators Research, 2022, 159 (2): 821 - 841.

[161] Folke C. Resilience: The Eemergence of A Perspective for Social-Eological Systems Analyses [J]. Global Environmental Change, 2006, 16 (3): 253 -267.

[162] Freeman C . The Economics of Industrial Innovation [M]. Cambridge: MIT Press, 1989.

[163] Fukao, Kyoji, Saumik Paul. Baumol, Engel, and Beyond: Accounting for A Century of Structural Transformation in Japan, 1885 - 1985 [J]. The Economic History Review, 2021, 74 (1): 164 -180.

[164] Ginger Zhe Jin. Artificial Intelligence and Consumer Privacy [R]. 2018, NBER Working Paper No. 24253.

[165] Goos M. , Manning A. , Salomons A. Explaining Job Polarisation: Routine-Biased Technological Change and Offshoring [J]. American Economic Review, 2014, 104 (8): 2509 -2526.

[166] Goos M. , Manning A. , Salomons A. Job Polarisation in Europe [J]. American Economic Review, 2009, 99 (2): 58 -63.

[167] Grieves M. Digital Twin: Manufacturing Excellence through Virtual Factory Replication [J]. White Paper, 2014.

[168] Griliches, Zvi. Output Measurement in the Service Sectors [M]. University of Chicago Press. 2008. Vol. 56.

[169] Hansen N. M. Unbalanced Growth and Regional Development [J]. Western Economic Inquiry, 1965, 4 (1): 3 -14.

[170] Hanson, Robin. Economic Growth Given Machine Intel-

ligence [R]. Citeseer, 2001.

[171] Hartwig, Jochen. Testing the Baumol-Nordhaus Model with EU KLEMS Data [J]. Review of Income and Wealth , 2011, 57 (3): 471 -489.

[172] Herrendorf, Berthold, Richard Rogerson, Akos Valentinyi. Two perspectives on preferences and structural transformation [J]. American Economic Review, 2013, 103 (7): 2752 -2789.

[173] Hinton G. E. , Salakhutdinov R. R. Reducing the Dimensionality of Data with Neural Networks [J]. Science, 2006, 313 (5786): 504 -507.

[174] Humlum, Anders. Robot Adoption and Labor Market Dynamics [M]. Rockwool Foundation Research Unit Berlin, Germany, 2022.

[175] Jia Q. , Guo Y. , Li R. , et al. A Conceptual Artificial Intelligence Application Framework in Human Resource Management. ICEB, Proceedings, 2018: 106 -114.

[176] Jones, Benjamin F. , Liu, et al. A framework for economic growth with capital-embodied technical change [J]. American Economic Review, 2024, 114 (5): 1448 -1487.

[177] Jorgenson D. W. , Ho M. S. , Stiroh K. J. A Retrospective Look at the US Productivity Growth Resurgence [J]. Journal of Economic Perspectives, 2008, 22 (1): 3 -24.

[178] Joshua S. Gans. AI Adoption in a Competitive Market [R]. 2022b, NBER Working Paper No. 29996.

[179] Joshua S. Gans. AI Adoption in a Monopoly Market [R]. 2022a, NBER Working Paper No. 29995.

[180] Kanter R. M. The Impact of Intra-Organizational Power on Inter-Organizational Relations [J]. Administrative Science Quarterly, 1968, 13 (3): 296 -310.

[181] Kaplan A. , Haenlein M. Siri, in My Hand: Who's the

Fairest in the Land? On the Interpretations, Illustrations, and Implications of Artificial Intelligence [J]. Business Horizons, 2019, 62 (1): 15 - 25.

[182] Kim, Youngsang, Robert E. The Effects of Staffing and Training on Firm Productivity and Profit Growth Before, During, and After the Great Recession [J]. Journal of Applied Psychology, 2014, 99 (3): 361.

[183] Lawrence P. R., Lorsch J. W. Organization and Environment: Managing Differentiation and Integration [M]. Harvard University Press, 1967.

[184] Lee J. Blockchain and AI for Food Traceability [J]. Journal of Food Engineering, 2021, 291, 110768.

[185] Li B., Hou B., Yu W., et al. Applications of Artificial Intelligence in Intelligent Manufacturing: A Review [J]. Frontiers of Information Technology & Electronic Engineering, 2017, 18: 86 - 96.

[186] Luo X., Qin M. S., Fang Z., et al. Artificial Intelligence Coaches for Sales Agents: Caveats and Solutions [J]. Journal of Marketing, 2021, 85 (2): 14 - 32.

[187] Ma B., Yang J., Wong F. K. Y., et al. Artificial Iintelligence in Elderly Healthcare: A Scoping Review [J]. Ageing Research Reviews, 2023 (83): 101808.

[188] Malhotra A., Majchrzak A., Rosen B. Leading Virtual Teams [J]. Academy of Management Perspectives, 2007, 21 (1): 60 - 70.

[189] Manyika J., Chui M., Bughin J., et al. Jobs Lost, Jobs Gained: What the Future of Work will Mean for Employment [J]. McKinsey Global Institute, 2017.

[190] Marien M. The Second Machine Age: Work, Progress, and Prosperity in a Time of Brilliant Technologies [J]. Cadmus,

2014, 2 (2): 174.

[191] McCulloch, Warren S, Pitts, et al. A logical calculus of the ideas immanent in nervous activity [J]. The Bulletin of Mathematical Biophysics, 1943, 5: 115 - 133.

[192] Mills E. S. Uncertainty and Price Theory [J]. The Quarterly Journal of Economics, 1959, 73 (1): 116 - 130.

[193] Moyne J., Iskandar J. Big Data Analytics for Smart Manufacturing: Case Studies in Semiconductor Manufacturing [J]. Processes, 2017, 5 (3): 39.

[194] Muhammad Amjad Farooq, Shang Gao, et al. Artificial Intelligence in Plant Breeding [J]. Trends in Genetics, 2024, 40 (10): 891 - 908.

[195] Ngai L. R., Pissarides C. A. Structural Change in a Multisector Model of Growth [J]. American Economic Review, 2007, 97 (1): 429 - 443.

[196] Nitzberg M., Zysman J. Algorithms, Data, and Platforms: The Diverse Challenges of Governing AI [J]. Journal of European Public Policy, 2022, 29 (11): 1753 - 1778.

[197] Nordhaus W. D. Baumol's Diseases: A Macroeconomic Perspective [J]. The BE Journal of Macroeconomics, 2008, 8 (1): 1 - 39.

[198] Oulton, Nicholas. Must the Growth Rate Decline? Baumol's Unbalanced Growth Revisited [J]. Oxford Economic Papers, 2001, 53 (4): 605 - 627.

[199] Patrick Dunleavy. Digital Era Governance IT Corporations, the State, and E-Government [M]. London: Oxford University Press, 2006: 237.

[200] Patrick Dunleavy. Digital Era Governance IT Corporations, the State, and E-Government [M]. London: Oxford University Press, 2006: 233.

[201] Peterson R. E. A Cross Section Study of the Demand for Money: The United State [J]. The Journal of Finance, 1960, 29 (1): 73 – 88.

[202] Pugno, Maurizio. The Service Paradox and Endogenous Economic Growth [J]. Structural Change and Economic Dynamics, 2006, 17 (1): 99 – 115.

[203] Rodrik D. New Technologies, Global Value Chains, and Developing Economies [R]. National Bureau of Economic Research, 2018.

[204] Ryan, Ann Marie, Robert E. Ployhart. A Century of Selection [J]. Annual Review of Psychology, 2014, 65 (1): 693 – 717.

[205] Simon H. A. Rationality as process and as product of thought [J]. The American Economic Review, 1978, 68 (2): 1 – 16.

[206] Smith J. AI in Precision Irrigation Systems: A Review [J]. Nature Sustainability, 2019, 2 (3): 112 – 120.

[207] Stefano Puntoni, Rebecca Walker Reczek, Markus Giesler, Simona Botti. Consumers and Artificial Intelligence: An Experiential Perspective [J]. Journal of Marketing, 2021, 85 (1): 131 – 151.

[208] Tan, H. Non-Destructive Quality Detection of Agricultural Products Using AI [J]. Sensors, 2018, 18 (12): 4245.

[209] Tapscott D., Williams A. D. Wikinomics: How Mass Collaboration Changes Everything [M]. Portfolio Penguin, 2006.

[210] Taylor, Frederick Winslow. The Principles of Scientific Management [M]. Harper & Brothers, 1919.

[211] Teece D. J., Pisano G., Shuen A. Dynamic Capabilities and Strategic Management [J]. Strategic Management Journal, 1997, 18 (7): 509 – 533.

[212] Van Fossen J. A., Watson G. P., Schuster A. M., et al. Striving for the Self: A Self-Regulation Model of Positive Identity

Maintenance in Platform-Based Gig Drivers [J]. Journal of Organizational Behavior, 2024: 1 - 17.

[213] Varuan H. R. Economic Aspects of Personalized Privacy [R]. Working paper, University of California, 1996, Berkeley.

[214] Venturini F. Intelligent Technologies and Productivity Spillovers: Evidence from the Fourth Industrial Revolution [J]. Journal of Economic Behavior & Organization, 2022, 194: 220 - 243.

[215] Walker B., Holling C. S., Carpenter S. R., Kinzig A. Resilience, Adaptability and Transformability in Social-Ecological Systems [J]. Ecology and Society, 2004, 9 (2): 5.

[216] West M., Farr J. Innovation and Creativity at Work Psychological and Organizational Strategies [J]. Administrative Science Quarterly, 1992: 37 (5): 679 - 681.

[217] Wiener N. Cybernetics: Or Control and Communication in the Animal and the Machine [M]. MIT Press, 1948.

[218] Yao L., Gordon M., Phillips, et al. The Impact of Cloud Computing and AI on Industry Dynamics and Concentration [R]. NBER Working Paper, No. 32811, 2024.

[219] Young, Alwyn. Structural Transformation, The Mismeasurement of Productivity Growth, and the Cost Disease of Services [J]. American Economic Review, 2014, 104 (11): 3635 - 3667.

[220] Zeira, Joseph. Workers, Machines, and Economic Growth [J]. The Quarterly Journal of Economics, 1998, 113 (4): 1091 - 1117.

[221] Zhang Y. Precision Farming and AI: A Review [J]. IEEE Journal on Biomedical and Health Informatics, 2020, 24 (4): 1122 - 1130.

后 记

习近平总书记高度重视并大力支持发展人工智能。党的十九大报告指出，要“推动互联网、大数据、人工智能和实体经济深度融合”。自2017年起，我国将人工智能发展上升为国家战略，出台了一系列政策文件。例如，2017年国务院发布的《新一代人工智能发展规划》，明确提出将人工智能发展作为国家战略，将新一代人工智能放在国家战略层面进行部署，描绘了我国面向2030年的人工智能发展路线图，旨在构筑人工智能先发优势，把握新一轮科技革命战略主动权。中共中央政治局在2018年10月31日下午就人工智能发展现状和趋势进行第九次集体学习，习近平总书记在主持学习时强调，人工智能是新一轮科技革命和产业变革的重要驱动力量，加快发展新一代人工智能是事关我国能否抓住新一轮科技革命和产业变革机遇的战略问题。要深刻认识加快发展新一代人工智能的重大意义，加强领导，做好规划，明确任务，夯实基础，促进其同经济社会发展深度融合，推动我国新一代人工智能健康发展。此后国家发改委、工信部、科技部、教育部等国家部委和北京、上海、广东、江苏、浙江等地方政府都推出了发展人工智能的鼓励政策。2022年党的二十大报告指出，推动战略性新兴产业融合集群发展，构建人工智能等一批新的增长引擎，加快发展数字经济，促进数字经济和实体经济深度融合。2024年度的《政府工作报告》中首次提出了“人工智能+”行动，这不仅是顺应全球人工智能发展的趋势，而且与中国产业升级的大势紧密相连，旨在推动AI技术与各行业的深度融合。2023 年国务院发布了《生成式人工智能服务管理暂行办法》规范了生成式人工智能服务的定义、监管原则及具体要求，鼓励技术创新的同时，强调保护个人信息和数据安全。这一行动体现了政府对 AI 的高度重视，可以说是推动中国从“互联网时代”迭代升级至“人工智能时代”的政策设计和布局，是发展新质生产力的一个重要方面。2024 年 7 月党的二十届三中全会通过的《中共中央关于进一步全面深化改革　推进中国式现代化的决定》指出，“完善推动新一代信息技术、人工智能、航空航天、新能源、新材料、高端装备、生物医药、量子科技等战略性产业发展政策和治理体系”。2025 年 4 月 25 日中共中央政治局就加强人工智能发展和监管进行第二十次集体学习，习近平总书记强调“坚持自立自强，突出应用导向，推动我国人工智能朝着有益、安全、公平方向健康有序发展”。

人工智能是一门研究、开发用于模拟、延伸和扩展人的智能的理论、方法、技术及应用系统的新技术科学。第四次科技革命与产业变革，以人工智能、物联网、大数据、云计算等新一代信息技术的广泛应用为标志，以智力革命为根本标志，这一革命不仅代表了技术层面的飞跃，更深刻地影响了人类社会的生产方式、生活方式乃至思维方式，实现了从“赋能”到“赋智”的根本性转变，意味着人工智能时代的到来。人工智能技术在经济领域的快速应用，催生了人工智能经济，人工智能正在以前所未有的速度重塑我们的生产方式、生活方式和社会结构。人工智能经济给传统经济学带来了一系列需要从理论上回答的问题，引发了人工智能经济学的深入讨论。人工智能经济学的诞生，正是为了应对人工智能技术快速发展对经济领域带来的挑战与机遇，通过经济学的视角分析 AI 技术的经济效应，为政策制定、企业决策以及学术研究提供理论支撑。

人工智能经济学是研究人工智能技术对经济活动的影响以及经济学原理如何指导人工智能技术研发和应用的学科。它涉及人工智能对经济的影响、市场规模预测、行业生产率提升、就业转移、创新金融模式、规模经济效应、风险投资的重要性以及元任务框架等多个方面。人工智能经济学是一门新兴的交叉学科，它融合了人工智能与经济学的理论与实践，旨在探讨人工智能技术对经济活动、市场结构、资源配置以及经济增长等方面的深远影响。国际上关于人工智能经济学的研究开始于2017年，为解决人工智能带来的诸多挑战，美国国家经济研究局2017年9月在多伦多举行了首次“人工智能经济学”会议，为人工智能经济学制定了一项研究议程，与会的经济学家们讨论了人工智能在经济上的独特之处、影响力及如何制定相关的政策等问题，主要包括人工智能对劳动力的影响、人工智能不同行业采用的差异和影响、人工智能增长研发领域的生产率、人工智能监管、使用人工智能来研究人工智能、人工智能创新活动、人工智能的政治经济学等问题。

从经济学说史的发展历程来看，自从亚当·斯密创立经济学理论体系以来，经济学家一直在研究技术变革、生产率和就业之间的关系。历史上每一次技术革命和产业革命的出现，都会带来经济形态的转变。而在经济形态转变过程中所产生的新现象，则会对当时的经济学理论形成冲击。人工智能技术的不断成熟与深化应用，给传统经济学理论带来挑战，也将给现代经济学带来一场新的革命。因而，我们需要新的理论研究来解释人工智能带来的诸多新的经济现象。目前人工智能经济学刚刚兴起，发表的文章逐年增多，但是出版的著作不多，已经出版的人工智能经济学方面的著作有《人工智能经济学》（Ajay Agrawal，Joshua Gans & Avi Goldfarb，2021），该书认为人工智能的进步突显了该技术对生产力、增长、不平等、市场支配力、创新和就业的影响；《AI极简经济学》（Aiay Agrawal，Joshua Gans & Avi Goldfarb，2018）揭示了人工智能这一新兴技术对企业和社会经济的深远影响。国内学者何勤和李雅宁2022年在经济管理出版社出版的《人工智能经济学：生活、工作方式与社会变革》，从经济学的视角，分“是什么”“做什么”“怎么样”“怎么做”四个部分对人工智能引发的经济活动变革及应对进行了系统性的分析。中金研究院在中信出版集团股份有限公司出版的《AI 经济学》从经济视角分为宏观篇、产业篇和治理篇三大部分，探讨本轮 AI 进步的生产力特点及其对生产关系的冲击。总体来看，人工智能经济学研究的论文和著作虽多，但是缺少一本系统的《人工智能经济学》教材。我们在充分研读国内外出版的人工智能经济学研究的论文和著作的基础上形成了本教材的基本思路和基本框架。

※本教材的形成

我们关于人工智能经济学方面的研究开始于 2018 年，我组织我的团队在《西北大学学报（哲学社会科学版）》发表过一组专题文章，其中我的文章是《新一代人工智能和实体经济深度融合促进高质量发展的效应与路径》，随后我在《中国大学教学》2019 年第 6 期也发表了一篇人工智能时代探讨经济学人才培养的文章，题为《人工智能时代经济学专业人才培养体系改革的思考》。最近几年在《经济学家》《社会科学》《四川大学学报》陆续又发表过一系列的文章研究人工智能经济学问题。我们团队所做的《中国经济增长质量发展报告 2025》的主题是人工智能赋能高质量发展，在该报告的研究过程中受到洪银兴老师的指点，产生了编写人工智能经济学教材的想法，于是在《中国经济增长质量发展报告 2025——人工智能赋能经济高质量发展》完成的基础上，我联合在南京大学、南京邮电大学、江苏科技大学、西北大学、陕西师范大学、西北工业大学、西安财经大学、陕西理工大学、西安理工大学、西安邮电大学、江西财经大学、安徽财经大学等学校工作的学生，组成课题组联合编写了本教材。在经济科学出版社的支持下，2024 年 12 月我们在南京大学苏州校区召开了教材启动和研讨会，进行了分工、任务分解和研讨，启动了教材编写工作，经济科学出版社财税分社的杨洋社长和编辑杨金月老师全程参加了讨论会。2025 年 2 月底完成了本教材初稿。

※本教材的特点

本教材是我们最近几年在研究人工智能经济学问题和撰写《中国经济增长质量发展报告 2025——人工智能赋能经济高质量发展》的基础上，充分吸收国内外研究人工智能经济学的相关研究成果后形成的，本教材的特点体现在如下几方面。

（1）把微观、中观和宏观相结合。人工智能经济与数字经济、传统经济的最大区别在于微观的盈利模式、中观的组织方式、宏观的资源配置方式。因此本教材把微观、中观和宏观相结合，形成微观、中观、宏观和人工智能治理四部分的理论体系。本教材从体系上包括五篇：第一篇为人工智能与微观经济学；第二篇为人工智能与中观经济学；第三篇为人工智能与宏观经济学；第四篇为人工智能经济的治理；第五篇为人工智能经济学的未来。

（2）展现人工智能经济学的新进展。在本教材的第五篇中通过两章介绍人工智能经济学研究前沿、人工智能经济学发展的趋势，展示人工智能经济学理论与实践的前沿进展。

（3）突出对人工智能经济学新问题、新挑战和新战略的分析。在第五篇中介绍了世界各国人工智能的发展战略，针对人工智能风险和挑战，专门设置一章介绍人工智能的风险及其防范。

（4）体例上采用专栏和案例的表现形式。在基本概念、基本知识和基本理论介绍的基础上采用专栏和案例的形式体现。扩展性知识通过专栏展现，人工智能经济学的现象和典型化事实通过案例形式展现。每章后均附了本章小结、关键概念、阅读文献、思考题，使教材的表现形式活泼、多样。

※本教材的分工

编写本教材的想法和思路由笔者提出，编写小组的核心成员各自拿出一个大纲，我综合形成统一的大纲，经过多次讨论后形成编写大纲。2024 年 12 月在南京大学苏州校区启动会召开后，我对大纲又进行了进一步完善。大纲确定之后分工完成。各章分工如下：第一章任保平，第二章魏婕，第三章汤向俊，第四章师博，第五章宋文月，第六章薛志欣，第七章李媛，第八章白东北，第九章张如意，第十章刘备，第十一章胡仪元、唐萍萍，第十二章钞小静，第十三章郭晗，第十四章王守坤，第十五章李娟伟，第十六章王薇，第十七章朱楠，第十八章王艳，第十九章张爱婷，第二十章李凯。教材编写工作中郭晗教授做了大量工作，其完成的章节初稿作为样章，为整体编写提供了导向。每一章初稿完成后我先进行修改完善，再交给郭晗教授进行统稿。稿子统在一起后，我和郭晗、钞小静、魏婕分工审阅，意见集中在一起最后由我统一进行了加工润色。

※致谢

本教材的完成要感谢南京大学本科生院的大力支持、感谢经济科学出版社支持了教材编写启动会议，感谢我的老师南京大学原党委书记洪银兴教授的指导、鼓励和支持，2024 年 12 月在《中国经济增长质量发展报告 2024》发布会上我给老师汇报了编写这本教材的想法，得到了老师的指导和鼓励，同时感谢南京大学数字经济与管理学院的支持，综合秘书赵家旺、俞苏晴在会务组织方面做了大量工作。也感谢在南京大学、江苏科技大学、南京邮电大学、西北大学、西北工业大学、西安财经大学、陕西理工大学、陕西师范大学、西安邮电大学、西安理工大学、江西财经大学、安徽财经大学工作的各位学生的积极参与。感谢经济科学出版社财税分社杨洋社长和杨金月编辑在选题策划与编校方面的辛苦付出。同时本教材在编写过程中，吸收了国内外众多的研究成果，引用部分在脚注和每章后的阅读文献中已经注明，在此也一并表示感谢，如有遗漏，敬请谅解。“人工智能经济学”

的研究正在兴起，目前国内还没有相关教材，我们的编写也是在摸索之中，一定会有不少的问题，敬请学术界和读者提出批评意见。

任保平

2025 年 5 月于南京大学苏州校区